21世纪高职系列教材
SHIJI GAOZHI XILIE JIAOCAI

机械制造实训指导

主编 / 郎丽香　副主编 / 陈凤荣　杜世法　主审 / 孙自力

哈尔滨工程大学出版社
Harbin Engineering University Press

内容简介

本教材根据教育部高教司《关于加强高职高专人才培养工作的若干意见》等文件对高职高专人才培养的要求,组织具有多年教学和生产实践工作经验的教师,结合当前高职教育办学的实际编写而成。本教材共10章,内容包括学生实习守则、安全注意事项、金属切削加工基础知识、机械加工常用量具实训、车削加工、铣削加工、刨削加工、磨削加工、模具实训、特种加工及精密加工等。

本书可作为高职高专院校机械、模具、机电等专业及相关相近专业学生学习、岗前培训教材和职业技能鉴定培训用书。

图书在版编目(CIP)数据

机械制造实训指导/郎丽香主编.—哈尔滨:哈尔滨工程大学出版社,2009.7

ISBN 978-7-81133-491-3

Ⅰ.机… Ⅱ.郎… Ⅲ.机械制造-高等学校:技术学校-教学参考资料 Ⅳ.TH

中国版本图书馆CIP数据核字(2009)第120771号

出版发行 哈尔滨工程大学出版社
社　　址 哈尔滨市南岗区东大直街124号
邮政编码 150001
发行电话 0451-82519328
传　　真 0451-82519699
经　　销 新华书店
印　　刷 黑龙江省地质测绘印制中心印刷厂
开　　本 787mm×1 092mm　1/16
印　　张 17
字　　数 408千字
版　　次 2009年7月第1版
印　　次 2009年7月第1次印刷
定　　价 32.00元

http://press.hrbeu.edu.cn

E-mail:heupress@hrbeu.edu.cn

21世纪高职系列教材编委会

前言

本教材根据教育部高教司《关于加强高职高专人才培养工作的若干意见》等文件对高职高专人才培养的要求，组织具有多年教学和生产实践工作经验的教师，结合当前高职教育办学的实际编写而成，可作为高职高专院校机械、模具、机电等专业及相关专业实训教材。

本教材的特点如下：

1.以培养高技能人才为目标，贯彻基本理论以"必需、够用"为度的原则，删减了理论性较强的内容，由浅入深，将专业理论知识融入相关的实践课当中，使学生在技能训练过程中反复学习、理解、熟悉基本理论，变枯燥学习为实际运用，突出了实用性的教学内容；

2.各章节按照工作原理、典型结构、强度计算、使用维护的顺序组织内容，体现职业教育的特点；

3.内容以突出技能训练为目标，结合大量的实例进行操作训练，强化了知识性和实践性的统一；

4.一律采用国际单位制，采用已正式颁布的最新国家标准。

本教材共分十章，内容包括金属切削加工实训的基础知识、机械加工常用量具实训、车削加工实训、铣削加工实训、刨削加工实训和磨削加工实训等。每章有加工实训的基础知识，并且随后附有技能实训，目的是提高学生的机械加工实际技能。

全书由渤海船舶职业学院孙自力教授任主审，郎丽香任主编，陈凤荣、杜世法任副主编，曹会元参编。其中曹会元编写第八章、第十章；杜世法编写第二章、第五章；陈凤荣编写第四章；郎丽香编写第一章、第三章、第六章、第七章、第九章。

由于编者水平与经验有限，本书中难免存在错误和不足，恳请广大读者多提宝贵意见和建议。

编　者

2009年4月

目录

第一章　学生实习守则 …… 1
第二章　机械加工基础知识 …… 3
第一节　机械加工工艺过程和特征 …… 3
第二节　定位基准的选择 …… 5
第三节　工艺路线的拟定 …… 7
第四节　加工精度与表面质量 …… 9
第五节　常用量具及测量练习 …… 11
第六节　常用金属材料 …… 16
第七节　金属切削基础知识 …… 19
第三章　车工实训 …… 24
第一节　车工安全操作规程 …… 24
第二节　普通车床的组成、规格型号及作用 …… 27
第三节　车刀的组成及结构形式 …… 29
第四节　车刀的刃磨和安装 …… 32
第五节　车床的夹具 …… 37
第六节　车削加工基本方法 …… 40
第七节　车床的日常维护与保养 …… 82
第四章　钳工实训 …… 85
第一节　钳工安全操作规程 …… 85
第二节　钳工概述、工作场地及设备 …… 86
第三节　画线工具及基准定位 …… 89
第四节　平面画线和立体画线 …… 93
第五节　锉削姿势和锉削方法 …… 95
第六节　锉刀的构造、种类及保养 …… 98
第七节　平面锉削 …… 102
第八节　曲面锉削 …… 105
第九节　锉刀的修复和利用 …… 107
第十节　锯削工具和锯削方法 …… 109
第十一节　錾削工具及錾削方法 …… 115
第十二节　常见孔加工 …… 120
第十三节　锉配 …… 131
第十四节　攻螺纹与套螺纹 …… 137
第十五节　研磨与刮削 …… 142
第十六节　装配 …… 149
第五章　铣工实训 …… 161
第一节　铣工安全操作规程 …… 161

第二节　铣床简介……161
第三节　铣刀……163
第四节　铣削加工……168
第五节　齿轮齿形加工……180
第六章　刨工实训……184
第一节　刨工安全操作规程……184
第二节　常用刨削类机床简介……185
第三节　刨削加工……188
第七章　磨工实训……195
第一节　磨工安全操作规程……195
第二节　磨具……196
第三节　万能外圆磨床……198
第四节　磨削加工……199
第八章　模具实训……206
第一节　冲模装配……206
第二节　塑料模装配……212
第三节　冲模的安装与调试……218
第四节　塑料模的安装与调试……230
第九章　特种加工……240
第一节　电火花加工概述……240
第二节　电火花加工原理、特点和应用……244
第三节　线切割机床加工原理、特点和应用……245
第四节　电解加工原理、特点和应用……256
第五节　超声波加工原理、特点和应用……257
第六节　激光加工原理、特点和应用……258
第十章　精密加工……260
第一节　高速精车……260
第二节　精密磨削……261
参考文献……262

第一章 学生实习守则

一、学生实习行为规范

1.实训、实习是培养方案中规定的重要组成部分,均属必修课,每个学生都应认真参加,获得及格以上(含及格)成绩方准毕业。因故不能参加实习,应随下一届学生补加实习环节,补做实习所需费用自理。

2.每个学生必须参加实习前的操作规程及安全方面的各项教育活动,要认真学习实习指导书和本手册内容,了解实习计划和具体安排,明确实习的目的和要求。

3.每个学生应将实习内容逐日记录在实习手册上(包括生产流程,典型零件的工艺过程,重要仪器设备的草图,必要的数据,技术报告内容,本人的心得体会等),认真积累资料并写出实习实训报告。实习报告是实习成绩考核评分的重要依据之一,凡未按规定完成实习报告或实习报告撰写不规范者,应补做完成或重做,否则不准参加实习成绩的考核。

4.要刻苦学习专业知识和技能,尊重指导教师的劳动成果,主动接受指导教师、专业技术人员的指导,虚心求教,做到三勤(口勤、手勤、腿勤),随时总结自己,提高实习成绩和实习效果,努力掌握专业操作技术。

5.严格遵守学校的各项规章制度和实习环节的有关规定,服从系里的安排。

(1)严格遵守实习的各项规章制度,严格执行学校规定的实习作息时间,不准迟到、早退,不准请假中途外出;

(2)实习中认真听讲,善于思考,谨慎操作,完成规定的实习作业(如零件加工等)和课后作业(实习报告);

(3)进入实习车间必须注意安全,必须穿戴规定的劳保用品,着装必须符合生产实习着装规范,如系全纽扣,扎好袖口,长头发女生必须将头发挽到工作帽中等;

(4)上岗操作必须严格遵守操作规程,思想要高度集中,未经允许不得擅自启动机器设备,保证实习安全,杜绝事故发生;

(5)自觉爱护实习设施、设备,注意节约消耗品,如果违章操作,损坏实习设备,根据情节及后果要照价赔偿;

(6)实习时不准聊天,看小说,绝不允许打闹和串岗,由此而发生事故的要追究责任;

(7)不准把校外人员或其他非实习人员带入实习场地,不准让外来人员动用实习设施、设备。

6.正确使用和保养游标卡尺、千分尺、高度尺、量角器、百分表和坐标平板等精密量器具,注意轻拿轻放,防锈蚀、防损伤,保证测量精度。

7.每天下班前,必须收拾整理所用设备和工量具,保持车间整齐卫生。各工种实习结束后均应进行设备工具的清点,由指导老师验收合格后方可离去。

二、学生实习考勤制度

1.学生实习必须遵守实训基地上下班考勤制度,遵守实习纪律,不得迟到、早退或无故不参加实习。

2.学生实习期间不准会客、不准请事假,如有特殊情况,必须经实习指导教师批准。

3.学生请病假,必须持医生证明。

4.学生请假批准手续和规定:一天内必须经指导教师批准;一天以上必须经班主任及系主任批准。请假必须由本人填写请假条,批准人签字,否则按旷课论处。

5.实习期间如遇有全校性会议或体育比赛等需要参加,必须持相关证明并由系主任批准。

6.实习指导教师负责学生的考勤,做好考勤记录,作为考核实习成绩依据之一。

三、生产实习课的任务和教学特点

1.生产实习课的任务

生产实习课的任务是培养学生全面、牢固地掌握本工种的基本操作技能;学会本工种中级技术等级的工作;学会一定的先进工艺操作;能熟练地使用、调整本工种的主要设备;独立进行一级保养;正确使用工、夹、量具、刀具;具有安全生产知识和文明生产的习惯;养成良好的职业道德。要在生产实习教学过程中注意发展学生的智能,还应该逐步创造条件,争取完成一至两个相近工种的基本操作技能训练。

2.生产实习课的教学特点

生产实习课教学主要是培养学生全面掌握技术操作的技能、技巧,与文化理论课教学比较具有如下特点:

(1)在教师指导下,经过示范、观察、模仿、反复练习,使学生获得基本操作技能;

(2)要求学生经常分析自己的操作动作和生产实习的综合效果,善于总结经验,改进操作方法;

(3)通过综合课题,能较好地练出真本领,提高自己的实践操作水平;

(4)通过科学化、系统化和规范化的基本训练,让学生全面地进行基本功的练习;

(5)生产实习教学是结合生产实际进行的,所以,在整个生产实习教学过程中,都要教育学生树立安全操作和文明生产的思想。

第二章　机械加工基础知识

第一节　机械加工工艺过程和特征

一、机械加工工艺过程及组成

用金属切削的方法逐步改变毛坯的形状、尺寸和表面质量,使之成为合格零件所进行的劳动过程,称为机械加工工艺过程。在机械制造业中,机械加工过程是最主要的工艺过程。

机械加工过程由一系列按顺序的工序组成。通过这些工序对工件进行加工,将毛坯逐步加工为合格的零件。工序是工艺过程的基本单位,也是编制生产计划和进行核算的基本依据。工序又可细分为装夹、工步等。

1.工序

工序是由一个工人或一组工人在不更换工作地点的情况下对同一个或几个工件同时进行加工并连续完成的那一部分工艺过程。划分工序的主要依据是工作地是否变动和工作是否连续。

图 2－1 所示为阶梯轴零件,按单件生产制定的主要工艺过程如表 2－1 所示。

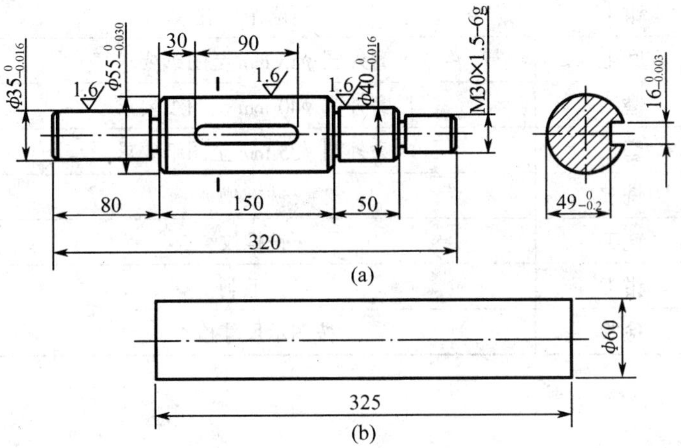

图 2－1　阶梯轴

(a)阶梯轴;(b)毛坯

成批生产零件指定的工艺过程如表 2－2 所示。单件生产时,所有车削与磨削内容分别集中在一台车床与一台磨床上进行。成批生产时,车削的内容被分配到三台车床上进行,三个外圆的磨削也分别由三台磨床完成。由于后者工作地点发生了变动,因此,车削与磨削各有三个工序。

表 2－1　单件生产阶梯轴的加工工艺过程

工序号	工序名称	工序内容	设备
1	毛坯	下料 ϕ60 mm×325 mm	锯床
2	热处理	调质:HB225－260	热处理车间
3	车工	车两端面及钻中心孔,车外圆(分别留 0.3～0.5 mm磨量)切槽及倒角,车螺纹	卧式车床
4	磨工	磨各外圆至图示尺寸要求	外圆磨床
5	铣工	铣键槽,去毛刺	立式铣床
6	检验	按图示要求检查	检验台

表 2－2　成批生产阶梯轴的加工工艺过程

工序号	工序名称	工序内容	设备
1	毛坯	下料 ϕ60 mm×325 mm	锯床
2	热处理	调质:HB225－260	热处理车间
3	车工	车右端三个外圆(两外圆留磨量 0.3～0.5 mm),切槽及倒角	车床
4	车工	车左端一个外圆(留磨量 0.3～0.5 mm),切槽及倒角	卧式机床
5	车工	车两端面至总长,钻中心孔	车床
6	钳工	研磨中心孔	车床
7	磨工	磨外圆 ϕ55 mm 至图纸要求	外圆磨床
8	磨工	磨外圆 ϕ40 mm 至图纸要求	外圆磨床
9	磨工	磨外圆 ϕ35 mm 至图纸要求	外圆磨床
10	铣工	铣键槽	键槽铣床
11	铣工	铣螺纹	螺纹铣床
12	钳工	去毛刺	钳工台
13	检验	按图示尺寸检查	检验台

2.工步

一个工序可以只有一个工步,也可以包括若干个工步。工步是在加工表面和加工工具不变的情况下所连续完成的那一部分工作。如表 2－2 中的工序,需要车削 2 个端面,2 个中心孔,4 个外圆表面,3 个沟槽及倒角,2 个倒角及车螺纹,共分 13 个工步。

在批量生产中,为了提高生产率,常采用多刀多刃或复合刀具同时加工工件的几个表面,这样的工步称为复合工步。复合工步亦视为一个工步。

3.安装

工件加工前使其在机床上或其中获得一个正确而固定位置的过程称为装夹。装夹包括工件定位和夹紧两部分内容。工件经一次装夹后所完成的那一部分工序称为安装。在一个工序中可以包括一个或数个安装。

二、生产类型的工艺特征

表 2-3 各种生产类型的工艺特征

措施＼类型	单件、小批生产	中批生产	大批、大量生产
毛坯制造	锻件用自由锻，铸件用苯板手工造型、毛坯精度低，加工余量大	部分锻件用模锻，部分铸件用金属模造型。毛坯精度中等，加工余量中等	锻件广泛采用模锻，铸件广泛采用金属模及机器造型、压力铸造等高效方法。毛坯精度高，加工余量小
机床设备	采用通用机床	采用部分通用机床和部分高生产率机床或专用机床	采用专用机床
刀、夹、量具	采用通用的刀、夹、量具	采用部分通用刀、夹、量具和部分专用刀、夹、量具	广泛采用高生产率的专用刀、夹、量具
对工人的技术要求	需要技术熟练、水平较高的工人	需要具有一定熟练程度的技术工人	需要技术熟练的调整工，对一般操作工人技术要求较低
车间平面布置	按照机床的种类及大小，采用机群式排列布置	按加工零件类别，分工段排列布置	按流水线或生产自动线形式排列布置
工艺技术文件	有简单的工艺过程卡片	有工艺规程	有详细的工艺过程
零件的互换性	没有互换性，一般配对制造，采用修配方法	大部分有互换性，少数用钳工修配	全部要求有互换性，对精度要求高的配合件，采用分组选配
生产率	低	较高	高
经济性	生产成本高	生产成本较低	生产成本低

第二节 定位基准的选择

基准是用来确定生产对象上几何要素间的几何关系所依据的点、线、面。定位基准是在加工中用作定位的基准。工件定位的实质，是要使工件在机床或夹具中具有某个确定的正确加工位置。

定位基准的作用主要是保证工件各表面之间的相互位置精度。按照工序性质和作用不同，定位基准可分为粗基准和精基准两类。以毛坯上未经加工表面来定位的基准为粗基准，而采用已加工表面作为定位基准的称为精基准。

一、粗基准的选择

粗基准的选择,一般情况下也就是第一道工序定位基准的选择,往往是为了加工出后续工序的精基准。在选择粗基准时,重点考虑两方面,一是加工表面的余量分配;二是保证加工面与不加工面间的相互位置要求。因此,粗基准的选择原则如下:

1.若首先保证工件上加工面与不加工面间的相互位置要求,则应以不加工面为粗基准;若有几个不需加工的表面,则应以其中与加工表面间位置精度较高者为粗基准;若每个表面都需加工,则以余量最小者为粗基准,以保证工件在后道工序中不会因余量不足而报废;

2.若首先保证工件某重要表面的加工余量均匀,则应以该表面为粗基准;

3.尽量选用位置可靠,平整光洁的表面作粗基准,应避免选用有飞边、浇口、冒口或其他缺陷的表面作粗基准,以保证定位准确,夹紧可靠;

4.粗基准一般不重复使用。这是因为粗基准比较粗糙,重复使用会产生很大的基准位置误差,影响加工精度。但是若采用精化毛坯,而相应的加工要求不高,重复安装的定位误差在允许范围内,则粗基准可灵活使用。

二、精基准的选择

选择精基准时,重点考虑如何减少定位误差,提高加工精度,以及使工件安装准确、可靠、方便。精基准的选择原则如下:

1.基准重合原则。尽量选用设计基准作为精基准,这样可以避免基准不重合而引起的基准不重合误差。

2.基准统一原则。应用统一的定位基准进行各道工序或大部分工序的加工。基准统一原则是成批、大量生产中常常采用的一条原则,但不排除个别工序中为了保证加工精度而采用基准重合。

3.自为基准原则。当某些精加工要求加工余量小而均匀时,选择加工表面本身作为定位基准称为自为基准原则。遵循自为基准原则时,不能提高加工面的位置精度,只是提高加工面本身的精度。

4.互为基准原则。为了使加工面间有较高的位置精度,使其加工余量小而均匀,可采取反复加工,互为基准原则。

5.保证工件定位准确、夹紧可靠、操作方便原则。所选精基准应该是精度高、表面质量好、支承面积大的表面。当用夹具装夹时,选择的精基准面还应使夹具结构简单,操作方便。

三、辅助定位基准

生产实际中,有时工件上找不到合适的表面作为定位基准,为便于工件安排和保证获得规定的加工精度,可以在制造毛坯时或在工件上允许的部位增设和加工出定位基准,如工艺凸台、工艺孔、中心孔等,这种定位基准称为辅助定位基准,它在零件的工作中不起作用,只是为了加工的需要而设置的。除不影响零件正常工作而允许保留的外,增设的辅助定位基准在零件全部加工后,还须将其切除。

第三节　工艺路线的拟定

工艺路线是工艺规程的主干，它的合理与否将直接影响整个零件机械加工质量、生产率和经济性。因此，工艺路线的拟定是制定工艺规程的关键性一步，在具体工作中，应在充分分析研究的基础上，提出几个方案，通过比较，选择最佳的工艺路线。在拟定工艺路线时，除正确地确定定位基准外，还需解决下面几个问题。

一、表面加工方法的选择

零件各表面加工方法的选择，不但影响加工质量，而且影响生产率和制造成本。选择零件表面加工方法，常常根据经验或查表来确定，再根据实际情况或通过工艺试验进行修改。

表面精度和表面粗糙度是指在正常生产条件下，某种加工方法在经济效果良好时所能达到的加工精度和表面粗糙度。如表2-4、表2-5所示，介绍了外圆柱面和平面的加工方案。

表2-4　外圆柱面加工方案

序号	加工方法	表面精度(公差等级表示)	表面粗糙度 *Ra* 值/μm	适用范围
1	粗车	IT11-13	12.5~50	适用于淬火钢以外的各种金属
2	粗车-半精车	IT8-10	3.2~6.3	
3	粗车-半精车-精车	IT7-8	0.8~1.6	
4	粗车-半精车-精车(或抛光)-滚压	IT7-8	0.025~0.2	
5	磨削	IT7-8	0.4~0.8	主要用于淬火钢，也可以用于未淬火钢
6	精磨	IT6-7	0.1~0.4	
7	粗磨-精磨-超精加工(或轮式超精磨)	IT5	0.012~0.1(或 *Rz*0.1)	
8	粗车-半精车-精车-精细车(金刚车)	IT6-7	0.025~0.4	主要用于要求较高的有色金属加工
9	粗车-半精车-粗磨-精磨-超精磨(或铣面磨)	IT5以上	0.006~0.025(或 *Rz*0.05)	极高精度的外圆加工
10	粗车-半精车-粗磨-精磨-研磨	IT5以上	0.006~0.1(或 *Rz*0.05)	

表 2-5　平面加工方案

序号	加工方法	表面精度（公差等级表示）	表面粗糙度 Ra 值/μm	适用范围
1	粗车	IT11-13	12.5~50	适用于淬火钢以外的各种金属
2	粗车-半精车	IT8-10	3.2~6.3	
3	粗车-半精车-精车	IT7-8	0.8~1.6	
4	粗车-半精车-精车	IT6-8	0.2~0.8	
5	粗刨（或粗铣）	IT11-13	6.3~25	可以用于未淬火钢
6	粗刨（或粗铣）-精刨（或精铣）	IT8-10	1.6~6.3	
7	粗刨（或粗铣）-精刨（或精铣）-刮研	IT6-7	0.1~0.8	
8	以宽刃精刨代替上述研磨	IT7	0.2~0.8	主要用于要求较高的有色金属加工
9	粗刨（或粗铣）-精刨（或精铣）-磨削	IT7	0.2~0.8	极高精度的外圆加工
10	粗刨（或粗铣）-精刨（或精铣）-粗磨-精磨	IT6-7	0.025~0.4	
11	粗铣-拉	IT7-9	0.2~0.8	大量生产较小的平面（精度视拉刀精度而定）
12	粗铣-精铣-磨削-研磨	IT5以上	0.006~0.1 或 Rz0.05	高精度平面

满足同样精度要求的加工方法有几种，故在选择加工方法时，还应注意以下几个方面：

1.首先根据每个加工表面的技术要求，确定加工方法及分几次加工。

2.根据生产类型，不同的加工方法和加工方案，采用的设备和刀具不同，生产率和经济性也大不相同。大批量生产时，应选用高效率和质量稳定的加工方法。例如平面和孔可采用拉削加工，采用组合铣、镗等进行数个表面同时加工，在单件小批生产时，对于平面和孔多采用通用机床、通用工艺装备及常规的加工方法，大批量生产时，尽可能采用专用的高效率设备和专用工艺装备等。

3.零件材料可加工性。有色金属一般采用精车、精铣、精镗、滚压等方法。经淬火的钢制件，精加工必须采用磨削的方法加工。

4.根据本企业的现有设备与技术水平，充分利用现有设备和工艺手段，挖掘企业潜力，发挥工程技术人员和工人的积极性与创造性。同时积极应用新手段和新技术，不断提高工艺水平。

5.特殊要求。如表面纹路方向的要求，铰削及镗削的纹路方向与拉削的纹路方向不同，应根据设计的特定要求选择相应的加工方法。

二、加工顺序的分类

当零件的加工质量要求较高时，往往不可能在一道工序内完成一个或几个表面的全部加工，一般必须把零件的整个工艺路线分成几个加工阶段，即粗加工阶段、半精加工阶段、精加工阶段。如果加工精度和表面质量要求特别高时，还应进行光整加工和超精密加工。

1.粗加工阶段

粗加工阶段的主要任务是切除工件各加工表面的大部分余量。在粗加工阶段，主要问题是如何提高生产率，在粗加工阶段可及早发现锻件、铸件等毛坯的裂纹、夹杂、气孔、夹砂及余量不足等缺陷，及时予以报废或修补，以避免造成不必要的浪费。

2.半精加工阶段

达到一定的准确度要求，完成次要表面的最终加工，并为主要表面的精加工做好准备。

3.精加工阶段

完成各主要表面的最终加工，使零件的加工精度和加工表面质量达到图样的要求。在精加工阶段，主要问题是如何确保零件的质量，由于精加工切削力和切削热小，机床磨损相应较小，有利于长期保持设备的精度。

三、加工顺序的确定

1.机械加工顺序的安排

机械加工工序的顺序，应遵循下述原则安排：

(1)先进行粗加工，后进行精加工。

(2)先加工出基准面，再以它为基准加工其他表面。如果基准面不止一个，则按照逐步提高精度的原则，先确定基准面的转换顺序，然后考虑其他各表面的加工顺序。

(3)先安排主要表面的加工，后安排次要表面的加工。

2.检验工序的安排

检验对保证产品质量有着极为重要的作用。除操作者或检验员在每道工序中进行自检、抽检外，一般还安排独立的检验工序。检验工序属于机械加工工艺过程中的辅助工序，包括中间检验工序、特种检验工序和最终检验工序。

(1)在下列情况下安排中间检验工序。

①每个工序的首件检验，避免大批量零件不合格造成重大质量事故。

②工件从一个车间转到另一个车间前后需检查，其目的是便于分析产生质量问题的原因和分清零件质量事故的责任。

③重要零件的关键工序加工后，需安排中间检验工序，目的是控制加工质量和避免工时浪费。

(2)特种检验主要指无损探伤，此外还有密封性检验、流量检验、称重检验等。

(3)最终检验工序安排在零件表面全部加工完之后。

第四节　加工精度与表面质量

一、加工精度

加工精度是指零件加工后的实际几何形状(尺寸、形状、表面相互位置)与设计要求的理想几何参数的符合程度,符合程度越高,加工精度也越高。它包括尺寸精度、形状精度和位置精度三种,它们直接影响到产品的工作性能与质量。

1.尺寸精度

尺寸精度是由尺寸公差来表示的,尺寸公差是指零件对尺寸允许的变动量。同一基本尺寸的零件,公差值的大小决定了零件尺寸的精度,公差值小的,精度高;公差值大的,精度低。例如,有一轴其直径为 48 mm,其基本尺寸为 48 mm,最大允许加工到 48.01 mm,最小允许加工到 47.97 mm,尺寸公差为 48.01 - 47.97 = 0.04 mm。

2.形状精度

形状精度是同一表面的实际形状相对理想形状的符合程度。形状精度由轨迹法、成形法、展成法三种方式获得,常用形状公差控制。形状公差有六项:直线度、平面度、圆度、圆柱度、线轮廓度、面轮廓度。

3.位置精度

位置精度是指零件点、线、面的实际位置相对理想位置的符合程度。零件表面的相互位置,主要是由机床精度、夹具精度和工件的安装精度来保证的。

位置精度是由位置公差显示的,共有八项:平行度、垂直度、倾斜度、位置度、同轴度、对称度、圆跳动、全跳动。

二、表面粗糙度

表面粗糙度是指零件被加工表面上的微观几何形状误差。它的形状误差和表面波度都是指表面本身的几何形状误差。

1.表面粗糙度。符号含义如下:

√:基本符号,表示表面可用任何方法获得。不加注粗糙度参数或有关说明时,仅适用于简化代号标准(如表面处理、局部热处理状况等)。

基本符号加一短线,表示表面是用去除材料的方法获得(如车、铣、钻、磨、剪切、抛光、腐蚀、电火花加工、气割等)。

基本符号加一小圆,表示表面是用不去除材料的方法获得(如铸、锻、冲压变形、热轧、粉末冶金等)。

2.表面粗糙度 *Ra* 值的含义举例如下:

3.2√:用任何方法获得的表面粗糙度 *Ra* 最大允许值为 3.2 mm;

3.2▽:用去除材料的方法获得的表面粗糙度 *Ra* 最大允许值 3.2 mm;

3.2○√:用不去除材料的方法获得的表面粗糙度 *Ra* 最大允许值为 3.2 mm。

3.表面粗糙度的检测

检测表面粗糙度常用比较法。将被测面与已知粗糙度参数值的表面粗糙度样块进行比较,用目测和手摸的感触来判断表面粗糙的一种检测方法。比较时还可借助放大镜等工具,以减少误差。比较时,样板与被检表面的加工纹理方向应保持一致。此外,还有光切法、干涉法、感触法等检测方法。

第五节　常用量具及测量练习

为了确保零件和产品的质量，就必须用量具来测量。用来测量、检验零件及产品尺寸和形状的工具叫做量具。量具的种类很多，根据其用途和特点，可分为万能量具、专用量具和标准量具。

一、游标卡尺

游标卡尺是一种中等精度的量具，可以测量出工件的外径、孔径、长度、宽度、深度和孔距等尺寸。

1.游标卡尺的结构

游标卡尺由尺身(主尺)、游标(副尺)、固定量爪、活动量爪、止动螺钉等组成。精度有0.1 mm，0.02 mm和0.05 mm三种。如图2-2所示。其中，0.02 mm的游标卡尺最为广泛，按构造分，有带微调游标卡尺、带表盘游标卡尺和电子数字显示的游标卡尺等。

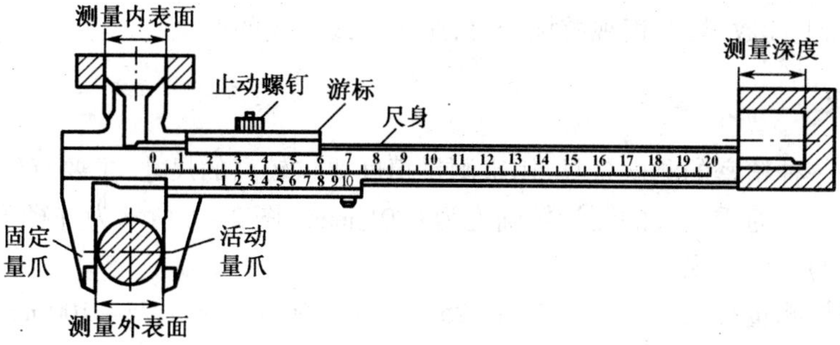

图2-2　游标卡尺

2.游标卡尺的刻线原理

0.05 mm游标卡尺刻线原理是：主尺上每一格长度为1 mm，副尺总长为39 mm，并等分为20格，每格长度为39/20 = 1.95 mm，则主尺2格和副尺1格长度之差为2 mm - 1.95 mm = 0.05 mm，所以它的精度为0.05 mm。其刻线原理如图2-3所示。

0.02 mm游标卡尺刻线原理是：主尺上每一格的长度为1 mm，副尺总长为49 mm，并等分为20格，每格长度为49/50 = 0.98 mm，则主尺1格和副尺1格长度之差为1 mm - 0.98 mm = 0.02 mm。0.02 mm游标卡尺的刻线原理如图2-4所示。

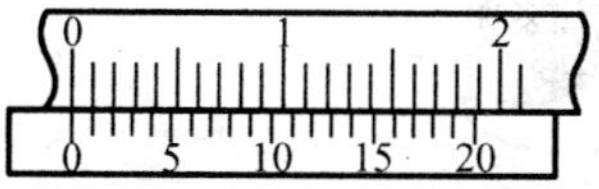

图2-3　0.05 mm游标卡尺刻线原理

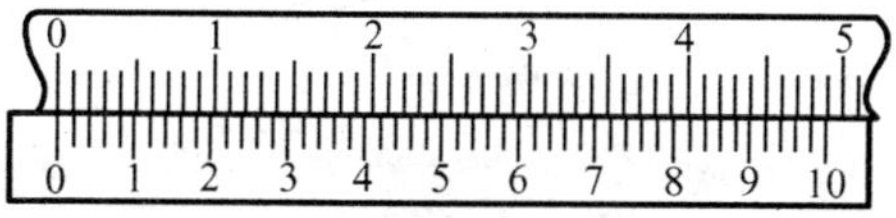

图2-4　0.02 mm游标卡尺刻线原理

3.游标卡尺的读数方法

首先读出游标副尺零刻线以左主尺上的整毫米数，再看到副尺上从零刻度线开始第几条刻度线与主尺上某一刻线对齐，其游标刻线与精度的乘积就是1 mm的小数部分，最后将整毫米数与小数相加就是测得的实际尺寸，其读数如图 2－5 所示。

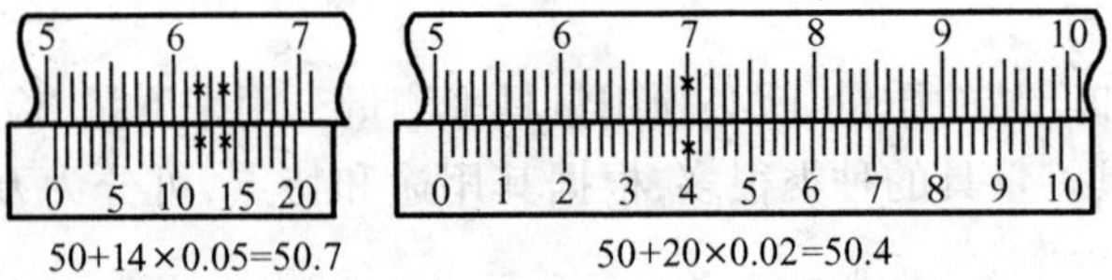

图 2－5　游标卡尺的读数方法

游标卡尺的规格按测量范围分为，0～125 mm，0～200 mm，0～300 mm，0～500 mm，0～800 mm，0～1 000 mm，0～1 500 mm，0～2 000 mm 等。1/50 mm 游标卡尺示值误差为 ±0.05 mm，故不能测量精度较高的工件尺寸。

4.注意事项

(1)测量前应将游标卡尺擦干净，检查量爪贴合后主尺与副尺的零刻度线是否对齐；

(2)测量时，所用的推力应使两量爪紧贴接触工件表面，力量不宜过大；

(3)测量时，不要使游标卡尺歪斜；

(4)在游标上读数时，要正视游标卡尺，避免视线误差的产生。

二、千分尺

千分尺是一种精密的测微量具，用来测量精度要求较高的尺寸，主要有外径千分尺和内径千分尺两种。普通千分尺的测量精确度为 0.01 mm。图 2－6 所示为外径千分尺的结构。

1.千分尺的结构及规格

它的规格按测量范围分有 0～25 mm，25～50 mm，50～75 mm，75～100 mm，100～125 mm 等，使用时按被测工件尺寸选用。

千分尺的制造精度分为 0 级和 1 级两种，0 级精度最高，1 级稍差。千分尺的制造精度主要由它的示值误差和两测量面平行度误差的大小来决定。

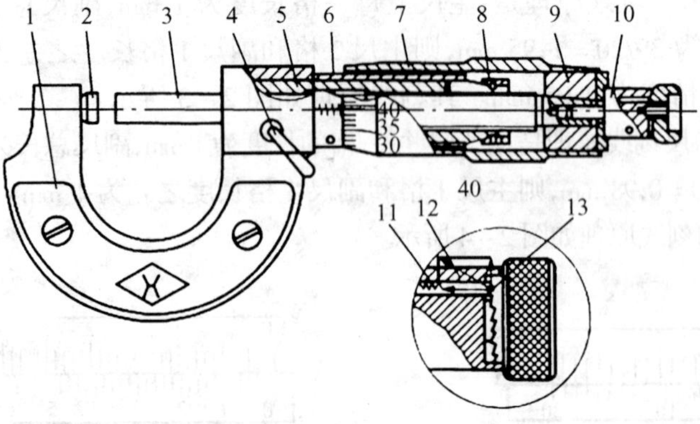

图 2－6　外径千分尺

1—尺架；2—砧座；3—测微螺杆；4—锁紧手柄；5—螺纹套；6—固定套管；7—微分筒；8—螺母；9—接头；10—测力装置；11—弹簧；12—棘轮爪；13—棘轮

2.千分尺的刻线原理

测微螺杆3右端螺纹螺距为0.5 mm。当微分筒转一周时，螺杆3就能移动0.5 mm。微分筒圆锥面上共刻有50格，因此微分筒每转一格，螺杆3就移动0.5÷50=0.01 mm，这种千分尺的读数值即为0.01 mm。

3.千分尺的读数方法

(1)读出微分筒边缘在固定套管主尺的毫米数和半毫米数；

(2)看微分筒上哪一格与固定套管主尺的毫米数和半毫米数相对齐；

(3)把两个读数加起来就是测得的实际尺寸。

如图2-7所示为千分尺的读数方法示例，其中左图读数为14 mm+0.29 mm=14.29 mm，右图读数为38.5 mm+0.29 mm=38.79 mm。

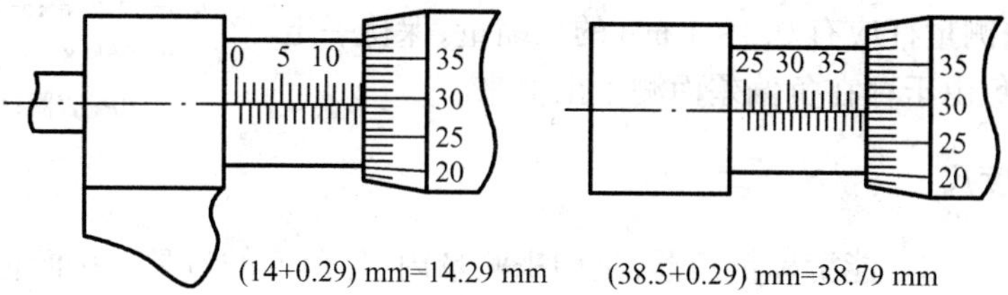

图2-7 千分尺的读数方法

4.千分尺的使用方法以及注意事项

(1)千分尺的测量前应保持干净，使用前应检查零位的准确性。对0~25 mm的千分尺可以先使两测量面接触，检查微分筒上的零线是否与固定套筒上的基准线对齐，如果没有则应先校正，对25~50 mm及以上的千分尺可用校正杆来校准。

(2)测量时，千分尺的测量面和零件的被测表面应擦拭干净，以保证测量准确，千分尺要放正，先转动微分筒，当测量面接近工件时，改用测力装置，至测力装置内棘轮发生吱吱声音为止。测量方法主要有两种，单手握尺测量时，可用大拇指和食指握住微分筒，小指将尺架压向手心即可测量；双手握尺测量时，可先将工件放在水平工作台上。

(3)读数时，最好不取下千分尺进行读数。如需要取下，应先锁紧测微螺杆，然后轻轻取下千分尺，以防止尺寸变动。读数时要看清楚刻度，不要错读0.5 mm。

(4)不能用千分尺测量毛坯，更不能在工件转动时去测量或将千分尺当锤子敲击物体。

(5)千分尺用完后应擦干净，并将测量面涂油防锈，放入专用盒内，不能与其他工具、刀具、工件等混放。

(6)千分尺应定期送计量部门进行精度鉴定。

三、百分表

百分表是一种精密量具，可用来检验机床精度和测量工件尺寸、形状和位置误差。

1.百分表的结构

百分表一般由触头、测量杆、齿轮、指针、表盘等组成，如图2-8所示。

2.百分表的刻线原理

百分表内的齿杆和齿轮的周节是0.625 mm。当齿杆上升16齿时(即上升0.625×16=

10 mm),16 齿小齿轮转一周,同时齿数为 100 齿的大齿轮也转一周,就带动齿数为 10 的小齿轮和长指针转 10 周,即齿杆移杆 1 mm 时,长指针转一周。由于表盘上共刻 100 格,所以长指针每转一格表示齿杆移动 0.01 mm。

3.百分表的读数方法

测量时长指针转过的格数即为测量尺寸。

4.注意事项

(1)测量前,检查表盘和指针有无松动现象;

(2)测量前,检查长指针是否对准零位,如果未对齐则及时调整;

(3)测量时,测量杆应垂直于工件表面;

(4)测量时,测量杆应有 0.3 ~ 1 mm 的压缩量,保持一定的初始测力,以免由于存在负偏差而测不出值来。

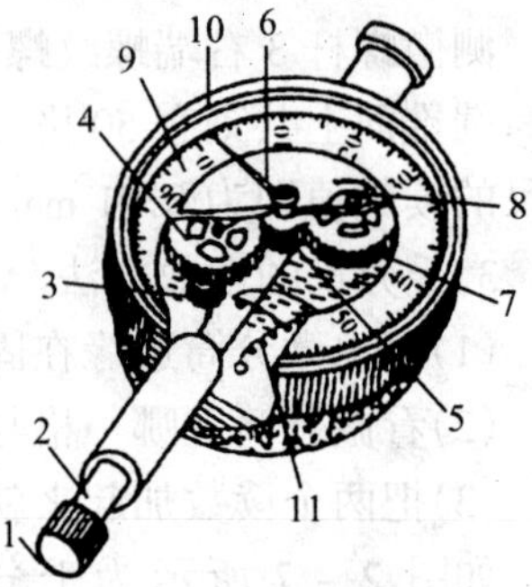

图 2-8 百分表

1—触头;2—测量杆;3—小齿轮;4,7—大齿轮;5—中间小齿轮;6—长指针;8—短指针;9—表盘;10—表圈;11—拉簧

四、万能角度尺

万能角度尺又称万能游标量角器,是用来测量内、外角度的量具。按游标的测量精度为 2′和 5′两种,其示值误差分别为 ±2′和 ±5′,测量范围是 0° ~ 320°,一般常用的是测量精度为 2′的万能游标量角器。

1.万能角度尺的结构

如图 2-9 所示,万能角度尺主要由尺身、扇形板、基尺、游标、直角尺、直尺和卡块等部分组成。

2.万能角度尺的刻线原理

万能角度尺的尺身刻线每格为 1°,游标共 30 格等分 29°,游标每格为 29/30 = 58′,尺身 1 格和游标 1 格之差为 1° - 58′ = 2′,所以它的测量精度为 2′。

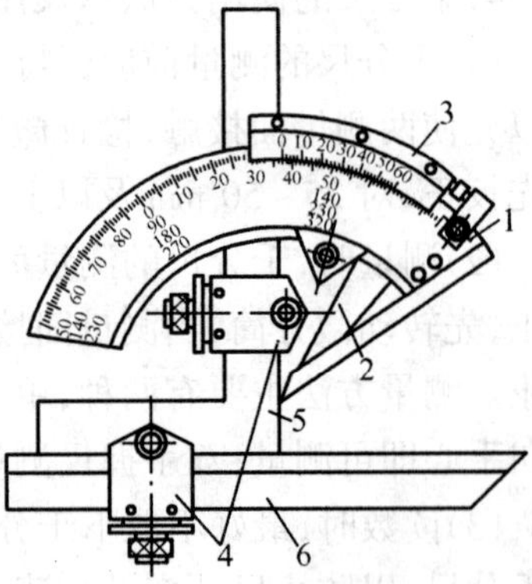

图 2-9 万能游标角度尺

1—尺身;2—基尺;3—游标;4—卡块;5—90°角尺;6—直尺

3.万能角度尺的读数方法

如图 2-10 所示,先读出游标尺零刻度前面的整度数,再看游标卡尺第几条刻线和尺身刻线对齐,读出角度"′"的数值,最后两者相加就是测量角度的数值。

4.万能角度尺的测量范围

如图 2-11 所示,万能角度尺由于直尺和 90°角尺可以移动和拆换,因此可以测量从 0° ~ 320°的任何角度。

5.注意事项

(1)使用前应检查是否与零位对齐;

(2)测量时,应使万能角度尺的两测量值与被测件表面在全长上保持良好接触,然后拧紧制动器上的螺母即可读数;

(3)在 50° ~ 140°范围内测量时,应装上直尺;在 140° ~ 230°范围内测量时,应装上角尺;在 230° ~ 320°范围内测量时,不装角尺和直尺;

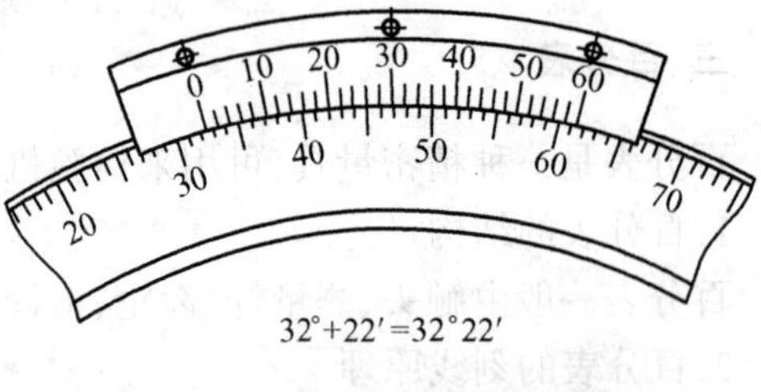

32°+22′=32°22′

图 2-10 万能角度尺的读数方法

(4)万能角度尺用完后应擦净上油，放入专用盒内。

五、刀口角尺

1.刀口角尺的使用

刀口角尺是样板平尺中的一种，因它有圆弧半径为0.1～0.2 mm的棱边，如图2－12所示，故可用漏光法或痕迹法检验垂直度、直线度和平面度。

检查工件直线时，刀口尺的测量棱边紧靠工件表面，然后观察漏光缝隙大小，判断工件表面是否平直。在明亮而均匀的光源照射下，全部接触表面能透过均匀而微弱的光线时，被测表面就很平直。

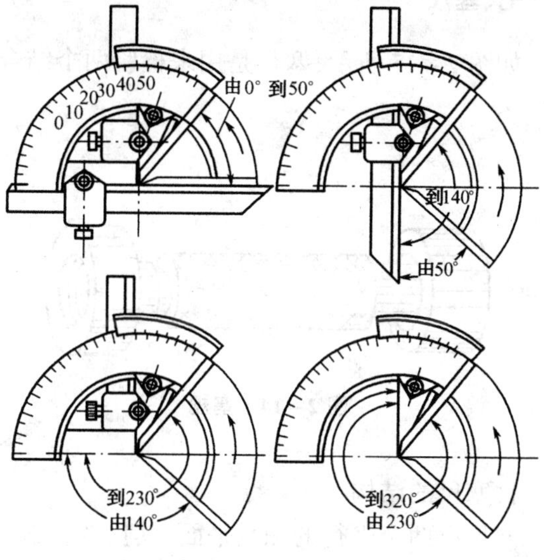

图2－11　万能游标量角器的测量范围

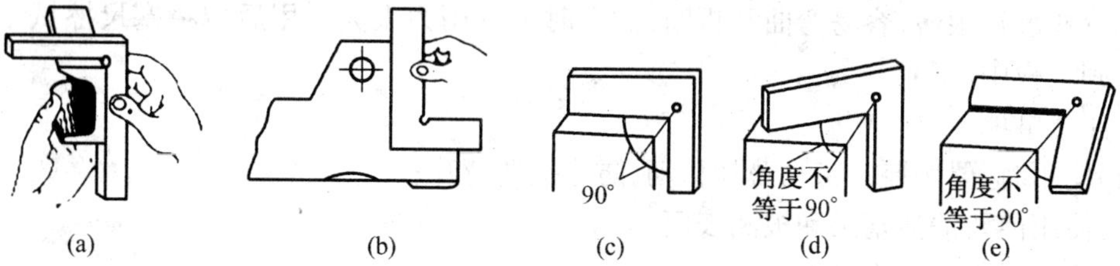

图2－12　刀口角尺测量

(a)检验外角；(b)检验内角；(c)正确；(d)不正确；(e)不正确

2.刀口直角尺

当直角尺一边贴在零线基准表面时，应轻轻压住，然后使直角尺的另一边与零件被测表面接触，根据透光的缝隙，判断零件垂直面的垂直精度。刀口直角尺主要有宽座直角尺和样板直角尺两种，如图2－13所示。

3.注意事项

(1)检验平面度时，还应沿对角线方向检验；

(2)直角尺的放置位置不能歪斜，否则测量不正确；

(3)检验内角的方法与检验外角的方法相同。

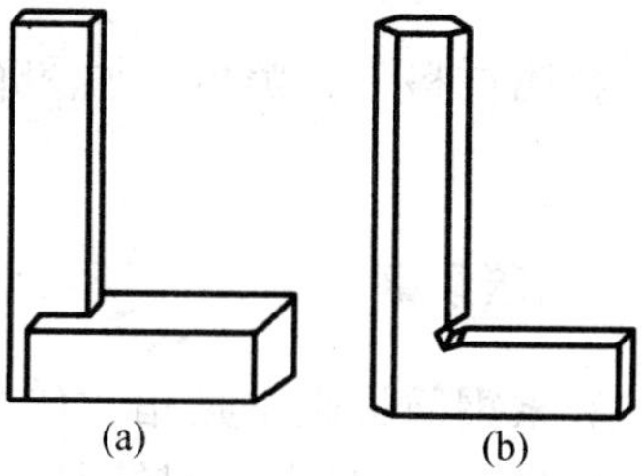

图2.13　刀口直角尺

(a)宽座直角尺；(b)样板直角尺

六、塞规

如图2－14所示，塞规由两个测量端组成，尺寸小的一端在测量内孔或内表面时应能通过，称为通端，它的尺寸是按被测量面的最小极限尺寸制作的。尺寸大的一端在测量工件时应不通过，称为止端，它的尺寸是按被测面的最大限极尺寸制作的。

七、塞尺

如图 2－15 所示，塞尺是用来检验两个结合面之间间隙大小的片状量规。

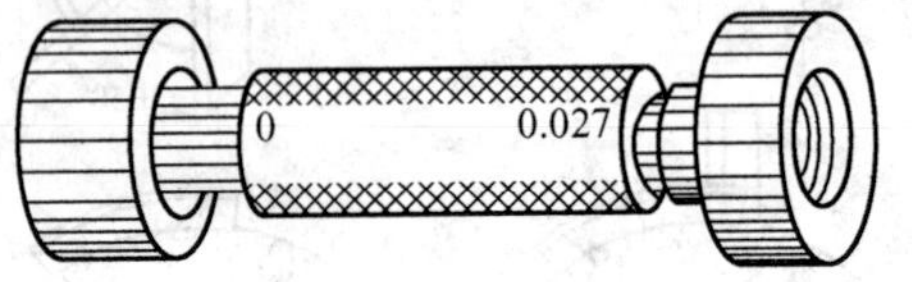

图 2－14　塞规

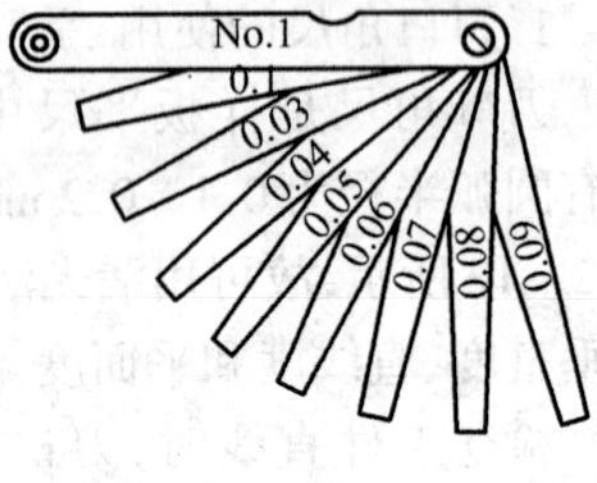

图 2－15　塞尺

1.塞尺的结构

塞尺有两个平行的测量平面，其长度有 50 mm，100 mm，200 mm 等多种。塞尺有若干个不同角度的片，可叠合起来装在夹板里。

2.塞尺的使用

使用塞尺时，应根据间隙大小选择塞尺的片数，可用一片或数片重叠在一起插入间隙内。部分塞尺片很薄，容易弯曲和折断，插入时不宜用力太大。用后应将塞尺擦拭干净，并及时合到夹板中。

3.注意事项

(1)使用时，要用厚片带动薄片移动，防止损坏薄片；

(2)使用前要清洁塞尺和被测表面；

(3)测量时不能用力过大；

(4)用完后擦净上油放入匣内。

第六节　常用金属材料

金属材料分为黑色金属和有色金属两大类。其中黑色金属包括碳素钢、合金钢、铸铁等。

一、碳素钢

碳素钢简称碳钢是指含碳量小于 2.11% 的铁碳合金。由于其价格低廉，冶炼方便，工艺性能良好，并且在一般情况下能满足使用性能要求，因而在机械制造、建筑、交通运输及其他工业行业中得到了广泛地应用。

1.碳素钢的分类

碳素钢的分类很多，常用的分类如下，按含碳量可分为：

(1)低碳钢。含碳量小于 0.25% 的钢。

(2)中碳钢。含碳量在 0.25%～0.60% 之间的钢。

(3)高碳钢。含碳量大于 0.60% 的钢。

按质量分为：

(1)普通碳素钢。硫、磷含量较高。

(2)优质碳素钢。硫、磷含量较低。

(3)高级优质碳素钢。硫、磷含量很低。

(4)特级质量碳素钢。硫、磷含量非常低。

按用途可分为:

(1)碳素结构钢。主要用于制造各种工程构件和机器零件,一般属于低碳钢和中碳钢。

(2)碳素工具钢。主要用于制造各种刃具、量具、模具等,这类钢一般属于高碳钢。

2.碳素钢的牌号与应用

(1)普通碳素结构钢。这类碳钢中碳的含量分数一般在0.06%~0.38%范围内,钢中有害杂质相对较多,但价格便宜,大多用于要求不高的机械零件和一般工程构件。通常轧制成钢板或各种型材供应。

碳素结构钢的牌号表示方法是由屈服点的字终Q、屈服点数值、质量等级符号、脱氧方法等四个部分按顺序组成。例如Q235-AF表示碳素结构钢中屈服强度为235 MPa的A级沸腾钢。

(2)优质碳素结构钢。这类钢因有害杂质较少,其强度、塑性、韧性均比碳素结构钢好。主要用于制造较重要的机械零件。

优质碳素结构钢的牌号用两位数字表示,如08,10,45等,数字表示钢中平均碳质量分数的万倍。如上述牌号分别表示其平均碳的质量分数为0.08%,0.1%,0.45%。

(3)碳素工具钢。碳素工具钢因含碳量比较高,硫、磷杂质含量较少,经淬火,低温回火后硬度比较高,耐磨性好,但塑性较低。主要用于制造各种低速切削刀具、量具和模具。

碳素工具牌的牌号由代号"T"后加数字组成。如T8钢,表示平均碳的质量分数为0.8%的优质碳素工具钢。

(4)铸造碳钢。生产中有许多形状复杂、力学性能要求高的机械零件,通常用铸造碳钢制造。铸钢中碳的质量分数一般在0.15%~0.60%范围内。铸造碳钢的牌号是用铸钢两字的汉语拼音的首字母"ZG"后面加两组数字组成,第一组数字代表屈服强度值,第二组数字代表抗拉强度值。如ZG270-500表示屈服强度为270 MPa,抗拉强度为500 MPa的铸造碳钢。

二、合金钢

合金钢就是在碳钢的基础上,为了改善组织和性能,有目的地加入一些元素而制成的钢,加入的元素称为合金元素。常用的合金元素有Si,Mn,Cr,Ni,W,V,Mo,Ti等。

1.合金钢的分类

合金钢的分类有多种,常见的分类按用途分:

(1)合金结构钢。指用于制造各种机械零件和工程结构的钢。

(2)合金工具钢。指用于制造各种工具的钢。

(3)特殊性能钢。具有某种特殊的物理、化学性能的钢。

按照合金元素的总含量可分:

(1)低合金钢。合金元素总量小于5%。

(2)中合金钢。合金元素总量在5%~10%以内。

(3)高合金钢。合金元素总量大于10%。

2.合金钢的编号

(1)合金结构钢。合金结构钢的牌号用“两位数字 + 元素符号 + 数字”表示。如60Si2Mn(60硅2锰)表示平均含碳量为0.6%,硅含量为2.1%,锰含量小于1.5%。

(2)合金工具钢。合金工具钢的含碳量比较高(0.8%~1.5%)。如9Mn2V表示平均含碳量为0.9%,锰含量为2%,钒含量小于1.5%。

(3)特殊性能钢。特殊性能钢的牌号表示方法与合金工具钢的基本相同。如2Cr13表示含碳量为0.2%,13%铬的不锈钢。

三、铸铁

铸铁是指一系列主要由铁、碳和硅组成的合金的总称。铸铁具有优良的铸造性能、切削加工性、耐磨性及减振性,而且熔炼铸铁的工艺与设备简单,成本低廉,是制造各种铸件的常用材料。

根据碳在铸铁中存在形式和形态的不同,铸铁可分为:

1.白口铸铁。碳除少量熔于铁素体外,其余的碳都以渗碳体的形式存在于铸铁中,其断口呈银白色,故称白口铸铁,这类铸铁硬而脆,很难切削加工,所以很少直接用来制造各种零件。

2.灰铸铁。铸铁中的碳大部分以片状石墨形式存在,其断口呈暗灰色,故称灰铸铁。这类铸铁力学性能不高,但生产工艺简单,价格低廉,且具备其他方面的特性。

3.球墨铸铁。铸铁中的碳绝大部分以球状石墨存在,故称球墨铸铁。这类铸铁力学性能比灰铸铁高,且通过热处理后可以进一步提高。

4.可锻铸铁。铸铁中碳主要以团絮状石墨的形状存在于铸铁中,它在薄壁复杂铸铁件中应用较多。

四、有色金属及其合金

工业上常用的金属材料中,通常称铁及其合金(钢铁)为黑色金属,其他的非铁金属及其合金称为有色金属。如铝、镁、钛、铜、锡、铅、锌等金属及其合金是常用的有色金属,它们具有许多良好的特殊性能,成为现代工业中不可缺少的材料。

1.铝及铝合金

(1)工业纯铝。工业纯铝是银白色的轻金属,它熔点为660 ℃,具有良好的导电、导热性。工业纯铝的主要用途是制作电线、电缆及强度要求不高的器皿。

(2)常用的铝合金。纯铝的强度很低,不适于作为结构零件的材料,在铝中加入铜、锰、硅、镁等合金元素即可成为铝合金,其力学性能大大提高,且具有密度小,耐腐蚀的优点。根据铝合金的成分及生产工艺特点,可分为变形铝合金和铸造铝合金两大类。变形铝合金塑性好,可由冶金厂加工成各种型材产品供应;铸造铝合金塑性较差,一般只用于铸造成形。

2.铜及铜合金

(1)工业纯铜。纯铜因其外观呈紫红色曾称为紫铜,它熔点为1 083 ℃,具有良好的塑性、导电性、导热性和耐蚀性,广泛用于制造电线、电缆、铜管以及配置铜合金。我国工业纯铜的代号有T1,T2,T3三种,顺序号越大,纯度越低。

(2)常用铜合金。在铜中加入锌、锡、镍、铝和铅等合金元素即可成为铜合金。铜合金按其化学成分分为黄铜、青铜和白铜。

第七节　金属切削基础知识

所谓金属切削加工,即用金属切削刀具从工件上切除多余的金属,从而获得在尺寸与形状及表面质量上都满足设计要求的加工。为了实现切削加工,除了要有被加工零件外,还应有刀具和切削运动。

一、切削运动和形成的表面

1.切削运动

以外圆车削为例,在金属切削加工中,为了实现从工件上切除多余的金属,刀具与工件之间必须有相对运动,如图 2－16 所示。

在图 2－16 中,工件作回转运动,刀具作直线运动。直线运动和回转运动都是基本运动单元,由这两个基本运动单元按不同的数目、不同大小的比值、不同的相对位置与方向就能够组成各种切削加工的切削运动。

在相对运动中包括主运动和进给运动。

(1)主运动

直接切除工件上的切削层,使之转变为切屑,以形成工件新表面的运动。判别主运动有以下几种方法。

①凡有回转运动,一般以回转运动为主运动;

②如有几个回转运动,或者切削运动中没有回转运动只有直线运动时,一般以速度最高、消耗功率最大的运动为主运动。

主运动只有一个,主运动的速度即用切削速度 V 表示。如图 2－16 中工件回转运动,即为主运动。

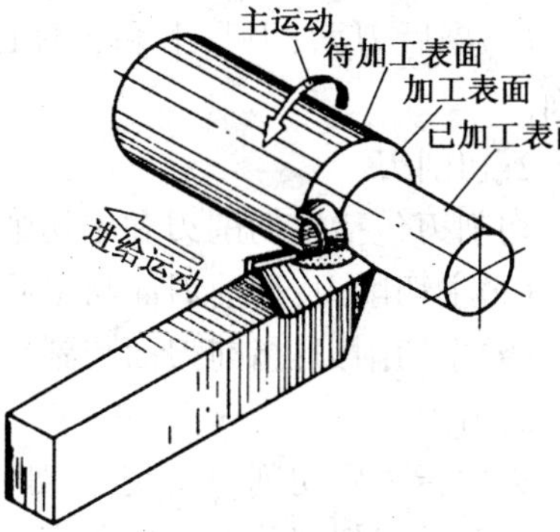

图 2－16　车削时的切削运动

(2)进给运动

使新的切削层不断投入切削,以便切完工件表面上加工余量的运动称为进给运动。进给运动可能是一个或数个,用进给量 f 或进给速度 V_f 来表示。如图 2－16 中车刀沿工件轴线方向的移动,即为进给运动。

(3)主运动与进给运动的合成

主运动与进给运动可以由刀具单独完成,也可以由刀具与工件分别来完成。

在切削过程中,主运动与进给运动既可以同时进行,也可以交替进行,如果是交替进行,就不存在两者的合成问题。只有在主运动和进给运动同时进行时,刀具切削刃上某一点相对于工件的运动称为合成切削运动。可用合成速度向量 $\boldsymbol{V}_e$ 来表示。由图 2－17 可知,合成速度向量 $\boldsymbol{V}_e$ 等于主运动速度 V 与进给速度 V_f 的矢量和,即 $\boldsymbol{V}_e = V + V_f$。

因为切削刃上各点的工件直径不同,切削刃上各点的合成速度矢量都不相等。

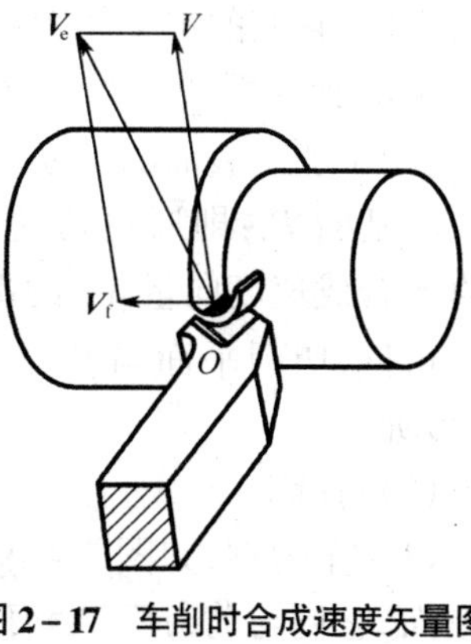

图 2－17　车削时合成速度矢量图

2.工件上形成的表面

在整个切削过程中,在工件上会形成以下三个不断变化着的表面。

(1)待加工表面。指工件上即将被切去金属层的表面。

(2)已加工表面。指工件上已经切去多余金属而形成的新表面。

(3)加工表面。指工件上切削刃正在切削着的表面,亦即上述两个表面间的过渡表面。

二、刀具切削部分的组成和定义

金属切削刀具种类繁多,结构各异,但它们之间具有共同的基本规律。就其切削部分而言,其他刀具的切削部分可以看成是由外圆车刀的切削部分演变而成。因此为了讲述方便,以外圆车刀为例来研究刀具的切削部分的组成和基本定义。

1.刀具切削部分的几个表面

刀具切削部分包括以下几个表面,如图2-18所示。

(1)前刀面:刚形成的切屑在流出时与刀具相接触的表面。

(2)主后刀面:刀具上和工件加工表面相对的表面。

(3)副后刀面:刀具上和工件已加工表面相对的表面。

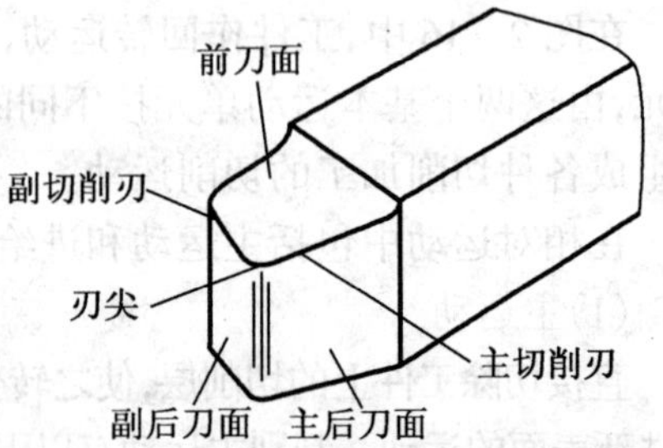

图2-18 刀具切削部分的各个表面

2.切削刃

切削刃包括主切削刃和副切削刃。

(1)主切削刃:指前刀面与主后刀面的交线。大部分的切削工作是由主切削刃完成的。

(2)副切削刃:指前刀面与副后刀面的交线。

3.刀尖

刀尖指主副切削刃的交点,如图2-18所示。

4.刀具切削部分的几何角度

(1)参考平面

各种刀具切削部分的几何角度只靠上述刀面与刀刃来表达还不够。由于各刀面的空间位置不同(角度不同),所以影响着刀具的切削功能,因此为了决定刀面的空间角度,必须建立参考平面。同时,刀具切削角度是在刀具与工件的相对运动中描述的,因此参考平面应相对合成切削速度向量 $\boldsymbol{V}_e$ 来建立。此外,加工表面往往不是平面,而是空间曲面,不宜作为参考平面,故采用通过切削刃某一点作工件加工表面的切平面和法平面来组成刀具角度的参考平面,它们的定义如下:

①切削平面 P_s:即通过切削刃某一选定点,切于加工表面的平面。

②基面 P_r:即通过切削刃某一选定点,垂直于合成速度向量 $\boldsymbol{V}_e$ 的平面。

可见,切削平面与基面互相垂直,如图2-19所示。

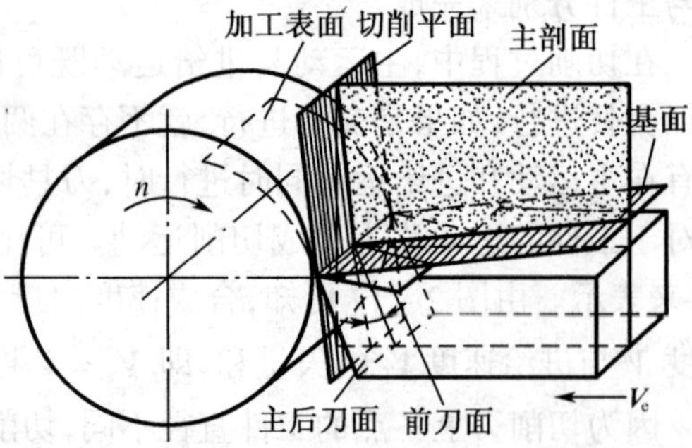

图2-19 横车的基面、切削平面和主剖面

(2)测量平面

以横车为例,如图2-19中的基面与切削平面,它们与前刀面、后刀面组成夹角,当

所取的测量平面不同，其夹角亦不同。为了测量出唯一的夹角，就必须规定出测量平面。其中有主剖面 P_0，即垂直于主切削刃在基面上投影的平面。副切削刃的主剖面 P_0'，指垂直于副切削刃在基面上投影的平面。

(3)刀具标注角度的坐标系

①假设条件：a.装刀时，刀尖处于工件中心线上；b.刀杆的轴线垂直工件的轴线；c.不考虑进给运动，即用主运动向量 $\boldsymbol{V}$ 近似代替合成速度向量 $\boldsymbol{V}_e$。

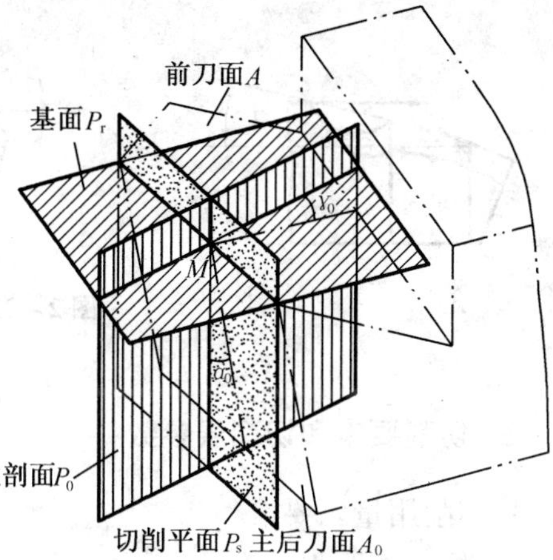

图 2-20　刀具标注角度坐标系

②主剖面坐标系及其标注角度：根据上述假设条件，以外圆车刀为例，当主切削刃处于水平线上，则过主切削刃上任一点 M 的基面、切削平面及主剖面如图 2-20 所示。图中，切削平面 P_s 是切于主切削刃某一选定点并垂直刀杆底面的平面。基面 P_r 是过主切削刃某一选定点并平行于刀杆底面的平面。主剖面 P_0 是既垂直于切削平面又垂直于基面的平面。可见，该三个坐标平面互相垂直，构成一个空间的直角坐标系。

坐标平面确定后，就可以确定刀具切削刃上某一选定点的角度。这些角度的定义如下。

在主剖面 P_0 中：

a.前角 r_0，前刀面与基面之间的夹角；

b.后角 α_0，后刀面与切削平面之间的夹角；

c.楔角 β_0，前刀面与后刀面之间的夹角。

三者的关系是　　$\beta_0 = 90° - (\alpha_0 + r_0)$

在基面 P_r 中：

a.主偏角 K_r，进给方向与主切削在基面上投影之间的夹角；

b.副偏角 K_r'，进给方向与副切削刃在基面上投影之间的夹角；

c.刀尖角 ε_T，主切削刃与副切削刃在基面上投影之间的夹角。

三者之间的关系是　　$\varepsilon_T = 180° - (K_r' - K_r)$

在切削平面 P_s 中：

刃倾角 λ_S，主切削刃与基面之间的夹角。

上述各角分别如图 2-21 所示。

按 ISO 规定，当刀尖位于主切削刃的最低点时为负数。当刀尖位于最高点时为正值，如图 2-22所示。

当 $\lambda_S = 0°$时的切削，称为直角切削或正切削。此时，切削刃垂直切削速度方向，如图 2-23(a)所示。

当 $\lambda_S \neq 0°$时的切削，称为斜角切削或斜切

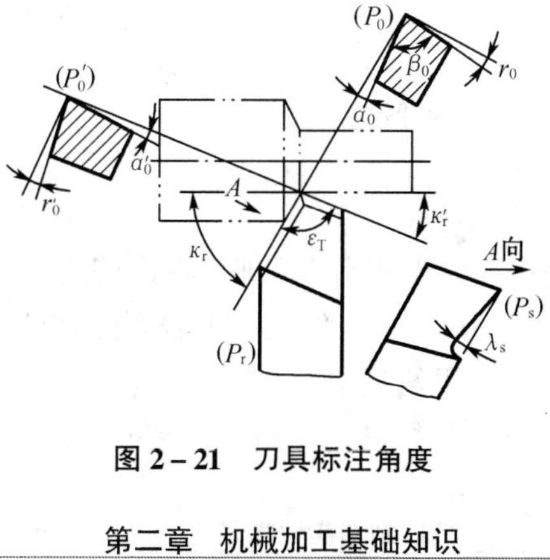

图 2-21　刀具标注角度

削。此时，切削刃不垂直切削速度方向，如图 2－23(b)所示。

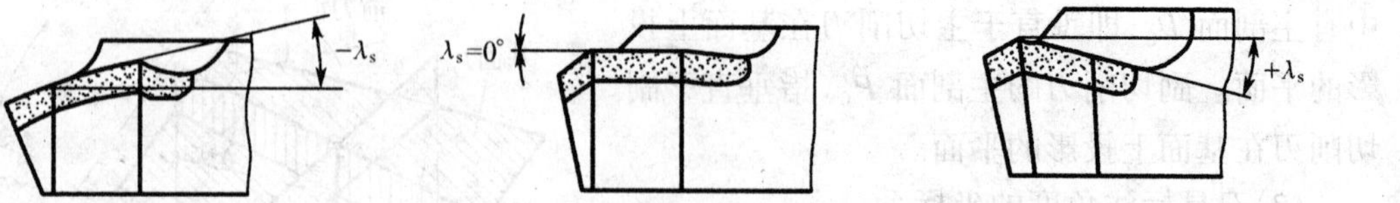

图 2－22 刃倾角 λ_S 的符号

三、切削要素和切削层参数

1.切削用量三要素

(1)切削速度 V

主运动的速度即为切削速度。计算公式如下

$$V=\frac{\pi\times d\times n}{60\times 1\,000}\quad \text{m/s}$$

式中 d——工件或刀具的外径，mm；

N——工件或刀具的转速，r/min。

(2)切削深度 α_p

工件上已加工表面与待加工表面的垂直距离称为切削深度，单位为 mm，如图 2－24 所示。

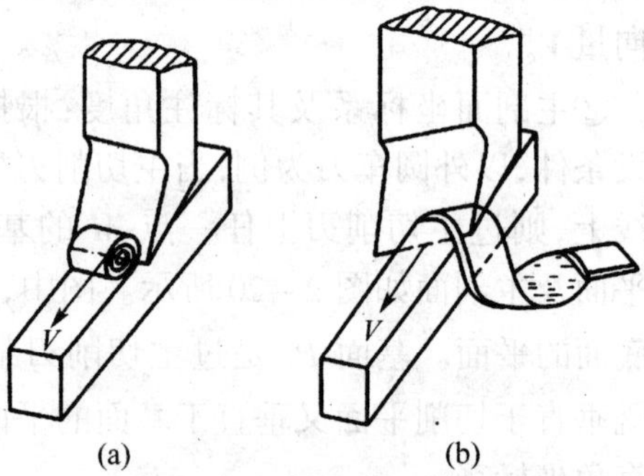

图 2－23 直角切削和斜角切削

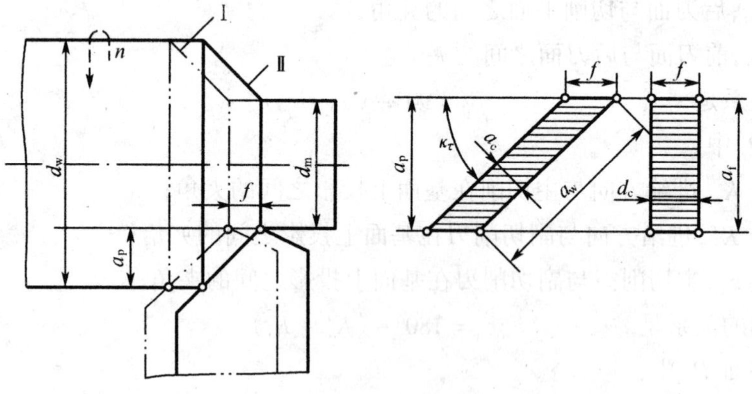

图 2－24 切削深度示意图

如对外圆车削而言

$$\alpha_p=\frac{d_w-d_m}{2}\quad \text{mm}$$

式中 d_w——工件待加工表面的直径，mm；

d_m——工件已加工表面的直径，mm。

(3)进给量 f

纵车时，进给量指工件转一转，刀具沿工件轴向的移动距离，单位为 mm/r。

主运动为往复直线运动时，则进给量的单位为 mm/s。

对于多刃刀具，用每齿进给量 α_f 来表示，单位为 mm/z。

往往用进给速度来表示进给运动，也称为每秒进给量，用 V_f 表示，单位为 mm/s。

三者之间的关系是

$$V_f = f \cdot n = \alpha_f \cdot Z \cdot n \quad \text{mm/s}$$

2.切削层参数

各种切削加工的切削层参数，一般都在基面内度量。现用典型的外圆纵车来说明。

(1)切削层

对于单刃刀具，切削层指切削刃沿进给方向移动一个进给量 f(mm/r)后所切下的金属体积在基面上所截得的金属层；对于多刃刀具，则是指两个相邻刀齿沿进给方向移动一个进给量 α_f 后所切下的金属体积在基面上所截得的金属层。切削层的大小和形状影响着切削刃切削部分所承受的负荷大小及切屑的形状与尺寸。

(2)切削厚度 α_c

切削厚度 α_c 即切削层的厚度，指相邻两个加工表面之间在基面上测量的垂直距离(即垂直于加工表面来度量的切削层尺寸)。

(3)切削宽度 α_w

切削宽度 α_w 即切削层的宽度，指沿加工表面测量的切削层尺寸。

(4)切削面积 A_c

切削面积 A_c 指切削层在基面内的面积。

3.自由切削和非自由切削

自由切削指只有一个直线切削刃进行的切削。

非自由切削指切削刃为折线形，主切削刃和副切削刃同时进行的切削，或曲线形刃的切削，如图 2-25 所示。

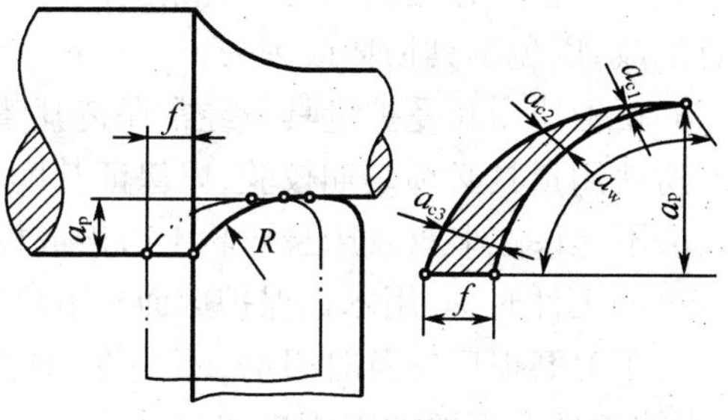

图 2-25　曲线切削刃

由图中可知，非自由切削时，由于刃口上各点切屑的流出方向不一致，从而会互相干涉，切屑变形不是平面变形，而是比较复杂的。往往当直线主切屑刃的工作长度远远大于副切削刃的工作长度时，为简化起见，可认为它是自由切削。曲线切削刀的 α_c 值，在刃上各点是不同的。

第三章　车工实训

第一节　车工安全操作规程

一、安全操作规程

1.启动车床前应做的工作

(1)检查车床各部分机构及防护设备是否完好;

(2)检查各手柄是否灵活,其空挡或原始位置是否正确;

(3)检查各注油孔,并进行润滑;

(4)使主轴低速空转1~2分钟,待车床运转正常后才能工作;若发现车床有故障,应立即停机检修。

2.主轴变速前必须先停机,变换进给箱手柄应在低速或停机状态下进行。为保持丝杠的精度,除车削螺纹外,不能使用丝杠进行机动进给。

3.工艺装备的放置要稳妥、整齐、合理,有固定的位置,便于操作时取用,用后应放回原处。主轴箱盖上不应放置任何物品。

4.工具箱应分类摆放物件。精度高的工具应放置稳妥,重物放下层,轻物放上层。不可随意乱放,以免工具损坏或丢失。

5.正确使用和爱护量具。经常保持其清洁,用后擦净,涂油,放入盒内,并及时归还工具室。所使用量具必须定期校验,以保证其度量准确。

6.不允许在卡盘及床身导轨上敲击或校直工件,床面上不准放置工具或工件。装夹、找正较重的工件时,应用木板保护床面。下班时若工件不卸下,应用千斤顶支撑。

7.车刀磨损后应及时刃磨,不允许用钝刃车刀继续车削,以免增加车床负荷或损坏车床,影响工件表面的加工质量和生产率。

8.批量生产的工件,首件应送检,在确认合格后方可继续加工。精车完的工件要注意进行防锈处理。

9.毛坯、半成品和成品应分开放置。半成品和成品应堆放整齐、轻拿轻放,严防碰伤已加工表面。

10.图样、工艺卡片应放置在便于阅读的位置,并注意保持其清洁和完整。

11.使用切削液前,应在床身导轨上涂润滑油。若车削铸铁或经气割下料的工件应擦去导轨上的润滑油。铸件上的型砂、杂质应尽量去除干净,以免损坏床身导轨面。切削液应定期更换。

12.工作场地周围应保持清洁、整齐,避免堆放杂物,防止绊倒。

13.结束操作前应做的工作

(1)将所用过的物件擦净、归位;

(2)清理车床,刷去切屑,擦净车床各部位的油污,按规定加注润滑油;

(3)将床鞍摇至床尾一端,各转动手柄放到空挡位置;

(4)把工作场地打扫干净;

(5)关闭电源。

二、车削加工工艺守则

1.加工前的准备

(1)操作者接到加工任务后,首先要检查加工所需要的产品图样、工艺规程和有关技术资料是否齐全。

(2)要仔细阅读工艺规程、产品图样及其技术要求,有疑问应找有关人员询问清楚后再进行加工。

(3)按产品图样或工艺规程复核工件毛坯或半成品是否符合要求,发现问题应及时向有关人员反映,待问题解决后才能进行加工。

(4)按工艺规程要求准备好加工所需要的全部工艺装备,发现问题及时处理,对新夹具要先熟悉其使用要求和操作方法。

(5)加工所用的工艺装备应放在规定的位置。不得乱放,更不能放在车床导轨上。

(6)工艺装备不得随意拆卸和更改。

(7)检查加工所用的车床等设备,准备好所需的各种附件。加工前车床要按规定进行润滑和空运转。

2.车刀的装夹

(1)在装夹各类车刀及其他刀具前,一定要把刀柄等处擦拭干净。

(2)刀具装夹后,应利用对刀装置或试车削等手段检查其正确性。

(3)车刀刀柄伸出刀架不宜过长,一般伸出长度不应超过刀柄高度的1.5倍(车孔、车槽等除外)。

(4)车刀刀柄中心线应与进给方向垂直或平行。

(5)刀尖高度的调整

①在车端面、圆锥、螺纹、成形面和切断实心工件时,车刀刀尖应与工件轴线等高;

②在粗车外圆、精车孔时,车刀刀尖一般应比工件轴线略高;

③在精车细长轴、粗车孔、切断空心工件时,车刀刀尖一般应比工件轴线稍低。

(6)螺纹车刀刀尖角的平分线应与工件轴线垂直。

(7)装夹车刀时,刀柄下面的垫片要少而平,压紧车刀的螺钉要拧紧。

3.工件的装夹

(1)工件装夹前应将其定位面、夹紧面以及垫铁和夹具的定位面、夹紧面擦拭干净,并不得有毛刺。

(2)用三爪自定心卡盘装夹工件进行粗车或精车,若工件直径小于或等于30 mm时,其悬伸长度应不大于直径的5倍;若工件直径大于30 mm时,其悬伸长度应不大于直径的3倍。

(3)用四爪单动卡盘、花盘、弯板等装夹不规则或偏重的工件时,必须加平衡铁进行平衡。

(4)在两顶尖间装夹轴类工件时,应先调整尾座顶尖中心,使其与车床主轴轴线重合。

(5)在两顶尖间加工细长轴时,应使用跟刀架或中心架。在加工过程中要注意调整顶尖的顶紧力,固定顶尖和中心架应注意润滑。

(6)使用尾座时,套筒尽量伸出短些,以减少振动。

(7)车削轮类、套类铸件或锻件时,应按不加工的表面找正,以保证加工后工件壁厚均匀。

4.加工要求

(1)为了保证加工质量并提高生产率,应根据工件材料、精度要求和机床、刀具、夹具等情况,合理选择切削用量。加工铸铁件时,为了避免表面夹砂、硬化层等损坏刀具,在许可的条件下,背吃刀量应大于夹砂或硬化层深度。

(2)对有公差要求的尺寸,在加工时应尽量按其中间公差加工。

(3)工艺规程中未规定表面粗糙度要求的粗加工工序,加工后的表面粗糙度 Ra 值应不大于 25 μm。

(4)铰孔前的表面粗糙度 Ra 值应不大于 12.5 μm。

(5)精磨前的表面粗糙度 Ra 值应不大于 6.3 μm。

(6)粗加工时的倒角、倒圆、槽深等都应按精加工余量加大或加深,以保证精加工后达到设计要求。

(7)图样和工艺规程中未规定的倒角、倒圆尺寸和公差要求按相关标准处理。

(8)凡下道工序需进行表面淬火、超声波探伤或滚压加工的工件表面,在本工序加工时表面粗糙度 Ra 值不得大于 6.3 μm。

(9)在本工序后无去毛刺工序时,本工序加工产生的毛刺应在本工序去除。

(10)在工件的加工过程中应经常检查工件是否松动,以防因松动而影响加工质量或发生意外事故。

(11)当粗、精加工在同一台车床上进行时,粗加工后一般应松开工件,待其冷却后重新装夹。

(12)在切削过程中,若车床—刀具—工件系统发出不正常的声音或已加工表面质量突然变差,应立即退刀停车检查。

(13)在批量生产中,必须进行首件检查,合格后方能继续加工。

(14)在加工过程中,操作者必须对工件进行自检。

(15)检查时应正确使用测量器具。使用量规、千分尺等必须轻轻用力推入或旋入,不得用力过猛;使用游标卡尺、千分尺、百分表(或千分表)等量具时,应事先调好零位。

5.车削加工

(1)车削台阶轴时,为了保证车削时工件的刚度,一般应先车直径较大的部分,后车直径较小的部分。

(2)在轴类工件上车槽时,应在精车之前进行,以防止工件变形。

(3)精车带螺纹的轴时,一般应在螺纹加工之后再精车无螺纹部分。

(4)钻孔前,应将工件端面车平。必要时应先钻出定位中心孔。

(5)钻深孔时,一般先钻出导向孔。

(6)车削直径为 10~20 mm 的孔时,刀柄的直径应为被加工孔径的 0.6~0.7 倍;加工直径大于 20 mm 的孔时,一般采用可装夹刀头的刀柄。

(7)车削多线螺纹或多头蜗杆时,调整好交换齿轮后要进行试车削。

(8)当工件的有关表面有位置公差要求时,应尽量在一次装夹中完成车削工作。

(9)车削圆柱齿轮齿坯时,孔与基准端面必须在一次装夹中加工。必要时应该在该端面的齿轮分度圆附近车出标记线。

6.加工后的处理

(1)工件在各工序加工后应做到无屑、无水、无脏物,并在规定的工位器具上摆放整齐,以免磕、碰、划伤等;

(2)暂不进行下道工序加工的或精加工后的工件表面应进行防锈处理;

(3)凡相关零件成组配合加工的,加工后需要作标记(或编号);

(4)各工序加工完的工件经专职检验员检验合格后,方能转入下道工序。

7.其他要求

(1)工艺装备用完后要擦拭干净,涂好防锈油,放到规定的位置或交还工具库;

(2)产品图样、工艺规程和所使用的其他技术文件要注意保持整洁,严禁涂改。

第二节　普通车床的组成、规格型号及作用

车削是利用工件的旋转运动和刀具的直线运动来加工工件的,在车床上所能完成的切削加工最多。现以 CA6140 型车床为例介绍普通车床,如图 3－1 所示。

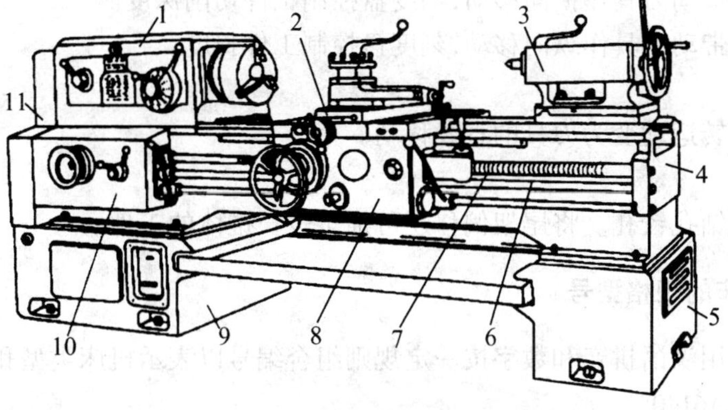

图 3－1　CA6140 型卧式车床外形

1—主轴箱;2—刀架;3—尾座;4—床身;5—右床腿;6—光杠;
7—丝杠;8—溜板箱;9—左床腿;10—进给箱;11—挂轮变速机构

一、普通车床组成及作用

普通车床由以下几大部分组成。

1.床身

床身用于安装车床各部件并保持各部件相对正确位置,床面上有四条平行导轨,精度和平行度都很好,外面两条导轨供溜板作纵向移动,里面两条供尾座移动。

2.主轴箱和变速箱

主轴箱主要是支承主轴,改变主轴转速,实现主轴旋转运动。主轴为空心结构,便于穿过长棒料,主轴右端有螺纹,用以连接卡盘、花盘等附件。

主轴箱和变速箱配合使用可使主轴有快慢不同转速。CA6140 型机床主轴箱和变速箱采用分离式结构,目的是减小主轴振动,提高加工精度。

3.进给箱

传递进给运动,改变进给量大小。主轴运动由交换齿轮传入进给箱,通过箱内齿轮不同组合,使光杠或丝杠获得不同转速,调整进给量大小或车螺纹时调整螺距。

4.光杠丝杠

光杠和丝杠都起传动作用。光杠是把进给箱的运动传给溜板箱,使车刀按要求的速度作直线运动。加工螺纹时,必须用丝杠传动。

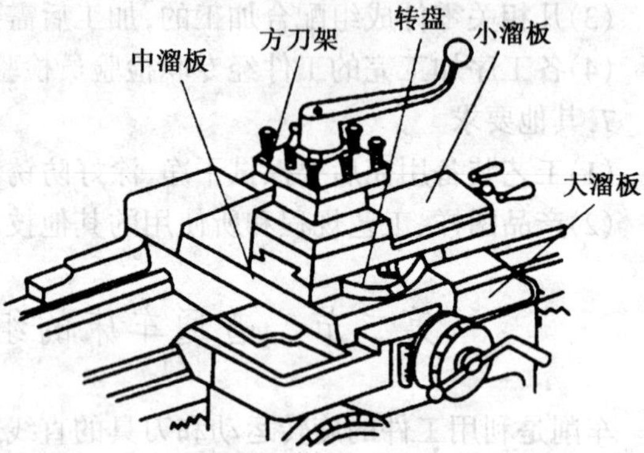

图 3-2 刀架的组成

5.刀架

刀架为多层结构,由方刀架、小溜板、中溜板、大溜板、转盘共同组成。如图 3-2 所示,各部分作用如下:

(1)刀架,安装紧固刀具。

(2)溜板,带动刀具作纵向、横向、斜向移动。

(3)中溜板,带动刀具作横向移动,刻度盘控制工件切削深度。

(4)大溜板,带动刀具作纵向移动,刻度盘控制工件长度。

6.溜板箱

使光杠的旋转运动变为刀具的直线移动。

7.尾架

支撑工件或钻孔铰孔。将尾架偏移还可加工较长锥体的工件。

二、普通车床的规格型号

机床型号均用汉语拼音和数字按一定规则组合编号以表示机床类型和主要参数。

例 型号:CA6140

C:机床类别(车床类)

A:结构代号

6:组别(普通机床组)

1:型别(普通机床型)

40:基本参数 1/10(加工工件最大直径的 1/10)

三、切削用量

切削用量(即切削三要素)是衡量切削运动大小、切削加工质量好坏、刀具磨损、机床动力消耗及生产的重要参数。

1.切削速度 ν_e

主运动的线速度。它表示主运动速度大小的参数,单位:米/分钟(m/min)。

$$\nu_e = \frac{\pi D n}{1\,000}$$

式中 D——工件待加工表面直径,mm;

n——车床主轴每分钟转速,r/min。

2.进给量 f

主运动的一个循环内,刀具和工件之间沿进给方向相对移动距离。它是进给运动大小的参数(mm/r)。进给运动分纵向进给和横向进给。

3.切削深度 a_p

待加工面和已加工面之间垂直距离,单位:mm。

$$a_p = (D - d)/2$$

式中 D——待加工面直径,mm;

d——已加工面直径,mm。

在切削加工时,一般按照有关工艺参考切削加工手册来选择切削用量。粗加工时,为了提高生产效率,选用较大的背吃刀量、进给量和较慢的切削速度。精加工时,为了保证工件的尺寸精度、表面粗糙度,应选取较小的背吃刀量进给量,并相对提高切削速度。

第三节 车刀的组成及结构形式

任何工件在加工之前,先要根据其形状和精度要求来选用合适的车刀,选择合理的车刀几何角度。这就要求我们首先必须认识车刀,了解常用车刀的种类和用途,常用车刀材料的种类和用途。掌握车刀切削部分的几何角度及其主要作用,才能根据工件的加工要求来进行合理选择。

一、车刀的种类和用途

车削时,需根据不同的车削要求选用不同种类的车刀。常用车刀的种类及其用途见表3-1。

表3-1 常用车刀的种类及其用途

车刀种类	车刀外形面	用途	车削示意图
90°车刀(偏刀)		车削工件的外圆、台阶和端面	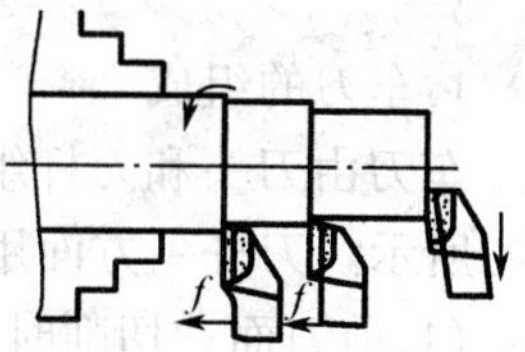
75°车刀		车削工件的外圆和端面	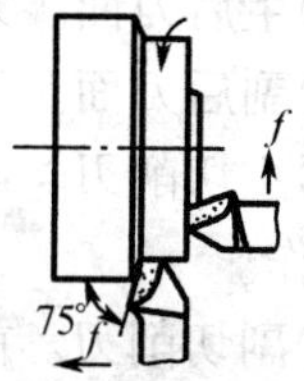
45°车刀(弯头车刀)		车削工件的外圆、端面或进行45°倒角	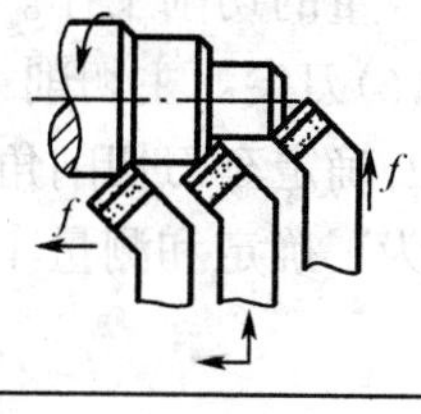

表 3－1(续)

车刀种类	车刀外形面	用途	车削示意图
切断刀	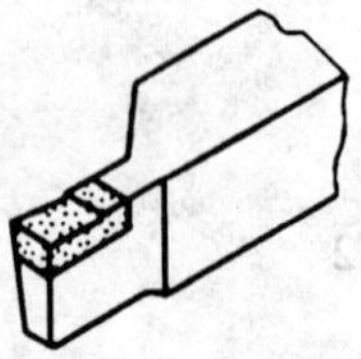	切断或在工件上车槽	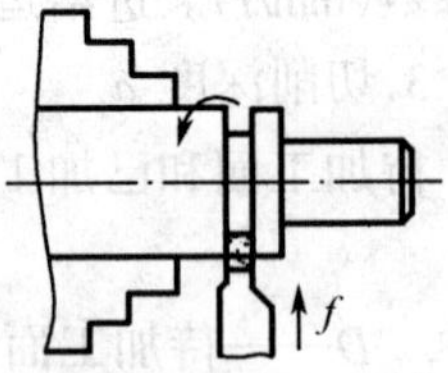
内孔车刀		车削工件的内孔	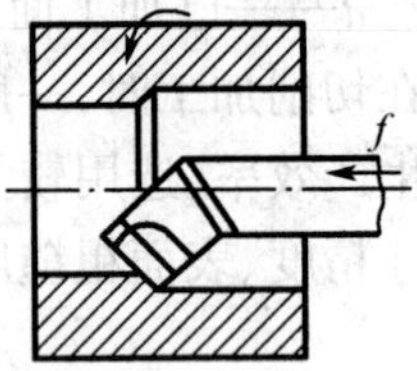
圆头车刀	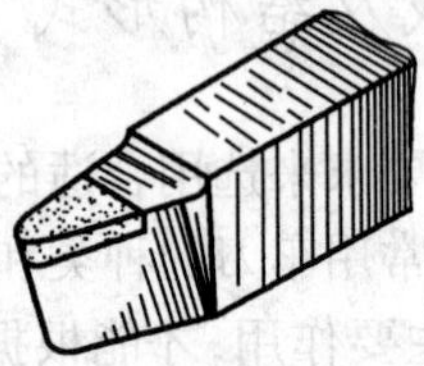	车削工件的圆弧面或成形面	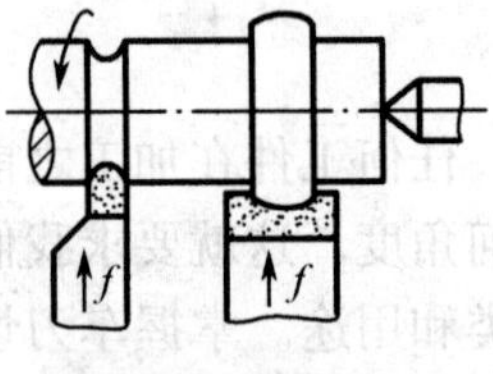
螺纹车刀	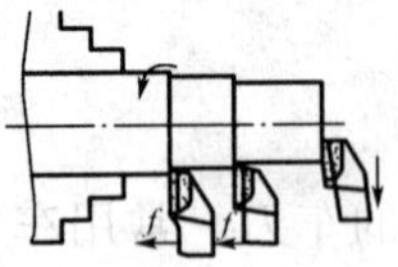	车削螺纹	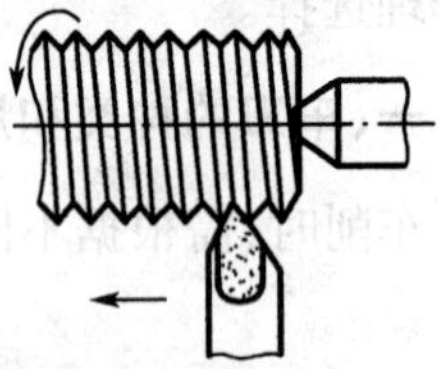

二、车刀的组成及结构形式

1.车刀的组成

车刀由刀头和刀杆组成。刀头担任切削工作,又称为切削部分,切削部分的组成如图3－3所示。刀杆一方面用来装夹或固定刀头,另一方面作为刀架上被夹持的部分。

(1)前刀面。切削时,切屑沿它排出的表面,称前刀面。

(2)主后刀面。刀具上与工件过渡表面相对的表面,称为主后刀面。

(3)副后刀面。刀具上与工件已加工表面相对的表面,称为副后刀面。

(4)主切削刃。前刀面与副后刀面连接的部位,称为主切削刃。主切削刃担负着主要的切削工作。

(5)副切削刃。前刀面与副后刀面连接的部位,称为副切削刃。副切削刃配合主切削刃完成少量的切削工作。

(6)刀尖。主切削刃和副切削刃连接的部位,称为刀尖。

2.确定车刀切削角度的辅助平面

为了确定和测量车刀角度,引入了以下三个辅助平面(如图3－4所示)。

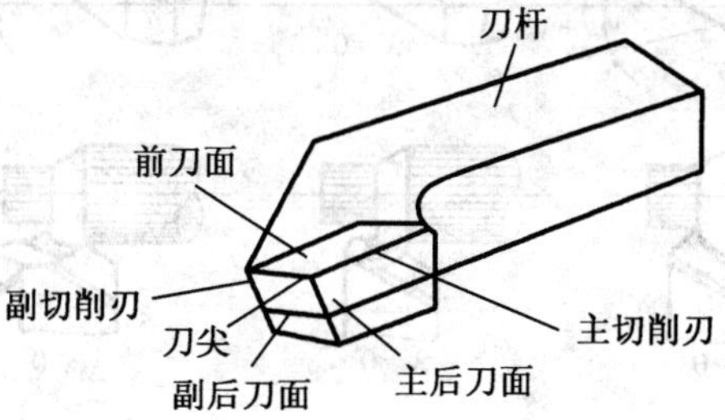

图 3－3　车刀的组成图

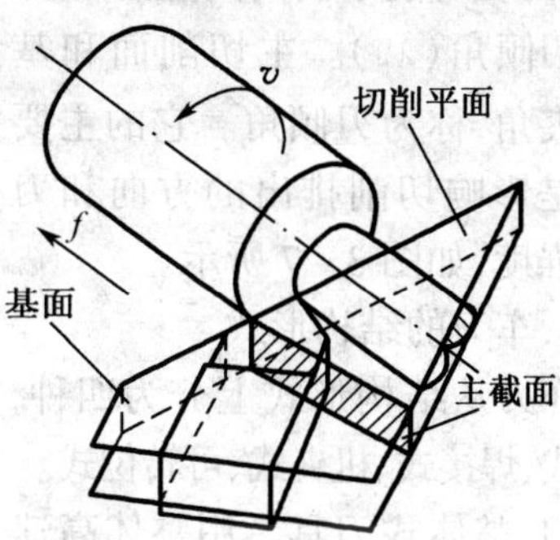

图 3－4　三个辅助平面

(1)切削平面。通过主切削刃上某个选定点,并与工件过渡表面相切的平面,称为切削平面。

(2)基面。通过主切削刃上某个选定点,并垂直于该点切削速度方向的平面,称为基面。

(3)主剖面。通过主切削刃上某个选定点,同时垂直于切削平面和基面的平面,称为主剖面。

3.车刀的主要角度和作用

(1)在主截面内测量的角度

前角(γ_0)。前刀面与基面的夹角。前角大小影响刀头强度、刀刃的锋利程度、切削力、切削变形和断屑等。

主后角(α_0)。主后刀面与切削平面之间的夹角。主后角主要作用是减小主后刀面和过渡表面的摩擦。

楔角(β_0)。前刀面和后刀面的夹角。楔角主要影响刀头硬度和刀头散热情况。

如图 3－5 所示,前角、主后角与楔角之间的关系为 $\gamma_0+\alpha_0+\beta_0=90^\circ$

(2)在基面上测量的角度

主偏角(K_r)。主切削刃在基面上的投影与进给方向之间的夹角,它能改变主切削刃与刀头的受力及散热情况。

副偏角(K_r^1)。副切削刃在基面上的投影与进给方向之间的夹角,它可以改变副切削刃与工件已加工表面之间的摩擦状况。

刀尖角(ε_r)。主切削刃与副切削刃在基面投影之间的夹角,它影响刀尖强度及散热情况。

图 3－6 中主偏角、副偏角与刀尖角之间的关系为 $K_r+K_r^1+\varepsilon_r=180^\circ$。

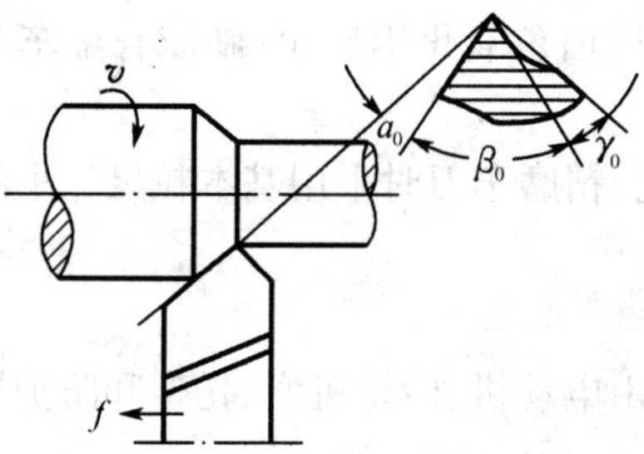

图 3－5　在主截面内测量的角度

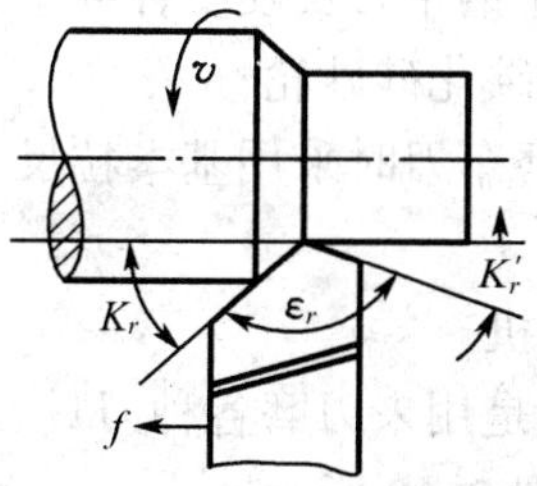

图 3－6　在基面内测量的角度

(3)在切削平面内测量的角度

刃倾角(λ_s)。主切削面和基面的夹角,称为刃倾角。它的主要作用是影响切削排出的方向和刀尖的强度,如图3-7所示。

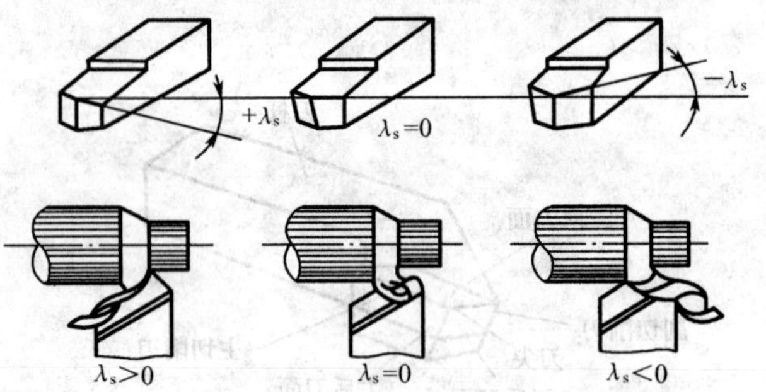

图3-7　车刀的刃倾角

4.车刀的结构形式

车刀从结构形式上分为四种,整体式、焊接式、机夹式、可转位式。

(1)整体式刀具。用整体高速钢制造,刃口可磨得较锋利,适合加工有色金属和制造各种成形刀具。

(2)焊接式。焊接硬质合金或高速钢刀片,结构紧凑,使用灵活,适合各类车刀特别是小刀具。

(3)机夹式。避免焊接产生的应力、裂纹、变形等缺陷,提高刀杆的利用率,使用灵活方便,适合外圆、端面、镗孔、割断、螺纹车刀等。

(4)可转位式。避免了焊接刀的缺点,刀片可快换转位,生产率高,切屑稳定,可使用涂层刀片,适合大中型车床加工外圆、端面、镗孔,特别适用于自动线、数控机床。

第四节　车刀的刃磨和安装

切削过程中,车刀的前后面处于剧烈的摩擦和切削热的作用之中,使车刀的切削刃变钝而失去切削能力,必须通过刃磨来恢复切削刃口的锋利和正确的车刀几何角度。

一、砂轮和砂轮机

1.砂轮的种类

刃磨车刀的砂轮大多采用平形砂轮,按其磨料的不同,常用的砂轮有氧化铝砂轮和碳化硅砂轮两类。

氧化铝砂轮又称刚玉砂轮,多呈白色,其磨粒韧性好,比较锋利,硬度较低,自锐性好,适用于刃磨高速工具钢车刀和硬质合金车刀的刀体部分。

碳化硅砂轮多呈绿色,其磨粒的硬度高,刃口锋利但脆性大,适用于刃磨硬质合金车刀。

2.砂轮的选择

(1)高速钢车刀及硬质合金车刀刀体的刃磨,采用白色氧化铝砂轮;硬质合金车刀的刃磨采用绿色碳化硅砂轮;

(2)粗磨车刀时采用基本粒尺寸大的粗粒度砂轮;精磨车刀时采用基本粒尺寸小的细粒度砂轮。

3.砂轮机

砂轮机是用来刃磨各种刀具、工具的常用设备,由电动机、砂轮机座、托架和防护罩等部分组成,如图3-8所示。

砂轮机启动后,应在砂轮旋转平稳后再进行磨削,若砂轮跳动明显,应及时停机检修。

平形砂轮一般用砂轮刀在砂轮上来回修整,如图3-9所示。

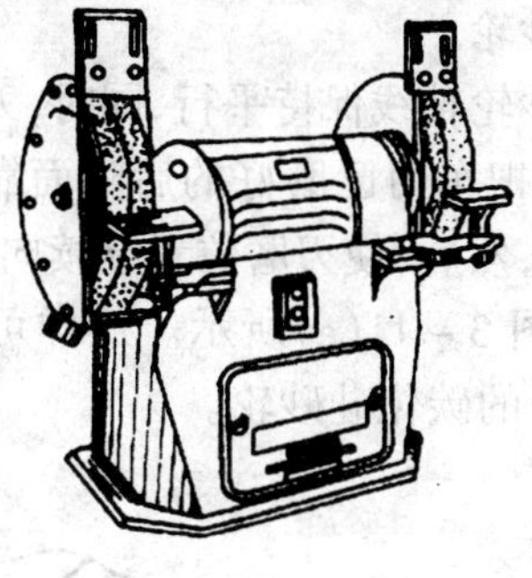

图 3-8　砂轮机

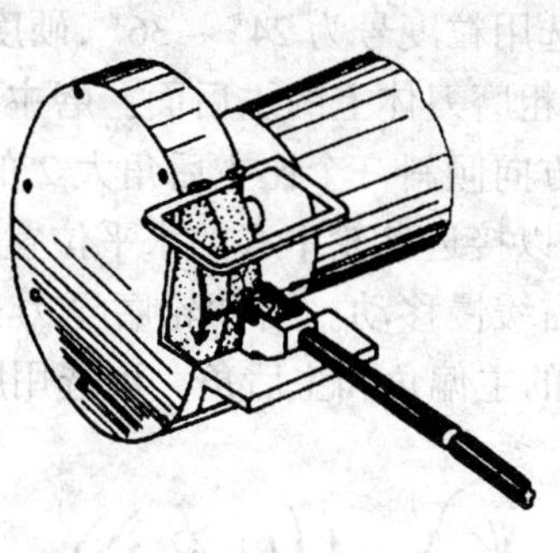

图 3-9　用砂轮刀修正砂轮

4.车刀切削部分的材料

在切削过程中,车刀的切削部分是在较大的切削抗力、较高的切削温度和剧烈的摩擦条件下进行工作的。车刀寿命的长短和切削效率的高低,首先取决于车刀切削部分的材料是否具备优良的切削性能,具体应满足如下要求:

(1)应具有高硬度,其硬度要高于工件材料 1.3～1.5 倍;

(2)应具有高的耐磨性;

(3)应具有足够的抗弯强度和冲击韧性,防止车刀脆性断裂或崩刃;

(4)应具有高的耐热性,即在高温下能保持高硬度的性能;

(5)应具有良好的工艺性,即较好的可磨削加工性、较好的热处理工艺性、较好的焊接工艺性。

二、车刀的刃磨及注意事项

1.刃磨的姿势和方法

刃磨车刀时,操作者应站立在砂轮机的侧面,以防砂轮碎裂时,碎片飞出伤人。两手握车刀的距离应放开,两肘应夹紧腰部,这样可以减小刃磨时的抖动。

刃磨时,车刀应放在砂轮的水平中心,刀尖略微上翘 3°～8°,车刀接触砂轮后应作左右方向移动,车刀离开砂轮时,刀尖需向上抬起,以免磨好的刀刃被砂轮碰伤。

刃磨车刀时不能用力过大,以防打滑、伤手。

2.车刀刃磨的方法和步骤

现以 90°硬质合金外圆车刀为例,介绍手工刃磨车刀的方法。

(1)先磨去车刀前面、后面上的焊渣,并将车刀底面磨平。可选用粒度号为 24$^{\#}$～36$^{\#}$ 的氧化铝砂轮。

(2)粗磨主后面和副后面的刀柄部分(以形成后隙角)。刃磨时,在略高于砂轮中心的水平位置处将车刀翘起一个比刀体上的后角大 2°～3°的角度,以便再刃磨刀体

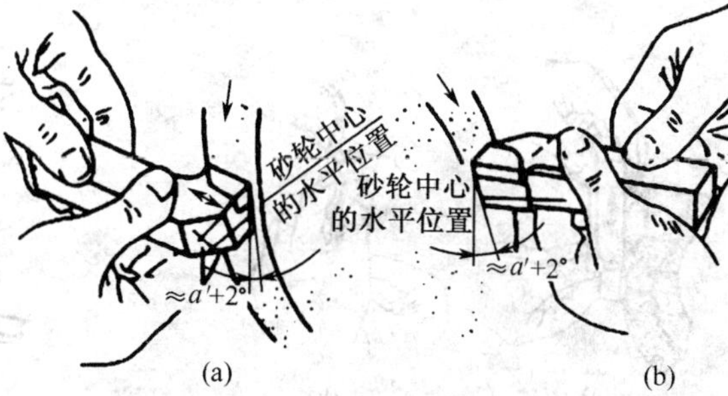

图 3-10　粗磨刀柄上的主后面、副后面(磨后隙角)

(a)磨主后面上的后隙角;(b)磨副后面上的后隙角

上的主后角和副后角(如图 3-10 所示)。

可选用粒度号为 24# -36#,硬度为中软的氧化铝砂轮。

(3)粗磨刀体上的主后面。磨主后面时,刀柄应与砂轮轴线保持平行,同时,刀底底平面向砂轮方向倾斜一个比主后角大 2°的角度。刃磨时,先把车刀已磨好的后隙面靠在砂轮的外圆上,以接近砂轮中心的水平位置为刃磨的起始位置,然后,使刃磨位置继续向砂轮靠近,并作左右缓慢移动。当砂轮磨至刀刃处即可结束,如图 3-11(a)所示。这样可同时磨出 $K_r=90°$的主偏角和主后角。可选用磨粒号为 36# -60# 的碳化硅砂轮。

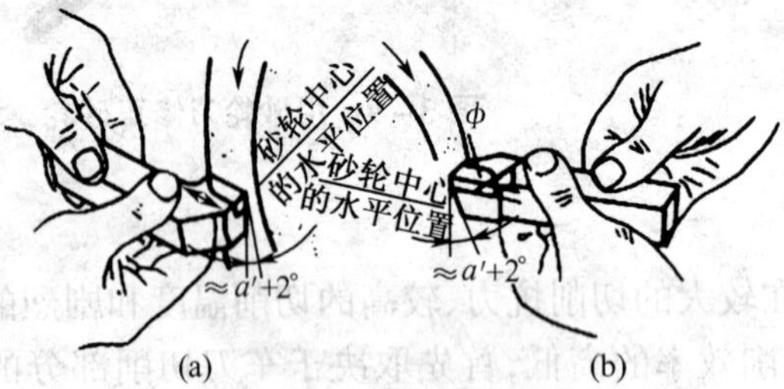

图 3-11 粗磨后角、副后角

(a)粗磨后角;(b)粗磨副后角

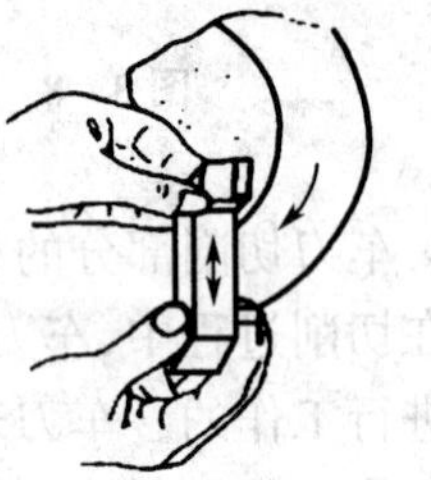

图 3-12 粗磨前面

(4)粗磨刀体上的副后角。磨副后面时,刀柄尾部应向右转过一个副偏角 K_r' 的角度,同时,车刀底平面向砂轮方向倾斜一个比副后角大 2°的角度,如图 3-11(b)所示。具体刃磨方法与粗磨刀体上主后面大体相同。不同的是粗磨副后面时砂轮应磨到刀尖处为止。如此,也可同时磨出副偏角 K_r' 和副后角 α'。

(5)粗磨前面。以砂轮的端面粗磨出车刀的前面,并在磨前面的同时磨出前角 γ,如图 3-12所示。

(6)磨断屑槽。手工刃磨断屑槽一般为圆弧形。刃磨前,应先将砂轮圆柱面与端面的交点处用金钢石笔或硬砂条修成相应的圆板。刃磨时,刀尖可以向下或向上磨,如图 3-13 所示。

但选择刃磨断屑槽部位时,应考虑留出刀头倒棱的宽度,刃磨的起点位置应该与刀尖,主切削刃离开一定距离,防止主切削刃和刀尖被磨塌。

(7)精磨主、副后面。选用粒度号为 80# 或 120# 的绿碳化硅环形砂轮。

精磨前应先修整好砂轮,保证回转平稳。刃磨时将车刀底平面靠在调整好角度的托架上,并使切削刃轻轻靠住砂轮端面,并沿着端面缓慢地左右移动,保证车刀刃口平直,如图 3-14 所示。

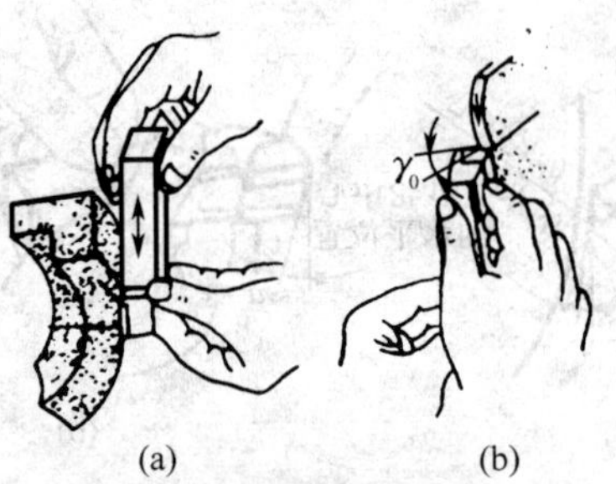

图 3-13 刃磨断屑槽的方法图

(a)向下磨;(b)向上磨

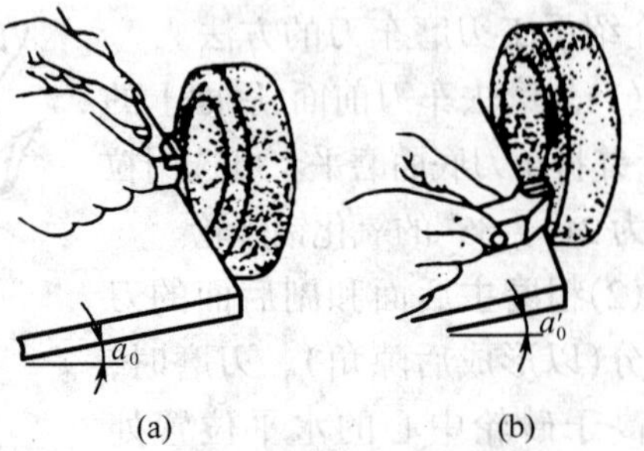

图 3-14 精磨主后面和副后面

(a)向下磨;(b)向上磨

(8)磨负倒棱。负倒棱如图 3 - 15 所示。刃磨有直磨法和横磨法两种方法,如图 3 - 16 所示。刃磨时用力要轻微,要使主切削刃的后端向刀尖方向摆动。负倒棱倾斜角度为 - 5°,宽度 $b = (0.4 \sim 0.8)f$,为了保证切削刃的质量,最好采用直磨法。

(9)用油石研磨车刀。在砂轮上刃磨的车刀,切削刃不够平滑光洁,这不仅影响车削工件的表面质量,也会降低车刀的使用寿命,而硬质合金车刀则在切削中容易产生崩刃,因此,应用细油石研磨刀刃。研磨时,手持油石在刀刃上来回移动,动作应平稳,用力应均匀,如图 3 - 17 所示。研磨后的车刀应消除在砂轮上刃磨后的残留痕迹。

图 3 - 15　负倒棱

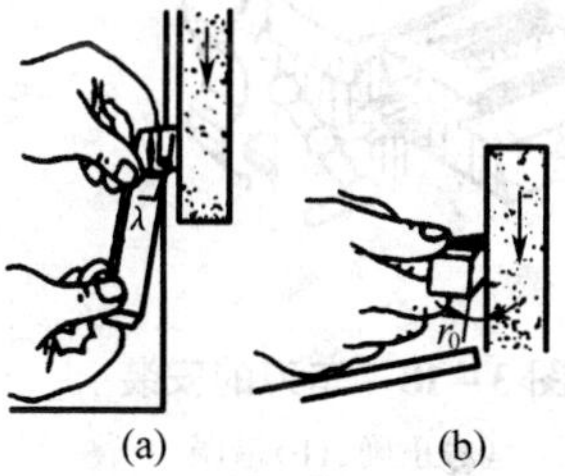

图 3 - 16　磨负倒棱

(a)直磨法;(b)横磨法

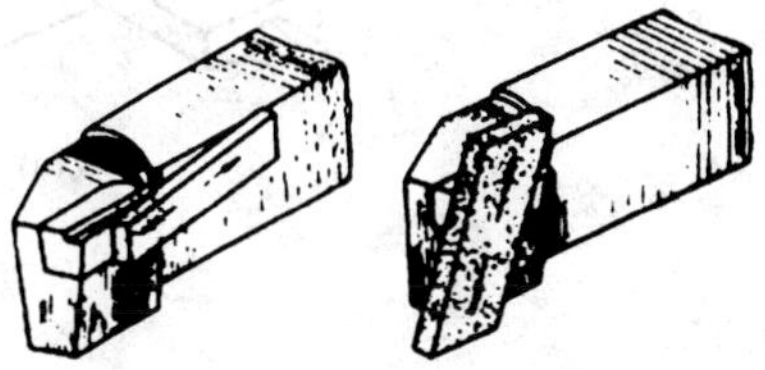

图 3 - 17　用油石研磨车刀

3.注意事项

(1)刃磨时必须戴防护镜,操作者应按要求站立在砂轮机侧面。

(2)新安装的砂轮必须经严格检查,在试转合格后才能使用。砂轮的磨削表面需经常修整。

(3)使用平形砂轮,应尽量避免在砂轮的端面上刃磨。

(4)刃磨硬质合金车刀时,不可把刀头部分放入水中冷却,以防刀片突然冷却而碎裂。刃磨高速钢车刀时,应随时用水冷却,以防车刀过热退火,降低硬度。

(5)车刀刃磨时不能用力过大,以防打滑、伤手。

(6)车刀高低必须控制在砂轮水平中心,刀头略向上翘,否则会出现后角过大或负后角等弊端。

(7)车刀刃磨时应作水平的左右移动,以免砂轮表面出现凹坑。

(8)刃磨结束后,应随手关闭砂轮机电源。

三、车刀安装

如图 3 - 18 所示,车刀安装应注意以下几点:

1.车刀刀尖与主轴轴线等高;

2.刀具一般应垂直于主轴;

3.刀杆伸出刀架不宜过长,一般为刀杆厚度 1.5 ~ 2 倍;

4.刀杆垫片应放平,数量越少越好。

四、技能训练

外圆车刀刃磨练习,如图 3 - 19 所示。

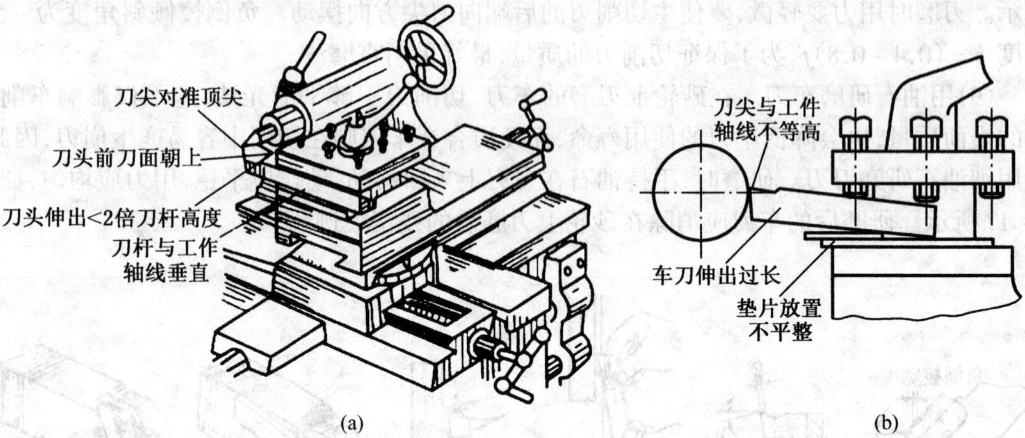

图 3-18 车刀的安装

(a)正确;(b)错误

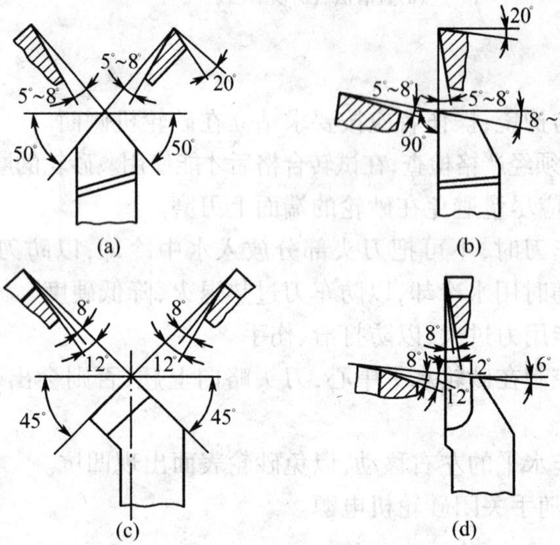

图 3-19 外圆车刀刃磨练习

(a)刀尖角 80°外圆车刀;(b)90°偏角

(c)45°外圆车刀;(d)90°偏角

加工步骤如下:

1.粗磨主后面和副后面;

2.粗、精磨前面;

3.精磨主、副后面;

4.刀尖磨出圆弧。

第五节 车床的夹具

一、车床夹具的种类

在机床上用来确定工件位置,并可靠地夹紧的装置,称为机床夹具。机床夹具按机床种类可分为车、铣、镗、钻、磨夹具等。

车床夹具可分为通用夹具和专用夹具两类。

1.通用夹具

通用夹具是指结构已定型,尺寸已系列化的,可装夹多种工件的夹具。它一般作为车床附件供应,如三、四爪卡盘。

(1)三爪卡盘

三爪卡盘是车床上最通用的夹具,适合安装规则短棒料或盘类工件,能自动定心,不需花较多时间去校正工件,安装效率比四爪卡盘高,但夹紧力没有四爪卡盘大,不能装夹形状不规则工件,如图 3-20 所示。

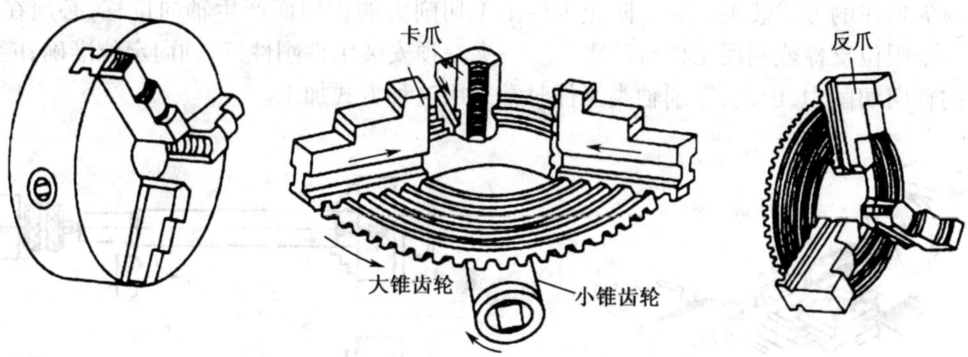

图 3-20 三爪自动定心卡盘

(2)四爪卡盘

四爪卡盘也是车床上最通用的工夹具,它的四个卡爪可独立移动,夹紧力大,但不能自动定心,工件安装后必须校正。

四爪卡盘既可装夹圆形工件也可装夹截面是方形、长方形、椭圆、扇形、多边形等形状不规则工件,工件装夹后必须找正,一般用画线盘按工件上所画线校正。如工件要求安装精度高,安装后可用百分表找正,安装精度可达 0.01 mm。

2.专用夹具

专用夹具是根据某一工件、某一工序的加工要求而设计制造的夹具,分单一的专用夹具(它只能加工固定的一种工件)和组合夹具。组合夹具是一套预先制造好的高度标准化的元件组装而成的。这些元件有各种不同形状、尺寸和规格,它们互相配合部分尺寸具有良好的互换性,根据零件工艺要求,可很快拼装成各种不同的夹具。

二、车床常用附件的应用

1.用顶尖安装工件

顶尖安装工件有双顶尖安装和一夹一顶两种方式。常用顶尖如图 3-21 所示。

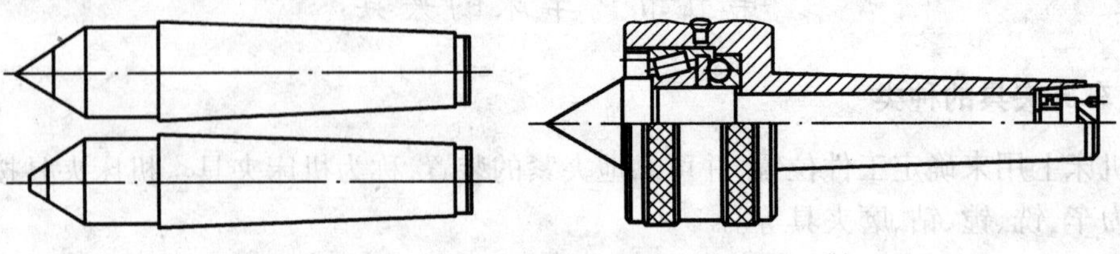

(a)　　　　　　　　　　　　　　(b)

图 3-21　顶尖

(a)普通顶尖;(b)活顶尖

(1)双顶尖安装(图 3-22)

在加工同轴类零件时,为了保证每道工序及各道工序间的加工要求,通常以工件两端的中心孔作为统一的定位标准,用两顶尖安装工件既方便又不需要找正,安装精度高,但两顶尖安装工件刚性差只适合精车。

(2)一夹一顶安装(图 3-23)

车削一般轴类零件,尤其是较重的工件不能采用两顶尖装夹方法,而采用一端夹住另一端用顶尖顶住的方式装夹。为了防止工件由于切削力的作用而产生轴向位移,必须在卡盘内装一个限位支撑或利用工件台阶限位。一夹一顶安装工件刚性好,轴向定位准确,能承受较大的轴向切削力,因此,车削轴类工件时常采用这种方式加工。

图 3-22　双顶尖装夹工件

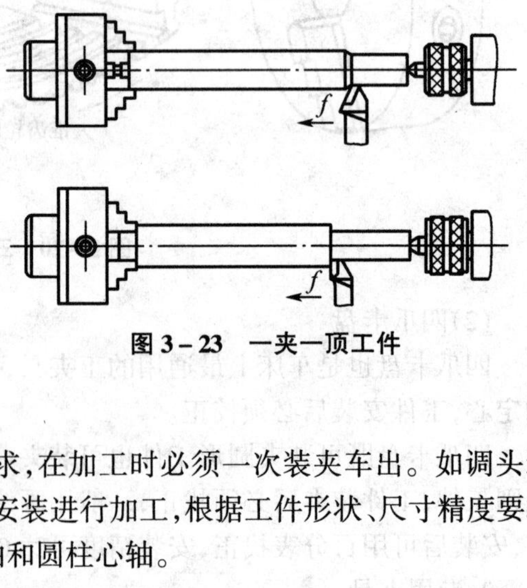

图 3-23　一夹一顶工件

2.用心轴安装工件

盘套类工件其外圆孔端面往往有同轴的要求,在加工时必须一次装夹车出。如调头装夹则无法保证位置精度要求,因此,需要用心轴安装进行加工,根据工件形状、尺寸精度要求不同应采用不同结构的心轴,常用的有锥度心轴和圆柱心轴。

(1)锥度心轴

当工件长度大于工件孔径时,采用带有锥度(1∶1 000～1∶2 000)的心轴,靠心轴圆锥度表面与工件间的变形而将工件夹紧。这种心轴装卸方便,对中性好,但不能承受较大的切削力多用于精加工盘类工件。

(2)圆柱心轴

当工件长度小于工件孔径时,采用圆柱心轴安装,工件左端紧靠心轴台阶,右端由螺母压紧,故夹紧力大,多用于盘类工件粗加工。由于零件孔和心轴之间有一定配合间隙,对中性较差,因此应尽可能减少孔与轴配合的间隙,以保证加工精度。

三、用花盘、花盘弯板安装工件

花盘是一个直径较大的铸铁圆盘，其中心的内螺纹孔可直接安装在车床主轴上，上面的T形槽用来压紧螺栓。当加工大而扁形的不规则零件或要求零件的一个面与安装面平行，当孔、外圆的轴线要与安装面垂直时，可以把工件直接压在花盘上加工。花盘的平面必须与主轴轴线垂直，盘面应平整，表面粗糙度 $Ra \leqslant 2.5\ \mu m$。

被加工表面的旋转轴线跟安装基面互相垂直，且外形复杂的工件，可用花盘弯板安装加工。

用花盘、花盘弯板安装工件时，应调整平衡铁进行平衡，以防止加工时因工件及弯板的中心偏离旋转中心而引起振动，如图3-24、图3-25所示。

图3-24　在花盘上安装工件

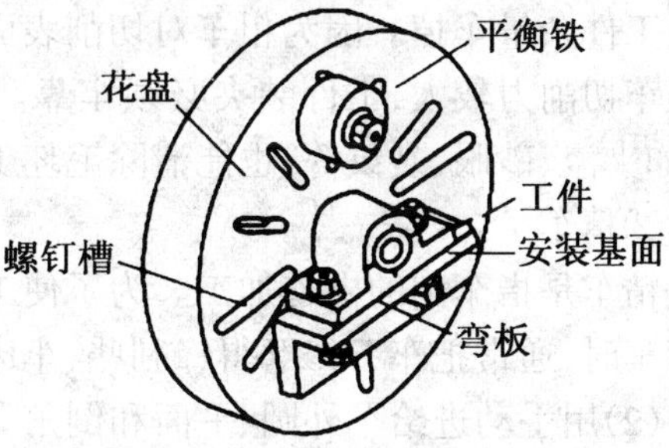

图3-25　在花盘弯板上安装工件

四、中心架、跟刀架

车削长度为直径10倍以上的细长轴时，由于工件的刚性不足，在重力和切削力的作用下，工件会产生弯曲变形，影响加工精度，生产中常采用中心架、跟刀架起辅助支承作用。

1.中心架

如图3-26所示，中心架固定在床身导轨上，在工件装上中心架之前，必须在工件毛坯上车一段安装中心架卡爪的沟槽，槽的直径比工件要求尺寸略大一些(以便精车)，调整中心架时，三个可调节的爪支承在沟槽上起固定支承作用，一般多用于加工台阶轴、长轴车端面、打中心孔及加工内孔等。

2.跟刀架

如图3-27所示，跟刀架有两个卡爪，使用时固定在大溜板上，跟刀架主要可以跟随着车刀抵消径向切削抗力，车削时可提高细长轴的形状精度和减小表面粗糙度。工件加工时要加油润滑，主要用于加工细长光轴。

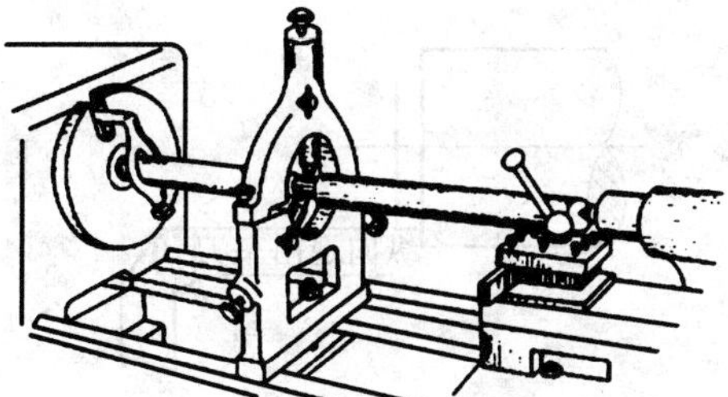

图3-26　中心架支承工件

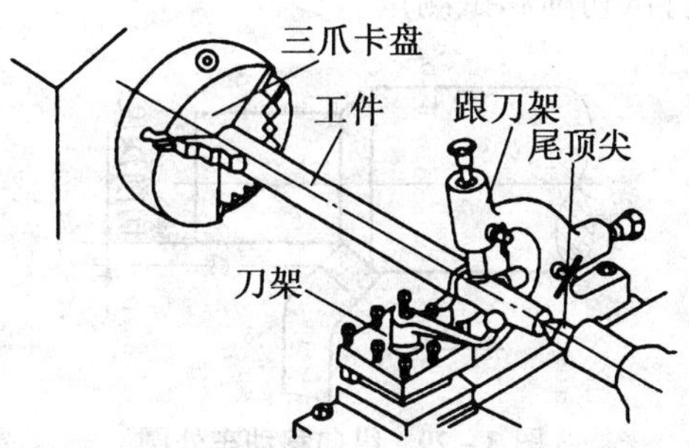

图3-27　跟刀架的作用

第六节　车削加工基本方法

车床加工范围非常广泛，主要用于加工各种回转表面。其中包括：车外圆、车端面、切断、切槽、钻中心孔、钻孔、镗孔、铰孔、车各种内、外螺纹、车圆锥、车特形面、滚花以及盘绕弹簧等。

一、车外圆柱面

1.车外圆、平面和台阶

(1)粗车和精车的概念

①粗车

在车床动力条件许可时，通常采用切削深度和进给量大，转速不宜过快，以合理时间尽快把工件余量车掉。因为粗车对切削表面没有严格要求，只需留一定的精车余量即可。由于粗车切削力较大，工件装夹必须牢靠。粗车的另一作用是，及时发现毛坯材料内部的缺陷，如夹渣、砂眼、裂纹等，也能清除毛坯工件内部残余的应力防止变形等。

②精车

精车是指车削的末道加工。为了使工件获得准确的尺寸和规定的表面粗糙度，操作者在精车时，通常把车刀修磨得锋利些，车床转速选得高一些，进给量选得小一些。

(2)用手动进给车外圆、平面和倒角

①车平面的方法

开动车床使工件旋转，移动小滑板或床鞍控制吃刀量，然后锁紧床鞍，摇动中滑板丝杠进给，由工件外向中心，由工件中心向外车削，如图 3－28 所示。

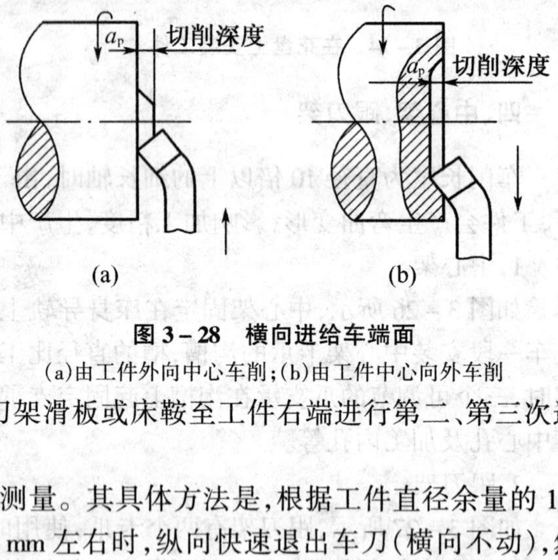

图 3－28　横向进给车端面

(a)由工件外向中心车削；(b)由工件中心向外车削

②车外圆的方法

a.移动床鞍至工件右端，用中滑板控制吃刀量，摇动小滑板丝杠或床鞍作纵向移动车外圆，如图 3－29 所示。一次进给车削完毕，横向退出车刀，再纵向移动刀架滑板或床鞍至工件右端进行第二、第三次进给车削，直至符合图样要求为止。

b.在车外圆时，通常要进行试切削和试测量。其具体方法是，根据工件直径余量的 1/2 作横向进刀，当车刀在纵向外圆上移动至 2 mm 左右时，纵向快速退出车刀(横向不动)，然后停车测量，如图 3－30 所示，如尺寸已符合要求，就可切削。否则，可以按上述方法继续进行试切削和试测量。

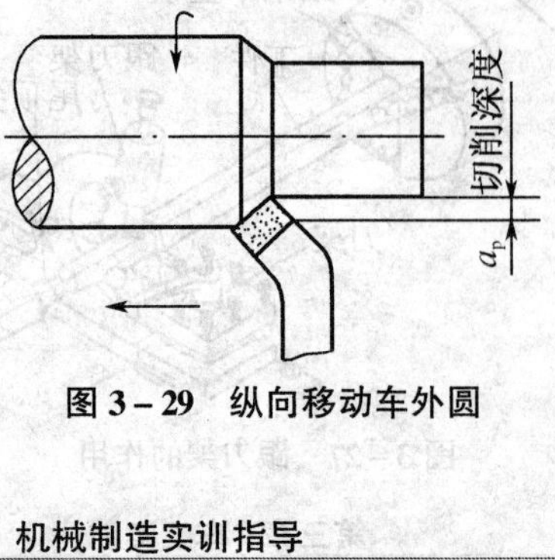

图 3－29　纵向移动车外圆

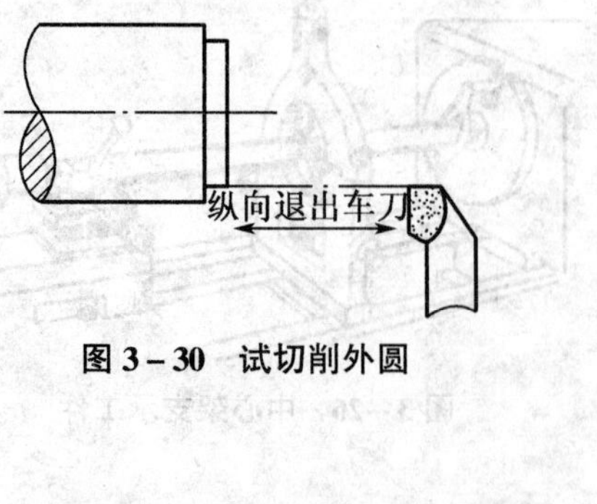

图 3－30　试切削外圆

c.为了确保外圆的车削长度，通常先采用刻线痕法(如图 3-31 所示)后采用测量法进行。即在车削前根据重要的长度，用钢直尺、样板、卡钳及刀尖在工件表面上刻一条线痕，然后根据线痕进行车削，当车削完毕时，再用钢直尺或其他量具复测。

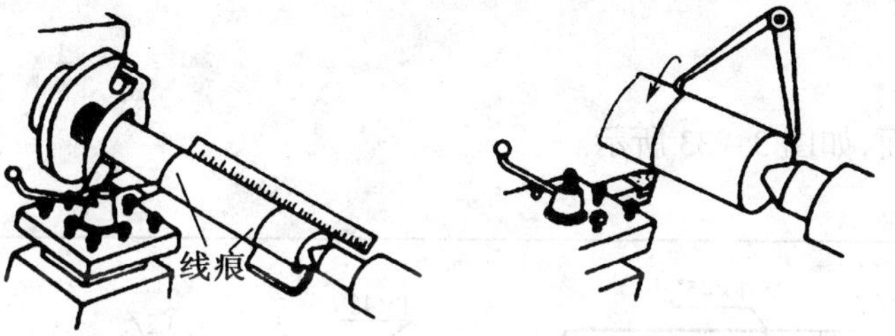

(a) (b)

图 3-31 刻线痕确定车削长度

(a)用钢直尺和样板刻线痕；(b)用内卡钳在工件上刻线痕

③倒角

平面、外圆车削完毕，然后移动刀架，使车刀的刀刃与工件外圆成 45°夹角(45°外圆刀已和外圆成 45°夹角)，再移动床鞍至工件外圆和平面相交处进行倒角。1×45°是指倒角在外圆上的轴向长度为 1 mm。

(3)刻度盘的计算和应用

车削工件时，为了准确和迅速地掌握切削深度，通常用中滑板或小滑板的刻度盘作为进刀的参与依据。

中滑板的刻度盘装在横向进给丝杠端头上，当摇动横向进给丝杠一圈时，刻度盘也随之转一圈，这时，固定在中滑板上的螺母就带动中滑板、刀架及车刀一起移动一个螺距。如果中滑板丝螺距为 5 mm，刻度盘分为 100 格，当手柄摇转一圈时，中滑板就移动 5 mm，当刻度盘每转过一格时，中滑板移动量则为 $5 \div 100 = 0.05$ mm。

小滑板的刻度盘可以用来控制车刀短距离的纵向移动，其刻度原理与中滑板的刻度盘相同。

转动中滑板丝杠时，由于丝杠与螺母之间的配合存在间隙，滑板会产生空行程(即丝杠带动刻度盘已转动，而滑板并未立即转动)。所以，使用刻度盘时要反向转动适当角度，消除配合间隙，然后再慢慢转动刻度盘到所需的格数，如图 3-32(a)所示。如果多转动了几格，绝不能简单地退回，如图 3-32(b)所示，而必须向相反方向退回全部空行程，再转到所需要

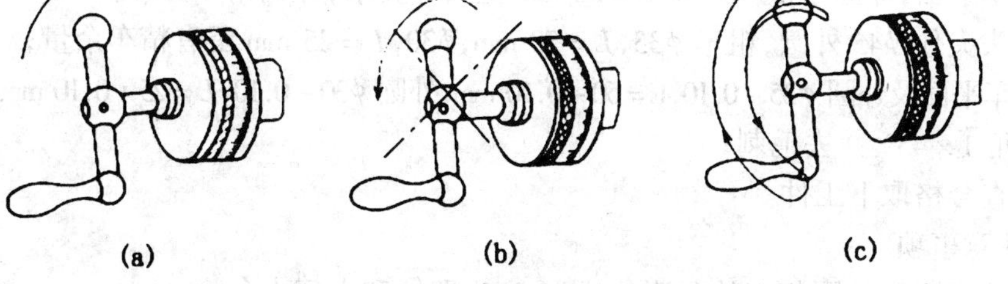

(a) (b) (c)

图 3-32 消除刻度盘空行程的方法

的刻度位置，如图 3－32(c)所示。

由于工件是旋转的，用中滑板刻度盘指示切削深度，实现横向进刀后，直径上被切除的金属层是切削深度的 2 倍。因此，当已知工件外圆还剩余加工余量时，中滑板刻度控制的切削深度不能超过此时加工余量的 1/2；而小滑板刻度盘的刻度值则直接表示工件长度方向的切除量。

(4)技能训练

①车外圆平面，如图 3－33 所示。

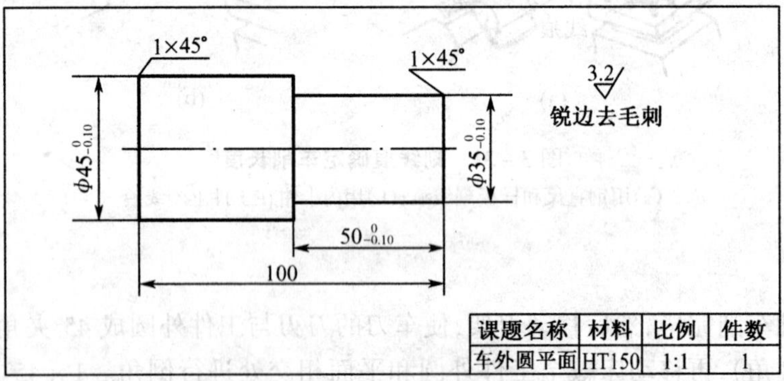

图 3－33　试车练习

加工步骤如下：

a.用三爪卡盘夹住工件，并找正夹紧；

b.用 45°车刀车端面；

c.粗车平面及外圆 $\phi45$，长 50 mm，留精车余量 1～2 mm；

d.精车平面及外圆 $\phi45-0.10$，长 50 mm 并倒角 1×45°；

e.调头夹住外圆 $\phi45$ 一端，并找正夹紧；

f.粗车平面和 $\phi35$ 外圆(外圆和总长均留精车余量)；

g.精车平面和外圆 $\phi35-0.10$，长 $L=(50-0.10)$mm，并倒角 1×45°；

h.检查质量合格后取下工件。

②车台阶工件，如图 3－34 所示。

车台阶工件，加工步骤如下：

a.用三爪盘夹住工件，并找正夹紧；

b.粗车平面及外圆 $\phi45\times5$(留精车余量)；

c.精车平面，外圆 $\phi45-0.10$，$L=50$ mm 至尺寸要求，并倒角 1×45°；

d.调头夹住 $\phi45$ 外圆，粗车 $\phi35$，$L=50$ mm，$\phi30$，$L=25$ mm 留有精车余量；

e.精车平面及外圆 $\phi35-0.10$，L＝50－0.10 mm；外圆 $\phi30-0.10$，$L=25+0.10$ mm 至尺寸；

f.倒角 1×45°，并去毛刺；

g.检查合格取下工件。

(5)注意事项

①台阶平面和外圆相交处要清角，防止产生凹坑和出现小台阶；

②多台阶工件的长度测量，应从一个基面量起，以防累积误差；

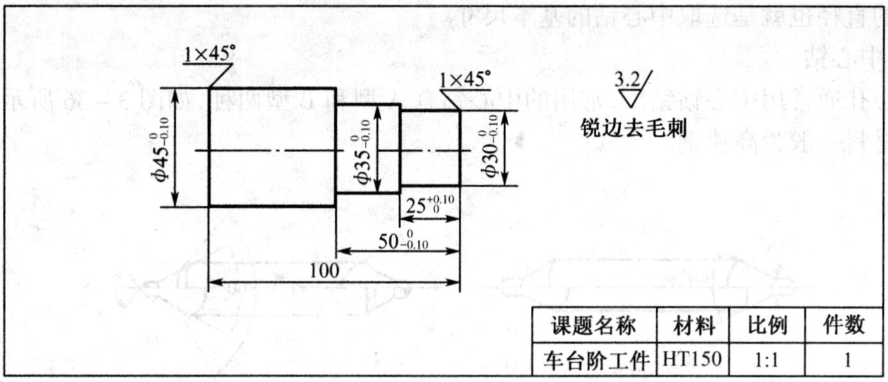

图 3－34　试车练习

③平面与外圆相交处出现较大圆弧，原因是刀尖圆弧较大或刀尖磨损；

④使用游标卡尺测量工件时，松紧程度要适当；

⑤车未停稳，不能使用游标卡尺测量工件；

⑥从工件上取下游标卡尺时，应把紧固螺钉拧紧，以防副尺移动，影响读数的正确性。

2. 钻中心孔

(1)中心孔的种类

中心孔按形状和作用可分为4种：A型、B型、C型和R型。

A型和B型为常用的中心孔，C型为特殊中心孔，R型为带圆弧形中心孔，如图3－35所示。

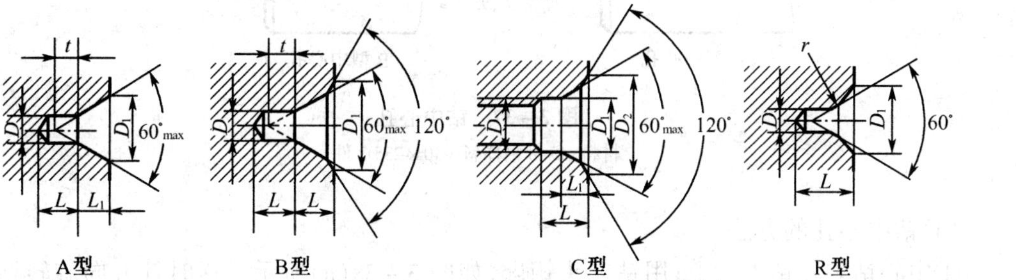

图 3－35　中心孔的种类

(2)各类中心孔的作用

A型中心孔由圆柱部分和圆锥部分组成，圆锥孔为60°，一般适用于不需多次装夹或不保留中心孔的零件。

B型中心孔是在A型中心孔的端部多一个120°的圆锥孔，目的是保护60°锥孔，不使其敲毛碰伤。一般适用于多次装夹的零件。

C型中心孔外形似B型中心孔，里端有一个比圆柱孔还要小的内螺纹，它用于工作之间的紧固连接。

R型中心孔是将A型中心孔的圆锥母线改为圆弧线，以减少中心孔与顶尖的接触面积，减少摩擦力，提高定位精度。

这4种中心孔的圆柱部分作用是，储存油脂，保护顶尖，使顶尖与锥孔60°配合贴切，圆柱部分的直径也就是选取中心钻的基本尺寸。

(3)中心钻

中心孔通常用中心钻钻出，常用的中心钻有A型和B型两种，如图3－36所示，制造中心钻的材料一般为高速钢。

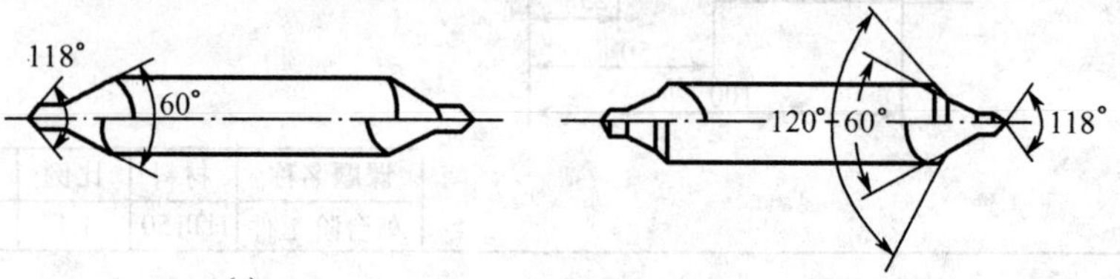

图3－36　中心钻

(a)A型中心钻；(b)B型中心钻

零件图样如图3－37所示。

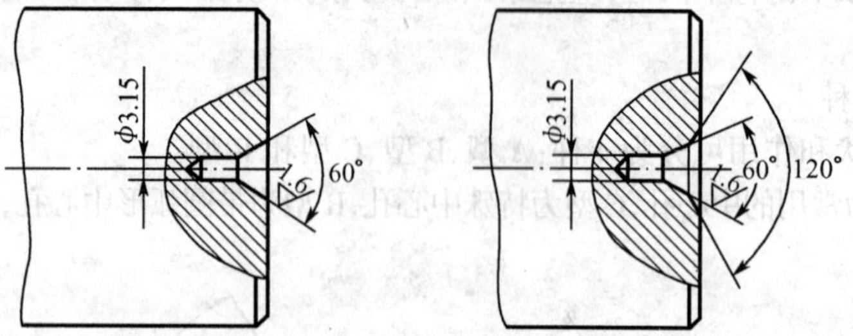

图3－37　钻中心孔

材料：45号钢棒料 ϕ40×235 2件

(4)钻中心孔的方法

①中心钻装在钻夹头上；用钻夹头钥匙，如图3－38(a)所示。逆时针方向旋转钻夹头的外套，使钻夹头三个爪张开，然后将中心钻插入三个夹爪中间，再用钻夹头钥匙顺时针方

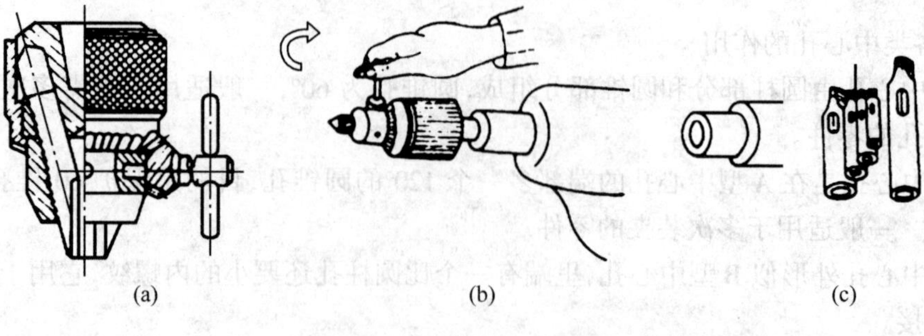

图3－38　用钻夹头安装中心钻

(a)钻夹头；(b)中心钻安装；(c)过渡锥套

向转动钻夹头外套，通过三个夹爪将中心钻夹紧，如图 3－38(b)所示。

②钻夹头在尾座锥孔中安装，先擦净钻夹头柄部和尾座锥孔，然后用左手推钻夹头，沿尾座套轴线方向将钻夹头锥柄部用力插入尾座套锥孔中，如钻夹头柄部与车床尾座锥孔大小不吻合，可增加一合适过渡锥套后再插入尾座套筒的锥孔内，如图 3－38(c)所示。

③校正尾座中心，工作装夹在卡盘上，启动车床，移动尾座，使中心钻接近工件端面，观察中心钻钻头是否与工件旋转中心一致，然后紧固尾座。

④转速的选择和钻削。由于中心钻直径小，钻削时应取较高的转速，进给量应小而均匀，切勿用力过猛，当中心钻钻入工件后应及时加切削液，冷却润滑。钻毕时，中心钻在孔中应稍作停留，然后退出，以修光中心孔，提高中心孔的形状精度和表面质量。

(5)钻中心孔时应注意以下几点

①中心钻轴线必须与工件旋转中心一致；

②工件端面必须车平，不允许留凸台，以免钻孔时中心钻折断；

③及时注意中心钻的磨损状况，磨损后不能强行钻入工件，避免中心钻折断；

④及时进退，以便排除切屑，并及时注入切削液。

(6)技能训练

钻中心孔，如图 3－39 所示。

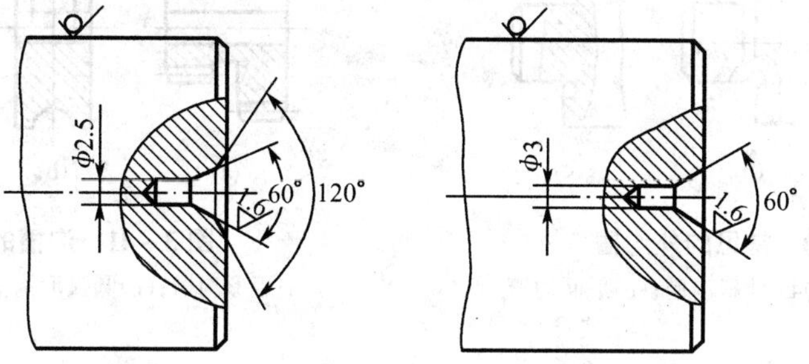

图 3－39　钻中心孔

加工步骤如下：

①用三爪自定心卡盘夹住外圆，伸出工作长约 30 mm，并找正夹紧；

②用 45°车刀车平端面；

③钻中心孔；

④以车出的平面为基准，用卡钳或划针车工件上刻线痕取总长；

⑤掉头装夹，以画线为基准车对总长尺寸，并钻中心孔。

(7)注意事项

①中心钻易折断，其原因如下：

a. 工件平面留有小凸头，使中心钻偏斜；

b. 中心钻未对准工件旋转中心；

c. 移动尾座不小心时撞断；

d. 转速太低，进给太大；

e. 铁屑堵塞，中心钻磨损。

②中心孔钻偏或钻得不圆。

a.工件弯曲未找正,使中心孔与外圆产生偏差;

b.紧固力不足,工件移位,造成中心孔不圆;

c.工件太长,旋转时在离心力的作用下,易造成中心孔不圆。

③中心孔钻得太深,顶尖不能与60°锥孔接触,影响加工质量。

④车端面时,车刀没有对准工件旋转中心,使刀尖碎裂。

⑤中心钻圆柱部分修磨后变短,造成顶尖跟中心孔底部相碰,从而影响质量。

二、车槽和切断

1.车外圆沟槽

用车削方法加工工件的槽称为车槽。工件外圆平面上的沟槽称为外沟槽,工件内孔中的沟槽为内沟槽。

常见的外沟槽有外圆沟槽、45°外斜沟槽和平面沟槽等,如图3-40所示。沟槽的形状有矩形、圆弧形和梯形等,如图3-41所示。

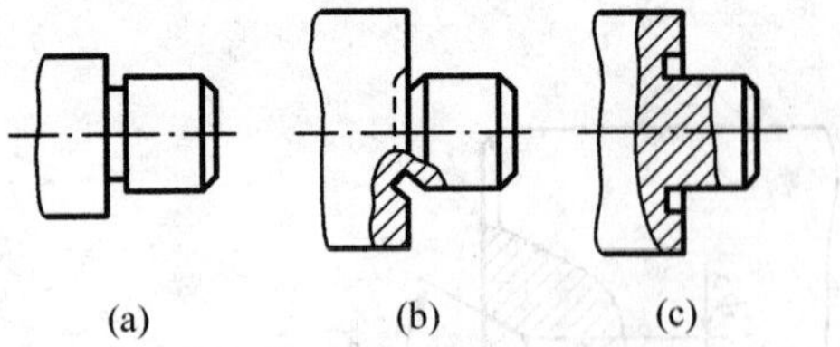

图3-40　常见的外沟槽

(a)外圆沟槽;(b)45°外斜沟槽;(c)平面沟槽

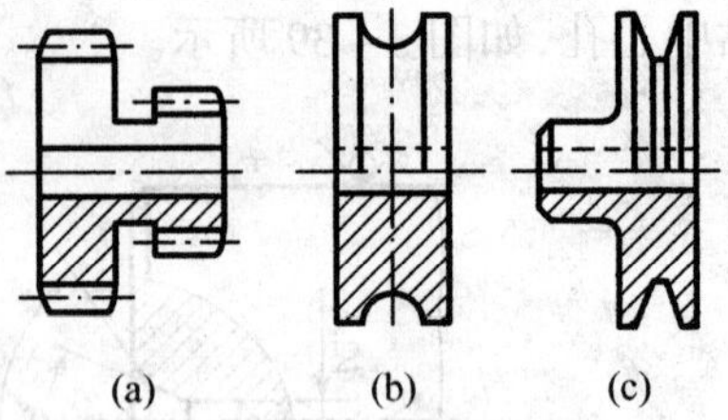

图3-41　沟槽的形状

(a)矩形沟槽;(b)圆弧形沟槽;(c)梯形沟槽

(1)车槽的方法如下

①车精度不高且宽度较窄的矩形沟槽时,可用刀宽等于槽宽的车槽刀,采用直进法一次进给车出,如图3-42所示。

车精度要求较高的矩形沟槽时,一般采用两次进给车成,第一次进给车沟槽时,槽壁两侧留有精车余量,第二次进给时用等宽车槽刀修整,也可用原车槽刀根据槽深和槽宽进给精车,如图3-43所示。

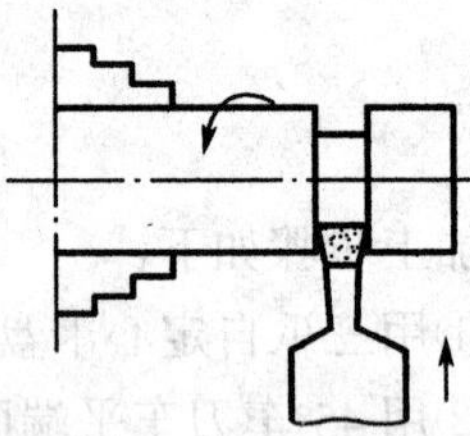

图3-42　用直进法车矩形沟槽

②车削较宽的矩形沟槽时,可用多次直进给法切割,如图3-44所示,并在槽壁两侧留有精车余量,然后根据槽深和槽宽精车至尺寸要求。

③车削较小的圆弧形等,一般以成形刀一次车出。较大的圆弧形槽,可用双手联动车削,以样板检查修整。

④车削较小的梯形槽,一般以成形刀一次车削完成。较大的梯形槽通常车削直槽,然后用梯形刀采用直进法或左右切削法完成,如图3-45所示。

(2)技能训练

车削外沟槽,如图3-46所示。

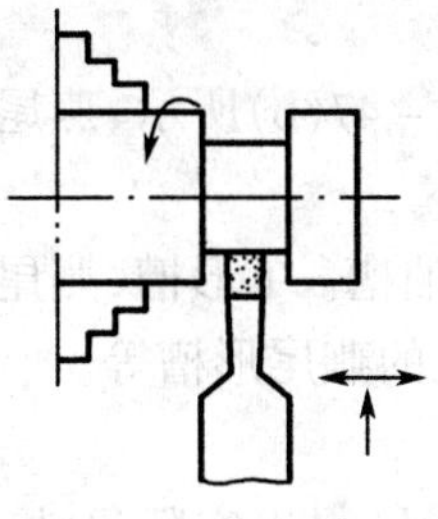

图 3-43　矩形沟槽的精车

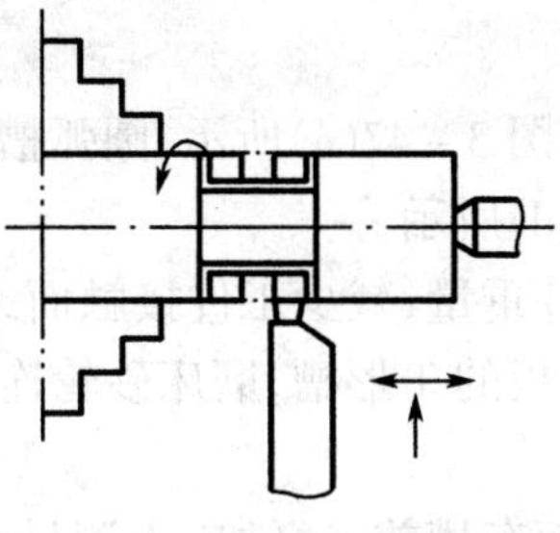

图 3-44　宽度大的矩形沟槽的车削

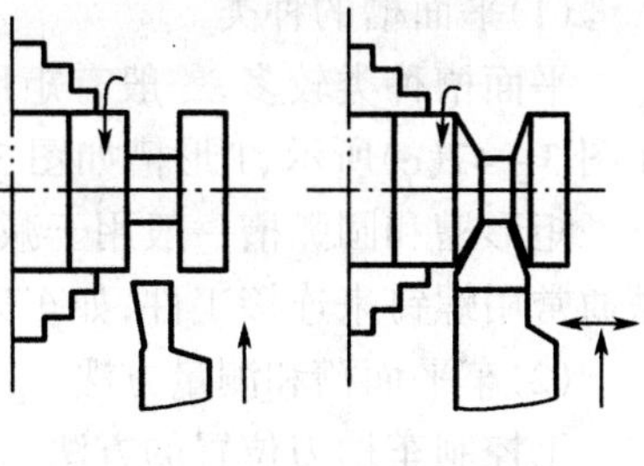

图 3-45　梯形构槽的车削

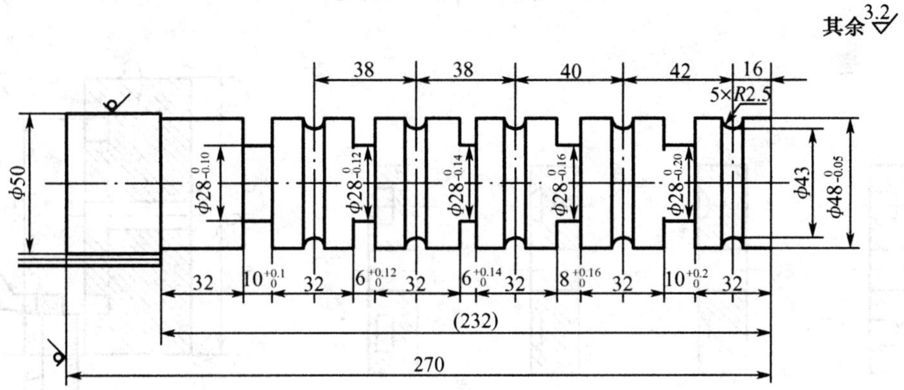

图 3-46　车削外沟槽

材料:45 号钢棒料 φ50×275　1 件

加工步骤如下:

①车平面,钻中心孔;

②一端用三爪自定心卡盘夹住毛坯外圆长 10 mm 左右,另一端用顶尖支顶;

③粗车外圆 φ48 mm 长 232 mm,并找正产生的锥度;

④精车外圆 φ(48-0.05)mm 长 232 mm 至要求;

⑤从右至左粗车、精车各矩形沟槽至尺寸要求;

⑥车圆弧形沟槽 5 条至要求;

⑦检查质量合格后取下工件。

(3)注意事项

①车槽刀主刀刃和轴心线不平行,车成的沟槽槽底一侧直径大,另一侧直径小成竹节形;

②要防止槽底与槽壁相交处出现圆角和槽底中间尺寸小,靠近槽壁两侧直径大;

③槽壁与轴心线不垂直,出现内槽狭窄外口大的喇叭形;

④槽壁与槽底产生小台阶,主要原因是接刀不当造成;

⑤用借刀法车沟槽时,注意各条槽距;

⑥合理选择转速和进给量;

⑦正确使用切削液。

2.车平面槽和45°外斜沟槽

(1)平面槽的种类

平面槽种类较多,一般有矩形槽如图3-47(a)所示、圆弧槽如图3-47(b)所示、燕尾槽如图3-47(c)所示、T形槽如图3-47(d)所示。

矩形槽和圆弧槽一般用于减轻工件重量,减少工件接触面或用作油槽。T形槽、燕尾形槽通常用螺钉来连接工件,如车床中滑板的T形槽,磨床砂轮连接盘上的燕尾形槽等。

(2)车平面槽和测量方法

①控制车槽刀位置的方法。在平面车槽前,通常应先测量工件外径,得出实际尺寸,然后减去沟槽外圆直径尺寸,除以2,就是车槽刀外侧与工件外径之间的距离 L。如图3-48所示,工件直径 D 为60 mm,直径 d 为50 mm,求刀头外侧与工件外径之间的距离

$$L=(D-d)/2=(60-50)/2=5\ \text{mm}$$

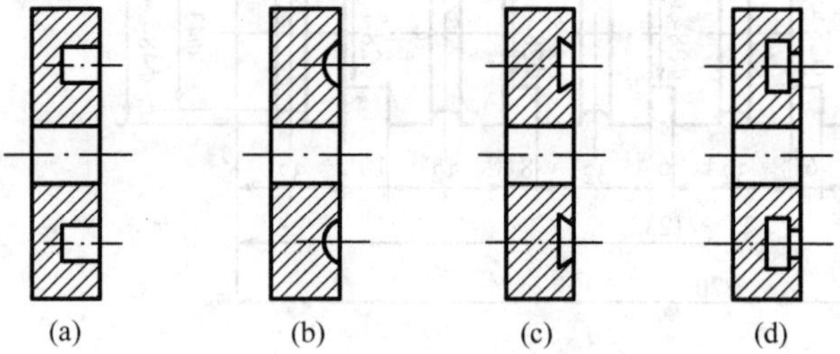

图3-47 常见的平面槽

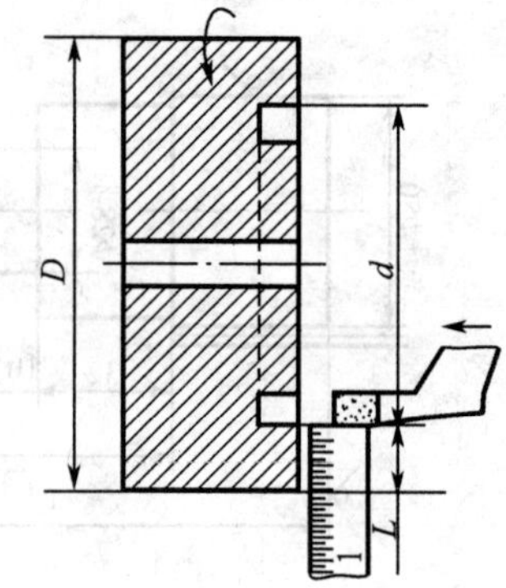

图3-48 壁厚控制示意图

②车矩形槽的方法。在平面上车精度不高,宽度较小,较浅的沟槽时,通常采用等宽,刀直进去一次进给车出。如果沟槽精度较高,通常用先粗车(槽壁两侧留精车余量),后精车的方法进行。

车较宽的平面沟槽可采用多次直进法切割,如图3-49(a)所示,然后精车至尺寸要求,如果平面沟槽深度更大,一般采用小圆头刀或尖头刀横向进给切削,如图3-49(b)所示,然后用车槽刀成正、反偏刀精车至尺寸要求。

③平面槽的检查和测量。精度要求低的平面沟槽,其宽度一般采用卡钳测量,如图3-50(a)所示,沟槽内圈直径用外卡钳测量,沟槽外圈直径用内卡钳测量。

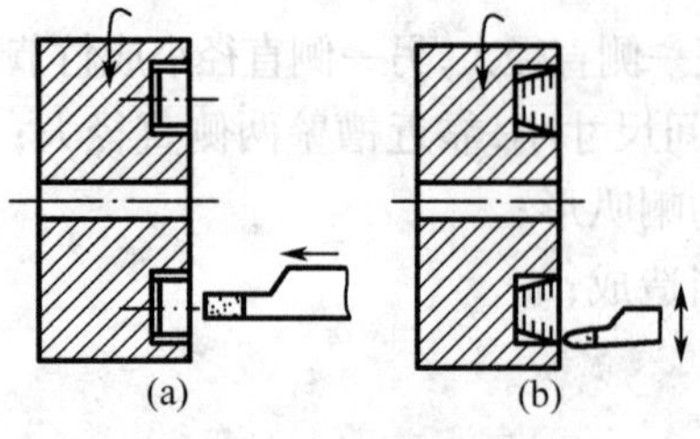

图3-49 平面车宽槽的方法

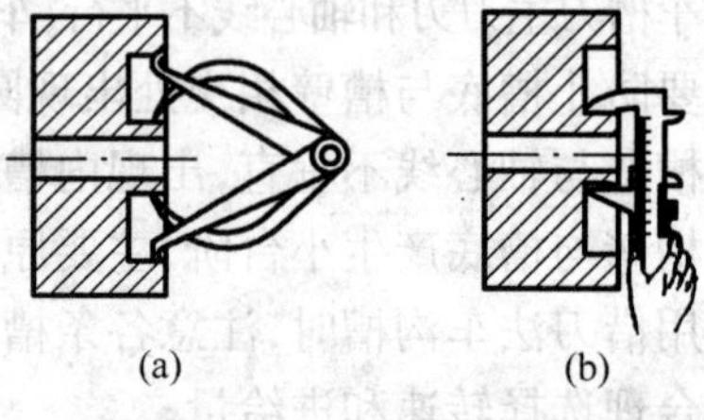

图3-50 平面槽的测量

精度要求较高的平面沟槽，其宽度可采用样板，卡板和游标卡尺等检查测量，如图 3－50(b)所示。

(3)车 45°外斜沟槽(如图 3－51 所示)

45°外斜沟槽有直沟槽、圆弧槽和端面沟槽 3 种。

①直沟槽(如图 3－51(a)所示)。

直沟槽车刀跟一般端面沟槽车刀相同，但刀尖 a 处的副后面应该磨成相应的圆弧。车削时，可把小滑板转过 45°，用小滑板进刀车削成型。

②车圆弧沟槽(如图 3－51(b)所示)。

圆弧沟槽车刀可根据沟槽圆弧的大小相应磨成圆弧刀头，在切削端面的一段圆弧刀刃下也必须磨有相应的圆弧后面。车削方法与车直沟槽相同。

③车端面沟槽(如图 3－51(c)所示)。

端面沟槽车刀的形状比较特殊。它的前端磨成外圆切槽刀形式，侧面刃磨成端面切槽刀形式。车削时，也可采用纵横进给法车削成型。由于这种切槽刀刀头强度很差，切削用量应取得小些，在切削一般材料时，这种车刀可用高速钢磨制成，当切削硬度高的工件时，车刀也可用 YT15 硬质合金磨成，但必须注意，为了保证刀片下面的支撑强度，刀片不宜太厚。

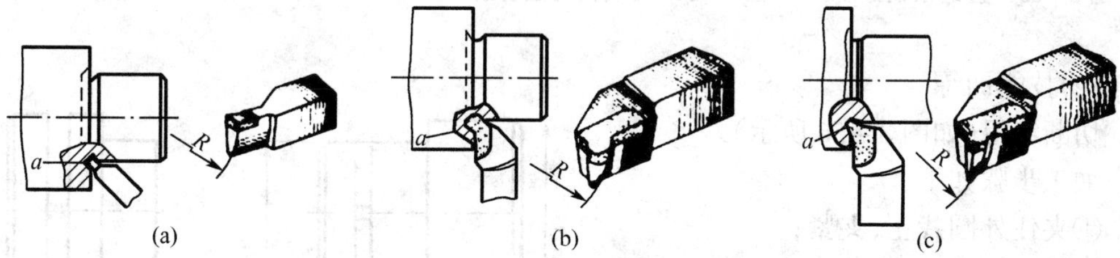

图 3－51　45°外斜沟槽及其车刀

(a)直沟槽及其车刀；(b)圆弧沟槽及其车刀；(c)端面沟槽及其车刀

(4)技能训练

车平面槽，如图 3－52 所示。

加工步骤如下：

①夹住工件外圆，找正平面后夹紧；

②车平面槽宽 6 mm 深 8 mm，并控制 $\phi56$，内圆 $\phi44$ 至尺寸要求。

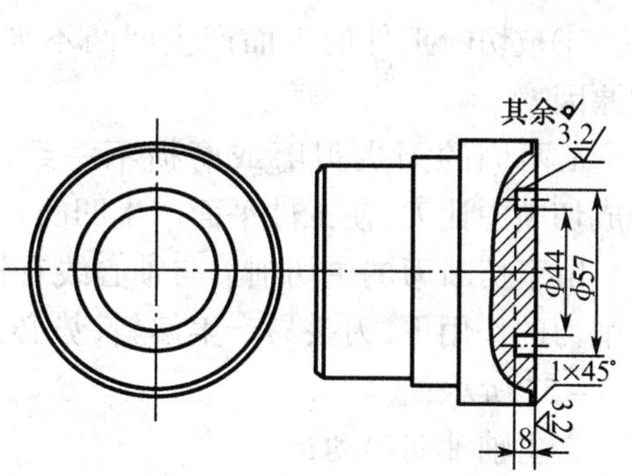

图 3－52　车平面槽

(5)注意事项

①车槽刀左侧副后面应磨成圆弧形，以防与槽壁产生摩擦；

②槽侧，槽底要求平直，清角；

③要学会使用内外卡钳间接测量槽宽的方法；

④车平面槽比车内、外沟槽容易产生振动。

3.切断

(1)切断方法

①直进法。直进法是指垂直于工件轴线方向进给切断工件(如图 3－53 所示)。直进法

切断的效率高，但对车床、切断刀的刃磨和装夹都有较高的要求，否则容易造成切断刀折断。

②左右借刀法。指切断刀在轴线方向反复地往返移动，随之两侧径向进给，直至工件被切断（如图 3－54 所示）。左右借刀法常在切削系统（刀具、工件、车床）刚度不足的情况下用来对工件进行切断。

③反切法。反切法是指车床主轴和工件反转，车刀反向装夹进给切削（如图 3－55 所示）。反切法适用于较大直径工件的切断。

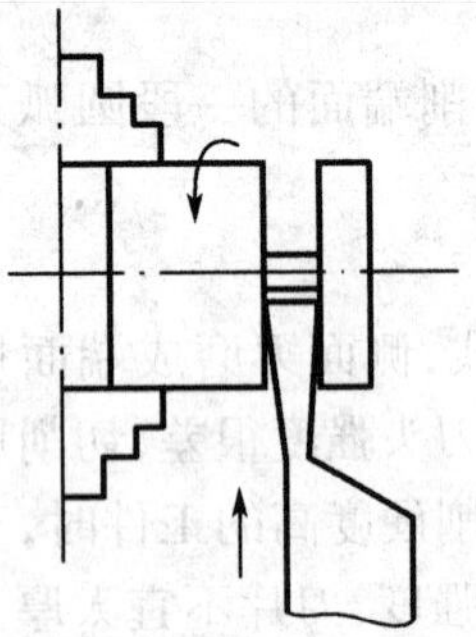

图 3－53　直进法切断

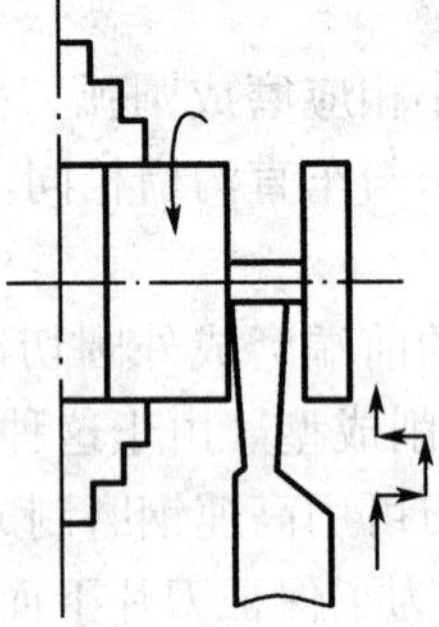

图 3－54　左右借刀法切断

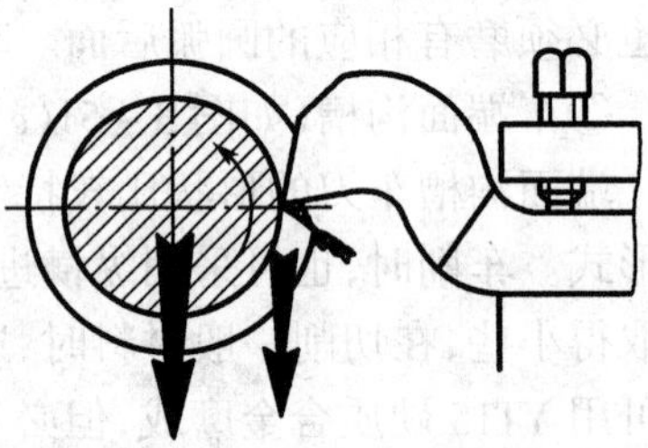

图 3－55　反切法切断

(2)技能训练

切断练习（如图 3－56 所示）

加工步骤如下：

①夹住外圆找正，夹紧；

②切断，保证尺寸 25 mm；

③调头装夹，保证尺寸 15 mm。

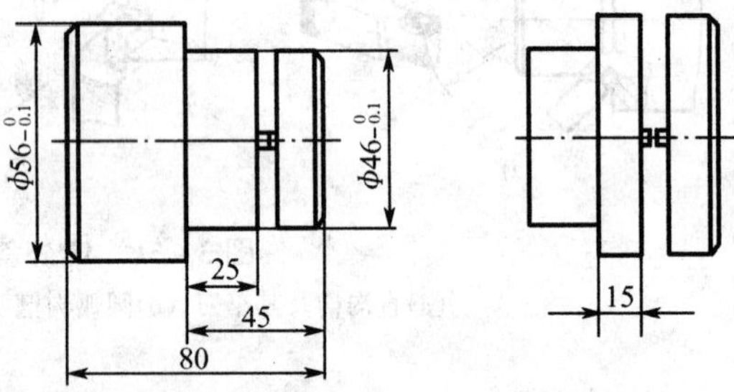

图 3－56　切断练习

材料：HT150（平面沟槽练习件）

(3)注意事项

①被切断工件的平面产生凹凸不平的原因。

a.两侧的刀尖刃磨或磨损不一致，造成切断中让刀，使工件平面产生凹凸；

b.窄切断刀的主切削刃与轴心线有较大的夹角，左侧刀尖并有磨损现象，进给时在侧向切削力的作用下，刀头易产生偏斜，势必造成工件平面内凹，如图 3－57 所示；

c.主轴轴向串动；

d.车刀安装歪斜时，副刀刃没有磨直等。

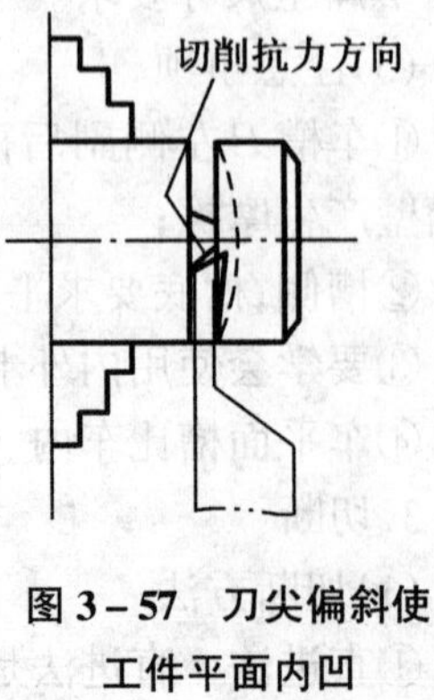

图 3－57　刀尖偏斜使工件平面内凹

②切断时产生振动的原因。

a.主轴和轴承之间间隙太大；

b.切断的棒料太长，在离心力的作用下产生振动；

c.切断刀远离工件支撑点；

d.工件细长，切断刀刃口太宽；

e.切断时转速过高，进给量过小；

f.切断刀伸出过长。

③切断刀折断的主要原因。

a.工件装夹不牢固，切割点远离卡盘，在切削力的作用下，工件抬起，造成刀头折断；

b.切断时排屑不良，铁屑堵塞，造成刀头载荷增大，使刀头折断；

c.切断刀的副偏角，副后角磨得太大，削弱了刀头强度，使刀头折断；

d.切断刀装夹跟工件轴心线不垂直，主刀刃与轴心有高低；

e.进给量过大，切断刀前角过大；

f.床鞍中小滑板松动，切削时产生“扎刀”致使断刀折断。

④一夹一顶方法装夹工件进给切断时，在工件即将切断前，应卸下工件后再敲断，不允许用两顶尖装夹工件进行切断，以防切断瞬间工件飞出伤人，酿成事故。

⑤用高速钢切断刀切断工件时，应浇注切削液；用硬质合金刀切断时，中途不准停车，以免刀刃碎裂。

三、车内圆柱面

用钻头在实体材料上加工孔的方法叫钻孔。钻孔属于粗加工，其尺寸精度一般可达IT11～IT12，表面粗糙度 Ra 为12.5～25 μm，麻花钻是钻孔最常用的刀具，钻头一般用高速钢制成。

麻花钻的组成部分，如图 3－58 所示。

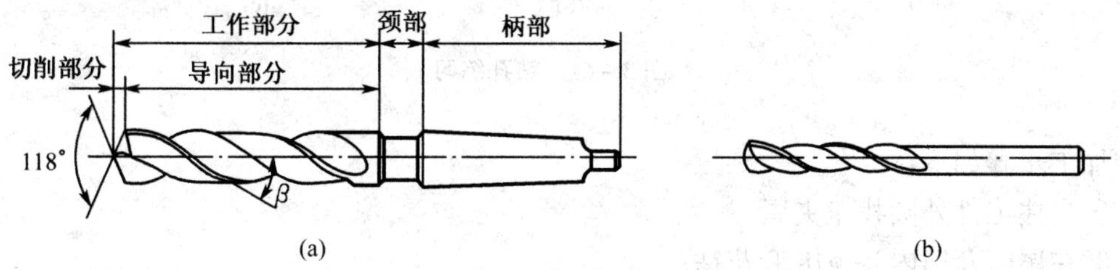

图 3－58　麻花钻的组成

(a)锥柄；(b)直柄

1.钻孔

(1)钻孔的方法

①钻孔前，先将工件平面车平，中心孔处不允许留有凸台，以利于钻头正确定心。

②找正尾座，使钻头中心对准工件回转中心，否则可能会将孔径钻大，钻偏甚至断钻头。

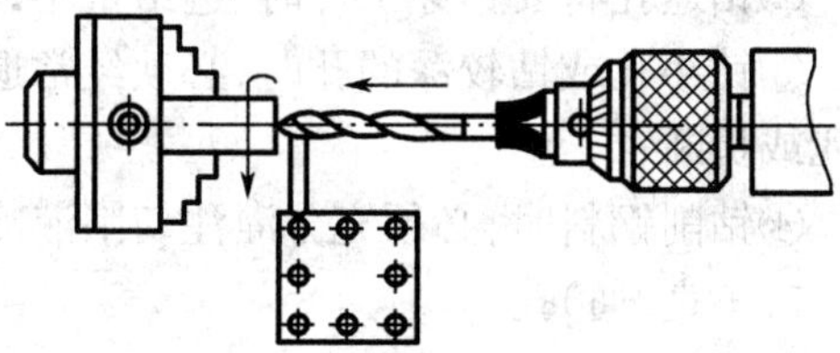

图 3－59　用挡铁支顶钻头

③用细长麻花钻钻孔时，为了防止钻头晃动，可在刀架上夹一挡铁，如图 3－59 所示。支顶钻入工件平面后，缓慢摇动中滑板，移动挡铁，逐渐接近钻头前端，使钻头中心稳定地落在工件回转中心的位置上，然后继续钻削即可，当钻头已正确定心时，挡铁即可退出。

④用小麻花钻钻孔时，一般先用中心钻定心，再用钻头钻孔。这样钻孔，同轴度较好。

⑤在实体材料上钻孔，孔径不大时可以用钻头一次钻出；若孔径较大(超过 30 mm)，应分两次钻出，即先用小直径钻头钻出底孔，其直径为所要求孔径的 0.5～0.7 倍。

⑥钻孔后需铰孔工件，由于所需留铰削的余量较少，因此，钻孔时，当钻头钻进工件1～2 mm后，应将钻头退出，停车检查孔径，防止因孔径大没有铰削余量而报废。

⑦钻盲孔与钻通孔的方法基本相同，只是钻孔时需要控制孔的深度，常用的控制方法是，钻削开始时，摇动尾座手轮，当麻花钻切削部分（钻尖）切入工件端面时，用钢直尺测量尾座套筒的伸出长度，钻孔时用套筒伸出的长度加上孔深控制尾座套筒的伸出量，如图3－60所示。

图3－60 钻盲孔的深度控制

(2)技能训练

钻孔练习，如图3－61所示。

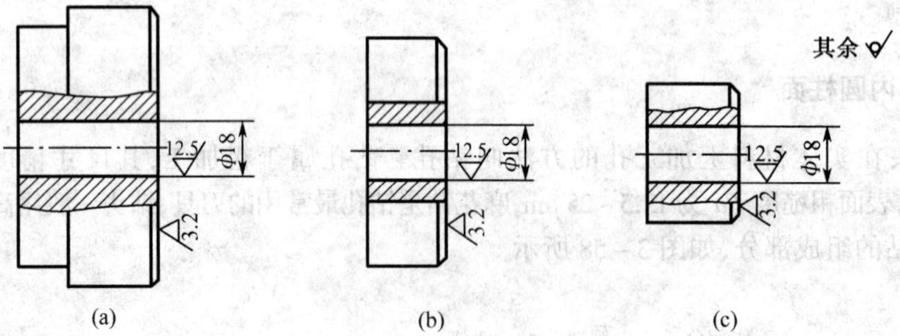

图3－61 钻孔练习

加工步骤如下：

①夹住工件外圆找正夹紧；

②在尾座套筒内装 ϕ18 麻花钻；

③钻 ϕ18 通孔。

(3)注意事项

①起钻时进给量要小，在钻头切削部分全部进入工件后方可正常钻削；

②钻通孔将要钻穿工件时，进给量小，以防钻头折断；

③钻小孔或钻较深的孔时，必须经常退出钻头清除切屑，防止因切屑堵住而造成钻头被咬死或折断；

④钻削钢料时，必须充分灌注切削液冷却钻头，以防钻头发热退火。

2.车直(通)孔

(1)车直孔的方法

①直通孔的车削基本上与车外圆相同，只是进刀与退刀的方向相反。

②在粗车或精车时，也要进行试切削，其横向进给量为径向余量的1/2。当车刀纵向进给切削2 mm长时，纵向快速退出车刀（横向应保持不动），然后停车测试，如果尺寸未至要求，则需微调横向进给，不断试车、试测，直至符合孔径精度要求为止。

③车孔时的切削用量应比车外圆时小一些，尤其是车小孔或深孔时，其切削用量应更小。

(2)孔径的测量

孔径尺寸的测量应根据工件孔径尺寸的大小、精度以及工件数量，采用相应的量具进行。当孔的精度要求较低时，可采用钢直尺游标尺测量，当孔的精度要求较高时，可采用下列方法测量。

①用塞规检测

塞规由通端、止端和手柄组成，如图 3－62 所示。测量方便，效率高，主要用在成批生产中。塞规的通端尺寸等于孔的最小极限尺寸，止端尺寸等于孔的最大极限尺寸。测量时，通端能塞入孔内，止端不能塞入孔内，则说明孔径尺寸合格，如图 3－63 所示。

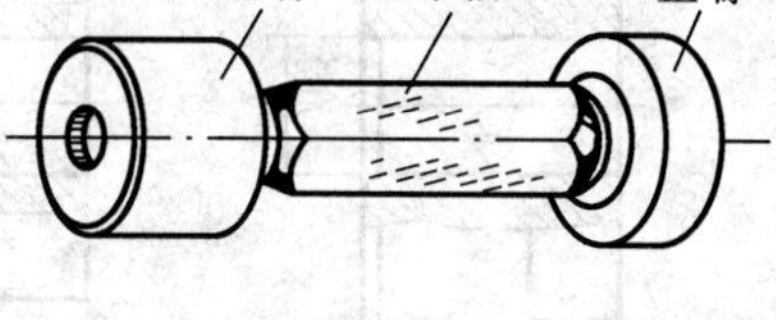

图 3－62　塞规

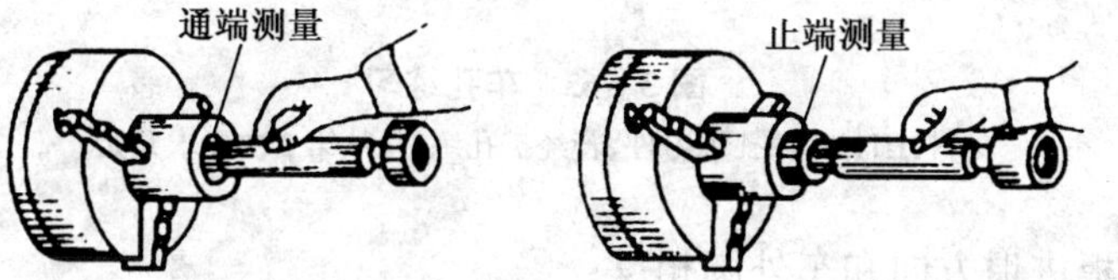

图 3－63　测量方法

塞规通端的长度比止端的长度长，一方面便于修磨通端以延长塞规使用寿命，另一方面则便于区分通端和止端。

测量盲孔用的塞规，在通端和止端的圆柱面上沿轴向检测时，塞规轴线应与孔轴线一致，不可歪斜，不允许将塞规硬塞，强行塞入孔内，不准敲击塞规。

不要在工件还未冷却到室内温时，用塞规检测。塞规是精密的界限量规，只能用来判断孔径是否合格，不能测量孔的实际尺寸。

②用内测千分尺测量

内测千分尺是内径千分尺的一种特殊形式，其线方向与外径千分尺相反，内测千分尺的测量范围为 5 ~ 10 mm 和 25 ~ 50 mm，其分度值为 0.01 mm。内测千分尺的使用方法与使用Ⅲ型游标卡尺的内外测量爪测量内径尺寸的方法相同，如图 3－64 所示。

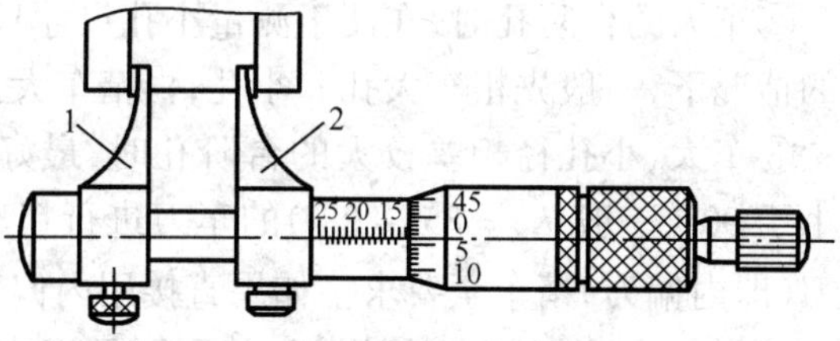

图 3－64　内测千分尺及其使用

1—固定量爪；2—活动量爪

(3)技能训练

车孔练习，如图 3－65 所示。

操作步骤如下：

①夹持外圆，校正并夹紧；

②车端面(车平即可)；

③钻孔 $\phi 18$；

④粗、精车孔径尺寸至要求(粗车时，留精车余量 0.3 mm)；

⑥孔口倒角 $C1$；

⑦检查合格后取下工件。

(4)注意事项

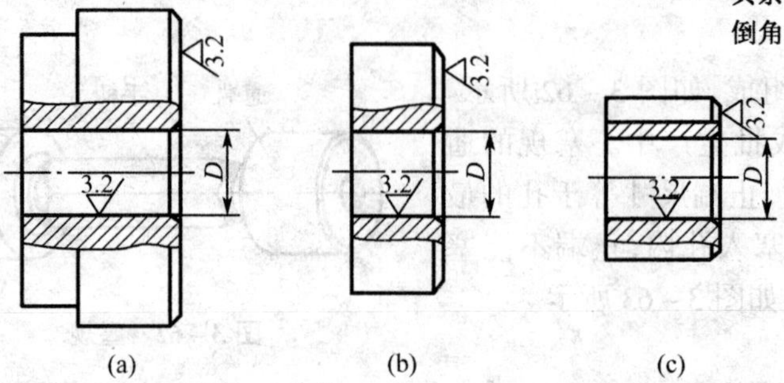

其余
倒角$C1$

次数	D/mm
1	$\phi20^{+0.052}_{0}$
2	$\phi22^{+0.052}_{0}$
3	$\phi24^{+0.033}_{0}$
4	$\phi26^{+0.033}_{0}$

图 3－65　车孔练习

材料：HT150(钻孔练习件，若经扩孔练习，从第 2 次要求开始)

①注意中滑板进退方向和车外圆相反；

②在孔内取出塞规时，应注意安全，防止与内孔刀碰撞；

③用塞规检查孔径时，塞规不能倾斜，以防造成孔小的错觉切削困难，把孔径车大，相反，在孔径小时，不能用塞规硬塞，更不能用力敲击；

④车削铸铁内孔至接近孔径尺寸时，不要用手去抚摸，以防增加车削困难；

⑤精车内孔时，应保持刀刃锋利，否则容易产生让刀把孔车成锥形。

3．车台阶孔、平底孔

(1)车台阶孔的方法

①车削直径较小的台阶孔时，由于观察困难，尺寸精度不易控制，所以，常采用先粗、精车小孔，再粗、精车大孔的顺序进给加工。

②车大的台阶孔时，在便于测量小孔尺寸且视线又不受影响的情况下，一般先粗车大孔和小孔，再精车大孔和小孔。

图 3－66　在刀柄上刻线痕控制孔深

③车大、小孔径相差较大的台阶孔时，最好先使用主偏角略小于 90°(一般 $K_{r}^{1}=85°\sim88°$)的车刀进行粗车，然后用盲孔车刀(即内偏刀)精车至要求。如果直接用内偏刀车削，切削深度不可太大，否则刀尖容易损坏，其原因是刀尖处于刀刃的最前端，切削时刀尖先切入工件，因此，承受切削抗力最大，加上刀尖本身强度较差，所以容易碎裂，其次由于刀柄细长，在轴向抗力的作用下，切削深度大容易产生振动和扎刀。

④车孔深度的控制。

粗车时常采用的方法：

a．在刀柄线痕作记号，如图 3－66 所示；

b．装夹车孔刀时，安放限位铜片，如图 3－67 所示；

c．利用床鞍度盘的线控制。

精车时常采用的方法：

a．利用小滑板刻度盘的刻线控制；

b．用深度游标卡尺测量控制。

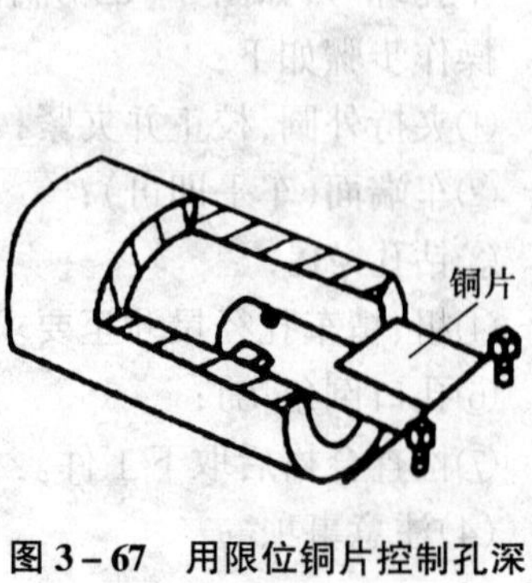

图 3－67　用限位铜片控制孔深

(2)内径百分表的测量方法

内径百分表结构如图 3－68 所示，百分表装夹在测架 1 上，触头(活动测量头)6 通过摆动块 7 和杆 3 将测量值 1:1 传递给百分表。测量头 5 可根据被测孔径大小更换，定心器 4 用于使触头自动位于被测孔的直径位置。

内径百分表是利用对比法测量孔径的，测量前应根据被测孔径用千分尺将内径百分表对准零位。测量时，为了得到准确的尺寸，活动测量头应在径向方向摆动找正最小值。这个值即为孔径基本尺寸的偏差值。并由此计算出孔径的实际尺寸，如图 3－69 所示。内径百分表主要用于测量精度要求较高而且又较深的孔。

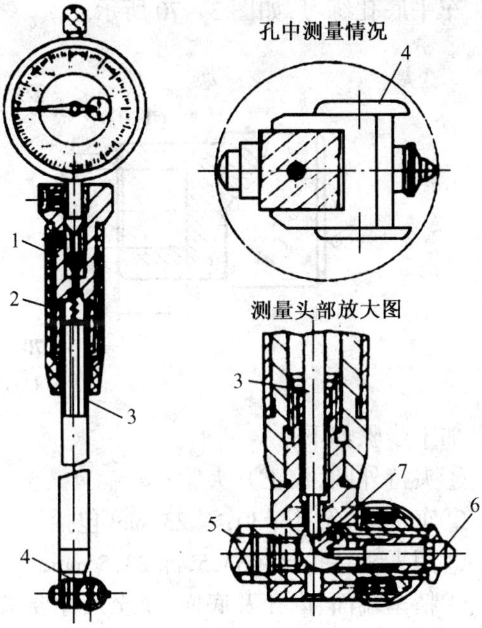

图 3－68 内径百分表

1—测架；2—弹簧；3—杆；4—定心器；5—测量头；6—触头；7—摆动块

(3)技能训练

车台阶孔练习，如图 3－69 所示。

加工步骤如下：

①夹持外圆，校正并夹紧；

②车端面；

次数	D/mm	d/mm	l/mm
1	$\phi36^{+0.039}_{0}$	$\phi28^{+0.033}_{0}$	6
2	$\phi38^{+0.039}_{0}$	$\phi30^{+0.033}_{0}$	7
3	$\phi40^{+0.039}_{0}$	$\phi32^{+0.039}_{0}$	8

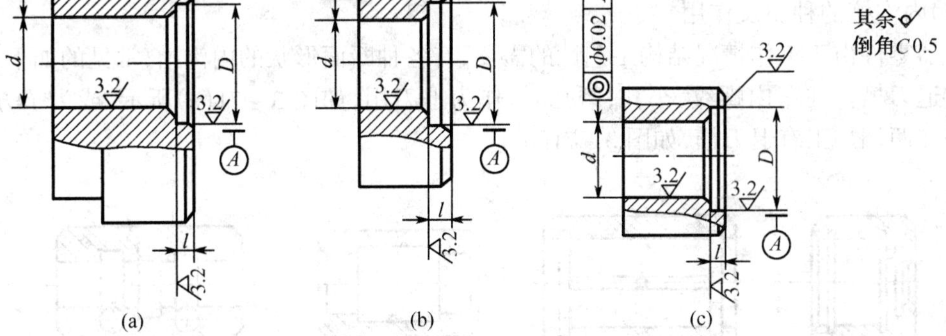

图 3－69 车台阶孔练习

材料：HT150(车通孔练习件)、45 号钢(棒料)

③粗车两孔成形，孔径留精车余量 0.3～0.5 mm，孔深车至要求；

④精车小孔和大孔及孔深至尺寸要求；

⑤倒角 C0.5；

⑥检查合格后取下工件。

车平底孔练习,如图 3-70 所示。

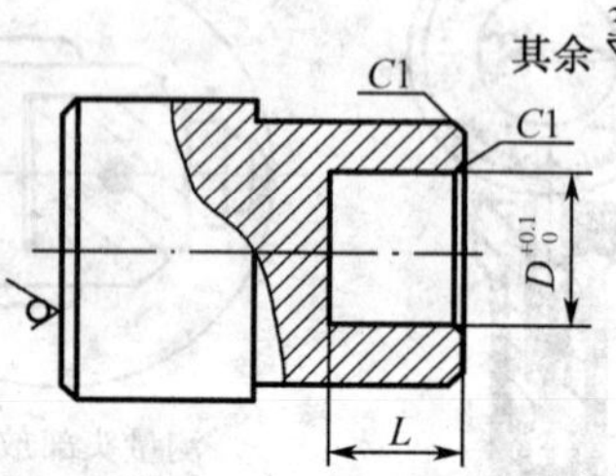

次数	D/mm	l/mm
1	φ34	24
2	φ36	26
3	φ38	28
4	φ40	30

图 3-70　车平底孔练习

材料:HT150　1件

加工步骤如下:

①夹持外圆,校正并夹紧;

②车端面,钻孔 φ30,深 23 mm(包括钻尖在内);

③用平头钻扩至 φ33.5,深 23.5 mm;

④精车端面、内孔及底面,车至尺寸要求;

⑤孔口倒角 C1。

(4)注意事项

①要求内平面平直,孔壁与内平面相交处清角,并防止出现凹坑和小台阶;

②孔径应防止喇叭口和出现试刀痕迹;

③用内径百分表测量前,应首先检查整个测量装置是否正常,测量头有无松动,百分表是否灵活,指针转动后是否能回到原来的位置,指针对准的零位是否走动等;

④用内径百分表测量时,不能超过其弹性极限,强迫把表放入较小的内孔中,在旁侧的压力下,容易损坏机件。

4.车内沟槽

(1)内沟槽的种类及作用

机器零件由于工作情况结构工艺性的需要,有各种断面形状的内沟槽,常见的如下:

①退刀槽。在车内螺纹,车孔,磨孔时,作为退刀用,如图 3-71(a)所示,或为了方便,拉油槽在两端加工有退刀槽,如图 3-71(b);

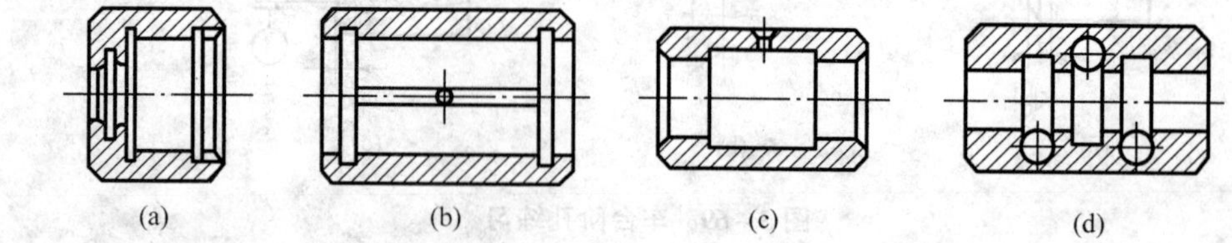

图 3-71　内沟槽的种类

(a)梯形内沟槽和退刀槽;(b)油槽内沟槽;(c)较长的内沟槽;(d)阀中的内沟槽

②密封槽。在内梯形槽内嵌入油毛毡,防止轴上润滑剂溢出和防尘,如图 3-71 所示;

③轴向定位槽。在内孔中适当位置的内沟槽中嵌入弹性挡圈,实现相关零件无曲向定位;

④储油槽。用作通过和储存润滑油，如图 3－71(c)所示，这种较长的内沟槽方便轴套内孔的加工和良好的定位。

⑤油气通道槽。在液压或动滑阀中加工的内沟槽，用于通油或通气，如图 3－71(d)所示。

(2)车内沟槽的方法

宽度较小和要求不高的内沟槽，可用主切削刃宽度等于槽宽的内沟槽车刀采用直进法一次车出，如图 3－72 所示。

要求较高或较宽的内沟槽，可采用直进给法分几次车出，粗车时，槽壁和槽底应留精车余量，然后根据槽宽，槽深要求进行粗车，如图 3－73 所示。

深度较大，宽度很大的内沟槽，可用车孔刀先出凹槽，如图 3－74 所示，再用内沟槽车刀车沟槽两端垂直面。

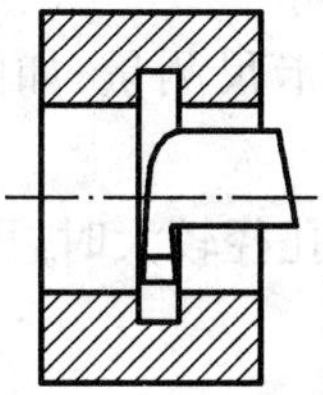

图 3－72　直进法车内沟槽

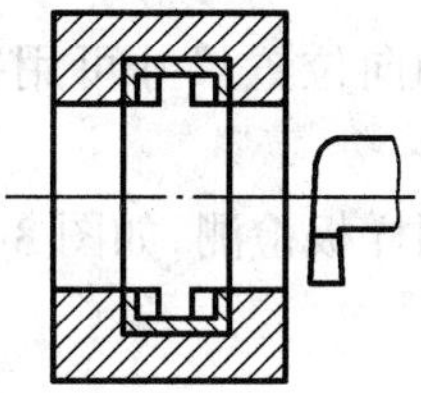

图 3－73　多次直进法车较宽的内沟槽

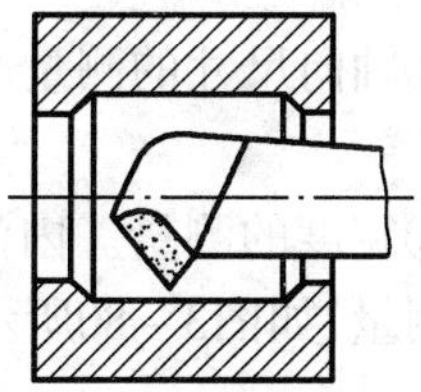

图 3－74　纵向进给车较宽的内沟槽

(3)内沟槽深度和位置控制

①内沟槽深度尺寸的控制方法。

a.摇动床鞍与中滑板将内沟槽车刀伸入孔口，并使主切削刃与孔壁接触，此时，中滑板手柄度盘度为 0。

b.根据内沟槽深度计算出中滑板刻度的进给格数，并在进给终止相应刻度位置用记号笔作出标记或记下刻度值。

c.使内沟槽车刀主切削刃退离孔壁 0.3～0.5 mm，在中滑板刻度盘上作出退刀位置标记。

②内沟槽轴向位置尺寸控制方法。

a.移动床鞍和中滑板，使内沟槽车刀的副切削刃与工件端面轻轻接触，如图 3－75 所示，此时，床鞍大手轮刻度盘刻度为 0。

b.如果内沟槽轴向位置离孔口不远，可利用小滑板刻度控制内沟槽轴向位置，则应先将小滑板刻度调整到 0 位。

c.用床鞍刻度或小滑板刻度控制内沟槽车刀进入孔内深度为内沟槽位置尺寸 L 和内沟槽车刀主切削刃宽度 b 之和，即 $L+b$。

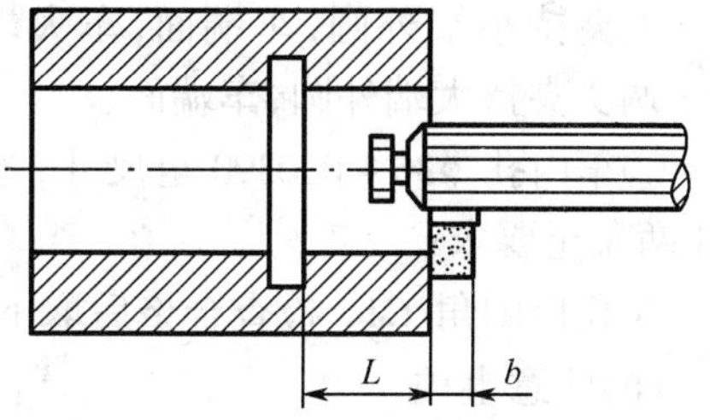

图 3－75　内沟槽轴向位置的控制

(4)内沟槽的测量

①深度的测量。内沟槽深度一般用弹簧内卡钳配合游标卡尺或千分尺测量，如图3－76 所示。测量时，先将弹簧内卡钳收缩并放入内沟槽，然后调节卡钳螺母，使卡脚与槽底表面接触，松紧适度，将内卡钳收缩取出，恢复到原来尺寸，最后用游标卡尺或外径千分尺测出卡

钳张开距离。

直径较大的内沟槽可用弯脚的游标卡尺测量，如图 3－77 所示。

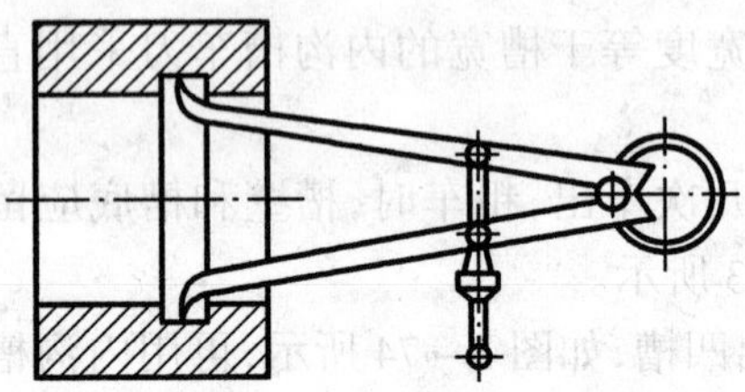

图 3－76　用弹簧内卡钳测量内沟槽直径

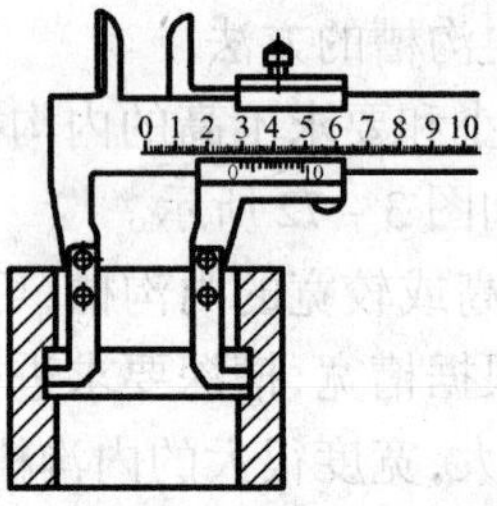

图 3－77　用弯脚游标卡尺测量内沟槽直径

②轴向尺寸的测量。内沟槽的轴向位置尺寸可用钩形深度游标卡尺测量，如图 3－78 所示。

③宽度的测量。内沟槽宽度可用样板检测，如图 3－79 所示。当孔径较大时，可用游标卡尺测量，如图3－80所示。

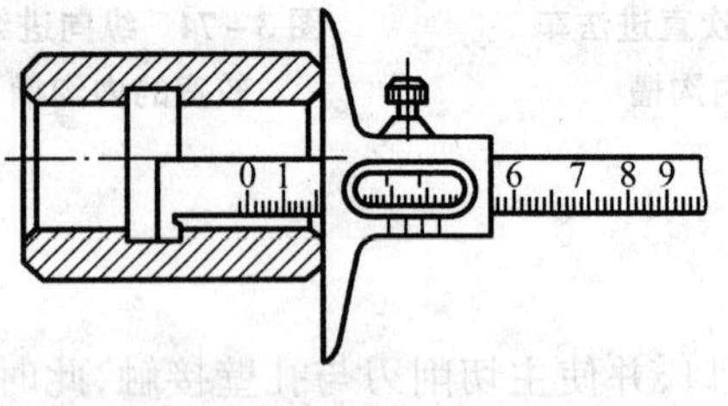

图 3－78　用钩形深度游标卡尺测量内沟槽轴向位置

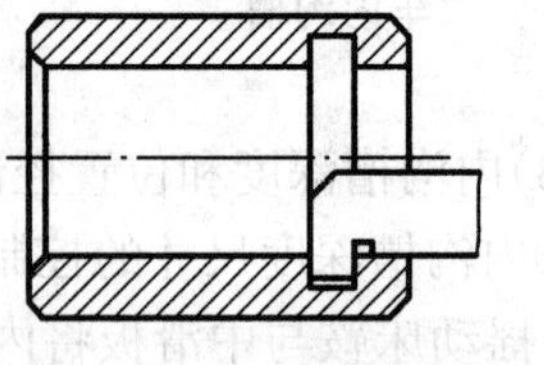

图 3－79　用样板检测内沟槽宽度

(5)技能训练

车内沟槽，如图 3－81 所示。

加工步骤如下：

①夹持小端外圆，车端面，车大端外圆，倒角 $C1$，调头夹持大端外圆，车端面；

②车内孔 $\phi 36 + 0.0390$ 至尺寸，车内沟槽 $\phi 38 \times 4$ 两条至要求；

③孔口倒角 $C1$，检查合格后取下工件。

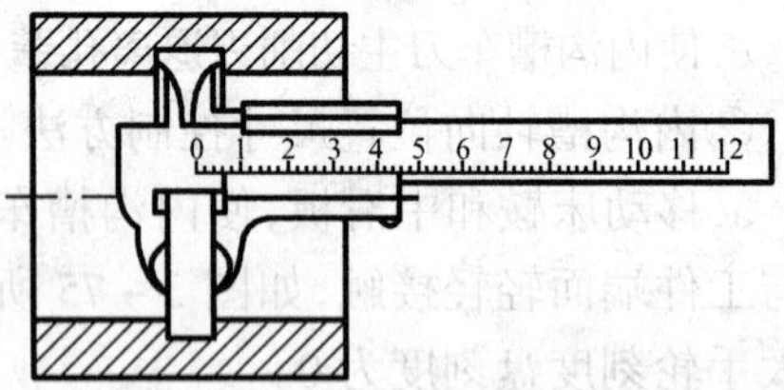

图 3－80　用游标卡尺检测内沟槽宽度

(6)注意事项

①刀尖应严格对准工件旋转中心，否则底平面无法车平；

②镗刀纵向切削至接近底平面时，应停止自动走刀，用手动代替，以防碰撞；

③控制沟槽之间的距离时，要选定统一的测量基准；

④切底槽时，注意与底平面平滑连接；

⑤应利用中拖板刻度盘的读数控制沟槽的深度和退刀的距离。

5．车三角皮带轮

(1)三角皮带轮的车削方法

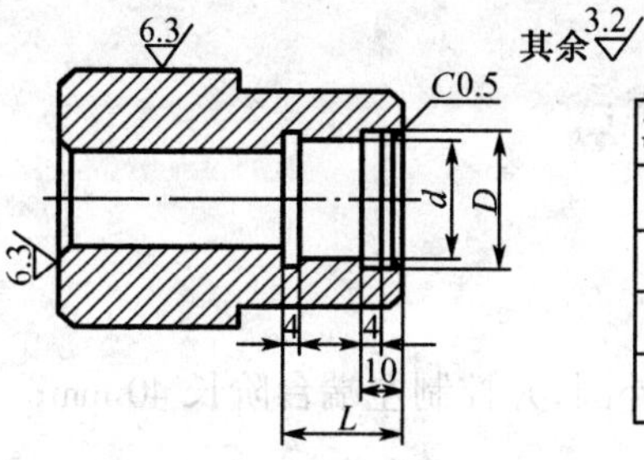

mm

次数	d	D	L
1	$\phi36^{+0.039}_{0}$	$\phi38$	24
2	$\phi39^{+0.039}_{0}$	$\phi41$	26
3	$\phi42^{+0.039}_{0}$	$\phi45$	28
4	$\phi46^{+0.039}_{0}$	$\phi50$	30

图 3-81　车内沟槽

材料：HT150（铰孔训练件）

①粗车成形即外圆、内孔和端面先粗车，留一定的精车余量，然后在外圆表面上画线，控制槽距位置；

②车削梯形沟槽通常有两种车削方法：

a.较大的梯形沟槽，一般先切直槽，如图 3-82(a)所示，再用成形刀修整，如图 3-82(b)所示；

b.较小的梯形沟槽，一般用成形刀一次车削成形，用这种方法加工的沟槽，切削力较大，最好用活顶钉支顶后进行，否则容易使工件走动。为此，精加工时，一般应先车沟槽，然后再精车其余各部分，否则会影响工件同轴度。

(2)测量三角皮带轮沟槽的方法

①用样板进行适当测量，如图 3-83(a)所示；

②用量角器检查测量皮带轮沟槽的半角，如图 3-83(b)所示。

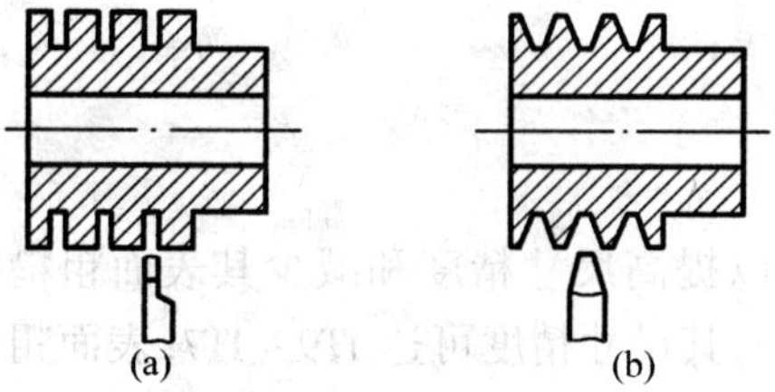

图 3-82　车三角皮带槽图

(a)切直槽；(b)用成形刀修整

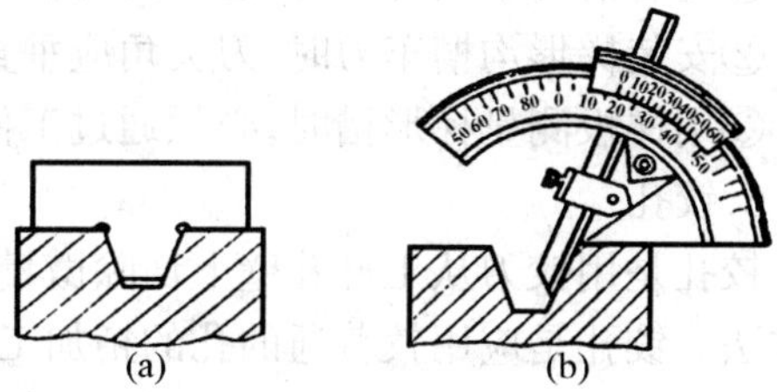

图 3-83　测量三角皮带槽

(a)用样板测量；(b)用量角器测量沟槽半角

(3)技能训练

三角皮带轮车削练习，如图 3-84 所示。

加工步骤如下：

①夹住外圆长 30 mm 左右，校正、夹紧；

②粗车端面及外圆 $\phi46$、长 22 mm 至 $\phi47$、长 22 mm；

③调头，夹紧外圆 $\phi47$ 处；

④粗车端面，保持台阶长 42 mm，总长 63 mm；

⑤粗车外圆 $\phi66_{0}^{+0.10}$；

⑥钻通孔 $\phi18$,扩孔 $\phi29\times24$;

⑦在 $\phi66$ 外圆上涂色画线,控制槽距;

⑧用切槽刀、成形刀切梯形沟槽至图样要求;

⑨精车端面及外圆 $\phi20^{0}_{-0.2}$;

⑩精镗内孔至尺寸 $\phi20_{0}^{+0.021}$ 及 $\phi30_{0}^{+0.021}$;

⑪切内梯形槽及内外圆倒角 $1\times45°$;

⑫调头垫铜皮夹住外圆 $\phi66$ 处,精车 $\phi46$ 外圆,并控制左端台阶长 40 mm;

⑬精车端面至总长 62 mm;

⑭内外圆倒角 $1\times45°$。

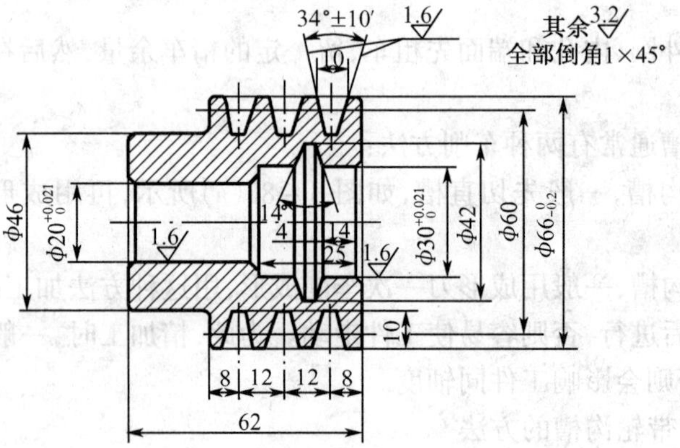

图 3-84 三角皮带轮车削练习

(4)注意事项

①左右借刀切削时,应注意槽距的位置偏差;

②安装梯形沟槽车刀时,刀尖角应垂直于轴心线;

③用样板测量梯形槽时,必须通过工件中心。

6.铰孔

铰孔是用铰刀从工件孔壁上切除微量金属层,以提高尺寸精度和减少其表面粗糙度值的方法。铰孔是应用较普通的孔的精加工方法之一,其尺寸精度可达 IT9~IT7,表面粗糙度 Ra 值可达 1.6~0.4 μm。

(1)铰刀

铰刀是多刃切削工具,分机用和手用两种,机用铰刀可分整体式、插柄式和浮动式。

整体式铰刀又分为圆柱柄和圆锥柄两种,如图 3-85(a)所示。直径在 12 mm 以下的铰刀一般为圆柱柄;直径在 12~32 mm 的铰刀,一般用圆锥柄。

插柄式铰刀其直径较大,一般为 25~75 mm,为了节约刀具材料,所以做成插柄式(中间是套式)。它的内孔锥度为 1:30,如图 3-85(b)。

浮动式铰刀由刀体(如图 3-86(a)所示)和刀杆(如图 3-86(b)所示)组成。铰孔时,把刀体插入刀杆的矩形孔内,使刀体在矩形孔内能作径向移动。当刀体两刃受到径向作用力时就能自动定心。因此,它能补偿车床尾座中心与主轴中心之间的偏差所引起的影响。

浮动铰刀分整体式和可调式两种。整体式浮动铰刀不能调节,如直径磨损变小,就不能继续使用。可调式浮动铰刀如图 3-86(a)所示,调节时,先松开两紧固螺钉 3,调节螺钉 4,

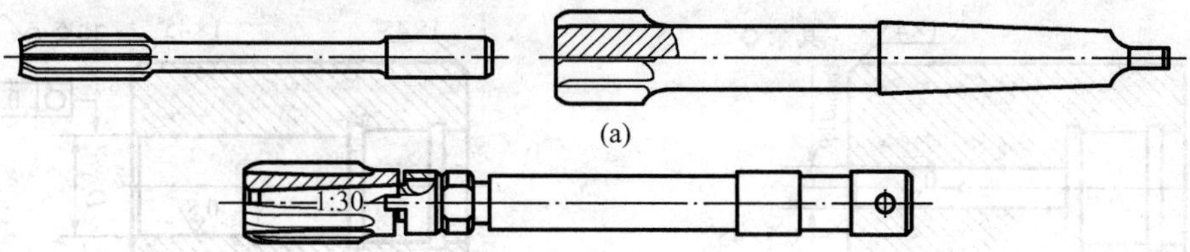

图 3-85 铰刀

(a)整体式铰刀;(b)插柄式铰刀

使刀体 1 与刀体 2 之间产生位移。当调整至需要尺寸时,拧紧两个紧固螺钉 3,把刀体 1 和刀体 2 铰紧。然后装入刀杆(如图 3-86(b)所示),就可使用了。

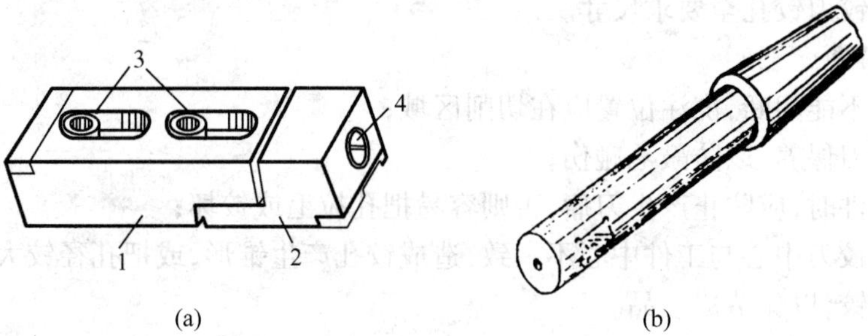

图 3-86 浮动铰刀

(a)刀体;(b)刀杆

(2)铰削方法

①铰孔之前,通常先钻孔和镗孔,留一定余量进行铰孔,但镗孔不仅能控制铰削余量,更重要的是,能提高零件的同轴度和孔的直线度,对于 10 mm 以下的小孔,由于镗削困难,为了保证铰孔质量,一般应先用中心钻定位,再钻孔和扩孔,然后进行铰孔;

②在铰孔的同时,必须及时注入切削液,以保证孔径表面光洁,常用的切削液有以下几种:

铰削钢件:用硫化乳化油;

铰削铸件:用煤油式柴油;

铰削青铜式铝合金时:用 2 号锭子油和煤油。

(3)技能训练

钻、扩、铰孔练习,如图 3-87 所示。

加工步骤如下:

①夹住外圆车端面;

②用中心钻钻定位孔;

③用 ϕ9.5 麻花钻钻通孔,用 ϕ9.8 麻花钻扩孔;

④用 ϕ10 机用铰刀铰孔至尺寸要求。

镗、铰孔练习,如图 3-88 所示。

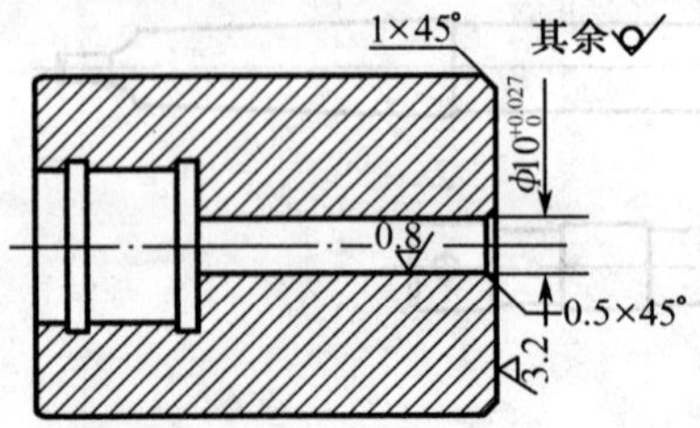

图 3-87　钻、扩、铰孔练习

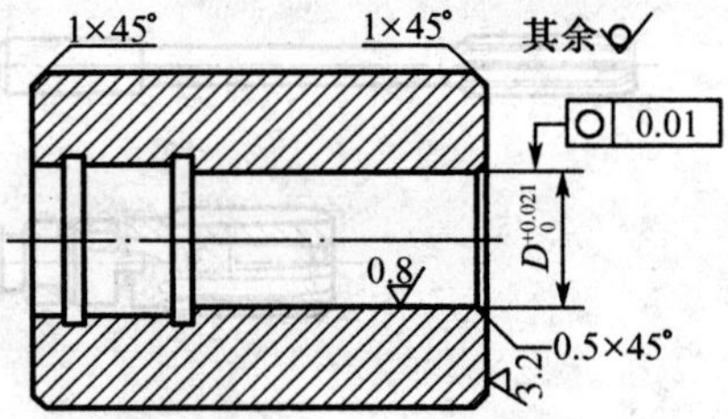

图 3-88　镗、铰孔练习

加工步骤如下：

①夹住外加圆，校正夹紧；

②扩孔，镗孔；

③用机用铰刀铰孔至要求尺寸。

(4)注意事项

①切削液不能间断，浇注位置应在切削区域；

②注意铰刀保养，以防敲毛碰伤；

③铰削钢件时，应防止产生刀瘤，否则容易把孔拉毛或铰坏；

④要防止铰刀中心与工件中心不一致，造成铰孔产生锥形，或把孔径铰大；

⑤应先试铰，以免造成废品。

四、车内、外圆锥面

1.转动小滑板车外圆锥面

转动小滑板时，将小滑板沿顺时针或逆时针方向按工件的圆锥半角 $\alpha/2$ 转动一个角度，使车刀的运动轨迹与所需加工圆锥在水平轴平面内的素线平行，用双手配合均匀不间断转动小滑板手柄，手动进给车削圆锥面的方法，如图 3-89 所示。

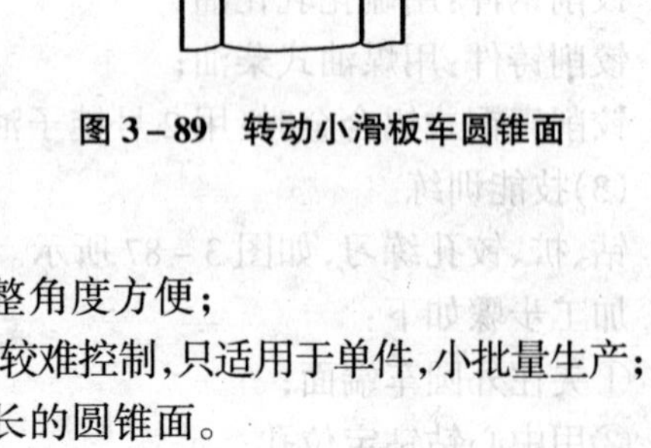

图 3-89　转动小滑板车圆锥面

(1)转动小滑板车外圆锥面的特点如下

①能车削圆锥角 α 较大的圆锥面；

②能车削整圆锥表面和圆锥孔，应用范围广，且操作简单；

③在同一工件上车削不同锥角的圆锥面时，调整角度方便；

④只能手动进给，劳动强度大，工件表面粗糙度值较难控制，只适用于单件，小批量生产；

⑤受小滑板行程的限制，只能加工素线长度不长的圆锥面。

(2)转动小滑板的方法如下

①用扳手将小滑板下面转盘上的两个螺母松开；

②按工件上外圆锥面的倒、顺方向确定小滑板的转动方向。

a.车削正外圆锥(又称顺锥)面，即圆锥大端靠近主轴，小端靠近尾座方向，小滑板应逆时针方向转动，如图 3-90 所示。

b.车削反外圆锥(又称倒锥)面,小滑板则应顺时针方向转动。

c.根据确定的转动角度($\alpha/2$)和转动方向转动小滑板至所需位置,使小滑板基准零线与圆锥半角 $\alpha/2$ 刻线对齐,然后锁紧转盘上的螺母。

d.当圆锥半角 $\alpha/2$ 不是整数值时,其小数部分用目测的方法估计,大致对准后再通过试车逐步找正,转动小滑板时,可以使小滑板转角略大于圆锥半角 $\alpha/2$,但不能小于 $\alpha/2$。转角偏小会使圆锥素线车长而难以修正圆锥长度尺寸,如图 3-91 所示。

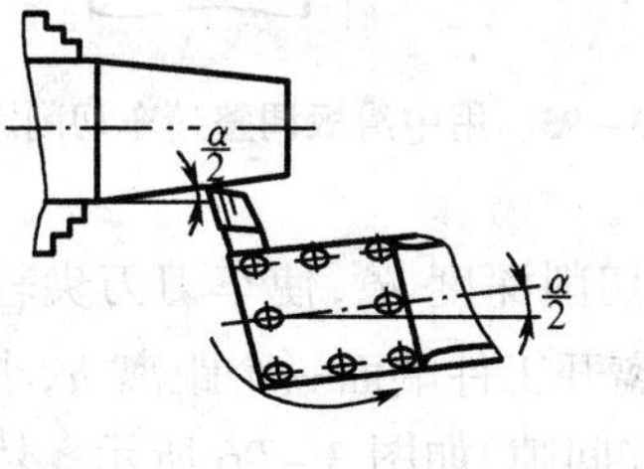

图 3-90　车正外圆锥面

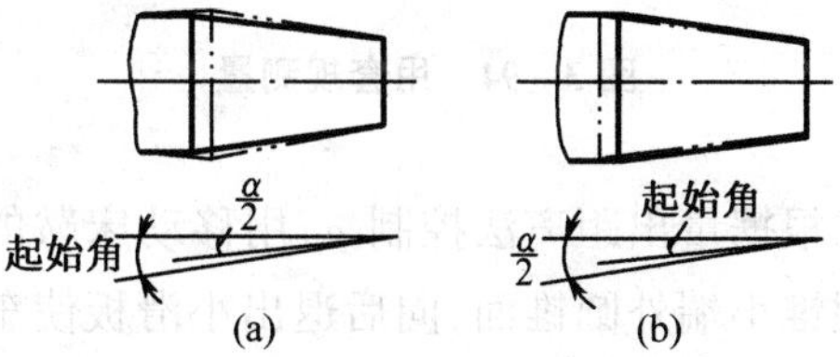

图 3-91　小滑板转动角度的影响

(a)起始角大于 $\alpha/2$;(b)起始角小于 $\alpha/2$

(3)粗车外圆锥面

①按圆锥大端直径(增加 1 mm 余量)和圆锥长度将圆锥部分先车成圆柱体。

②移动中、小滑板,使车刀刀尖与轴端外圆面轻轻接触,如图 3-92 所示。然后将小滑板向后退出,中滑板刻度至零位,作为粗车外圆锥面的起始位置。

③按刻度移动中滑板向前进切并调整吃刀量,开动车床,双手交替转动小滑板手柄,手动进给速度应保持均匀一致和不间断。如图 3-93 所示,当车至终端,将中滑板退出,小滑板快速退复位。

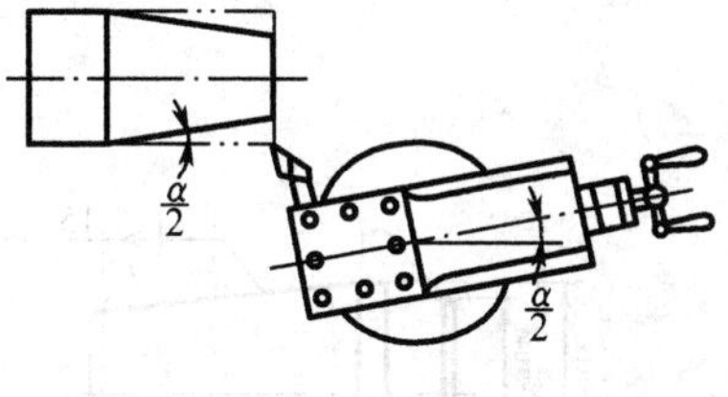

图 3-92　确定起始位置

图 3-93　手动进给车外圆锥面

④反复步骤 3,调整吃刀量,手动进给车削外圆锥面,直至工件能塞入套规约 1/2 为止。

⑤用套规、样板或万能角度尺检测圆锥锥角,找正小滑板转角。

⑥找正小滑板转角后,粗车圆锥面,留精车余量 0.5~1 mm。

(4)精车外圆锥面

小滑板转角调整准确后,精车外圆锥面主要是提高工件的表面质量和控制外圆锥面的尺寸精度,因此,精车外圆锥面时,车刀必须锋利、耐磨,进给必须均匀、连续。其切削深度的控制方法如下:

①先测量出工件小端端面至套规过端界的距离 a(如图 3-94 所示),用下式计算出切削深度 a_p

$$a_p = a\tan(\alpha/2) \quad 或 \quad a_p = a \times c/2$$

然后移动中、小滑板，使刀尖轻轻接触工件圆锥小端外圆表面后，退出小滑板，中滑板 a_p 值进切，小滑板手动进给精车外圆锥面至尺寸，如图 3－95 所示。

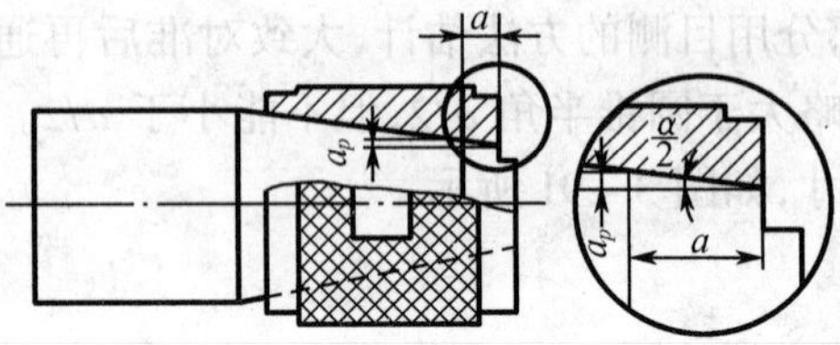

图 3－94　用套规测量

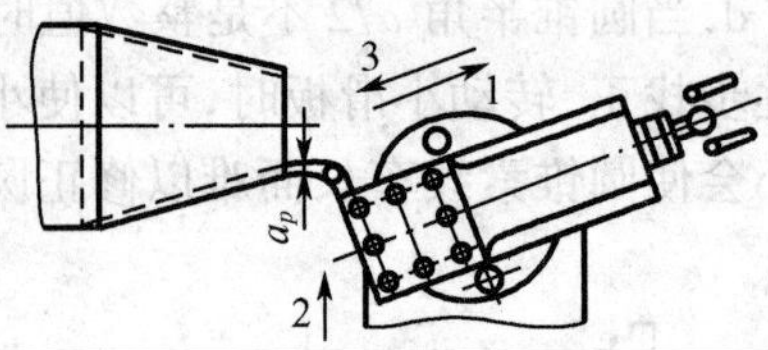

图 3－95　用中滑板调整精车切削深度 a_p

②根据量出距离法控制 a，用移动床鞍的方法控制切削深度 a_p，使车刀刀尖轻轻接触工件圆锥小端外圆锥面，向后退出小滑板使车刀沿轴向离开工件端面一个距离 a，小滑板沿电轨方向移动距离为 $a\sec\alpha$，调整前应先消除小滑板丝杠间隙，如图 3－96 所示。然后移动床鞍，使车刀与工件端面接触，如图 3－97 所示，虽然没有移动中滑板，但车刀已经切入了一个所需的切削深度 a_p。

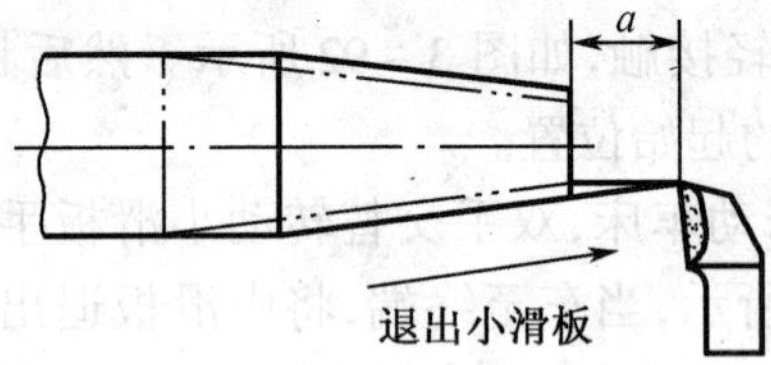

图 3－96　用退出小滑板调整精车切削深度 a_p

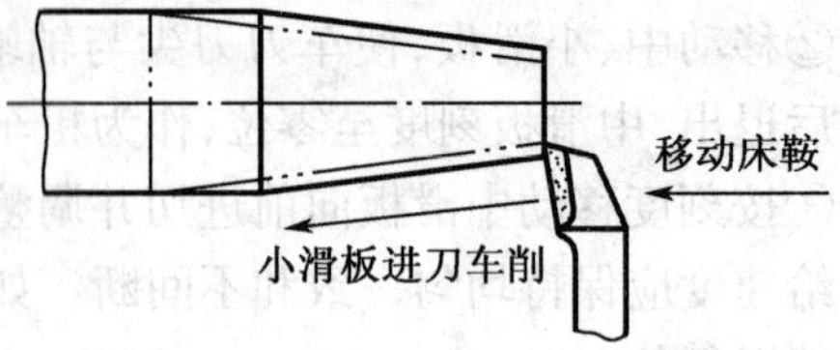

图 3－97　移动床鞍完成 a_p 调整

(5)技能训练

锥体加工，如图 3－98 所示。

加工步骤如下：

①用三爪自定心卡盘夹持毛坯外圆，伸出长度 25 mm左右，校正并夹紧；

②车端面 A，粗、精外圆 $\phi52^{0}_{-0.046}$，长 18 mm 至要求，倒角 $C1$；

③调头夹持 $\phi52^{0}_{-0.046}$外圆，长 15 mm 左右，校正并夹紧；

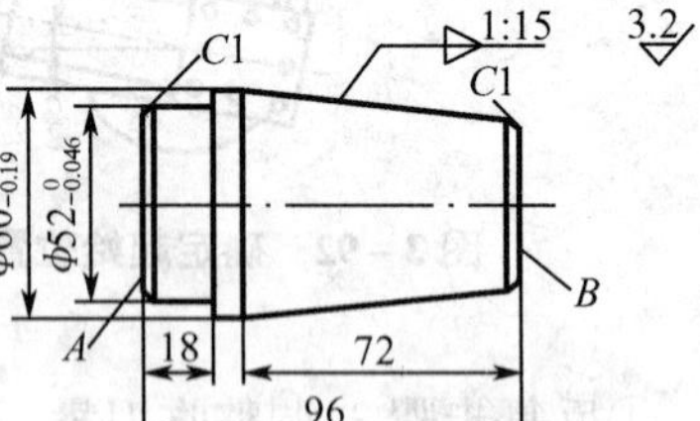

图 3－98　锥体

材料：HT150ϕ65 × 100 mm　1 件

④车端面 B，保持总长 96 mm，粗、精车外圆 $\phi60^{0}_{-0.19}$至要求；

⑤小滑板逆时针转动圆锥半角（$\alpha/2 = 1°54'33''$），粗车外圆锥面；

⑥用万能角度尺检测圆锥半角并调整小滑板转角；

⑦精车圆锥面至尺寸要求；

⑧倒角 $C1$ 去毛刺；

⑨检查各尺寸合格后卸下工件。

(6)注意事项

①车刀必须对准工件旋转中心,避免产生双曲线误差,可通过把车刀对准实习圆锥体零件端面中心来对刀。

②单刀刀刃要始终保持锋利,工件表面一刀车出。

③应两手握小拖板手柄,均匀移动小拖板。

④要防止扳手在扳小拖板紧固螺帽时打滑而撞伤手。粗车时,吃刀量不宜过长,应先校正锥度,以防工件车小而报废,一般留精余量0.5 mm。

⑤在转动小拖板时,应稍大于圆锥斜角 α,然后逐次校准,当小拖板角度调整到相差不多时,只需把紧固螺母稍松一些,用左手大拇指放在小拖板转盘和刻度之间,消除中拖板间隙,用铜棒轻轻敲击小拖板所需校准的方向,使手指感到转盘的转动量,这样可较快地校正锥度。

⑥小拖板不宜过松,以防工件表面车削痕迹粗细不一。

2.偏移尾座车削圆锥面

偏移尾座法车削外圆锥面,就是将尾座上层滑板横向偏移一个距离 S,使尾座偏移后,前后两顶尖连线与车床主轴轴线相交成一个等于圆锥半角 $\alpha/2$ 的角度,当床鞍带着刀沿着平行于主轴轴线方向移动切削时,工件就车成一个圆锥体,如图3-99所示。

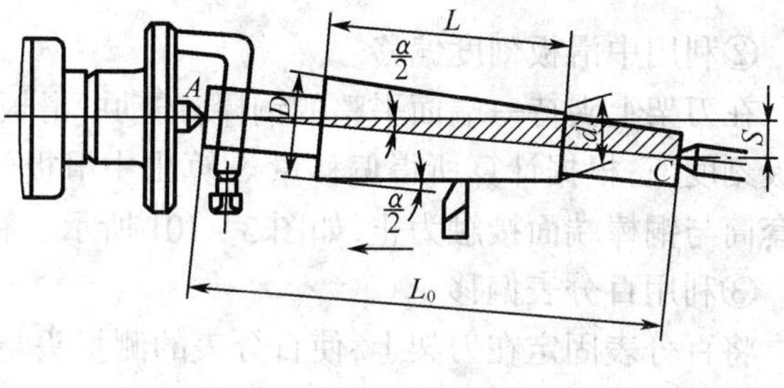

图3-99 偏移尾座车外圆锥面

(1)偏移尾座车外圆锥面的特点

①适宜于加工锥度小精度不高、锥体较长的工件。受尾座移量的限制,不能加工锥度大的工件。

②可以用纵向机动进给车削,使加工表面刀纹均匀,表面粗糙度值小,表面质量较好。

③由于工件需用两顶尖装夹,因此,不能车削整锥体也不能车削圆锥孔。

④因顶尖在中心孔上是歪斜的,接触不良,所以,顶尖中心孔磨损不均匀。

(2)尾座偏移量的计算

用偏移尾座法车削圆锥时,尾座的偏移量不仅与圆锥长度有关,而且还与两顶尖之间距离有关,这段距离一般可近似地看作工件的全长 L_0,尾座偏移量可根据下列公式计算求得

$$S = L_0\tan(\alpha/2) = L_0(D-d)/(2L) \quad 或 \quad S = L_0 C/2$$

式中 S——尾座偏移量,mm;

D——圆锥大端直径,mm;

d——圆锥小端直径,mm;

L——圆锥大端直径与小端直径处的轴向距离,mm;

L_0——工件全长,mm;

C——锥度。

先将前后两顶尖对齐,然后根据计算所得偏移量 S,采用以下几种方法偏移尾座上层。

①利用尾座刻度偏移

先松开尾座紧固螺母,然后用六角扳手转动尾座上层两侧螺钉1,2,进行调整车削正锥时,先松螺钉1,紧固螺钉2,尾座上层根据刻度值向量移动距离 S,如图3-100所示,车削倒

锥时则相反，然后拧紧尾座紧固螺母。

这种方法简单方便，一般在尾座上有刻度的车床都可以采用。

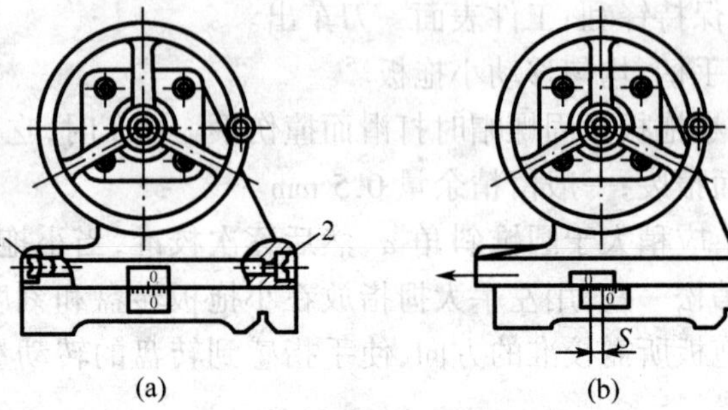

图3－100　用尾座刻度偏移尾座的方法

(a)零线对齐；(b)偏移距离 S

②利用中滑板刻度偏移

在刀架上夹持一端面平整的铜棒，摇动中滑板手柄使铜棒端面与尾座套筒接触，记下中滑板刻度值，根据计算所得偏移量 S 算出中滑板丝杠的间隙影响，然后移动尾座上层，使尾座套筒与铜棒端面接触为止，如图3－101所示。利用百分表能准确调整尾座偏移量。

③利用百分表偏移

将百分表固定在刀架上，使百分表的测量头与尾座套筒接触调整百分表使指针处于零处，然后按偏移量调整尾座，当百分表指针转动至 S 值时，把尾座固定，如图3－102所示。

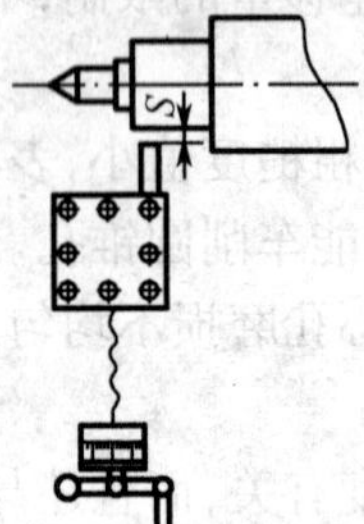

图3－101　用中滑板刻度偏移尾座法

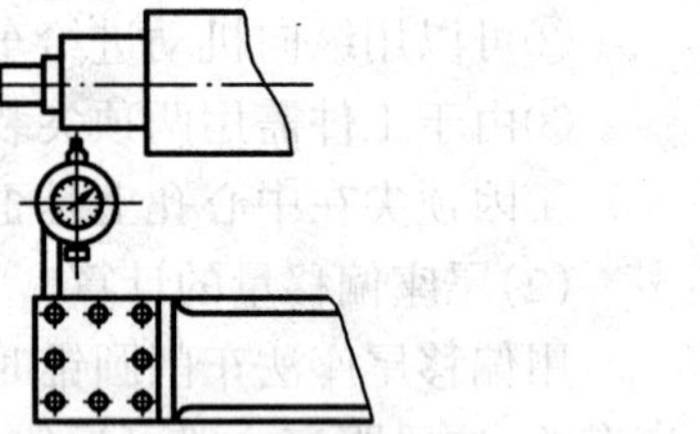

图3－102　用百分表偏移尾座法

④利用锥度棒或样件偏移

先将锥度量棒安装在两顶尖之间，在刀架上固定一百分表，使百分表测量头与锥度棒素线接触，然后偏移尾座纵向移动床鞍，使百分表在锥度量棒圆锥面两端的计数一致后，固定尾座，如图3－103所示。

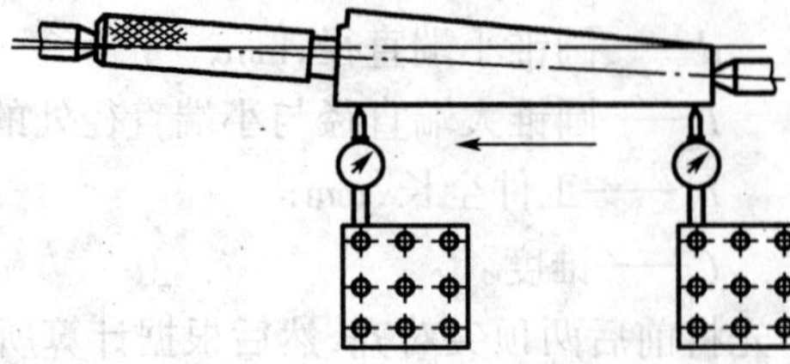

图3－103　用锥度量棒偏移尾座法

使用这种方法偏移尾座，必须选用与加工工件等长的锥度量棒或标准件，否则加工出的锥度是不正确的。

(3)外圆锥的车削方法

①粗车外圆锥面

由于工件采用两顶尖装卡,选择切削用量时应适当降低,粗车外圆锥面时,可以采用机动进给,粗车圆锥面长度达1/2长时,需进行锥度检查,检测圆锥角度是否正确,方法与转动小滑板法车外圆锥面的检测相同,若锥度 C 偏大,则反向偏移,微量调整尾座,即减少尾座偏移量 S,若锥度 C 偏小,则同向偏移,微量调整尾座,即增大了尾座偏移量 S,反复试车调整,直至圆锥角调整正确为止。然后粗车外圆锥面,留精车余量0.5~1.0 mm。

②精车外圆锥面。

③用计算或移动床鞍法确定切削深度 a_p。

④用机动进给精车外圆锥面至要求的尺寸。

(4)技能训练

莫氏4#锥棒加工,如图3-104所示。

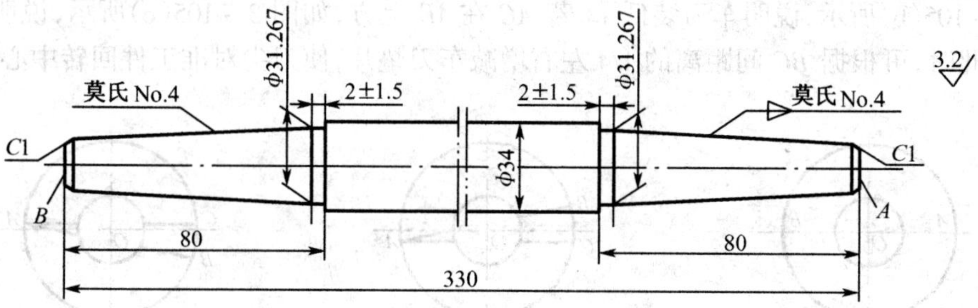

图3-104 莫氏4#锥棒

材料:45号钢 ϕ40×335 1件

加工步骤如下:

①用三爪自定心卡盘夹持工件毛坯外圆,伸出长度30 mm左右,校正并夹紧,车平端面A,钻中心孔,车外圆表面去黑皮即可;

②以端平面A为基准,在工件上刻线截取总长330 mm;

③用三爪自定心卡盘夹持工件毛坯外圆,使 B 端伸出长度30 mm左右,找正并夹紧,车端平面 B,保证总长330 mm,钻中心孔;

④在两顶尖间装夹好工件,车外圆 ϕ34 至尺寸;

⑤车两端外圆至尺寸 ϕ32 长80 mm;

⑥根据尾座偏移量 S 向量偏移尾座,粗车,修正偏移量,精车一端外圆锥面至尺寸要求,倒角 $C1$;

⑦调头装夹车另一端外圆锥面倒角 $C1$。

(5)注意事项

①车刀应对准工件中心以防母线不直;

②粗车时,吃刀不宜过多,应校准锥度,以防止工件车小而报废;

③随时注意顶针松紧和前顶针的磨损情况,以防工件飞出伤人;

④偏移尾座时,应仔细耐心熟练掌握偏移方向;

⑤如果工件数量较多,其长度和中心孔的深浅必须一致。

3.车内圆锥面

在车床上加工内圆锥面的方法有:转动小滑板法和铰内圆锥法。

(1)转动小滑板法车内圆锥面

①车削方法

a.钻孔、车削内圆锥孔前,先车平工件端面,再用比锥孔直径小1~2 mm的麻花钻钻孔。

b.锥孔车刀的选择和装夹。锥孔车刀柄尺寸受锥孔小端直径的限制,为了增大刀柄刚度,宜选用圆锥形刀柄,且刀尖应与刀柄中心对称平面等高,车刀装夹时,应使刀尖严格对准工件回转中心。刀柄伸出的长度应保持其切削行程,刀柄与工件锥孔间应留有一定空隙。车刀装夹好后应在停车状态,全程检查是否产生碰撞。车刀对中心的方法与车端平面时对中心的方法相同,在工件端面上有预制孔时,可采用以下方法对中心,先初步调整车刀高低位置并夹紧,然后移动床鞍中滑板使车刀与工件端面轻轻接触,摇动中滑板使车刀刀尖在工作端面上轻轻画出一条刻度 *AB*,如图3-105(a)所示。将卡盘扳转180°左右,使刀尖从 *A* 点再划一条刻线 *AC*,若刻线 *AC* 与 *AB* 重合,说明刀尖对准工件回转中心,若 *AC* 在 *AB* 下方,如图3-105(b)所示,说明车刀装低了,若 *AC* 在 *AB* 上方,如图3-105(c)所示,说明车刀装高了。此时,可根据 *BC* 间距离的1/4左右增减车刀垫片,使刀尖对准工件回转中心。

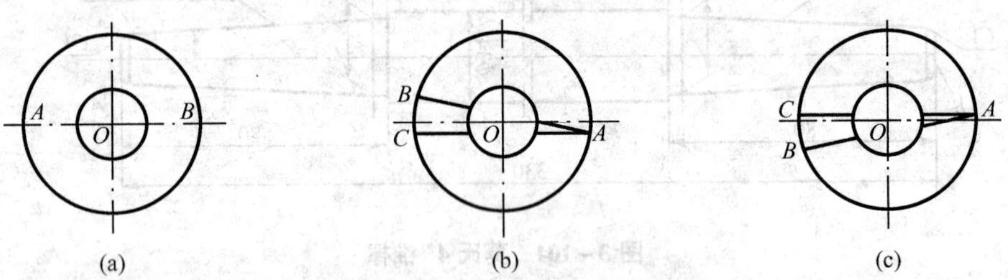

图3-105 车刀对工件回转中心方法

c.转动小滑板车内圆锥面。转动小滑板的方法与车削外圆锥面时相同,只是方向相反,应顺时针方向偏转 $\alpha/2$ 角。车削前也需要调整好小滑板导轨镶条的配合间隙,并确定小滑板的行程。当粗车到圆锥塞规能塞进孔1/2长度时,应检查和校正锥面,然后,粗、精车内圆锥面至尺寸要求,如图3-106所示。

精车内外圆锥面控制尺寸的方法与精车外圆锥面控制尺寸的方法相同,也可以采用计算法或移动床鞍法确定切削深宽 a_p,如图3-107和图3-108所示。

图3-106 转动小滑板内圆锥面

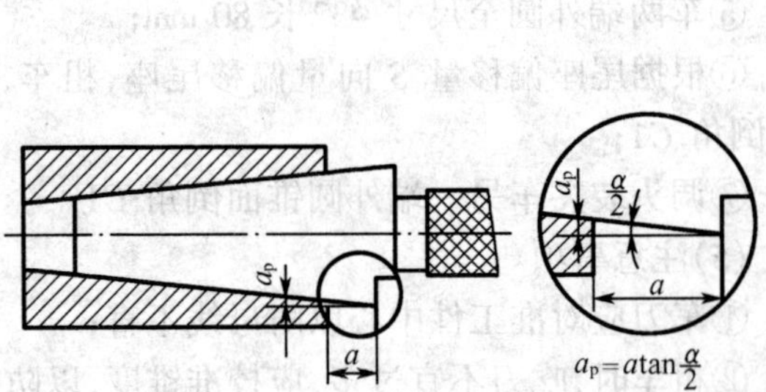

图3-107 计算法控制圆锥孔尺寸

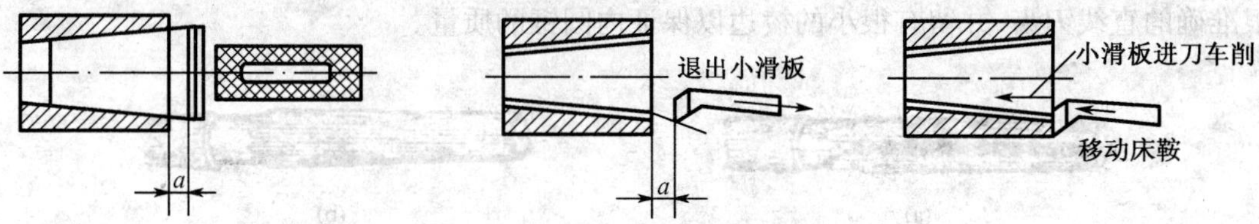

图 3－108　移动床鞍法控制圆锥孔尺寸

②车削用量的选择

a.粗车进,切削速度应比车外圆锥面时低 10% ~ 20%,精车时采用低速精车。

b.手动进给应始终保持均匀,不能停顿或快慢不均匀现象,最后一刀的精车切削深度 a_p 一般为 0.1 ~ 0.25 mm。

c.精车钢件时,可以加注切削液,以减小表面粗糙度值,提高表面质量。

③车削内外圆锥配合的方法

a.车刀反装法

将锥孔车刀反装,使车刀前面向下,刀尖应对准工件回转中心,车床主轴仍正转,然后车内圆锥面,如图 3－109 所示。

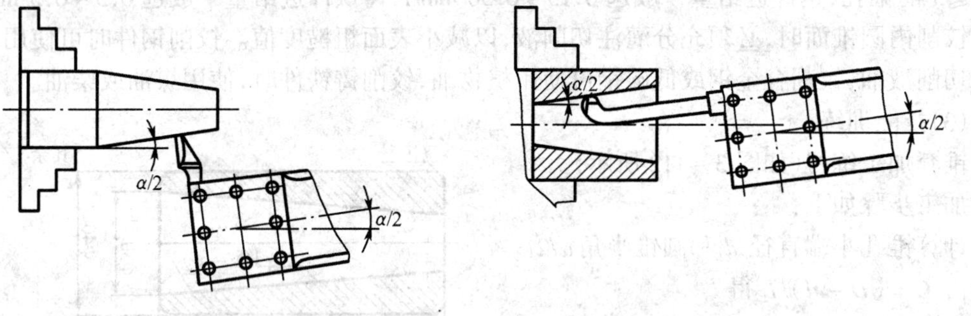

图 3－109　车刀反装车配套内圆锥面

b.车刀正装法

采用与一般内孔车刀弯头方向相反锥孔车刀,如图 3－110 所示。车刀正装使车刀前面向上,刀尖对准工件回转中心。车床主轴应反转,然后车内圆锥面。车刀相对工件的切削位置与车刀反装法的切削位置相同。

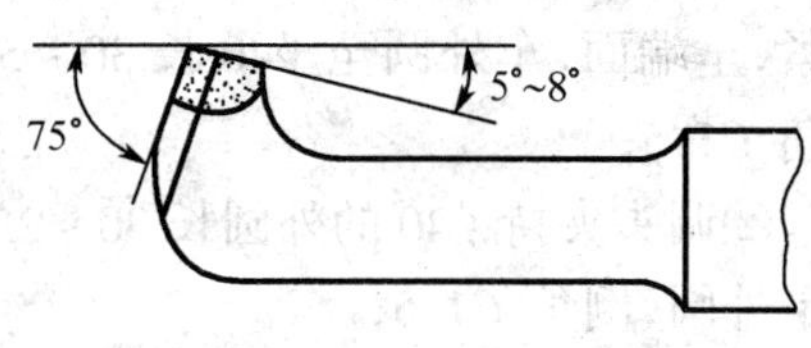

图 3－110　弯头方向相反的锥孔车刀

(2)用锥形铰刀铰内圆锥面

用锥形铰刀铰削直径较小和精度要求较高的内圆锥面,可以克服因车刀刀柄刚度低,难以达到较高的精度和获得较小的表面粗糙度值的缺点。用铰削方法加工的内圆锥面,精度比车削加工的高,表面粗糙度 Ra 值可达 1.6 ~ 0.8 mm。

①锥形铰刀

锥形铰刀一般分粗铰刀和精铰刀,如图 3－111 所示两种。粗铰刀的槽数比精铰刀少,容屑空间大,对排屑有利,粗铰刀的切削刃上开有一条右螺旋分屑槽,将原来很长的切削刃分割成若干个短切削刃，因而在铰削时把切屑分成几段，使切屑容易排出。粗铰刀做成锥度很准确的直线刀齿，并留有很小的棱边以保证内圆锥的质量。

图 3-111　锥形铰刀

(a)粗铰刀；(b)精铰刀

②铰削方法

在车床上铰削内圆锥面，将铰刀装夹在尾座套筒内，铰削前必须把尾座套筒轴线调整到与车床主轴线同轴位置，否则铰出的锥孔不正确，表面用精铰刀铰削至要求的尺寸。

③切削用量

铰削内圆锥面时，参加切削的切削刃长，切削面积大，排屑较困难，所以，切削用量应选择得小些。

切削速度 V_c 一般选 5 m/min 以下，进给均匀。

进给量 f 根据锥度大小选取，锥度大时进给量小些，反之，锥度小则可取大些。铰削锥度 $\alpha \leqslant 3°$ 的锥孔，钢件进给量一般选 0.15～0.30 mm/r，铸铁件进给量一般选 0.3～0.5 mm/r。

铰削内圆锥面时，必须充分灌注切削液，以减小表面粗糙度值。铰削钢件时可使用乳化液或切削液油，铰削合金钢或低碳钢可使用植物油，铰削铸铁件时，使用煤油或柴油。

(3)技能训练

锥套加工练习（如图 3-112 所示）

加工步骤如下：

计算锥孔小端直径 d 和圆锥半角 $\alpha/2$。

由 $C=(D-d)/L$ 得

$d=D-CL=30-1/5\times 50=20$ mm。

$\tan(\alpha/2)=1/2C=(D-d)/(2L)$。

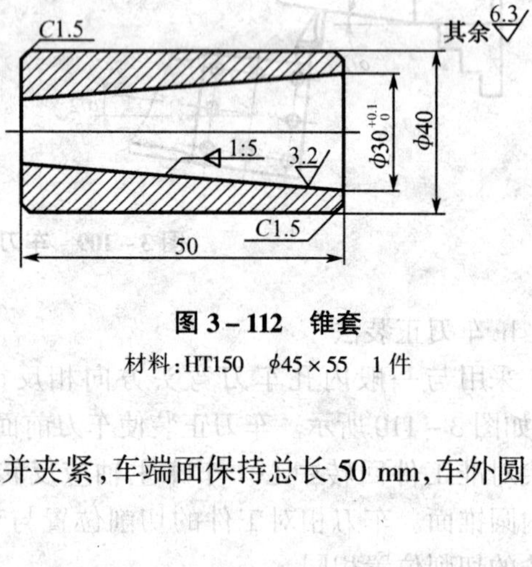

图 3-112　锥套

材料：HT150　$\phi 45\times 55$　1 件

①夹持毛坯外圆长 15 mm 左右，校正并夹紧，车端面，车外圆至 $\phi 40$ 长 30～50 mm，倒角 $C1.5$；

②调头夹持 $\phi 40$ 的外圆长 30～25 mm，校正并夹紧，车端面保持总长 50 mm，车外圆 $\phi 40$ 接平外圆，倒角 $C1.5$；

③钻通孔 $\phi 18$；

④将小滑板顺时针转动 5°42′38″，粗车内圆锥面；

⑤调整圆锥半角；

⑥精车内圆锥面并保证 $\phi 30+0.10$ 的尺寸。

内、外圆锥配合件加工，如图 3-113 所示。

工件 1 加工步骤如下：

①用三爪自定心卡盘夹持毛坯棒料外圆，伸出长度 50 mm，校正并夹紧；

②车端面，车平即可；

③粗、精车外圆 ϕ300－0.033 长 30 mm 至要求，并车平台阶平面；

④粗、精车外圆 ϕ380－0.062 长大于 10 mm 至要求；

⑤调整小滑板转角，粗车外圆锥面；

⑥精车外圆锥面，锥面大端离台阶端面距离应不大于 1.5 mm；

⑦倒角 C1 去毛刺，控制工件总长 41 mm 切断；

⑧调头垫铜皮校正并夹紧，车端面，保证总长 40 mm，倒角 C1。

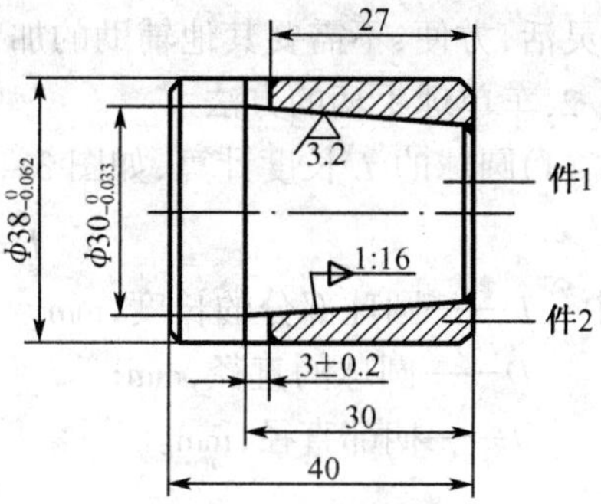

图 3－113　内、外圆锥配合件

材料：45 号钢　ϕ42×100　1 件

工件 2 加工步骤如下：

①用三爪自定心卡盘夹持毛坯棒料外圆，伸出长度 30～40 mm，校正并夹紧；

②车端面，车平即可；

③粗、精车外圆 ϕ300－0.062 长 30 mm 至要求，倒角 C1；

④钻 ϕ23 孔深 30 mm；

⑤控制总长 28 mm，切断；

⑥调头垫铜皮校正并夹紧；

⑦车端面，保证总长 27 mm，倒角 C1；

⑧粗、精车内圆锥面，控制配合间隙(3±0.2) mm。

(4)注意事项

①车圆锥时，一定要使车刀刀尖严格对准工件的回转中心；

②车刀在中途经刃磨后再装刀时，必须调整垫片厚度，重新对中心。

五、车成形面和表面修光

1.成形面零件的加工方法

(1)用样板刀车成形面。所谓样板刀，是指刀具切削部分的形状刃磨得和工件加工部分形状相似，这样的刀具就是样板刀。如图 3－114 所示。

(2)用仿形法车成形面。在车床上用仿形法车成形面的方法很多，如图 3－115 所示。

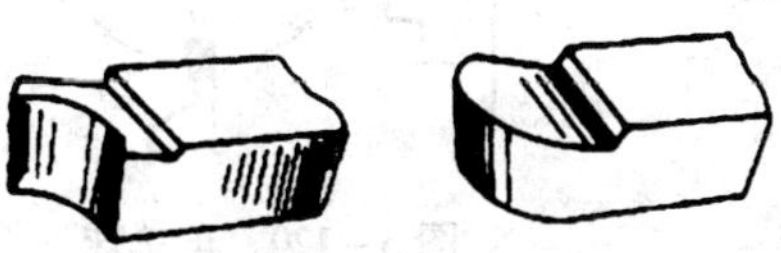

图 3－114　样板刀

图 3－115　用仿形法车削成形面

(a)用仿形法车橄榄手柄；(b)用尾座仿形法

(3)双手控制法车成形面，如图 3－116 所示。在单件加工时，通常用双手控制法车成形面，即可双手同时摇动小滑板手柄和中滑板手柄，并通过双手协调的动作，使刀尖走过的轨迹与所要求的成形面曲线相仿，这样，就能车出需要的成形面。双手控制法车成形面的特点是：灵活，方便，不需要其他辅助的加工工具，但需较高的技术水平。

2. 车单球手柄的方法

(1)圆球的 L 长度计算，如图 3－117 所示。其计算公式为

$$L = 1/2(D + \sqrt{D^2 - d^2})$$

式中　L——圆球部分的长度，mm；

D——圆球的直径，mm；

d——柄部直径，mm。

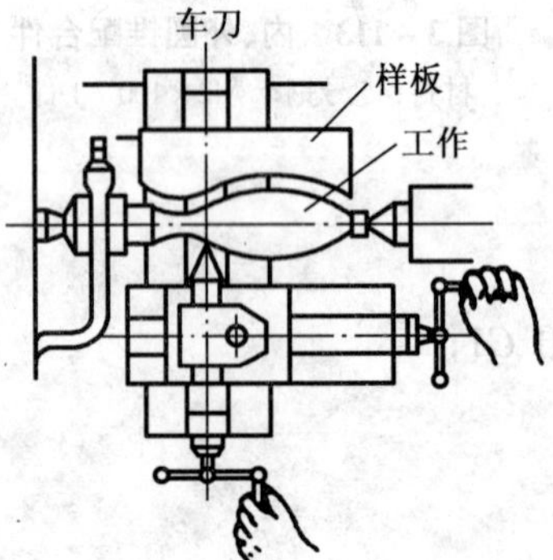

图 3－116　双手控制法车削手柄

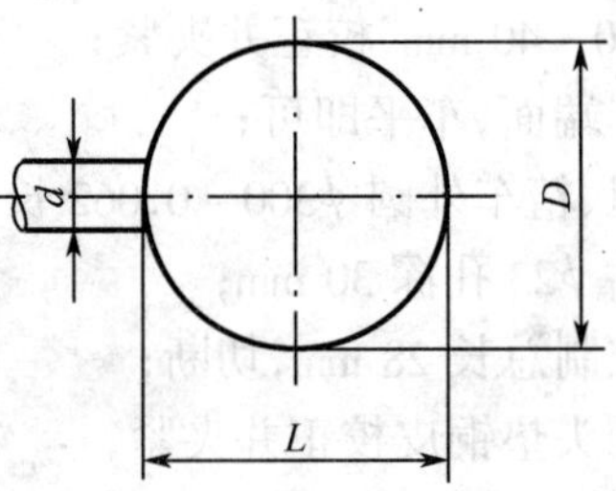

图 3－117　圆球的 L 长度计算

(2)车球面时，对纵、横向进给的移动速度对比分析，如图 3－118 所示。

当车刀从 a 点出发，经过 b 点至 c 点，纵向进给的速度是快—中—慢，横向进给的速度是慢—中—快，即纵向进给是减速度，横向进给是加速度。

(3)车单球手柄时，一般是车圆球直径 D 和柄部直径 d 以及 L 的长度留有精车余量 0.15 mm 左右，如图 3－119 所示。然后用 $R2$ 左右的小圆头车刀从 a 点向左右方向逐步把余量车去，如图 3－120 所示，并在 c 点处用切断刀修清角。

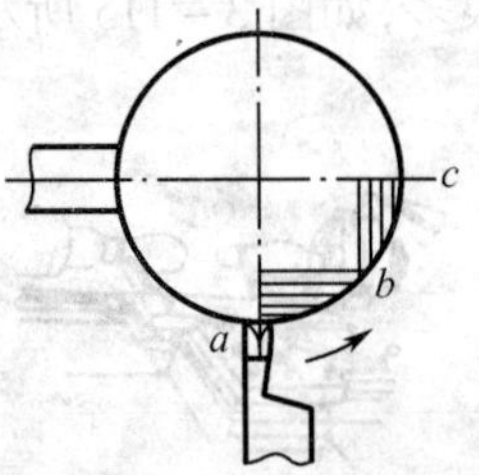

图 3－118　车圆球时纵、横速度的变化

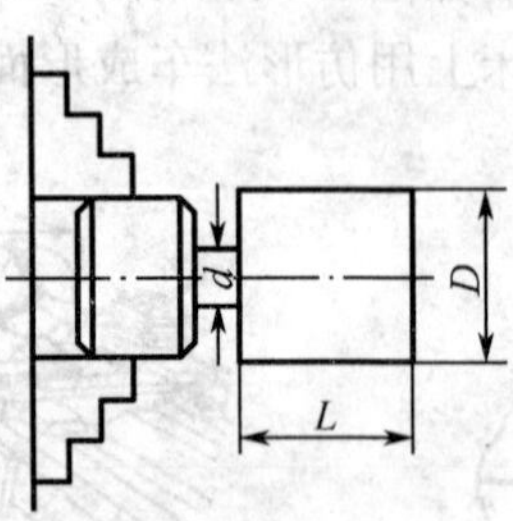

图 3－119　车单球手柄步骤(1)

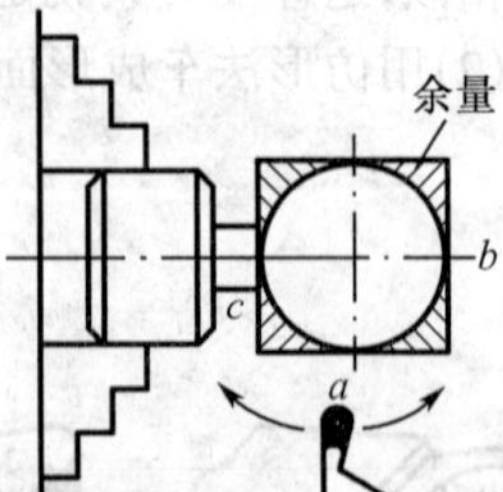

图 3－120　车单球手柄步骤(2)

(4)修整。由于手动进给车削工件表面往往会留下高低不平的痕迹，因此，必须用车刀、砂布进行表面抛光。

3.球面的测量和检查

为了保证球面的外形正确，通常采用样板套环、形状等进行检查，用样板检查时，应对准工件中心，并观察样板与工件之间的间隙大小，修整球面如图 3－121(a)所示，用套环检查时，可观察其间隙透光性后并进行修整，如图 3－121(b)所示，用千分尺检查球面时，应通过工件中心度多次变换测量方向，使其测量精度在图样要求范围之内，如图 3－121(c)所示。

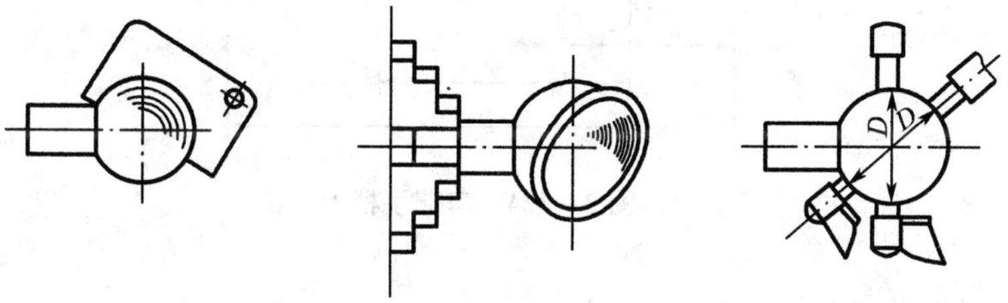

(a) (b) (c)

图 3－121 测量球面的方法

4.表面修光

经过精车以后的工件表面如果还不够光洁，可用锉刀、砂布进行修整抛光。

(1)锉刀修光

在车床上用锉刀修光外圆时通常选用细纹板锉和精细纹板锉(油光锉)进行，其锉削余量一般为 0.03 mm 之内，这样才不易使工件锉扁，在锉削时，为了保证安全，最好用左手握柄，右手扶住锉刀前端锉削，如图 3－122 所示，避免勾衣伤人。

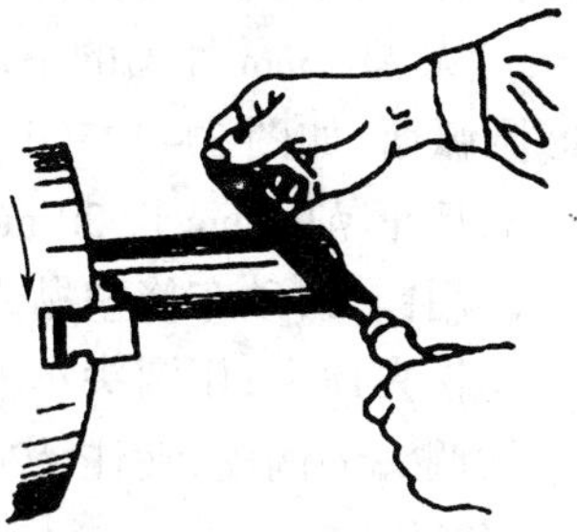

图 3－122 在车床上锉削的姿势

在车床上锉削时，推锉速度需慢(一般为 40 次/min 左右)，压力需均匀，缓慢移动前进，否则会把工件锉扁或呈节状。

锉削时最好在锉齿面上涂一层粉笔末，以防锉削滞塞在锉齿缝内，并要经常用铜丝刷清理齿缝，这样才能锉削出较好的工件表面。

锉削时转速需选得合理。转速太高，容易磨钝锉齿；转速太低，容易把工件锉扁。

(2)砂布抛光

5.技能训练

(1)车单球手柄(如图 3－123 所示)

加工步骤如下：

①夹住滚花外圆，车平面及外圆 ϕ40 mm，长 49 mm；

②车槽 ϕ25 mm，长 6 mm，并保持 L 长大于 40.4 mm；

③用圆头车刀粗、精车球面等尺寸要求；

④以后各项练习加工方法同上。

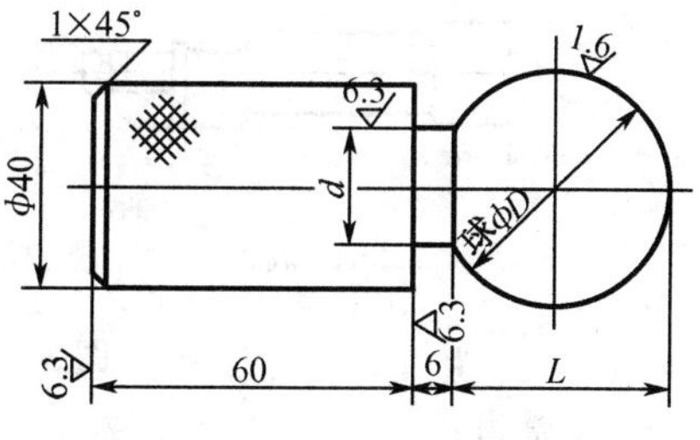

图 3－123 车单球手柄

(2)车摇手柄(如图 3－124 所示)

加工步骤如下：

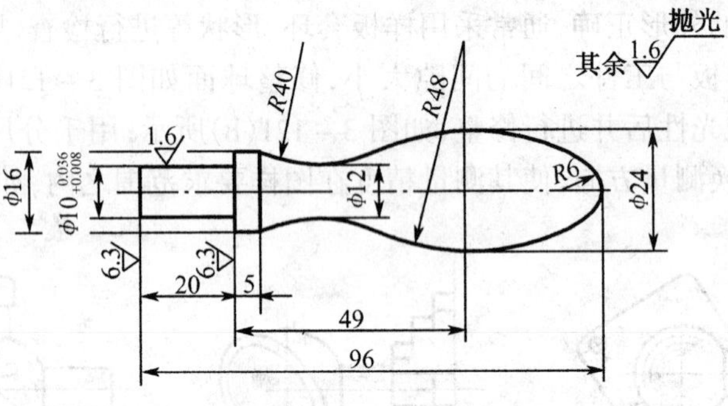

图 3-124　车摇手柄

①夹住外圆车平面和钻中心孔；

②工件伸出约长 110 mm 左右，一夹一顶，粗车外圆 φ24 mm 长 100 mm，φ16 mm 长 45 mm，φ10 mm 长 20 mm 各留精车余量 0.1 mm 左右，如图 3-125(a)所示；

③从 φ16 mm 外圆的平面量起，长 17.5 mm 为中心线，用小圆头刀车 φ12.5 mm 的定位槽，如图 3-125(b)所示；

④从 φ16 mm 外圆的平面量起，长大于 5 mm 开始切削，向 12.5 mm 定位槽处移动车 *R*40 圆弧面，如图 3-125(c)所示；

⑤从 φ16 mm 外圆的平面量起，长 49 mm 处为中心线，在 φ24 mm 外圆上向左右方向车 *R*48 圆弧面，如图 3-125(d)所示；

⑥精车 φ10 mm 长 20 mm 至尺寸要求，并包括 φ16 mm 外圆；

⑦用锉刀，砂布修整抛光专用样板检查；

⑧松去顶尖，用圆头车刀车 *R*6 并切下工件；

⑨调头垫铜皮，夹住 φ24 mm 外圆找正，用车刀或锉刀修整 *R*6 圆弧，并用砂布抛光，如图3-125(e)所示。

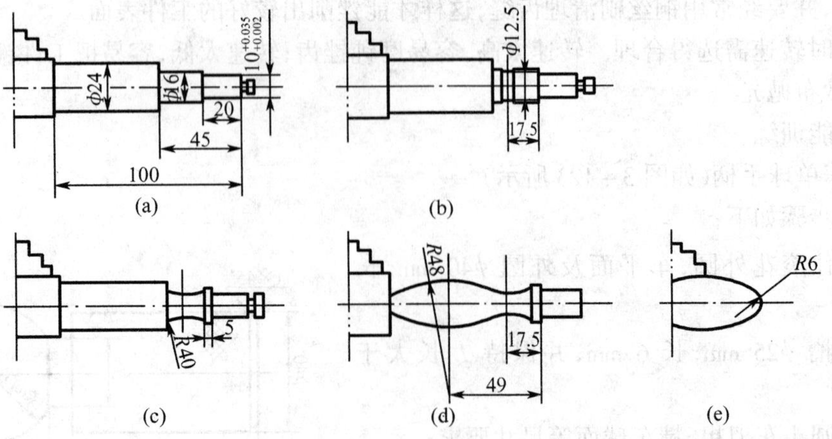

图 3-125　车摇手柄工步示意图

6.注意事项

(1)要培养目测球形的能力和协调双手控制进给动作的技能，否则，往往把球面车成橄榄状和算盘形；

(2)用锉刀锉削弧形工件时，锉刀的运动要绕弧面进行；

(3)锉削时，为了防止锉屑散落床面，影响床身异轨精度，应垫护床板或护床纸；

(4)锉削时，车工宜用左手捏锉刀柄进行锉削，这样比较安全。

六、螺纹加工

1.车三角形外螺纹

(1)车削方法

①直进法(如图 3－126 所示)车螺纹时，螺纹车刀刀尖及左右两侧刀刃都参加切削，每次进刀由中滑板进给，随螺纹深度的加深，切削深度相应减少，这种切削方法操作简单，可以得到比较正确的牙型，适用于螺距小于 2 mm 和脆性材料的螺纹车削。

②左右切削法或斜进法，如图 3－127 所示。车削时，除中滑板刻度控制车刀的径向进给外，同时使用小滑板刻度，使车刀左右微量进给，如图 3－127(a)所示。采用左右切削法时，要合理分配切削余量，粗车时可采用斜进法，如图 3－127(b)所示。顺走刀一个方向偏移一般每边留 0.2～0.3 mm，精车时，为了使两侧牙面都比较光洁，当一侧车光以后再将车刀偏移另侧面车削，两侧均车光后，再将车刀移到中间，把车底部分车光，保证牙底清晰。

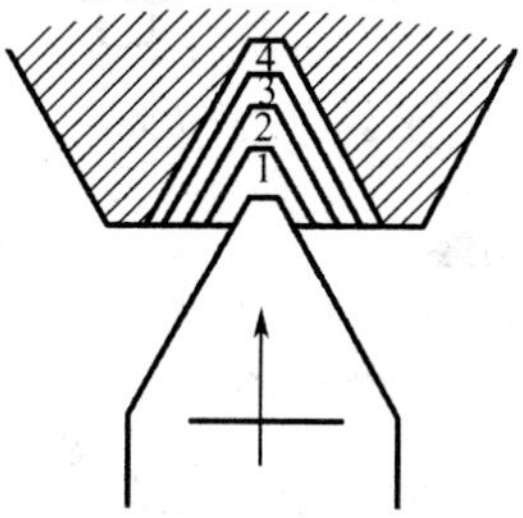

图 3－126　直进法

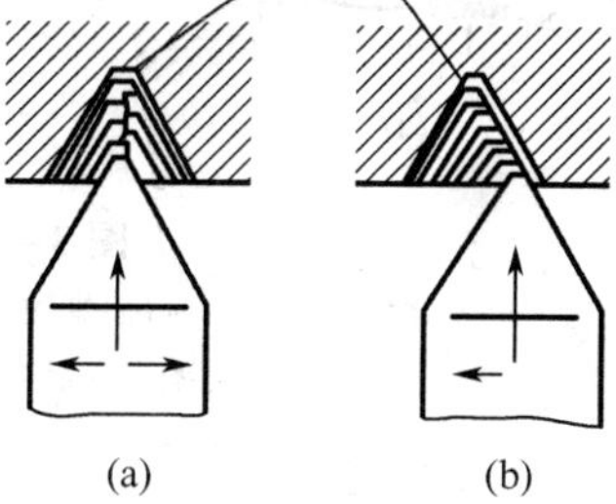

图 3－127　进给方法

(a)左右切削法；(b)斜进法

③切削液。切削时必须加切削液，粗车用切削油或机油，精车用乳化液。

(2)螺纹的测量和检查

①大径的测量。螺纹的大径公差较大，一般可用游标卡尺检测。

②螺距检测。常用钢直尺(如图 3－128 所示)或螺距规(如图 3－129 所示)检测。用钢直尺检测时，为了能准确检测出螺距，一般应检测几个螺距的总长度，然后取其平均值，用螺距规时，螺距规应沿工件轴平面方向嵌入牙槽中，如果与牙槽完全吻合，则说明被测螺距是正确的。

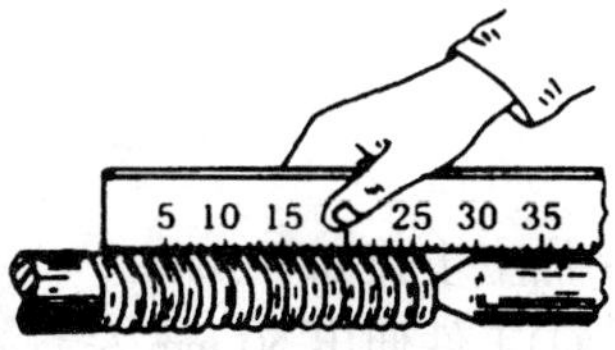

图 3－128　用钢直尺测量螺距

③中径检测。精度较大的螺纹，一般可用螺纹千分尺检测，如图 3－130 所示。检测时，两个与牙型角相同的测量头正好卡在螺纹的牙型面上，测得的数值即为中径实际尺寸。

螺纹千分尺附有两套(牙型角为 60°)不同的测量头，以适应各种不同的三角形外螺纹中径的测量。

④综合测量。用螺纹量规，如图3－131所示。进行综合检测，首先应检查螺纹大径牙型，螺距和表面粗糙度，然后用螺纹环规检测，如果螺纹环规通端顺利拧入工件螺纹，而止端不能拧进，则说明螺纹符合要求。对于精度要求不高的螺纹，可以用标准螺母来检测，以拧入时是否顺利和松紧程度来确定是否合格。

(3)技能训练

车铸铁外螺纹，如图3－132所示。

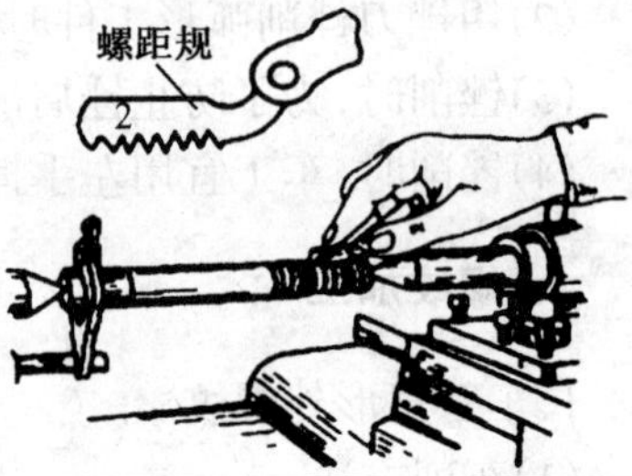

图3－129 用螺距规测量螺距

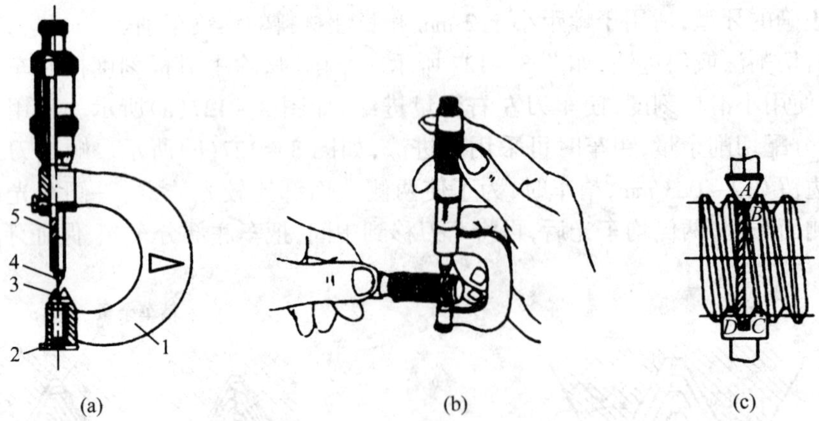

图3－130 三角形螺纹中径的测量

(a)螺纹千分尺；(b)测量方法；(c)测量原理

1—尺架；2—砧座；3—下测量头；4—上测量头；5—测微螺杆

图3－131 螺纹量规

(a)螺纹塞规；(b)螺纹环规

加工步骤如下：

①工件伸出50 mm左右，找正夹紧；

②粗、精车外圆，35 mm至尺寸要求；

③倒角1×45°；

④粗、精车三角螺纹M60×2，长25 mm至尺寸要求；

⑤检查；

⑥以后各次练习方法同上。

车无退刀槽外螺纹，如图 3－133 所示。

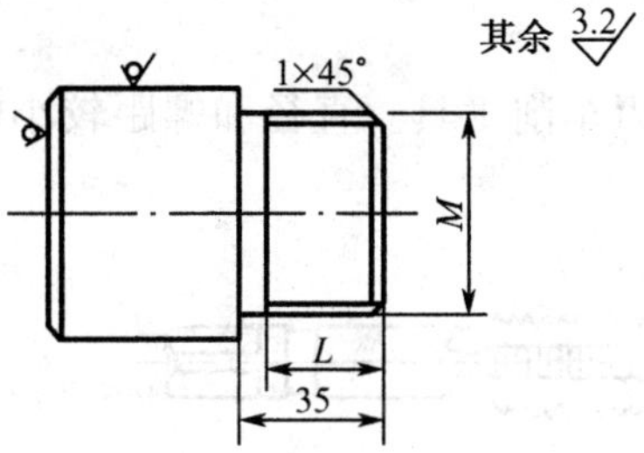

图 3－132　铸铁外螺纹

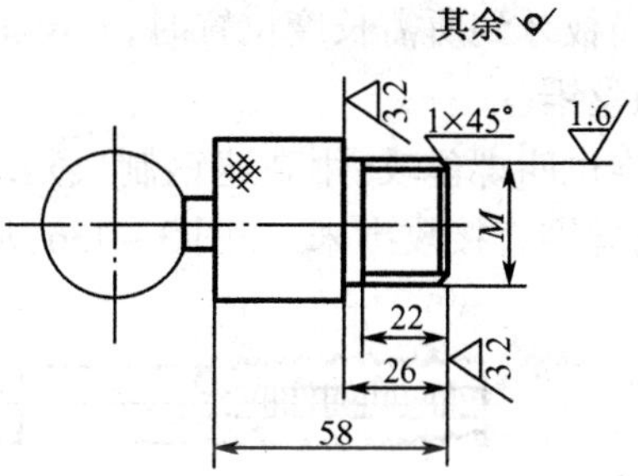

图 3－133　车无退刀槽外螺纹

加工步骤如下：

①工件伸出 40 mm 左右，找正夹紧；

②粗、精车外圆 $\phi39^{-0.038}_{-0.318}$长 26 mm 至尺寸要求；

③倒角 1×45°；

④粗、精车 M39，长 22 mm 符合图样要求；

⑤检查(用目测第三次练习后可用环规或标准螺母检查)；

⑥以后各次练习方法同上。

车有退刀槽外螺纹，如图 3－134 所示。

加工步骤如下：

①夹滚花外圆 25 mm 左右，找正夹紧；

②粗、精车外圆 $\phi30^{-0.038}_{-0.318}$长 26 mm 至尺寸要求；

③车槽(已有)倒角 1×45°；

④粗、精车三角形螺纹 M30×2，符合图样要求；

⑤用螺纹环规检查；

⑥以后各次练习方法同上。

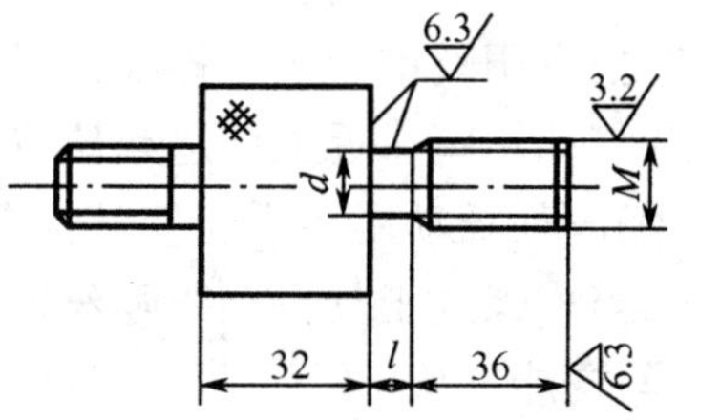

图 3－134　车有退刀槽外螺纹

(4)注意事项

①车螺纹前应首先调整床鞍和中、小滑板的松紧程度；

②车螺纹时思想集中，特别是初学者在开始练习时，主轴转速不宜过高，待操作熟练后，逐步提高主轴转速。

2. 在车床上套螺纹、攻螺纹

(1)套螺纹的方法，如图 3－135 所示。

①将套螺纹工具锥体柄装入尾座套筒的锥孔内；

②将板牙装入滑动套筒内，使螺钉对准板牙上的锥孔后拧紧；

③将尾座移到工件前适当位置约 15 mm 处锁紧；

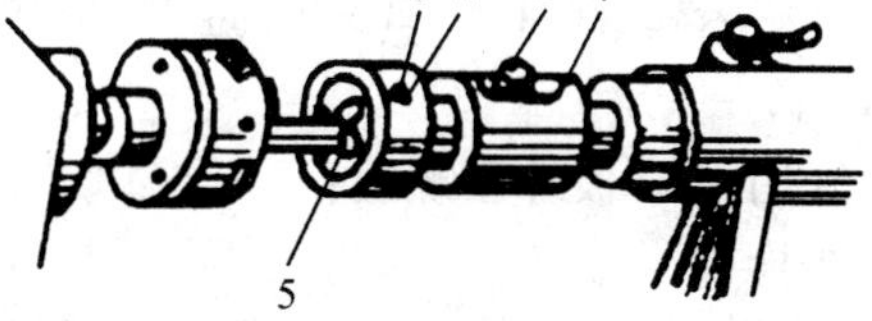

图 3－135　在车床上套螺纹

1—螺钉；2—游动套筒；3—销钉；4—工具体；5—板牙

④转动尾座手轮，使板牙靠近工件端面，先开动车床和冷却泵加注切削液；

⑤摇动尾座手轮使板牙切入工件，然后停止摇动手轮，由滑动套筒在工具体内自动轴向进给，板牙切削工件外螺纹；

⑥当板牙到所需长度位置时，开反车，使主轴反转退出板牙。

(2)丝锥

丝锥也叫螺丝攻，用高速钢制成是一种成型、多刃车削工具。直径和螺距较小的内螺纹，可用丝锥直接攻出来，如图 3 - 136 所示。

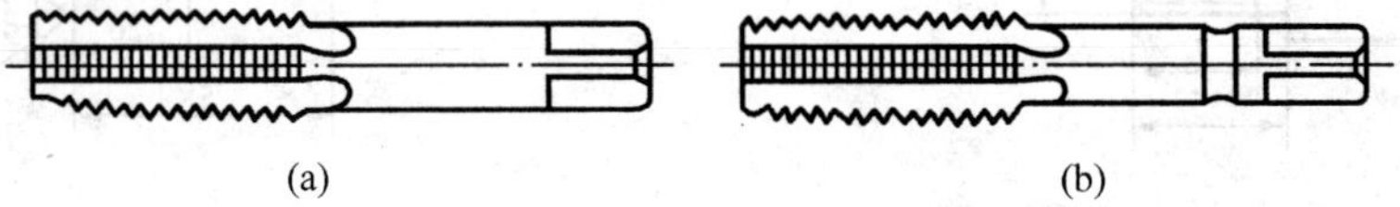

图 3 - 136　丝锥

(a)手用丝锥；(b)机用丝锥

①手用丝锥

通常有两只或三只组成一套，也称头锥，二锥和三锥，在攻螺纹时依次使用丝锥，可根据在切削部分磨去齿的不同数来区别。

②机用丝锥

一般车床上攻螺纹用机用丝锥一次攻制成型，它与手用丝锥相似，只是在柄部分多一条环形槽，以防止丝锥从夹头中脱落。

(3)攻螺纹的方法

①把攻螺纹工具装入尾座套筒锥孔；

②把机用丝锥装入攻螺纹工具中；

③移动尾座靠近工件适当位置并固定；

④开车，摇动尾座手轮使丝锥在孔中切进头几牙，停止转动手轮；

⑤当攻螺纹工具自动跟随丝锥前进直至需要的尺寸，即开倒车退出丝锥。

(4)技能训练

套螺纹练习，如图 3 - 137 所示。

套螺纹步骤如下：

①夹住滚花外圆 25 mm 长；

②粗、精车外圆 $\phi10^{0}_{-0.20}$ 长 26；

③倒角 1 × 45°；

④用 M10 板牙套螺纹；

⑤调头粗、精车外圆 $\phi10^{0}_{-0.20}$ 长 36 倒角 1 × 45°；

⑥用 M10 板牙套螺纹；

⑦检查。

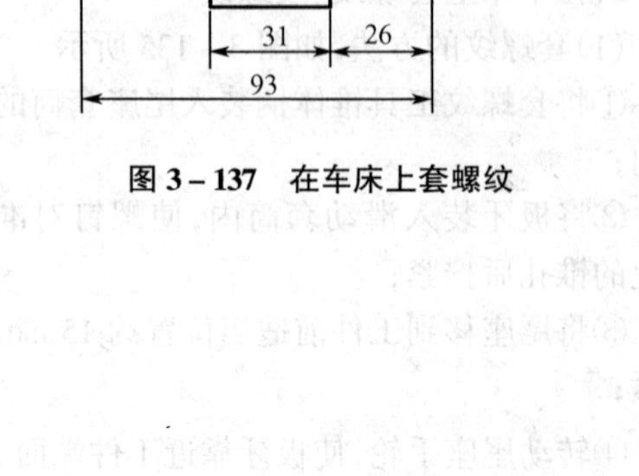

图 3 - 137　在车床上套螺纹

攻螺纹练习，如图 3 - 138 所示。

攻螺纹步骤如下：

①夹住外圆车平面；

②用中心钻钻出定位孔；

③钻 $\phi 8.5$ 通孔；
④螺孔两端倒角；
⑤攻 M10 螺纹；
⑥检查。

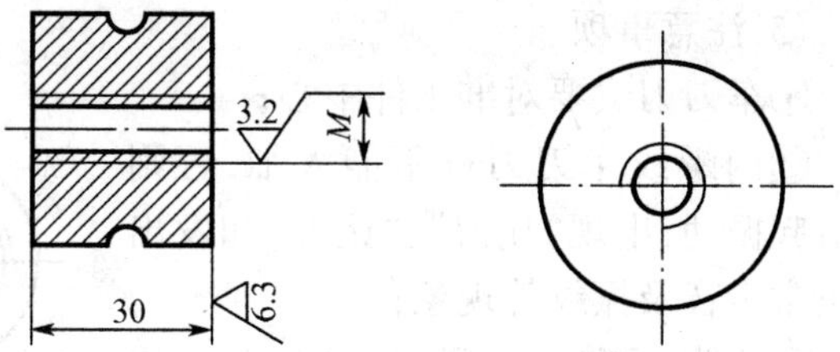

图 3-138 在车床上攻螺纹

(5)注意事项
①检查板牙的齿形是否损坏；
②装夹板牙不能歪斜；
③塑性材料套螺纹时应充分加注切削液；
④套螺纹时工件直径应偏小些，否则容易烂牙；
⑤攻盲孔螺纹时，必须在攻螺纹工具上标好螺纹长度尺寸，以防折断丝锥。

3.车削三角形内螺纹

(1)三角形内螺纹孔径的确定

车削内螺纹时，首先要钻孔或扩孔，孔径尺寸一般可用下面的公式计算

$$D_{孔} \approx d - 1.05p$$

其尺寸公差可查普通螺纹有关的公差表。

(2)通孔内螺纹车削方法
①先把工件的内孔、平面及倒角车好；
②开车进行车削，车削方法同外螺纹相同，只是退刀方向相反。

(3)车削盲孔螺纹或台阶孔内螺纹
①先车退刀槽，直径应大于螺纹大径，槽宽为 2-3 个螺距，并与台阶平面切平；
②根据螺纹长度加工二分之一槽宽在刀杆上做好记号作为退刀之用；
③车削时，中滑板手柄退刀的动作要迅速，准确，协调，保证刀尖到槽中退刀。

(4)技能训练

车有退刀槽内螺纹，如图 3-139 所示。

加工步骤如下：
①夹住外圆，找正平面；
②粗、精车内孔，内孔 $\phi 27.83_{0}^{+0.375\,0}$，内孔 $\phi 27.5$；
③车内沟槽；
④两端孔口倒角 30°，宽 1 mm；
⑤粗、精车内螺纹 M30×2，达到图样要求；
⑥检查。

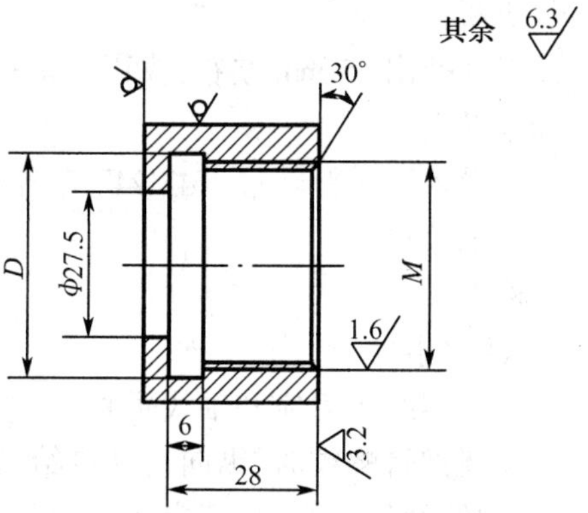

图 3-139 车有退刀槽内螺纹

车平底孔内螺纹，如图 3-140 所示。

加工步骤如下：
①夹住外圆，车平面，钻孔 $\phi 16$ 长 26 mm；
②粗、精车内孔及底面 $\phi 17.3_{0}^{+0.43}$ 长 26 mm；
③切槽控制长 26 mm；
④孔口倒角 30°，宽 1 mm；
⑤车 M20 内螺纹达到图样要求；

⑥检查。

(5)注意事项

①车刀刀尖要对准工件中心；

②内螺纹车刀刀杆不能太细，否则会引起振动，出现“扎刀”、“让刀”和发出不正常声音及振纹等现象；

③小滑板宜调整紧些，以防车刀移位产生乱扣；

④精车螺纹刀要保持锋利，否则容易产生“让刀”；

⑤用螺纹塞规检查，应通端全部拧进，感觉松紧适当；

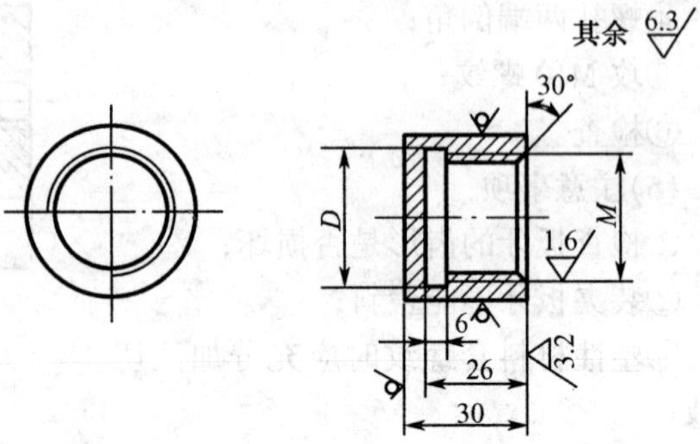

图 3－140　车平底孔内螺纹

⑥加工盲孔内螺纹，可在刀杆做记号或用床鞍刻度来控制退刀，避免车刀碰撞工件而报废。

4. 车削圆锥管螺纹

(1)车削方法

基本方法和车削普通螺纹相同。可不同的是，要解决螺纹锥度问题常采用靠模、尾座偏位及手赶法等。手赶法是随外圆锥的斜率，径向手动退刀或进刀来保证螺纹的锥度和尺寸。

①正车圆锥管螺纹。床鞍由尾座向车头方向机动进给的同时，把中滑板径向手动均匀退刀，从而车出圆锥管螺纹。

②反车圆锥管螺纹。车刀反装，主轴反向旋转，车刀由车头一端进刀，床鞍由尾座方向机动进给的同时，以中滑板径向手动均匀进刀，车刀圆锥管螺纹，比顺车容易掌握。

(2)技能训练

车圆锥管螺纹，如图 3－141 所示。

加工步骤如下：

①切断；

②工件伸出 35 mm 左右，找正夹紧；

③车平面；

④小滑板逆时针转过 1°47′24″，车外圆锥至尺寸要求；

⑤车螺纹；

⑥检查。

(3)注意事项

①装夹螺纹车刀应和轴线垂直；

②车圆锥管螺纹时，纵向机动进给与径向手动进退刀速度要配合好，防止中滑板丝杆回松，引起螺纹两侧不光整，还容易引起“扎刀”现象，损坏螺纹车刀刀尖；

③用螺纹套规或管接头检查时，应以基面为准，保证有效长度 1，收尾长度 3～4 圈螺纹。

七、车削蜗杆

1. 蜗杆车削方法

(1)蜗杆螺纹车刀一般选用高速钢车刀，刃磨时顺走刀方向一面的反角必须加牙螺纹升角。

(2)车刀装夹，可用万能角度尺来找正。车刀刀尖角位置，如图 3－142 所示，就是将万

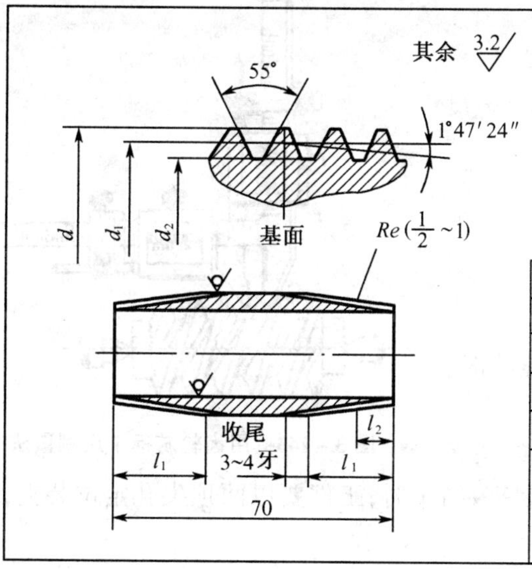

公称直径 /in		1/2	3/4	1
每英寸牙数/n		14	14	11
螺距 /mm		1.814	1.814	2.309
螺纹有效长度 l_1 /mm		15	17	19
端面至基面长度 l_2 /mm		7.5	9.5	11
基面上螺纹直径	外径 d /mm	20.956	26.442	33.250
	中径 d_2 /mm	19.794	25.281	31.771
	内径 d_1 /mm	18.632	24.119	30.293

图 3－141　车圆锥管螺纹

能角度尺的一边靠住工件外圆，观察另一边和车刀刃口的间隙，如有偏差时，可重新装夹来调整刀尖角度的位置。

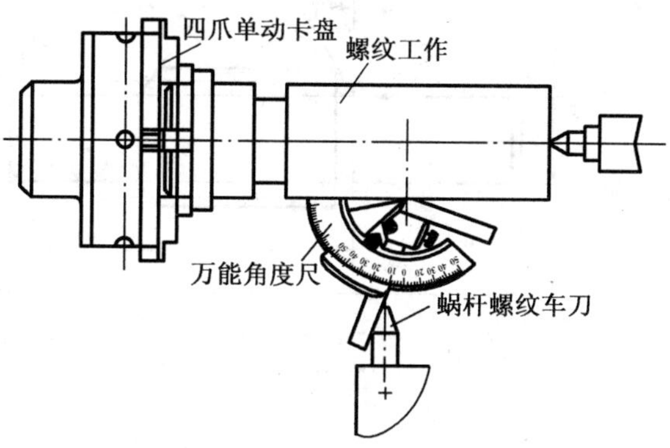

图 3－142　用万能角度尺装正车刀

蜗杆的车削方法和车削梯形螺纹相似，采用开倒顺车切削，粗车后留0.2～0.4 mm 精车余量，由于蜗杆的螺距大，齿形深，切削面积大，因此，在精车时，采用均匀的单面车削，同时控制切削用量，防止"啃刀"及"扎刀"现象。

2.蜗杆的测量方法

(1)用三针和单针测量，方法与测量梯形螺纹相同。

(2)齿厚测量法是利用齿厚游标卡尺测量蜗杆中径齿厚，如图 3－143 所示此法适用于精度要求不高的蜗杆。测量时将齿高卡尺读数调整到齿顶高，法向卡入齿部，也使齿厚卡尺和蜗杆轴线相交成一个螺纹升角的角度，此时的最小读数即是蜗杆中径处的法向齿厚 Sn，但图样上一般注明的是轴向齿厚，所以必须进行换算。

3.技能训练

车削蜗杆，如图 3－144 所示。

加工步骤如下：

(1)一夹一顶装夹；

(2)粗车 $\phi18$ 长 40 mm 至 $\phi19$ 长 39.5 mm；

(3)调头装夹，粗车外圆 $\phi18$ 长 30 mm 和 $\phi32$ 外圆留精车余量 0.2 mm，并粗车蜗杆；

(4)两顶尖装夹,精车蜗杆外径 $\phi 32$ 倒角 20°;

(5)精车蜗杆至中径精度要求;

(6)精车 $\phi 18^{0}_{-0.021}$ 长 30 mm 至尺寸要求;

(7)调头两顶尖装夹精车余量长 40 mm 至尺寸要求;

(8)倒角 1×45°;

(9)检查。

4.注意事项

(1)车削蜗杆时,应先验证螺距;

(2)对分夹头应夹紧工件,否则车削螺纹时,容易移位,损坏工件;

(3)加工模数较大的蜗杆,应提高工件的装夹刚度,尽量缩短工件的长度,采用一夹一顶装夹,精车时,工件要以两顶尖孔定位装夹,以保证同轴度和加工精度。

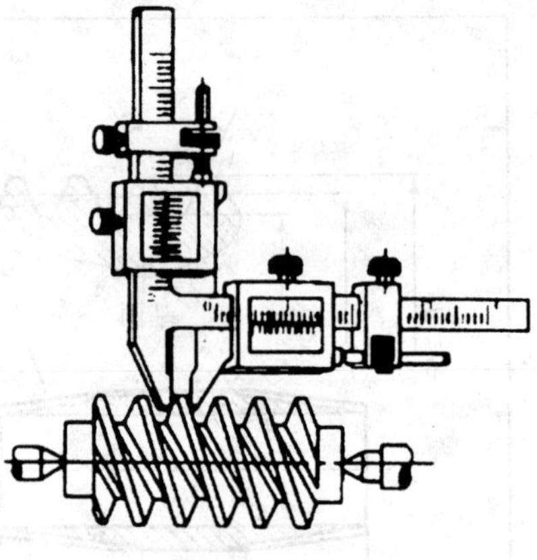

图 3-143 用齿轮游标卡尺测量法

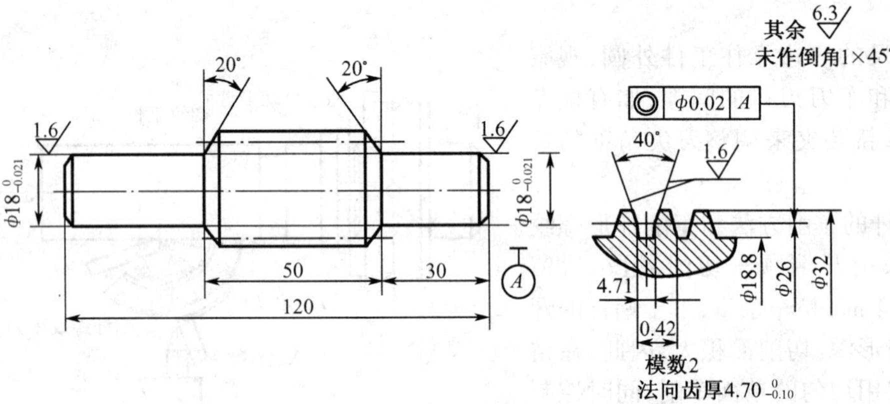

图 3-144 车削蜗杆

第七节 车床的日常维护与保养

为了保持车床正常运转和延长其使用寿命,应注意日常的维护保养。车床的摩擦部分必须进行润滑。

一、车床润滑的几种方式

1.浇油润滑

常用于外露的滑动表面,如床身导轨面和滑板导轨面等。

2.溅油润滑

常用于密闭的箱体中。如车床主轴箱中的转动齿轮将箱底的润滑油溅射到箱体上部的油槽中,然后经槽内油孔流到各润滑点进行润滑。

3.油绳导油润滑

常用于进给箱和溜板箱的油池中。利用毛线既易吸油又易渗油的特性,通过毛线把油引入润滑点,间断地滴油润滑,如图3－145(a)所示。

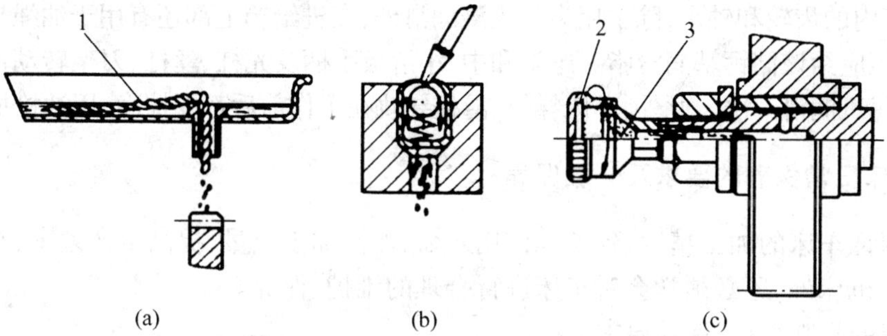

图3－145 润滑的几种方式

1—毛线;2—黄油杯;3—黄油

4.弹子油杯注油润滑

常用于尾座、中滑板摇手柄及三杠(丝杠、光杠、开关杠)、支架的轴承处。定期地用油枪端头油嘴压下油杯上的弹子,将油注入。油嘴撤去,弹子又回复原位,封住注油口,以防尘屑入内,如图3－145(b)所示。

5.黄油杯润滑

常用于交换齿轮箱挂轮架的中间轴或不便经常润滑处。事先在黄油杯中加入钙基润滑脂,需要润滑时,拧紧油杯盖,则杯中的油脂就被挤压到润滑点中,如图3－145(c)所示。

6.油泵输油润滑

常用于转速高,需要大量润滑油连续强制润滑的场合,如主轴箱内许多润滑点就是采用这种方式。

二、常用车床的润滑要求

图3－146所示为CA6140型车床润滑系统润滑点的位置示意图。润滑部位用数字标出。图中除所注②处的润滑部位是用2号钙基润滑脂进行润滑外,其余各部位都用30号机油润滑。换油时,应先将废油放尽,然后用煤油把箱体内冲洗干净后,再注入新机油,注油时应用网过滤,且油面不得低于油标中心线。图3－146中,表示30号机油,分子数字表示润滑油类别,分母数字表示两班制工作时换(添)油间隔的天数。如30/7表示油

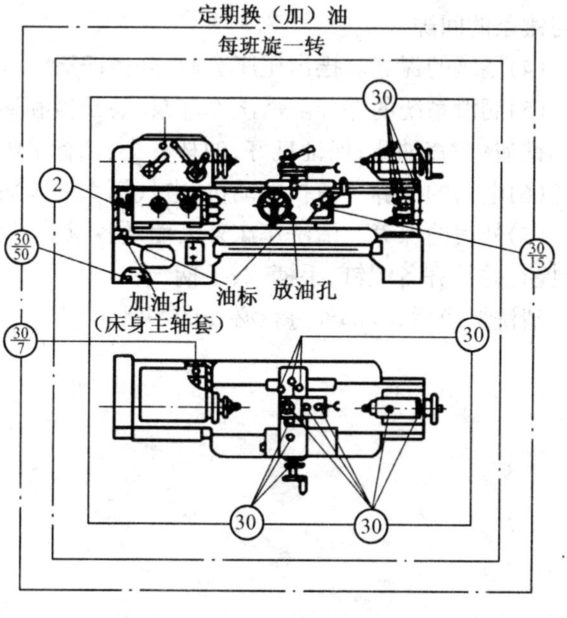

图3－146 CA6140型车床润滑系统

类号为 30 号机油，两班制换（添）油间隔天数为 7 天。

主轴箱的零件用油泵循环润滑或反溅润滑。箱内润滑油一般 3 个月更换一次。主轴箱体上有一个油标，若发现油标内无油输出，说明油泵输油系统有故障应立即停车检查断油的原因，待修复后才能开动车床。

进给箱内的齿轮和轴承，除了用齿轮飞溅润滑外，在进给箱上部还有用于油绳导油润滑的储油槽，每班应给该储钙基润滑脂。尾架和中、小滑板手柄及光杠、丝杠、刀架转动部位靠弹子油杯润滑，每班润滑一次。此外，车床导轨、滑板导轨在工作前后都要擦净，用油枪加油。

三、车床日常保养的要求及一级保养

为了保证车床的加工精度，延长其使用寿命，保证加工质量，提高生产效率，车工除了能熟练地操作机床外，还必须学会对车床进行合理的维护、保养。

1. 车床的日常维护、保养要求

(1)每天工作后，切断电源，对车床各表面、各罩壳、导轨面、丝杠、光杠、各操纵手柄和操纵杆进行擦拭，做到无油污、无铁屑、车床外表清洁；

(2)每周要求保养床具导轨和中、小滑板导轨面及转动部位的清洁、润滑。要求油眼畅通、油标清晰，清洗油绳和护床油毛毡，保持车床外表清洁和工作场地整洁。

2. 车床的一级保养

通常，当车床运行 500 h 后，需进行一级保养。其保养工作以操作工人为主，在维修工人的配合下进行。保养时，必须先切断电源，然后按下述顺序和要求进行。

(1)主轴箱的保养。清洗滤油器，使其无杂物；检查主轴锁紧螺母有无松动，紧定螺钉是否拧紧；调整制动器及离合器摩擦片间隙。

(2)交换齿轮箱的保养。清洗齿轮、轴套，并在油杯中注入新油脂；调整齿轮啮合间隙；检查轴套有无晃动现象。

(3)滑板和刀架的保养。拆洗刀架和中、小滑板，洗净擦干后重新组装，并调整中、小滑板与镶条的间隙。

(4)尾座的保养。摇出尾座套筒，并擦净涂油，以保持内外清洁。

(5)润滑系统的保养。清洗冷却泵、滤油器和盛液盘；保证油路畅通，油孔、油绳、油毡清洁无铁屑；检查油质，保证良好，油杯齐全，油标清晰。

(6)电器的保养。清扫电动机、电气箱上的尘屑；电气装置固定整齐。

(7)外表的保养。清洗车床外表面及各罩盖，保持其内、外清洁，无锈蚀，无油污；清洗三杠；检查并补齐备螺钉、手柄球、手柄。

清洗擦净后，各部件进行必要的润滑。

第四章 钳工实训

第一节 钳工安全操作规程

一、实习场地的安全和文明生产

安全和文明生产是指确保劳动者在生产、经营活动中的人身安全、健康和财产安全。在工作中养成良好的文明生产习惯，严格遵守安全文明生产的操作规程是顺利完成工作的保障。在钳工操作中应遵守以下基本要求：

1.工量具应按次序排列，左手边放工具，右手放刀具；

2.量具不能与工件、工具混放；

3.量具使用完后及时擦拭干净，并涂油防锈；

4.工作场地经常保持整洁；

5.不得在砂轮间内打闹；

6.在砂轮间内操作必须戴上防护眼镜；

7.在砂轮上不准磨与实习无关的东西；

8.刃磨刀具时，必须站在砂轮机的侧面；

9.在钻孔时不能戴手套，女生需要戴安全帽；

10.实习时不能串岗，不能迟到、早退，不能做与实习无关的事情；

11.注意教室卫生整洁，离开实习教室前必须关闭电源和门窗。

二、钳工安全操作规程

1.所用工具必须齐备、完好、可靠，才能开始工作。禁止使用有裂纹、带毛刺、手柄松动等不符合安全要求的工具，并严格遵守常用安全操作规程。

2.开动设备，应先检查防护装置，紧固螺钉以及电、油、气等动力开关是否完好，并空载试车检验，方可投入工作。操作应严格遵守所用设备的安全操作规程。

3.设备上的电气线路和器件以及电动工具发生故障，应交电工修理，自己不得拆卸，不准自己动手敷设线路和安装临时电源。

4.工作中注意周围人员及自身安全，防止因挥动工具，工具脱落，工件及铁屑飞溅造成伤害。两人以上一起工作要注意协调配合，工件堆放应整齐，放置平稳。

5.吊运和搬运重物，应遵守起重工、挂钩工、搬运工安全操作规程，与行车工密切配合。

6.高处作业应遵守高处作业的有关规定，工作前应检查梯子、脚手架是否坚固可靠及有无防滑措施，工具必须放在工具袋里不准放在其他地方。安全带应扎好，并系在牢固的结构件上。不准穿硬底鞋，不准打闹，不准往下面扔东西。

7.手持电动工具，必须经过安全检查，符合有关安全规定，如使用Ⅰ类工具，必须使用绝缘手套，站在绝缘干燥的场地上或者使用漏电保护器；在金属器内及潮湿、狭窄环境内，使用Ⅱ类工具，应配用安全隔离变压器或配用漏电保护器。手持电动工具使用期每达3个月时，应送有关责任电工检查登记。

8.手提照明灯应采用安全电压，禁止直接使用220伏。电气插头、插座破损，应请电工及时更换，不得侥幸使用或直接使用线头插入插座内。

9.使用台钻时，严禁戴手套，工件应压紧，不得用手拿工件进行钻、铰、扩孔。

10.工作完毕或因故离开工作岗位，必将设备和工具的电、气、水、油源断开。工作完毕，必须清理工作场地，将工具和零件整齐地摆放在指定的位置上。

第二节　钳工概述、工作场地及设备

一、钳工概述

1.钳工的主要工作任务

使用钳工工具、钻床等，以手工操作为主，对金属材料进行加工，完成零件的制作，以及机器装配、调试和修理的工种称为钳工。

钳工的工作范围很广，灵活性很大，适用性很强。在工业生产中，各种机械设备的装配和调试最终由钳工来完成；设备在使用过程中出现故障、损坏、丧失精度等，需要钳工维护、修理；工具、夹具、量具及模具的制造、维修、调整等，也需要钳工来完成；另外，技术改造、工装改进、零件的局部加工，甚至用机械加工无法进行的零件加工，都需要钳工来完成。

因此，钳工是机械制造业中不可缺少的工种。他们的主要任务是零部件的画线、产品加工、装配、检查、调试、维修，以及制造工具、夹具、量具、模具等。

2.钳工种类

钳工按工作性质来分，主要有以下五类。

(1)装配钳工。指使用钳工常用工具、钻床，按技术要求对工件进行加工、维修、装配的人员。

(2)机修钳工。指使用工具、量具及辅助设备，对各类设备机械部分进行维护和修理的人员。

(3)画线钳工。熟悉图纸，了解有关的加工工艺；对阀体、箱体以及各种复杂工件进行平面和立体画线。

(4)模具钳工。指利用相关知识对模具进行设计，并使用机器或各种复杂工件进行模具制造的人员。

(5)工具钳工。指使用钳工工具、钻床等设备，进行刃具、量具、模具、夹具、索具等(统称工具，亦称工艺设备)的加工和修整、组合装配、调试与修理的人员。

二、钳工工作场地

钳工工作场地是指钳工的固定工作地点。为了工作方便，钳工工作场地布局一定要合理，符合安全文明生产的要求。

1.合理布置主要设备

(1)钳工工作台应安放在光线适宜、工作方便的地方，钳工工作台之间的距离应适当。面对面放置的钳工工作台还应在中间安装安全网。

(2)砂轮机、钻床应安装在场地的边缘，尤其是砂轮机一定要安装在安全可靠的地方。

2.毛坯和工件的放置

毛坯和工件要分别摆放整齐，工件尽量放在搁架上，以免磕碰。

3.合理摆放工、夹、量具

合理摆放工、夹、量具，常用工、夹、量具应放在工作位置附近，便于随时取用。工具、量具用后应及时保养放回原处存放。

4.工作场地应保持整洁

每个工作日下班后应按要求对设备进行清理、润滑，并把工作场地打扫干净。

三、钳工常用设备

钳工工作场地内常用设备有：钳工工作台、台虎钳、砂轮机、台式钻床、立式钻床、摇臂钻床等。

1.钳工工作台

钳工工作台，也称钳台或钳桌，是钳工专用的工作台。台面上装有台虎钳、安全网，也可以放置平板、钳工工具、量具、工件和图样等，如图4－1所示。

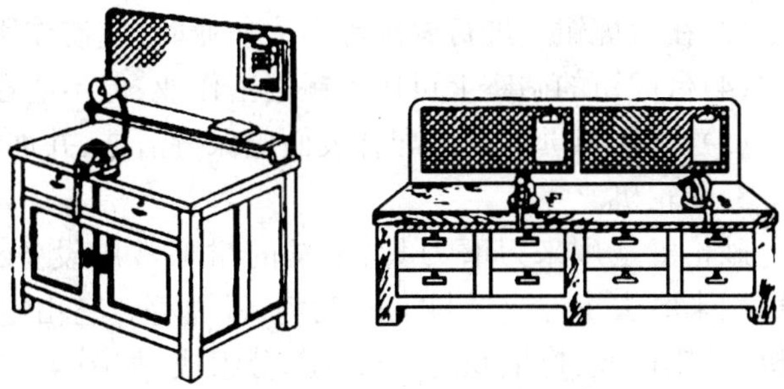

图4－1　钳工工作台

钳台多为铁木结构，台面上铺有一层软橡皮。其高度一般为800～900 mm，长度和宽度可根据需要而定。装上台虎钳后，操作者工作时的高度应比较合适，一般多以钳口高度恰好等于人的手肘高度为宜。

2.台虎钳

台虎钳由两、三个紧固螺栓固定在钳台上，用来夹持工件。其规格以钳口的宽度来表示，常用的有100 mm，125 mm，150 mm等。

台虎钳有固定式和回转式两种，如图4－2(a)和(b)所示。后者使用较方便，应用较广，它由活动钳身、固定钳身、丝杆、螺母、夹紧盘和转盘座等主要部分组成。

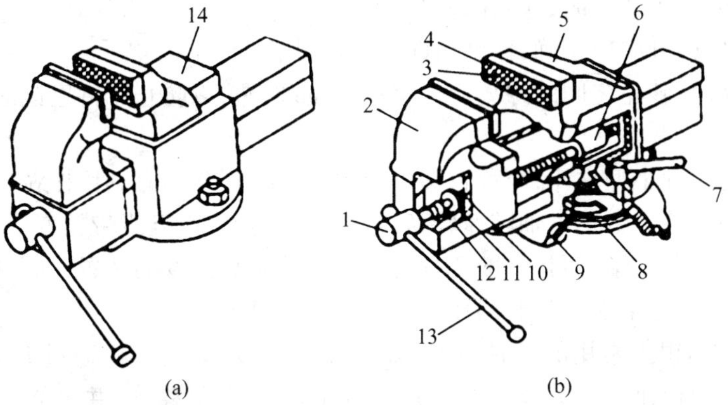

图4－2　台虎钳

(a)固定式台虎钳；(b)回转式台虎钳

1—丝杠；2—活动钳身；3—螺钉；4—钳口；5—固定钳身；6—螺母；7—手柄；8—夹紧盘；9—转座；10—销钉；11—挡圈；12—弹簧；13—长手柄；14—砧板

操作时，顺时针转动长手柄，可使丝杠在螺母中旋转，并带动活动钳身向内移动，将工件夹紧；当逆时针旋转长手柄时，可使活动钳身向外移动，将工件松开。固定钳身装在转盘座上，并能绕转盘座轴心线转动，当转到要求的方向时，扳动手柄使夹紧螺钉旋紧，将台虎钳整体锁紧在钳桌上。

使用台虎钳时应注意以下几点：

(1)安装台虎钳时，一定要使固定钳身的钳口工作面露出钳台的边缘，以方便夹持条形的工件。此外，固定台虎钳时螺钉必须拧紧，钳身工作时不能松动，以免损坏台虎钳或影响加工质量。

(2)在台虎钳上夹持工件时，只允许依靠手臂的力量来扳动手柄，决不允许用锤子敲击手柄或用管子接长手柄夹紧，以免损坏台虎钳。

(3)在台虎钳上进行錾削等强力作业时，应使作用力朝向固定钳身。

(4)台虎钳的砧座上可用手锤轻击作业，但不能在活动钳身上进行敲击作业。

(5)丝杠、螺母和其他配合表面应保持清洁，并加油润滑，以使操作省力，防止生锈。

3.砂轮机

砂轮机是用来刃磨刀具、工具的钳工常用设备，也可用来磨去工件或材料上的毛刺、锐边等。它由电动机、砂轮机座、拖架和防护罩等部分组成，如图4-3所示。

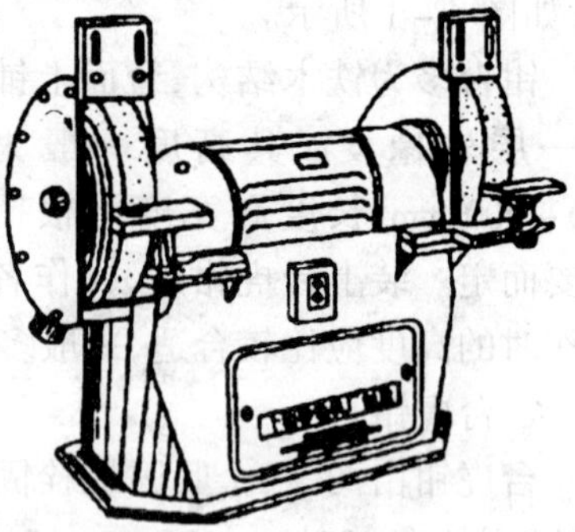

图4-3 砂轮机

砂轮机启动后，应在砂轮旋转平稳后再进行磨削，若砂轮跳动明显，应及时停机修整。平形砂轮一般用砂轮刀在砂轮上来回修整。

砂轮机使用时应严格遵守以下安全操作规程：

(1)磨削时，人要站在砂轮的侧面；

(2)砂轮在启动后应等到转速正常后再开始磨削；

(3)磨削时刀具或工件对砂轮施加的压力不能过大；

(4)砂轮外圈误差较大时，应及时修整；

(5)砂轮的旋转方向应正确，使磨屑向下飞离砂轮；

(6)砂轮机架和砂轮之间的距离应保持在3 mm左右，以防止工件磨削时扎人造成事故。

4.台式钻床

台式钻床是一种小型钻床，简称台钻，其结构简单，操作方便，用来钻13 mm以下的孔，适用于加工小型工件。台钻主轴转速较高，常用皮带传动，由五级带轮变换转速。台式钻床主轴的进给只有手动进给，而且一般都具有表示或控制孔深度的装置，如刻度盘、刻度尺、定位装置等。钻孔后，主轴能在弹簧的作用下自动上升复位。

Z512型台钻是钳工常用的一种台钻，如图4-4所示。电动机通过五级皮带轮可使主轴获得五种不同的转速。机头套在立柱上，摇动摇把作上下移动，并可绕立柱中心转动，调整到适当位置后用手柄锁紧。

台钻的转速较高。因此，一般不宜在台钻上进行锪孔、铰孔和攻螺纹等加工。

台式钻床的使用及维护保养注意事项如下：

(1)在使用过程中，工作台面必须保持清洁；

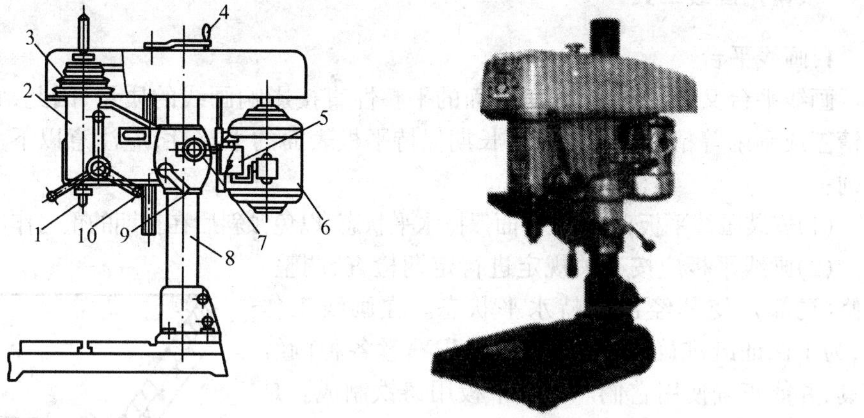

图 4-4　台式钻床

1—主轴;2—机头;3—带轮;4—摇把;5—接线盒;
6—电动机;7—螺钉;8—立柱;9—锁紧手柄;10—进给手柄

(2)钻通孔时必须使钻头能通过工作台面上的让刀孔,或在工件下面垫上垫铁,以免钻坏工作台面;

(3)用完后必须将钻床外露滑动面及工作台面擦净,并对各滑动面及各注油孔加注润滑油。

5.立式钻床

立式钻床是一种中型钻床,按最大的钻孔直径区分,有 25 mm,35 mm,40 mm 和 50 mm 等规格,适用于钻孔、扩孔、铰孔和攻螺纹等加工。其结构如图 4-5 所示。

电动机通过主轴变速箱(齿轮转动)驱动主轴旋转,变更变速手柄的位置可使主轴获得多种转速。通过进给变速箱,可使主轴获得多种机动进给速度,转动进给手柄可以实现手动进给。工作台装在床身导轨的下方,可沿床身导轨上下移动,以适应不同工件的加工。

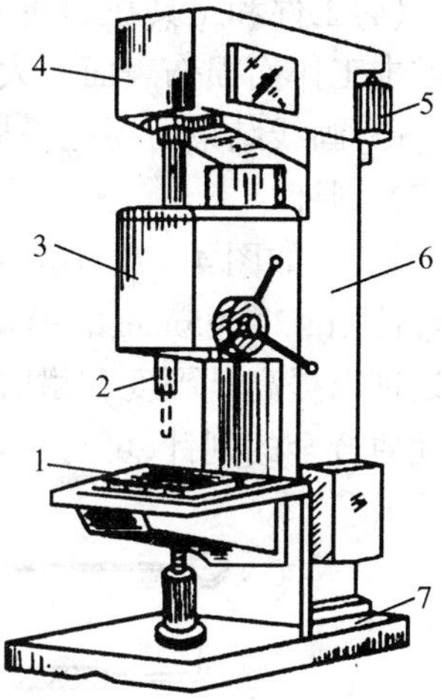

图 4-5　立式钻床

1—工作台;2—主轴;3—进给箱;
4—变速箱;5—电动机;6—立柱;7—底座

立式钻床 Z525 的使用及维护保养注意事项如下:

(1)使用前必须空运转试车,机床各部分运转正常后方可进行操作;

(2)使用时如采用自动进给,必须脱开自动进给手柄;

(3)调整主轴转速或自动进给时,必须在停车后进行。

第三节　画线工具及基准定位

画线是根据加工图样的要求,在毛坯或半成品表面上准确地画出加工界线的一种钳工操作技能。画线的作用是给加工者以明确的标志和依据,便于工件在加工时找正和定位,通过画线借料得到补救,合理分配加工余量。

一、常用画线工具

1.画线平台

画线平台又称画线平板，其表面的平整性直接影响画线的质量，因此，它的工作表面经过精刨或刮削等精确加工。为了长期保持平板表面的平整性，应注意以下一些使用和保养规则：

(1)安装画线平板，要使上平面保持水平状态，以免倾斜后在长期的重力作用下发生变形。

(2)画线平板应按有关规定进行定期检查、调整、研修(局部)，使其经常保持水平状态。在画线工作中，为了保证既准确又迅速，必须首先熟悉各种画线工具，并能正确使用它们。画线平板用铸铁制成。是用来安放工件和画线工具的，并在它上面进行画线工作。平面度不低于机械行业标准 JB/T7974—1999。如图 4-6 所示。

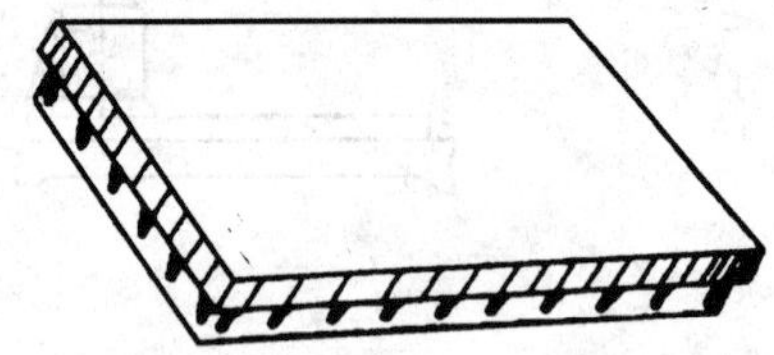

图 4-6 画线平台

(3)使用时要随时保持画线平板表面清洁，因为有铁屑、灰砂等污物时，在画线工具或工件的拖动下要刮伤平板表面，同时也可能影响画线精度。

(4)工件和工具在画线平板上都要轻放，尤其要防止重物撞击平板或在平板上进行较重的敲击工作而损伤表面。大平板不应经常划小工件，避免局部表面磨损。

(5)画线结束后要把平板表面揩擦干净，并涂上机油，以防生锈。

2.划针

划针(如图 4-7(a)所示)是直接在毛坯或工件上画线的工具。在已加工表面上画线时经常使用 $\phi3 \sim \phi5$ mm 的弹簧钢丝或高速钢制成的划针，将划针尖部刃磨成 15°~20°，并经淬火处理以提高其硬度和耐磨性，如图 4-7(b)。在铸件、锻件等表面上画线时，常用尖部焊有硬质合金的划针，可与钢直尺配合使用，画线时划针向画线方向倾斜 45°~75°夹角。

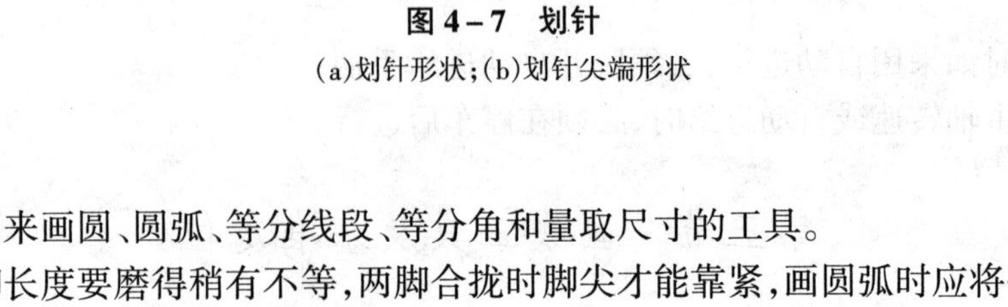

图 4-7 划针

(a)划针形状；(b)划针尖端形状

3.划规

划规是用来画圆、圆弧、等分线段、等分角和量取尺寸的工具。

划规两脚长度要磨得稍有不等，两脚合拢时脚尖才能靠紧，画圆弧时应将手力作用到作为圆心的一脚，以防中心滑移。如图 4-8 所示。

4.画线盘

画线盘是直接画线或找正工件位置的工具。一般情况下，划针的直头用来画线，弯头用来找正工件。使用画线盘进行画线时，划针应尽量处于水平位置，底面与平板之间应保持清洁,画较长直线时要采用分段画线。如图 4-9 所示。

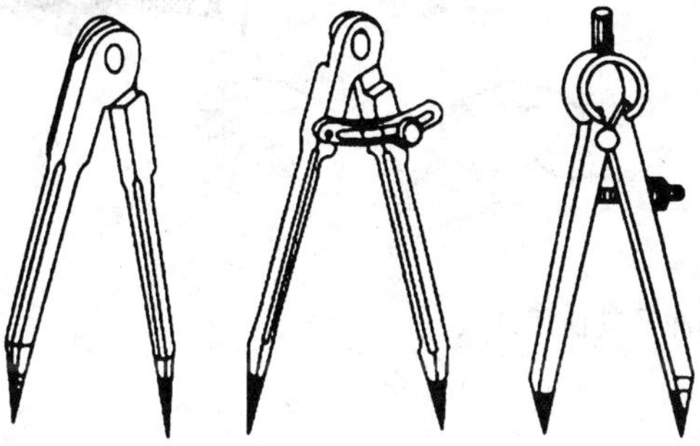

图 4-8 划规

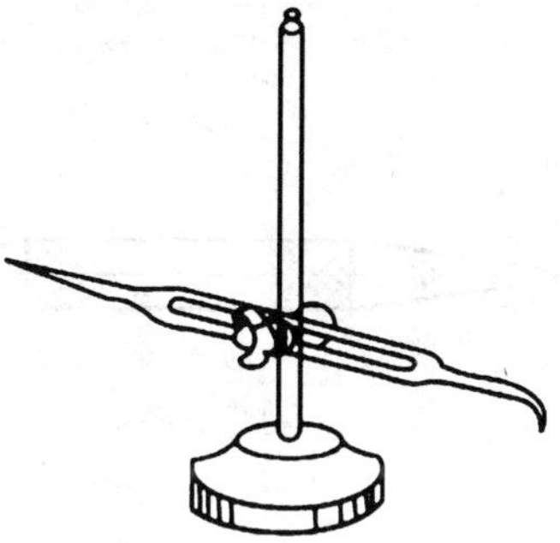

图 4-9 画线盘

5.钢直尺

钢直尺是一种简单的测量工具和画线的导向工具。尺身上有尺寸刻线,最小刻线距离为 0.5 mm。

6.高度游标卡尺

高度游标卡尺是比较精密的量具及画线工具,它可以用来测量高度,又可以用量爪直接画线。其读数精度一般为 0.02 mm。在画线时,画线脚与工件画线表面之间应成 45°角,毛坯料一般不能直接用高度游标卡尺画线,用完后及时上油。如图 4-10 所示。

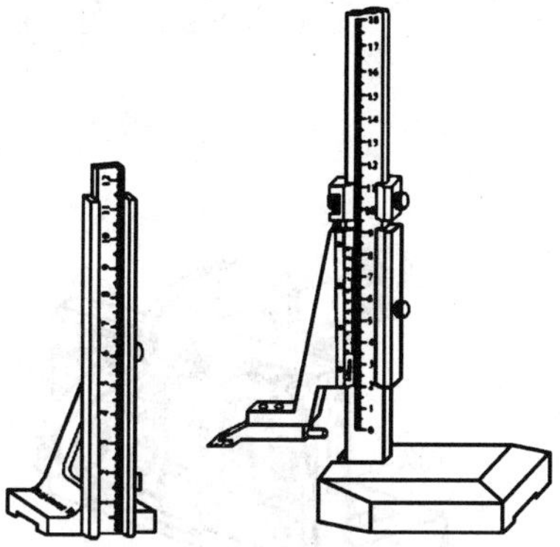

图 4-10 高度游标卡尺

7. 90°角尺

90°角尺是钳工常用的检验两个表面间垂直度误差的测量工具,主要有圆柱角尺、刀口角尺、矩形角尺、铸铁角尺和宽座角尺。常用的是宽座角尺(图 4-11),画线时常用作划垂直线或平行线时的导向工具,或用来找正工件在画线平板上的垂直位置。宽座角尺用中碳钢制成,经过热处理和精密加工后,使两个工作面之间具有较精确的90°角。

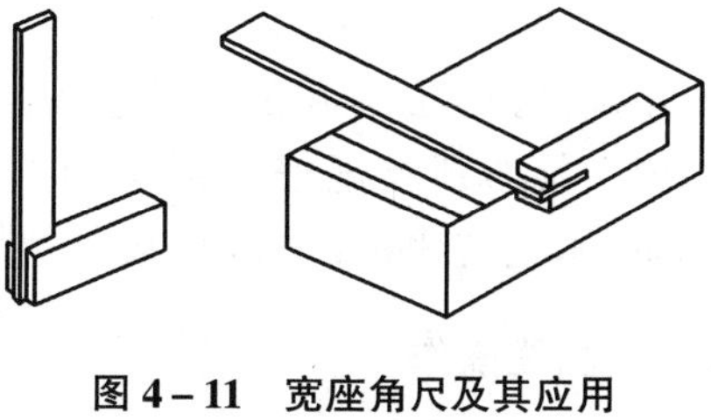

图 4-11 宽座角尺及其应用

8.万能角度尺

万能角度尺除测量角度,锥度之外,还可以作为画线工具划角度线。

9.样冲

样冲也叫尖冲子(图 4-12),是在已划好的线上冲眼用的,以便保持牢固的画线标记,因工件在搬运、加工安装过程中可能把线条擦模糊。在使用划规划圆弧前,也要用样冲先在圆心冲眼,作为划规尖角的立角点。样冲用工具钢制成,并淬硬。样冲的尖端一般磨 45°~60°。

10.支撑夹持工件的工具

画线时支撑夹持工件的常用工具有垫铁、V 形架、角铁、方箱和千斤顶,分别如图 4-13~图 4-17 所示。

图 4-12　样冲及其使用方法

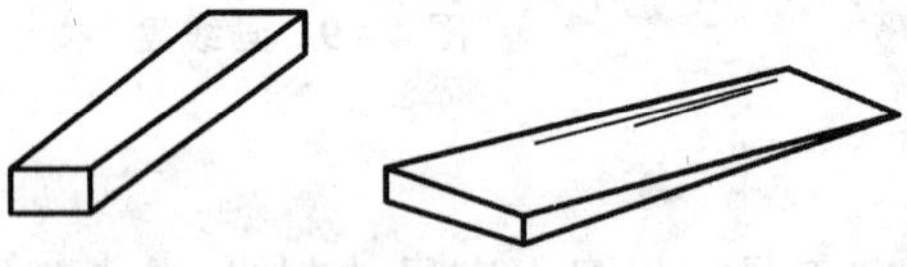

图 4-13　垫铁

(a)平垫铁;(b)斜垫铁

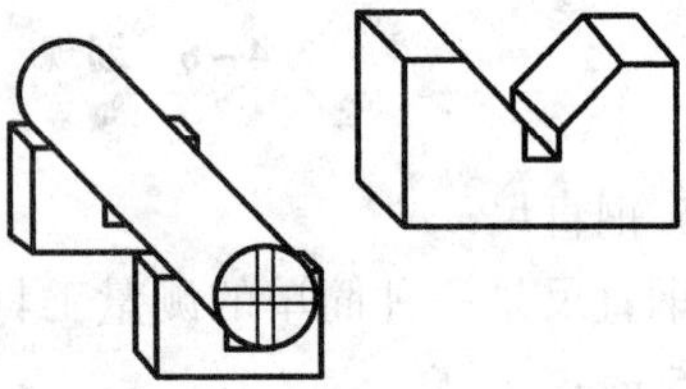

图 4-14　V形架

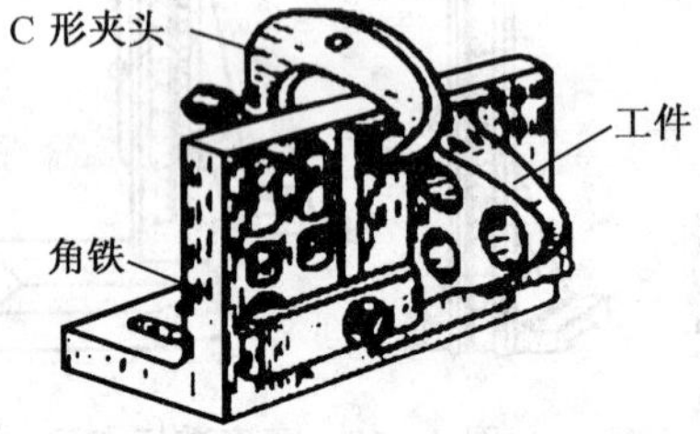

图 4-15　角铁

图 4-16　方箱

11.手锤

手锤是钳工最常用的工具之一。锤头用碳钢锻成并两端头淬硬。它由锤头、木柄和楔铁组成。其类别及规格用锤头的形状和重量表示。常用的圆头锤约 0.5 kg,手柄长约 300 mm;木柄与锤孔必须用铁楔子楔紧。手锤的握法如图 4-18 所示。

二、画线操作

1.画线前的准备工作

按图样检查毛坯或半成品尺寸和质量;清理毛坯表面;给工件画线部位涂上一层薄而均匀的涂料;若需确定毛坯的中心,须先在其孔端装有塞块或定心弹簧;按图样要求准备画线工具。

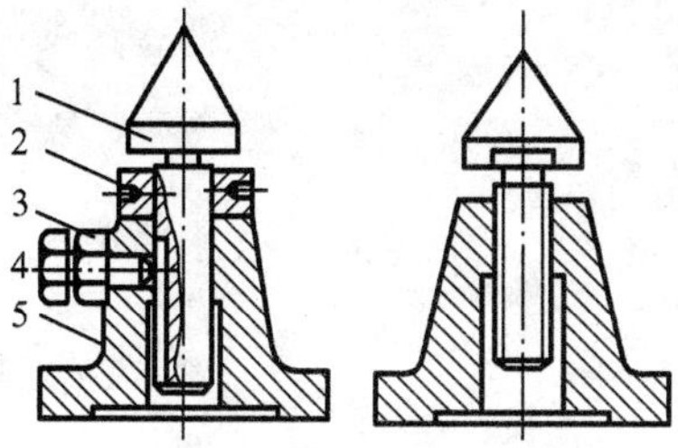

图 4-17　千斤顶
1—顶尖；2—螺母；3—锁紧螺母；
4—螺钉；5—基体

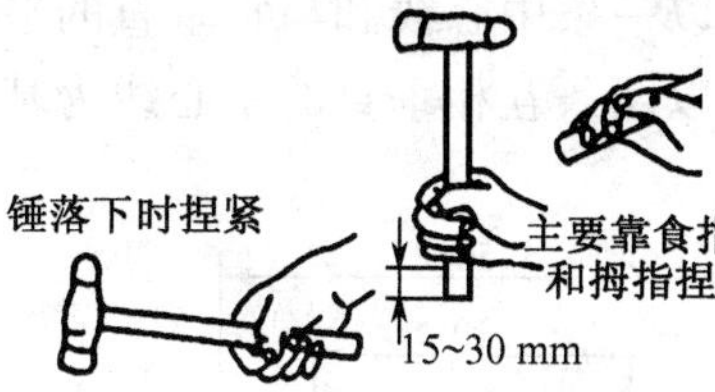

图 4-18　手锤及其握法

2.选择画线基准

所谓基准就是依据之意。依据图样上已标注尺寸的基准，选择工件上某个点、线或面作为其他各部分尺寸、几何形状和相互相位置的画线基准。一般可选用以两个互相垂直面、以一个面与一个中心平面或以两个互相垂直的中心平面为基准。

3.工件定位

一般工件定位用三点支持法；对已有加工面的工件，可以此面为基准，放置在平板上定位；对圆柱形工件可以中心孔或 V 型铁定位。工件安放或夹持要稳妥。应便于在一次支承中能把需要画出的平行线划全。

4.画线中的借料

对画线工件进行检查，若发现不良毛坯，看能否通过试划和调整，将加工余量合理分配，在保证工件使用要求的前提下，使原有的误差和缺陷排除。

第四节　平面画线和立体画线

画线分为平面画线和立体画线两种。

一、平面画线

1.样板画线

样板画线法是指根据工件形状和尺寸要求将加工成型的样板放在毛坯适当的位置上画出界线的方法。它适用于形状复杂、批量大、精确要求一般的场合。其优点是容易对正基准，加工余量留得均匀，生产效率高。在板料上用样板线可以合理排料，提高材料利用率。

2.几何画线

几何画线法是根据图纸的要求，直接在毛坯或零件上利用平面几何作图的基本方法画加工界线的方法。它适用于小批量、较高精度要求的场合。它的基本线条有平行线、垂直线、圆弧与直线、圆弧和圆弧连接线等。

3.平面画线基准的选择

画线时，首先要选择和确定基准线和基准平面，然后根据它画出其余的线。一般可选用图纸上的设计基准或重要孔的中心线作为画线基准；如工件上个别平面已加工过，则应选加工过的平面为基准。

常见的画线基准有三种(分别如图4－19、图4－20和图4－21):

(1)以两个相互垂直的平面为基准;

(2)以一条中心线和与它垂直的平面为基准;

(3)以两条互相垂直的中心线为基准。

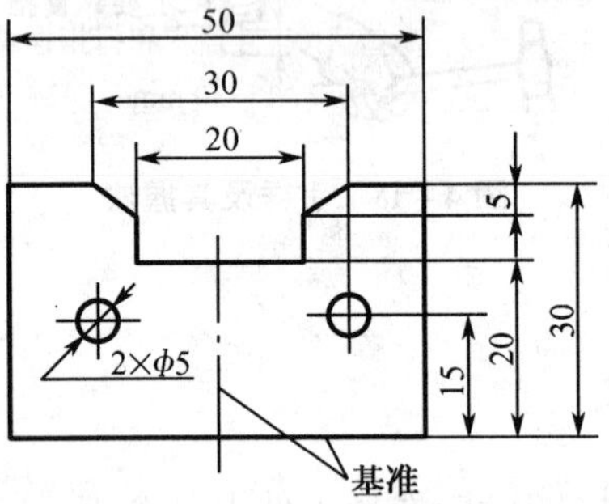

图4－19　两平面为基准

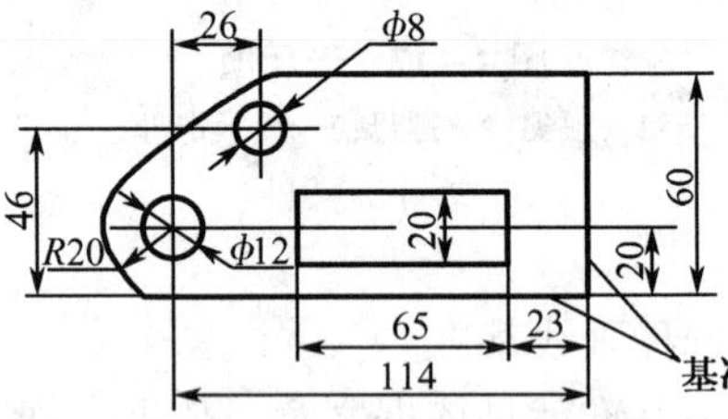

图4－20　一中心线和一平面为基准

二、立体画线

1.立体画线时工件的放置、找正、借料及基准选择

(1)工件或毛坯的放置

立体画线时,零件或毛坯放置的合理选择十分重要。一般较复杂的零件都要经过3次或3次以上的位置,才能将全部线条画出,而其中特别重视第一画线位置的选择。其选择原则如下。

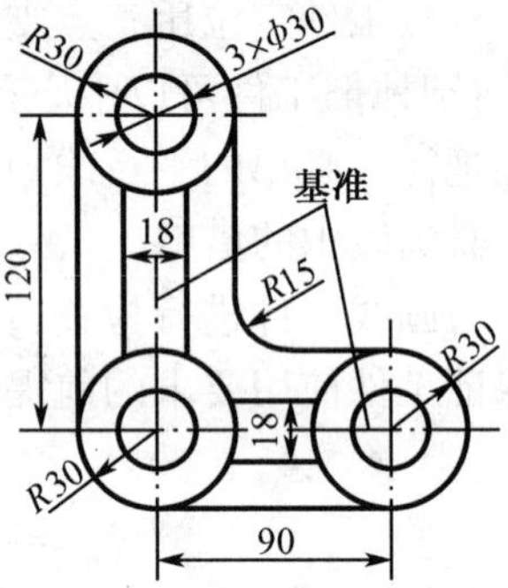

图4－21

第一画线位置的选择:优先选择如下表面,零件上主要的孔、凸台中心线或重要的加工面;相互关系最复杂及所画线条最多的一组尺寸线;零件中面积最大的一面。

第二画线位置的选择:要使主要的孔、凸台的另一中心线在第二画线位置画出。

第三画线位置的选择:通常选择与第一和第二画线位置相垂直的表面,该面一般是次要的、面积较小的、线条关系简单且线条较少的表面。

(2)画线基准的选择

立体画线的每一画线位置都有一个画线基准,而且画线往往就是在这一画线位置开始的。它的选择原则是,尽量与设计基准重合,对称形状的零件,应以对称中心线为画线基准;有孔或凸台的零件,应以主要的孔或凸台的中心线为画线的基准;未加工的毛坯,应以主要的、面积较大的不加工面为画线的基准;加工过的零件应以加工后的较大表面为画线基准。

(3)画线时的找正

找正是利用画线工具检查或校正零件上有关的表面,使加工表面的加工余量得到合理的分布,使零件上加工表面与不加工表面之间尺寸均匀。零件找正是依照零件选择画线基准的要求进行的,零件的画线基准又是通过找正的途径来最后确定它在零件上的基准位置。所以找正和画线基准选择原则是一致的。

(4)画线的借料

零件毛坯画线时,经找正后某些部位的加工余量仍不够,这时就要进行借料。

所谓借料就是通过试划和调整,使各个加工表面加工余量合理分配,互相借用,从而保证各个加工表面都有足够的加工余量,而误差和缺陷可以在加工后排除。它是提高毛坯工件合格率的方法之一。

借料画线时,要仔细研究工件各部尺寸,找出其偏移的位置与偏移量大小,再合理分配各部分加工余量,根据偏移方向和偏移量,确定借料方向的大小,画出基准线,以基准线为依据,按图画出其余各线,再检查各加工表面加工余量,若发现余量不足,则应该调整各部位加工余量,重新画线。

2.立体画线的步骤

(1)根据图样分析工件形体结构,加工要求以及与画线有关的尺寸关系,明确画线内容和要求。

(2)清理工件表面,去除铸件上的浇冒口,披缝及表面黏砂等,并对工件涂色,选定画线基准。

(3)根据图纸,检查毛坯工件是否符合要求。

(4)恰当地选用工具和正确安放工件。

(5)找到基准后,进行画线。

(6)复检,并仔细检查有无线条漏划。

(7)画好线条后,再打上检查样冲眼。

第五节 锉削姿势和锉削方法

一、锉削操作姿势

用锉刀对工件进行切削加工的方法称为锉削。

1.站立位置

锉削时人站立的位置如图4－22所示,站立要自然且便于用力,以适应不同锉法的要求。

2.锉削的姿势

如图 4－23 所示,锉削时身体的重心放在左脚上,右膝要伸直,脚始终站稳不动,靠左膝的屈伸作往复运动,充分利用锉刀的全长进行锉削。锉削动作是由身体运动和手臂运动合成的,开始时身体前倾约 10°(图 4－23(a))右肘尽量收缩到后方。当身体前倾约 15°时,左膝稍弯曲,锉刀前进 1/3 选种(图 b)。右肘向前推进,身体逐渐倾斜到约 18°,完成锉刀前进的第二个 1/3 行程(图 c)。锉刀前进的最后 1/3 个行程是用右手腕将刀推进,身体随着锉刀的反作用力退回到约 15°的位置(图 d)。锉刀行程结束后,把锉刀略微抬起,手和身体再退回到最初位置。

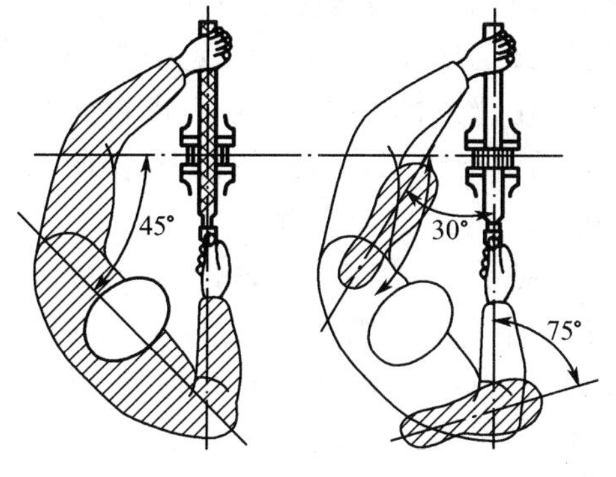

图 4－22 锉削时的站立姿势

3.锉削力的运用

推锉时,为使锉刀平衡,两只手用力的大小要不断变化。开始,左手压力大,右手压力小

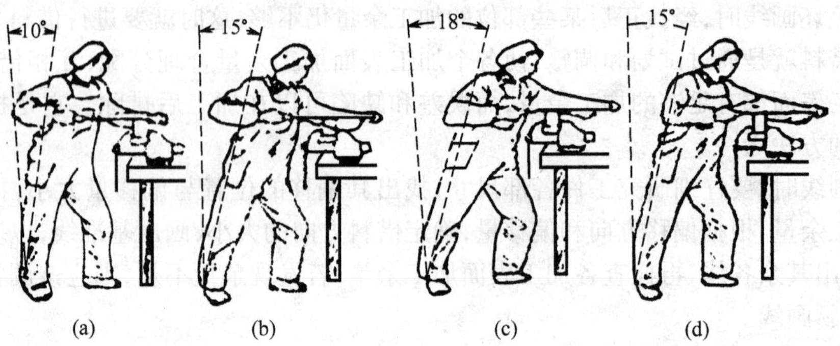

图 4－23　锉削姿势

而推力大。随着锉刀前进，左手压力减小，右手压力增大。锉刀推至 1/2 行程时，两只手的压力应相同；当锉刀的行程超过 1/2 时，左手压力要逐渐减小，右手压力逐渐增加，直到推完全行程为止。如果在推锉时两只手的压力始终不变，那么，开始时锉刀柄部向下偏，终了时锉刀前端下偏，这样锉出的工件是两头低中间高的膨形表面。锉削时，眼睛要注意锉刀，观察锉刀有无摇摆，两只手用力是否适当。完成几次锉削后，拿开锉刀进行检查，如果发现问题，应及时纠正。

二、锉削方法

1.锉刀的握法

锉刀握法的正确与否，对锉削质量、锉削力量的发挥及疲劳程度都有一定的影响。由于锉刀的形状和大小不同，锉刀的握法也不同。

对于较大的锉刀(250 mm 以上)，锉刀柄的圆头端顶在右手心，大拇指压在锉刀柄的上部位置，自由伸直，其余四指向手心弯曲紧握锉刀柄。左手放在锉刀的另一端，当使用长锉刀，且锉削余量较大时，用左手掌压在锉刀的另一端部，四指自然向下弯，用中指和无名指握住锉刀，协同右手引导锉刀，使锉刀平直运行。

而对于中、小型锉刀，由于其尺寸较小，锉刀本身的强度较低，锉削加工时所施加的压力和推力应小于大锉刀，常见的握法如图 4－24 所示。

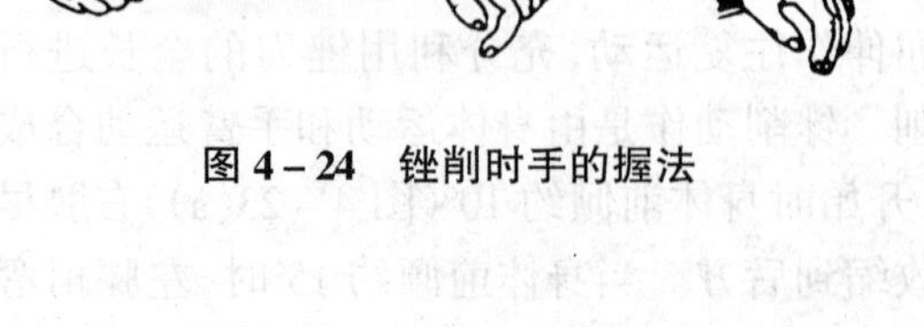

图 4－24　锉削时手的握法

2.工件的正确装夹

工件装夹得正确与否，直接影响锉削质量，因此，装夹工件要符合下列要求：

(1)工件尽量夹在台虎钳钳口宽度的中间。

(2)装夹要稳固，但不能使工件变形。

(3)待锉削面离钳口不要太远，以免锉削加工件产生振动。

(4)工件形状不规则时，要加适宜的衬垫后夹紧。例如夹圆柱形工件要衬以 V 形铁或弧形木块。

(5)装夹精加工面时，台虎钳口应衬以软钳口(铜或其他较软材料)，以防表面夹坏。

3.锉削速度

为了保持锉刀直线的锉削运动，必须满足以下条件：

锉削的速度，要根据加工工件大小，被加工工件的软硬程度以及锉刀规格等具体情况而定。一般应在40次/min左右，太快，容易造成操作疲劳和锉齿的快速磨损；太慢，效率低。如图4－25所示，锉削过程中，推出时速度稍慢，回程时稍快，且不加压力，以减少锉齿的磨损，动作要自然。

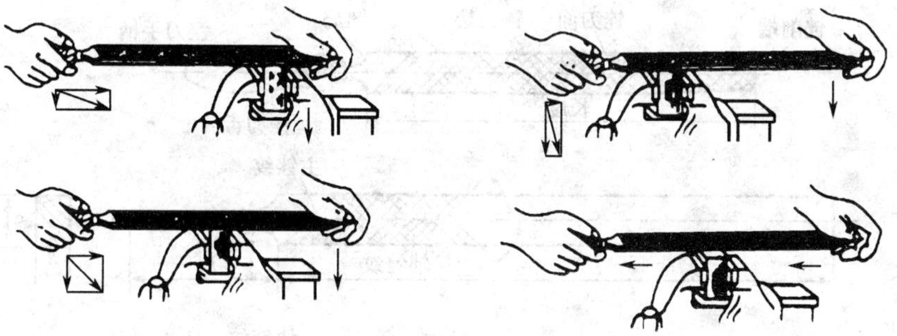

图4－25 锉削时的用力方法

4.锉削后的检验

平面锉削时常要检验平面度误差。一般可用钢直尺或刀口形直尺以透光法来检验。如图4－26所示，刀口形直尺沿加工面的纵向、横向和对角线方向多处进行检验，以判定整个加工面的平面度误差。如果检验处透光微弱而均匀，表示此处较平直，如果透光强弱不一，则表示此处高低不平，其中光线强处比较低，光线弱处比较高。当每次改变刀口形直尺的检验位置时，刀口形直尺应先提起，然后再轻放到另一位置，而不应在平面上拖动，否则直尺的边缘容易磨损而降低测量精度。

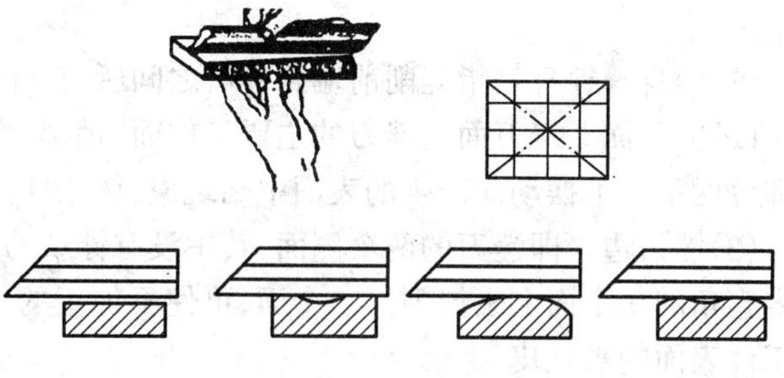

图4－26 检验平面度误差

5.锉削时的文明生产和安全注意事项

(1)锉刀是右手工具，应放在台虎钳的右面，放在钳台上时锉刀柄不可露在钳桌外面，以防落在地上砸伤脚或损坏锉刀；

(2)没有装柄或柄已裂开的锉刀或没有加柄箍的锉刀不可使用；

(3)锉削时锉刀柄不能撞击到工件，以免锉刀柄脱落而刺伤手；

(4)不能用嘴吹铁屑，以防切屑飞入眼中，也不能用手清除切屑，以防扎伤手，同时由于手上有油污，不可用手摸锉削面，否则会使锉削时锉刀打滑而造成事故；

(5)锉刀不可以作撬棒或手锤使用。

第六节　锉刀的构造、种类及保养

一、锉刀的构造和种类

1.锉刀的构造

锉刀是锉削的主要工具，锉刀用高碳工具钢T13或T12等材料制成，经加热处理后，工作部分的硬度可达到62 HRC以上。目前锉刀已经标准化，其各个部分名称如图4－27所示。

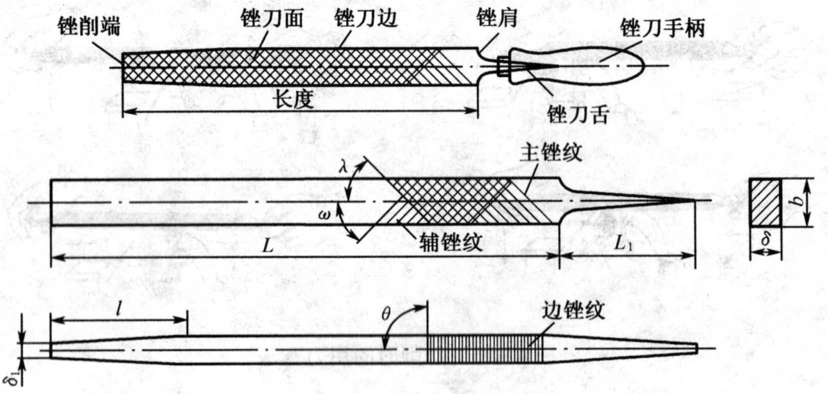

图4－27　锉刀的构造

(1)锉身。锉身是指锉削前端到锉肩之间所包含的部分(图中长 L 部分)

(2)锉刀面。锉刀面是锉刀的主要工作面，梢部(图中 l 部分)做成弧形，锉削时能够抵消部分两手上下摆动而产生的表面中凸现象，使工件锉平。

(3)锉刀边。即锉刀的两个侧面，其中没有锉纹的侧面称为光边，在锉内直角时，用他靠在内直角的一个面上去锉削另一个面，可使不加工的表面免受损坏，另一个边有齿，用来锉削工件表面的氧化皮。

(4)锉刀舌。指锉身以外的部分，用以装入木柄内，便于握持，并传递推力。由于锉刀舌是非切削部分，要求强度不得高于38 HRC。

(5)锉刀手柄。为了握住锉刀和用力方便，锉刀必须装上手柄，锉刀手柄一般用硬木或塑料制成，圆柱部分应镶铁箍，其安装孔的深度和直径以能够把锉柄长的3/4插下柄孔为宜。手柄表面不得有毛刺，裂纹，涂漆均匀，手感舒适。

(6)主锉纹。在锉刀工作面上起主要锉削作用的锉纹，主锉纹齿纹线较深。

(7)辅锉纹。主锉纹覆盖的锉纹，辅锉纹的齿纹线较浅。

(8)主锉纹斜角(λ)。主锉纹与锉身轴线的最小夹角。

(9)辅锉纹斜角(w)。辅锉纹与锉身轴线的最小夹角。

2.锉齿和锉纹

锉刀有无数个锉齿，锉削时每个锉齿相当于一把錾子对金属材料进行切削。锉纹是锉齿有规则排列的图案，锉刀的齿纹有单齿纹和双齿纹两种，锉刀的锉齿由铣齿法铣成或剁锉机剁成。

(1)单齿纹锉刀,如图 4－28(a)所示。指锉刀上只有一个方向上的齿纹,锉削时全齿宽同时参加切削,切削力大,因此常用来锉削软材料。

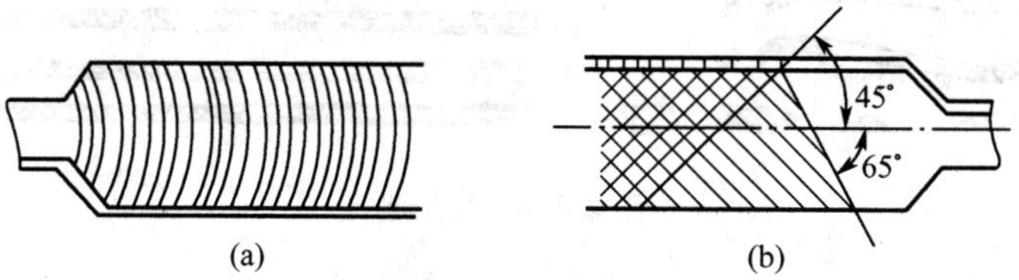

图 4－28 锉刀的齿纹
(a)单齿纹锉刀;(b)双齿纹锉刀

(2)双齿纹锉刀,如图 4－28(b)所示。指锉刀上有两个方向排列的齿纹,齿纹浅的叫底齿纹,齿纹深的叫面齿纹。底齿纹和面齿纹的方向和角度不一样,锉削时能使每一个齿的锉痕交错而不重叠,使锉削表面粗糙度 *Ra* 值小。

采用双齿纹锉刀锉削时,锉屑是碎断的,切削力小,再加上锉齿强度高,所以适应于硬材料的锉削。

3.锉刀的种类

一般钳工所用的锉刀按其用途不同,可分为普通钳工锉,异形锉和整形锉三类。

(1)普通钳工锉

普通钳工锉按其断面形状不同,可分为平锉(大、小板锉)、方锉、三角锉、半圆锉和圆锉五种。如图 4－29(a)所示。

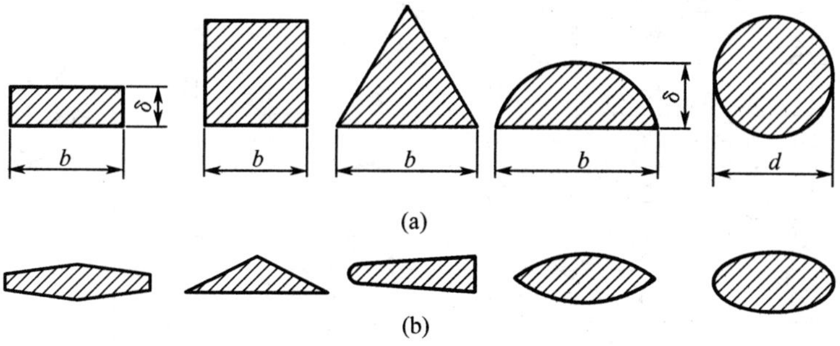

图 4－29 锉刀的种类
(a)普通锉;(b)异形锉

(2)异形锉

异形锉是用来锉削工件特殊表面用的,有刀口锉、菱形锉、扁三角锉、椭圆锉、圆肚锉等。如图 4－29(b)所示。

(3)整形锉

整形锉又称什棉锉,主要用于修理工件上的细小部分,通常以多把为一组,因分组配备多种断面形状的小锉而得名,每套一般为 5 支、8 支和 12 支。如图 4－30 所示。

4.锉刀的规格及选用

(1)锉刀的规格

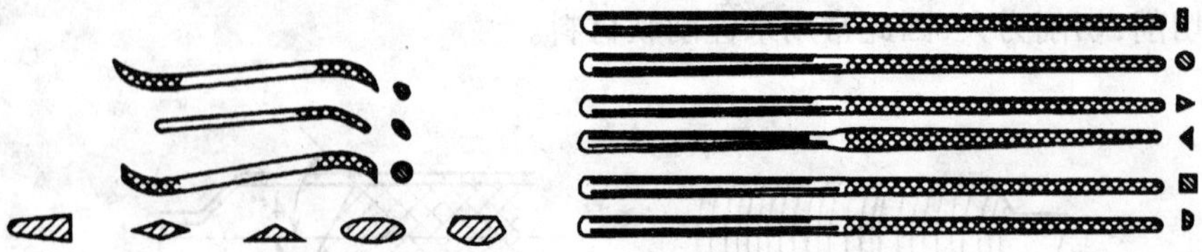

图 4-30　整形锉

锉刀的规格以方形尺寸表示，圆形的尺寸规格以直径表示，其他锉刀则以锉身长度表示。

方锉的尺寸规格以方形尺寸表示，圆形的尺寸规格以直径表示，其他锉刀则以锉身长度表示其尺寸规格。钳工常用锉刀锉身长度有 100 mm，125 mm，150 mm，200 mm，250 mm，300 mm，350 mm 等几种。

锉刀纹的粗细规格，以锉刀每 10 mm 轴向长度内主锉纹参数来表示，见下表 4-1 所示。主锉纹指锉刀上两个方向排列的深浅不同的齿纹中，起主要锉削作用的齿纹；起分屑作用的另一个方向的齿纹称为辅齿纹。表中，1 号锉纹为粗齿锉刀，2 号锉纹为中齿锉刀，3 号锉纹为细齿锉刀，4 号锉纹为双细齿锉刀，5 号锉纹为油光锉。

表 4-1　锉刀齿纹粗细规格

锉身长度/mm	主锉纹条数(10 mm 内)						
	锉纹号						
	1	2	3	4	5		
100	14	20	28	40	56	为主锉纹条数的75%～95%	为主锉纹条数的100%～120%
125	12	18	25	36	50		
150	11	16	22	32	45		
200	10	14	20	28	40		
250	9	12	18	25	36		
300	8	11	16	22	32		
350	7	10	14	20			
400	6	9	12	—			
450	5.5	8	11	—			
公差	±5%(其公差值不是 0.5 条时可圆整为 0.5 条)					±8%	±20%

注：扁锉可制成两面边纹，一面边纹或不制边纹。三角锉，半圆锉可制边纹。

(2)锉刀的选择

①选择锉刀的形状。如图 4-31 所示，锉刀断面形状的选择，应根据工件加工表面的形状来选择。锉内圆弧面选用圆锉或半圆锉；锉内角表面选用三角锉；锉内直角表面用扁锉或方锉等。

②锉齿粗细的选择。锉刀的粗细规格选择，应根据工件加工余量的多少，加工精度和表面粗糙度要求的高低，工件的材质来选择。一般材料软、余量大，精度和粗糙度要求低的工

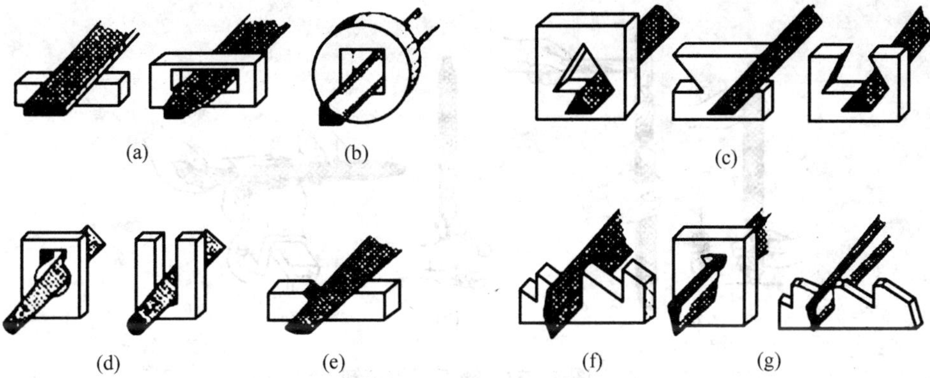

图 4 - 31　锉刀形状的选择

(a)板锉;(b)方锉;(c)三角锉;(d)圆锉;(e)半圆锉;(f)菱形锉;(g)刀口锉

件选用粗齿,反之选用细齿。锉刀锉齿的粗细选用如表 4 - 2 所示。

表 4 - 2　锉刀锉齿的粗细选用

锉刀齿纹	号数	齿纹齿距/mm	齿数/mm	适用场合		
				锉刀余量/mm	尺寸精度/mm	表面粗糙度/mm
粗齿	1号	0.8 ~ 2.3	4.5 ~ 12	0.5 ~ 1	0.2 ~ 0.5	50 ~ 12.5
中锉	2号	0.42 ~ 0.77	13 ~ 24	0.2 ~ 0.5	0.05 ~ 0.20	6.3 ~ 3.2
细锉	3号	0.25 ~ 0.33	30 ~ 40	0.02 ~ 0.05	0.02 ~ 0.05	6.3 ~ 1.6
双细齿锉	4号	0.2 ~ 0.25	40 ~ 50	0.03 ~ 0.05	0.01 ~ 0.02	3.2 ~ 0.8
油光锉	5号	0.16 ~ 0.2	50 ~ 63	0.03 以下	0.01	0.8 ~ 0.4

③锉刀锉纹的选择。锉削有色金属等软材料,应选用单齿纹锉刀或粗齿锉刀,防止切屑堵塞;锉削钢铁等硬材料时,应选用双齿锉刀或细齿锉刀。

5.锉刀柄的装拆

普通锉刀必须装上木柄后才能使用。锉刀柄安装前应先检查其头上铁箍是否脱落,防止锉刀舌插入后松动或刀柄裂开。

安装前先加箍,然后用左手挟住柄,右手将锉刀挟正,用手锤轻轻击打直至插到木柄长度的 3/4 为止,如图 4 - 32(a)所示。拆卸手柄可以在台虎钳上进行,如图 4 - 32(c)所示,也可在工作台边轻轻撞击,将木柄敲松后取下。

二、锉刀的保养

合理使用和保养锉刀可以延长锉刀的使用期限,否则将过早地损坏。为此,必须注意下列使用和保养规则:

1.不可用锉刀来锉毛坯的硬皮及工件上经过淬硬的表面。

2.锉刀应选用一面,用钝后再用另一面。因为用过的锉齿比较容易锈蚀,两面同时都用

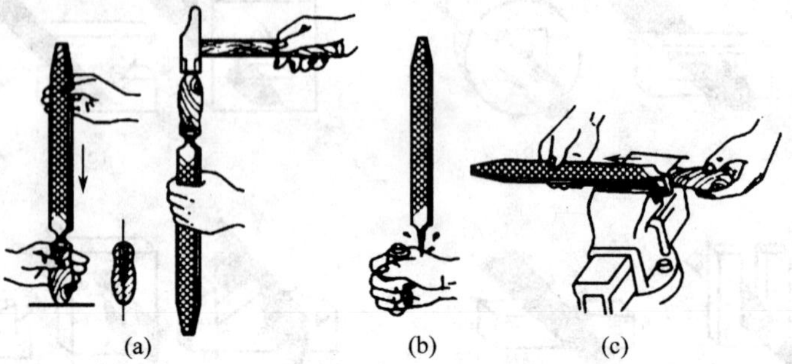

图 4-32　锉刀柄的装卸

(a)安装;(b),(c)拆卸

则总的使用期缩短。

3.锉刀每次使用完毕后,应用钢丝刷刷去锉纹中残留的铁屑,以免锉刀锈蚀。

4.锉刀放置时不能与其他的金属相碰,锉刀与锉刀不能相互重叠堆放,以免锉齿损坏。

5.防止锉刀沾水、沾油。

6.不能把锉刀当作装拆、敲击或撬动的工具。

7.使用整形锉时用力不可过猛,以免折断。

第七节　平面锉削

一、平面锉削的方法

1.普通锉削法

锉削时向前推压,后拉时稍把锉刀提起并沿工件横向移动,锉刀的运动方向是单向的,锉削速度快,但不易锉平,要求操作者有较好的基本功,一般用于较大工作面的粗加工、封闭面或半封闭面的锉削。

2.顺向锉

锉削时,锉刀运动方向与工件夹持方向始终一致,在每锉完一次返回时,锉刀横向适当移动,再作下一次锉削。顺向锉的锉纹整齐一致,且具有锉纹清晰、美观和表面粗糙度较小的特点,主要适用于面积不大的平面和最后锉光阶段,如图 4-33 所示。

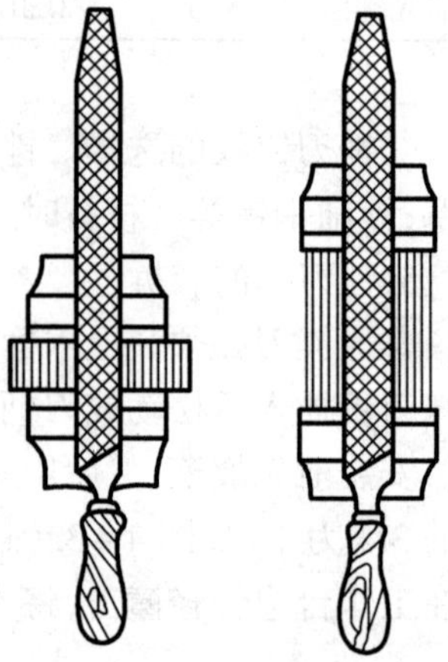

图 4-33　顺向锉削

3.交叉锉

交叉锉是从两个以上不同方向交替交叉锉削的方法。锉削时,锉刀运动方向与工件夹持方向成 30°~40°角。它具有锉削平面度好的特点,但表面粗糙度稍差,且锉纹交叉。锉刀与工件的接触面较大时,锉刀易掌握平稳;从锉痕上可以判断出锉削面高低情况,便于不断地修正锉削部位,如图 4-34 所示。交叉锉一般适用于粗锉,精锉时必须采用顺向锉以使纹理一致。

二、锉平面的练习要领

用锉刀锉平面的技能技巧必须通过反复的、多样性的刻苦练习才能形成，而掌握要领的练习，可加快技巧的掌握。

1.掌握好正确的姿势和动作。

2.做到锉削力的正确和熟练运用，使锉削时保持锉刀的直线平衡运动，因此在操作时注意力要集中，练习过程中要用心研究。

3.练习前了解几种造成锉面不平的具体因素(如表 4－3 所示)，便于练习中分析改进。

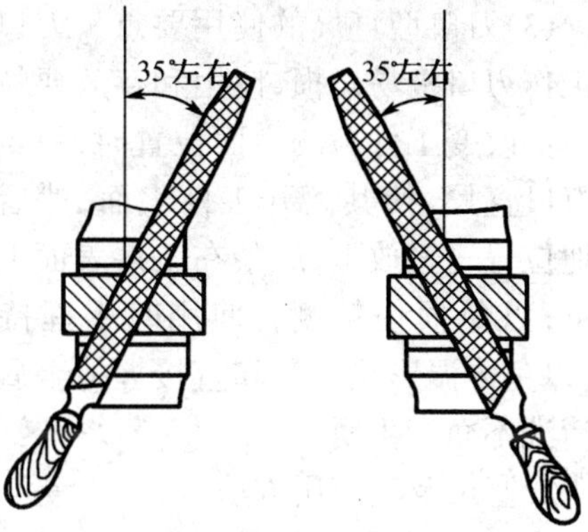

图 4－34　交叉锉削

表 4－3　平面不平的形式和原因

形式	产生的原因
平面中凸	1.锉削时双手的用力不能使锉刀保持平衡 2.锉刀开始推出时，右手压力太大，锉刀被压下，锉刀推到前面，左手压力太大，锉刀被压下，形成前、后面多锉 3.锉削姿势不正确 4.锉刀本身中凹
对角扭曲或塌角	1.左手或右手拖加压力的中心偏在锉刀的一侧 2.工件未夹持正确 3.锉刀本身扭曲
平面横向中凸或中凹	锉刀在锉削时左右移动不均匀

三、平面锉削时常用的量具和使用方法

1.刀口形直尺及平面度的检测

(1)刀口直尺的结构。刀口直尺是用透光法来检测平面零件直线度和平面度的常用量具，其结构如图4－35所示。刀口直尺有 0 级和 1 级精度两种，常用的规格有 75 mm，125 mm，175 mm 等。

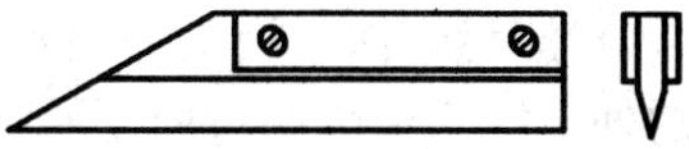

图 4－35　刀口直尺的结构

(2)平面度的检测方法。通常采用刀口直尺通过透光法来检查锉削面的平面度，如图 4－36(a)所示。在工件检测面上，迎着亮光，观察刀口直尺与工件表面间折缝隙，若较均匀，微弱的光线通过，则平面平直。平面度误差值的确定，可在平板上用塞尺塞入检查(如图 4－36(e)所示)。如图 4－36(b)所示，若两端光线极微弱，中间光线很强，则工件表面中间凹，误差值取检测部位中的最大直线度误差值。

如图 4－36(c)所示，若中间光线极弱，两端光线较强，则工件表面中间凸，其误差值应取两端检测部位中最大直线度的误差计，检测有一定的宽度的平面度时，要使其检查位置合理、全面，通常采用“米”字形逐一检测整个平面，如图 4－36(d)所示，另外，也可以采用在标准平板上用塞尺检查的方法。

(3)刀口型直尺的使用要点。刀口直尺的工作刃口极易碰损,使用和存放要特别小心。欲改变工件检测表面位置时,一定要抬起刀口直尺,使其离开工件表面,然后移到其他位置轻轻放下,严禁在工件表面上推拉移位,以免损伤精度。使用时手握持隔热板,以免体温影响测量和直接握持金属表面后清洗不净产生锈蚀。

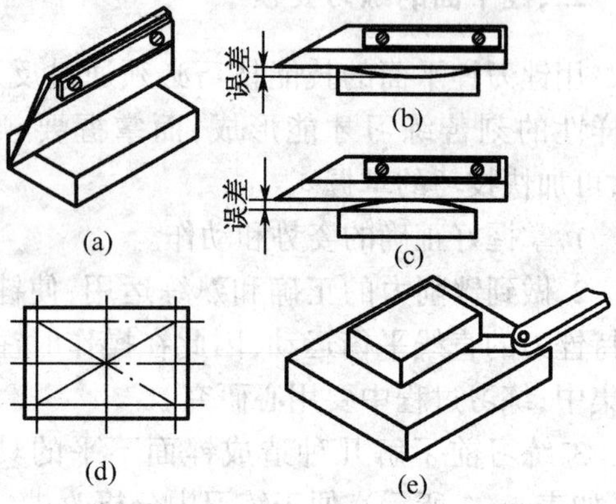

图 4-36　直线度、平面度的检查方法

(a)测平面度、直线度;(b),(c),(d),(e)用塞尺检查平面

2.塞尺及其使用方法

塞尺又叫厚薄规,是用来检验两个结合面之间间隙大小的片状量规。塞尺有两个平行的测量平面,其长度制成 50 mm, 100 mm和200 mm。由若干片叠合在夹板里,使用时根据间隙的大小,可用一片或数片重叠在一起插入间隙内。塞尺片有的很薄,容易弯曲和折断,测量时用力不能太大,不能测量温度较高的工件,用完后要擦拭干净,及时合到夹板中去。

3. 90°角尺及垂直度的检测

(1)90°角尺的结构应用。角尺主要用于检验 90°直角,测量垂直度误差,也可当作直尺测量直线度、平面度。主要用来检查机床仪器的精度、画线、测量工件垂直和直线度等。常用的有刀口角尺和宽度角尺两种。

(2)垂直度的检测方法。测量垂直度前,先用锉刀将工件的锐边去毛刺、倒钝,如图 4-37 所示。测量时,先将角尺的测量面紧贴工件基准面,逐步从上向下轻轻移动至角尺的测量面与工件被测量接触,眼光平视观察其透光情况,检测时角尺不可斜放,否则得不到正确的测量结果。

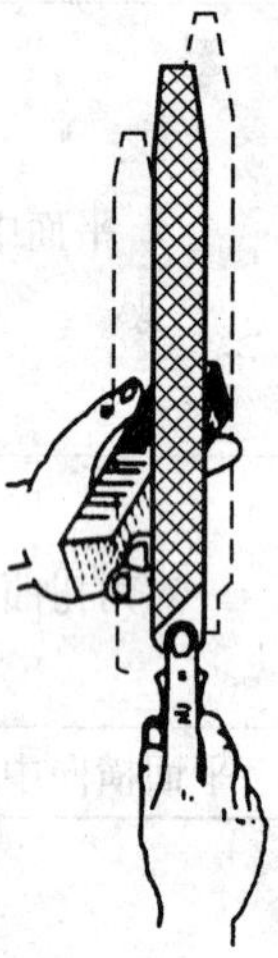
图 4-37　锐边

4.外卡钳测量

外卡钳是一种间接量具,用作测量尺寸时,应先在工件上度量,再在带读数的量具上度量出必要的尺寸后,才能去量工件。

(1)测量方法。当工件误差较大作粗测量时,可用透光法来判断其尺寸差值的大小。测量的外卡钳一卡脚测量面要始终抵住工件基准面,观察另一卡脚测量面与被测表面的透光情况,当工件误差较小时,可利用外卡钳的自重由上向下垂直测量,以便于控制测量力。外卡钳测量面的长度尺寸,应保证在测量时靠外卡钳自重通过工件,但应有一定的摩擦。两卡脚的测量面与工件的接触要正确,使卡脚处于测量时感觉最松的位置。

(2)尺寸调节。如图 4-38 所示,外卡钳在钢直尺上量取尺寸时,一个卡脚的测量面要紧靠钢直尺的端面,另一个卡脚的测量面调节到所取尺寸的刻线且两测量面的连线应与钢直尺

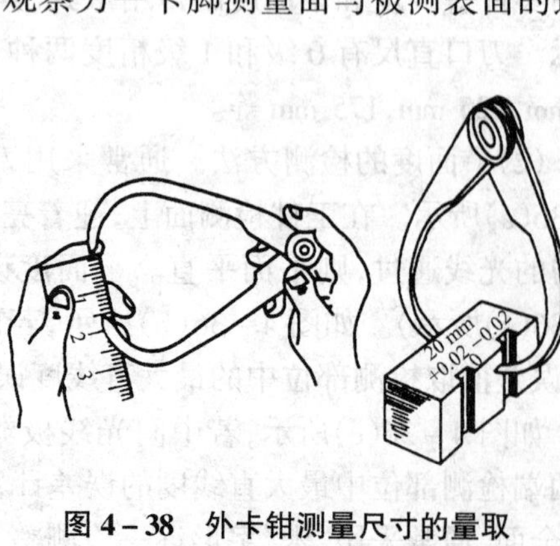

图 4-38　外卡钳测量尺寸的量取

边平行，视线要垂直于钢直尺的刻线面。外卡钳在标准量规上量取尺寸时，应调节到外卡钳稍有摩擦感觉的情况下通过。

四、锉削加工中出现废品的原因及预防方法

锉削加工中出现废品的原因及预防方法如表4－4所示。

表4－4　锉削废品分析

形式	产生原因	预防方法
工件夹坏	1.已加工的表面被台虎钳口夹出伤痕 2.夹紧力太大，使空心工件被夹扁	1.夹持精加工的表面应用软钳口 2.夹紧力要适当，夹持应用V形块或弧形木块
尺寸大小	1.画线不正确 2.未及时检测尺寸	1.按图正确画线，并校对 2.经常测量做到心中有数
平面不平	1.锉削姿势不正确，用力不当 2.锉刀中凹，而使平面中间高	1.加强锉削技能训练 2.正确选用锉刀
表面粗糙不光洁	1.精加工时仍用粗齿锉刀锉削 2.粗锉时锉痕太深，以致精锉无法去除 3.切屑嵌在锉齿中未及时清除而将表面拉毛	1.合理选用锉刀 2.适当多留精锉余量 3.及时去除切屑
不应锉的部位被锉掉	1.锉直角时未用光边锉刀 2.锉刀打滑而锉坏相邻面	1.选用光边锉刀 2.注意清除油污，避免锉刀打滑

第八节　曲面锉削

曲面锉削包括内、外圆锥面的锉削，球面的锉削以及各种成型面的锉削等，有些曲面件机械加工较为困难，如凹凸曲面模具，曲面样板以及凸轮轮廓曲面等的加工和修整，必须用曲面锉削来增加工件的外形美观。

一、曲面锉削的方法

1.锉削外圆弧

锉削外圆弧所用的锉刀，都为扁锉。锉削时锉刀要同时完成前进运动和锉刀绕工件圆弧中心的转动两个运动。锉削外圆弧面的方法有两种：

(1)顺着圆弧面锉削。如图4－39(a)所示，锉削时，锉刀向前，右手下压，左手随着上抬，这种方法能使圆弧面锉削的光洁圆滑，但锉削位置不易掌握且效率不高，故适用于精锉圆弧面。

(2)横着圆弧面锉削。如图4－39(b)所示，锉削时，锉刀作直线运动，同时锉刀不断随圆弧面摆动，这种方法锉削效率高且便于按画线均匀锉近弧线，但只能锉成近似圆弧面的多菱形面，故适用于圆弧面上的粗加工。

2.锉削内圆弧面的方法

锉削内圆弧面时,锉刀可选用圆锉,半圆锉,方锉(圆弧半径较大时)。锉削时如图4-40所示,锉刀同时完成三个运动:前进运动;随圆弧面向左或向右移动;绕锉刀中心线转动。三个运动要协调配合,才能保证锉出的弧面光滑、准确。

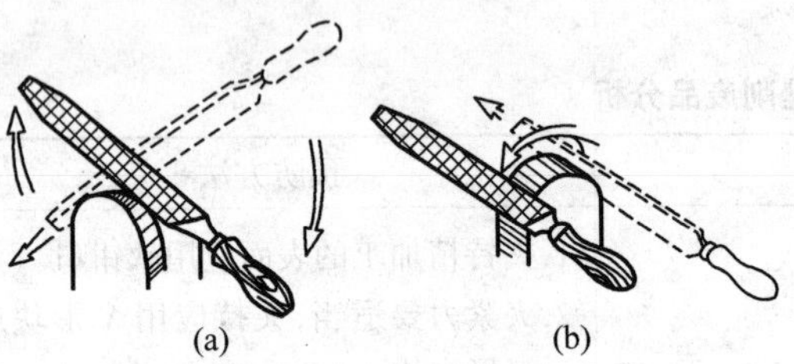

图 4-39 外圆弧锉削方法

(a)顺向锉;(b)横向锉

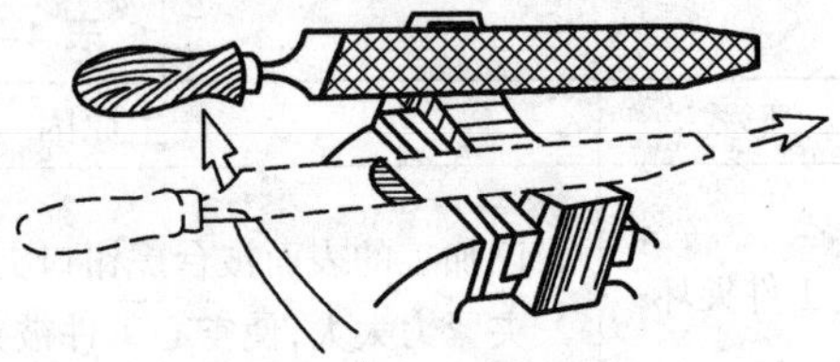

图 4-40 内圆弧锉削方法

二、圆弧面锉削的检验

圆弧面质量包括轮廓尺寸精度、形状精度和表面粗糙度等内容。当要求不高时可用圆弧样板检查,缝隙均匀、透光微弱则合格。角度的锉削是在平面锉削的基础上用万能角度尺辅助测量来进行加工的。

平面锉削的技能训练

1.长方体的锉削加工图

长方体的锉削加工图如图 4-41 所示。

2.操作过程

(1)检查来料尺寸是否符合加工要求,并选好粗基准面 A。

(2)粗、精锉在第 1 面(基准面 A),达到平面度 0.1 mm 和表面粗糙度 $Ra \leqslant 3.2\ \mu m$ 的要求。

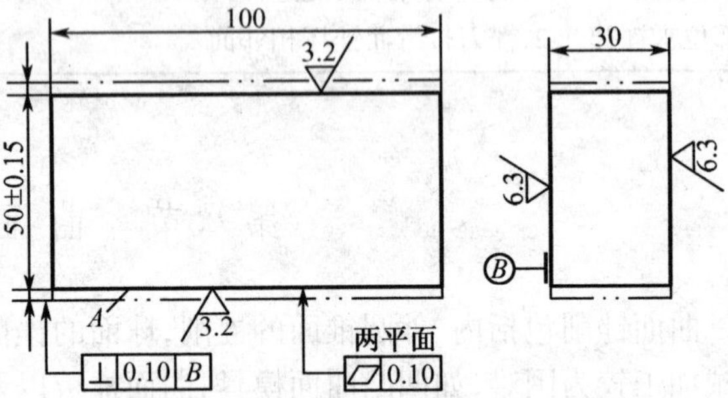

图 4-41 长方体工件的加工图

(3)粗、精锉第 2 面(基准面的对面),达到(50±0.15)mm 尺寸要求及平面度、平行度、粗糙度等要求。

(4)粗、精锉第 3 面(基准面 B),达到平面度、垂直度及粗糙度等要求。

(5)粗、精锉第 4 面(基准面 B 的对面),达到尺寸 30 mm,平面度、垂直度及粗糙度等要求。

(6)粗、精锉第 5 面(基准面 A 的左邻面),达到平面度、垂直度及粗糙度等要求。

(7)粗、精锉第 6 面(基准面 A 的右邻面),达到尺寸 100 mm,平面度、垂直度及粗糙度要求。

(8)全部精度复查,并做必要的修整锉削,最后将各锐边倒钝去毛刺。

3.注意事项

(1)锉削是钳工的一种重要基本操作,初学时首先要做到姿势正确。

(2)注意掌握两手用力,使锉刀在工件上保持平衡。

(3)工件夹紧时,要在台虎钳上垫好软金属衬垫,避免工件端面夹伤。

(4)采用顺向锉,并使锉刀全长切削。

(5)基准面作为加工控制其余各面时的尺寸、位置精确度和测量基准,故必须在达到其规定的平面要求后,才能加工其他面。

(6)在检查垂直度的时候,要注意角尺从上向下的移动速度,压力不要太大,以防出现误差。

(7)工量具要放置在规定的位置,轻拿轻放,用完后要擦净,做到文明生产。

4.长方体的锉削评分标准

长方体的锉削评分标准如表 4-5 所示。

表 4-5 长方体的锉削评分标准

项次	技术要求	配分	评分标准	检查记录	得分
1	尺寸 80±0.10,60±0.10	10×2	超差不得分		
2	尺寸 20±0.10	10	超差不得分		
3	平面度 0.1(6 面)	6×4	每超一处扣 4 分		
4	垂直度 0.08(4 组)	2×8	每超一处扣 2 分		
5	平行度 0.16	5×2	每超一处扣 5 分		
6	$Ra \leqslant 6.3$	8	每超一处扣 1 分		
7	锉纹整齐一致(6 面)	6×1	每超一处扣 1 分		
8	锉削姿势正确	6			
9	安全文明生产	扣分	违者每次扣 2 分 严重者扣 5~10 分		
日期	班级:______姓名:______ 学号:______成绩:______				

第九节 锉刀的修复和利用

锉刀长时间使用后会磨损或变钝,如果不能合理有效地修复和利用,那么将会造成很大的浪费,另外有些特殊场合需要用旧锉刀改进后进行使用。

一、弯曲

1.程序和要求

(1)将锉刀退火弯曲成型;

(2)淬火至原锉刀硬度。

2.用途

如图4－42(a)所示,用于锉削凹陷部分的平面、弧面、圆角等。

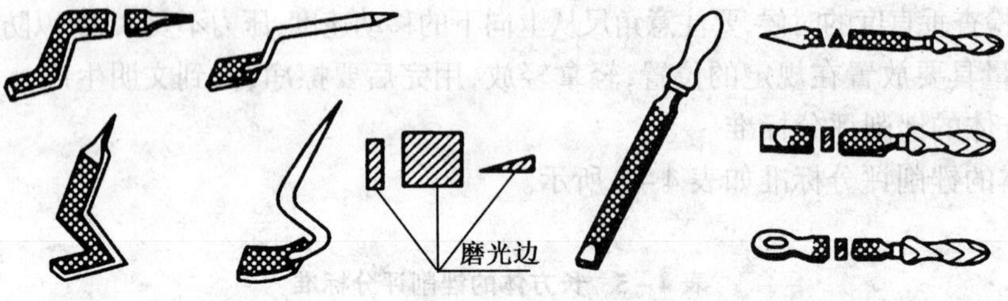

图4－42　锉刀的修复利用

(a)弯曲;(b)焊接;(c)磨边;(d)磨头;(e)改磨刮刀

3.适用范围

(1)可以废旧锉刀煨制;

(2)适用于各种不同大小和截面形状的锉刀;

(3)锉刀退火时注意不要碰坏和灼伤锉齿。

二、焊接

1.程序和要求

(1)准备一块废旧锉刀片和合适的钢棍,用砂轮修磨成需要的大小和形状;

(2)用电焊快速焊接,焊完后立即投入水中冷却,即淬火。

2.用途

如图4－42(b)所示,用于锉削凹陷部分的平面、弧面、圆角等。

三、磨边

1.程序和要求

将扁锉、方锉、刀形锉的其中一边或一个面用砂轮磨平、磨直、修光。

2.用途

如图4－42(c)所示,用于锉削有清角的直线或锐角工件。

3.适用范围

适用于中等宽度的扁锉和半圆锉刀。

四、磨头

1.程序和要求

(1)将扁锉或刀形锉等的头部约10～15 mm处用砂轮将齿磨平、磨光,然后再磨一下锉刀端头,使它与光面成80°角。

(2)用油石研光两面,即成刮刀与锉刀的两用刀。

2.用途

如图4－42(d)所示,用于锉削或刮削平面、弧面。

3.适用范围

适用于中等宽度的扁锉和半圆锉刀。

五、改磨刮刀

1.程序和要求

(1)取一废旧锉刀(三角锉、扁锉);

(2)在砂轮上磨削成不同刀头形状的刮刀。

2.用途

如图 4-42(e)所示,适用于刮削平面或圆弧的工件。

3.适用范围

(1)根据需要,大小锉刀均可利用;

(2)在砂轮上磨时,应不断沾水冷却,以免锉刀退火。

第十节　锯削工具和锯削方法

一、常用的锯削工具——手锯

手锯是由锯弓和锯条两部分组成的。

1.锯弓

锯弓的作用是张紧锯条,且便于双手操持。锯弓分固定式和可调节式两种,如图 4-43 所示。一般来说都选用可调节式的锯弓,因为固定式锯弓只能安装一处长度的锯条,而可调节式锯弓的安装距离可以调节,能安装几种长度的锯条。并且,可调式锯弓的锯柄形状便于用力。

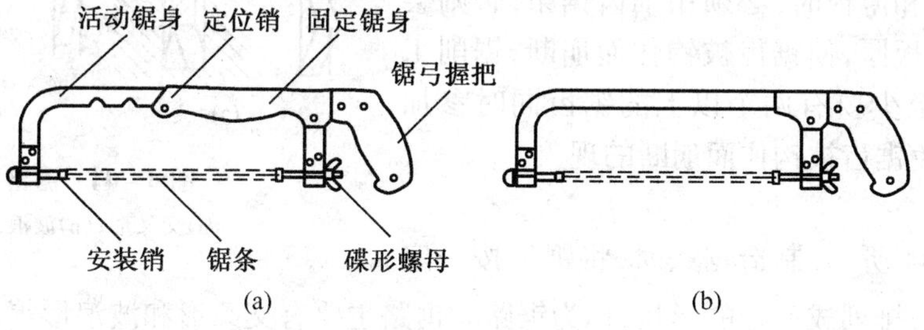

图 4-43　锯弓的形式

(a)可调式;(b)固定式

锯弓的两端都装有夹头,一端是固定的,一端是活动的。当锯条装有两端夹头的固定销后,旋紧活动夹头上的翼形螺母就可以把锯条拉紧。

2.锯条

锯条是用来直接锯削材料或工件的工具。锯条一般由渗碳钢冷轧制成的,也有用碳素钢或合金钢制成,经热处理淬硬后才能使用。锯条的长度以两端安装孔中心距来表示,常用的锯条长度为 300 mm。

(1)锯条的切削角度

锯条单面有齿,相当于一排同样形状的錾子,每个齿都有切削作用。锯齿的角度是前角 $\gamma = 0°$,后角 $a = 40°$,楔角 $\beta = 50°$。

为了能减少锯条的内应力,充分利用锯条材料,目前已出现了双面有齿的锯条。两条锯齿淬硬,中间保持较好的韧性,不易折断,可延长使用寿命,大大节省了原材料。

(2)锯齿的粗细

锯齿的粗细是以锯条每25 mm长度内的锯齿数来表示。一般分为粗、中、细三种,齿数越多表示锯齿越细。如表4-6所示,锯齿粗细的选择应根据材料的软硬和厚薄来选用。

表4-6 锯齿的粗细选择

规格	每25 mm长度内齿数	应用
粗	14~18	锯削软钢、铜、铝、铸铁、人造胶质材料
中	22~24	锯削中等硬度钢、厚壁的钢管、铜管
细	32	薄片金属、薄壁管子
细变中	32~20	一般工厂中用,易于起锯

粗齿锯条的容屑槽较大,适用于锯削软材料或较大的表面,因为这种情况下每锯一次,都会产生较多的切屑,容屑槽大就不致发生堵塞而影响锯削的效率。

锯削硬材料或切面较小的工件应该用细齿锯条,因为硬材料不易被锯入,每锯一次切屑较少,不易堵塞容屑槽,同时,细齿锯条参加切削的齿数增多,可使每齿担负的锯削量较小,锯削的阻力小,材料易于切除,推锯省力,锯齿不易磨损。

锯削管子和薄板时,必须用细齿锯条,否则会因为齿锯大于板厚,使锯齿被钩住而崩断,锯削工件时,截面上至少要有两个以上的锯齿同时参加切削,才能避免锯齿被钩住而崩断的现象。

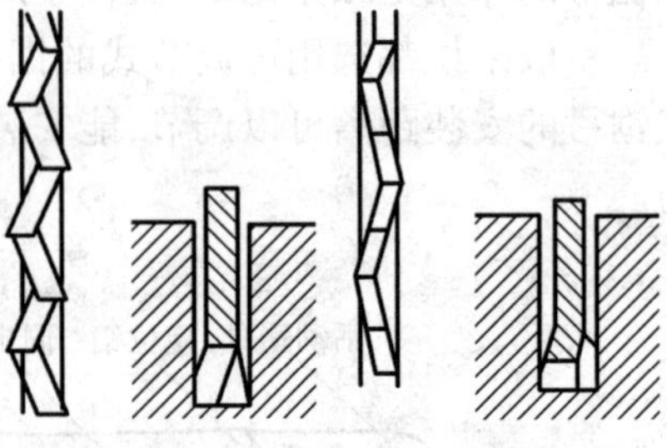

(a)　　(b)

图4-44 锯路

(a)交叉形;(b)波浪形

(3)锯路

如图4-44所示,制造锯条时,将锯齿按一定规律左右错开,排列成一定的形状,称为锯路。锯路主要有交叉形和波浪形等。锯条有了锯路后,使锯缝的宽度大于锯条的厚度,这样锯削时就减少了锯缝与锯条之间的摩擦,锯条不会被锯缝卡住或折断,锯条也不至于因摩擦过热而加快磨损,延长了锯条的使用寿命,提高了锯削效率。

二、各种材料的锯削方法

1.锯削的操作方法

(1)锯削前的准备

①锯条的安装。手锯向前推时才起切削的作用,因此锯条安装时一定要注意锯齿应向前倾斜,如图4-45所示。如果装反了,则锯齿的前角为负值,就不能正常锯削了。

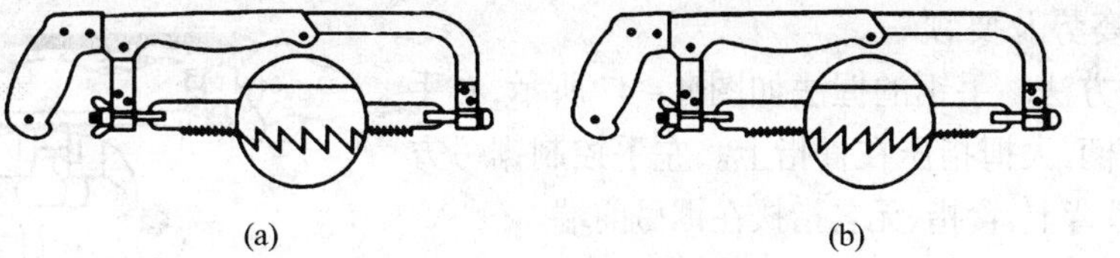

图 4－45　锯条的正确安装

(a)正确;(b)错误

锯条安装的松紧程度是通过调节翼形螺母来控制的,不能太紧也不能太松。太紧,使锯条的受力太大而失去应有的弹性,锯削的时候用力稍有不当或卡阻,就会折断。如果太松则锯削时锯条容易扭曲,也易折断,而且锯出的锯缝容易产生歪斜。所在锯条安装的松紧程度以手扳动锯条,感觉硬实即可。装好的锯条应与锯弓保持在同一平面内,以保证锯缝正直,防止锯条折断。

②工件的夹持。工件一般应夹持在台虎钳的左面,以便操作。工件伸出钳口不应过长,防止工件在锯削时产生振动,一般锯缝离开钳口侧面为 20 mm 左右,且锯缝线保持与钳口侧面平行,便于控制锯缝不偏离画线线条。夹紧要牢靠,避免锯削时工件移动或使锯条折断,同时要避免将工件夹变形和夹坏已加工面。

(2)起锯方法

起锯是锯削运动的开始,起锯质量的好与坏,直接影响锯削的质量。如果起锯不当,常会出现锯条跳出锯缝将工件拉毛或者引起锯齿崩裂,或是起锯后锯缝与画线位置不一致,而使锯削尺寸出现较大的偏差。起锯的方法有远起锯和近起锯两种(如图 4－46 所示)。起锯时,用左手拇指靠住锯条,使锯条能够正确地锯在所需要的位置上,起锯行程要短,压力要小,速度要慢。远起锯是指从工件远离操作者的一端起锯,锯齿是逐步切入材料,不易被卡住,起锯较为方便。近起锯是指工件靠近操作者的一端起锯,这种方法如果掌握不好,锯齿容易被工件的棱边卡住,造成锯条崩齿,此时,可向后拉手锯作倒向起锯,使起锯时接触的齿数增加,再作推进起锯就不会因被棱边卡住而崩齿。一般情况下,采用远起锯的操作方法。当起锯锯到槽深为 2～3 mm,锯条已不会滑出槽外,左手拇指可离开锯条,扶正锯弓逐渐使锯痕向后(向前)成为水平,然后往下正常锯削。正常锯削时应尽量使锯条的全部有效齿在每次行程中都参加锯削,以减少局部锯齿的磨损。

如图 4－46 所示,无论采用哪一种起锯方法,起锯角度 θ 都要小,一般 θ 在 15°左右,如果起锯角度太大,则起锯不易平稳,锯齿容易被棱边卡住,而引起崩齿,尤其是在近起锯时。但起锯角度也不易过小,否则,因为同时与工件接触的齿数多而不易切入材料,锯条还可能打滑而使锯缝发生偏离,在工件表面锯出许多锯痕,影响表面

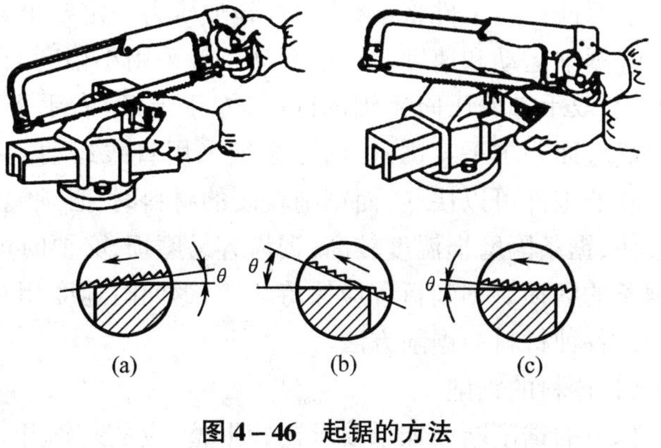

图 4－46　起锯的方法

(a)远起锯;(b)起锯角过大;(c)近起锯

适量。

(3)锯削姿势及要领

①握锯的方法。手锯的握法如图 4-47 所示,右手满握锯线弓手柄,大拇指压在食指上。左手控制锯弓方向,大拇指在弓背上,食指、无名指扶在锯弓前端。

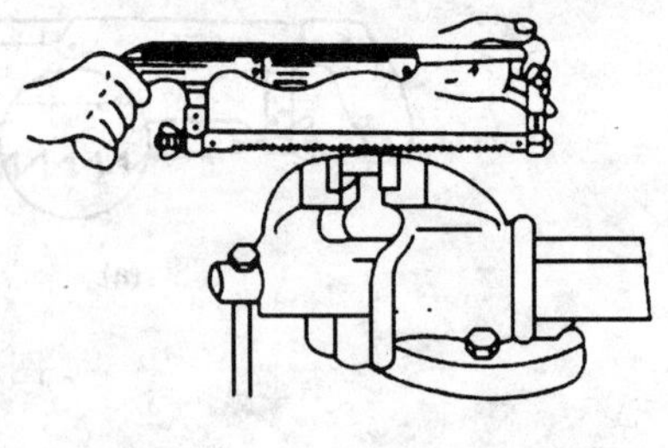

图 4-47 双手握锯的方法

②锯削姿势。锯削时站位,身体摆动姿势与锉削基本相似,摆动要自然。

③锯削的动作。如图 4-48 所示,锯削开始时,右腿站稳伸直,左脚略有弯曲,身体向前倾斜 10°左右,保持自然,重心落在左脚上,双手握正手锯,左臂略弯曲,右臂尽量向后放,与锯削的方向保持平行。向前锯削时,身体和手锯一起向前运动,此时,左脚向前弯曲,右脚伸直向前倾,重心落在左脚上。当手锯继续向前推进时,身体倾斜角度也随之增大,左右手臂均向前伸出,当手锯推进至 3/4 行程时,身体停止前进,两臂继续推进手锯向前运动,身体随着锯削的反作用力,重心后移,退回到 15°左右。

锯削行程结束后,取消压力将手和身体恢复到原来的位置再进行第二次锯削。

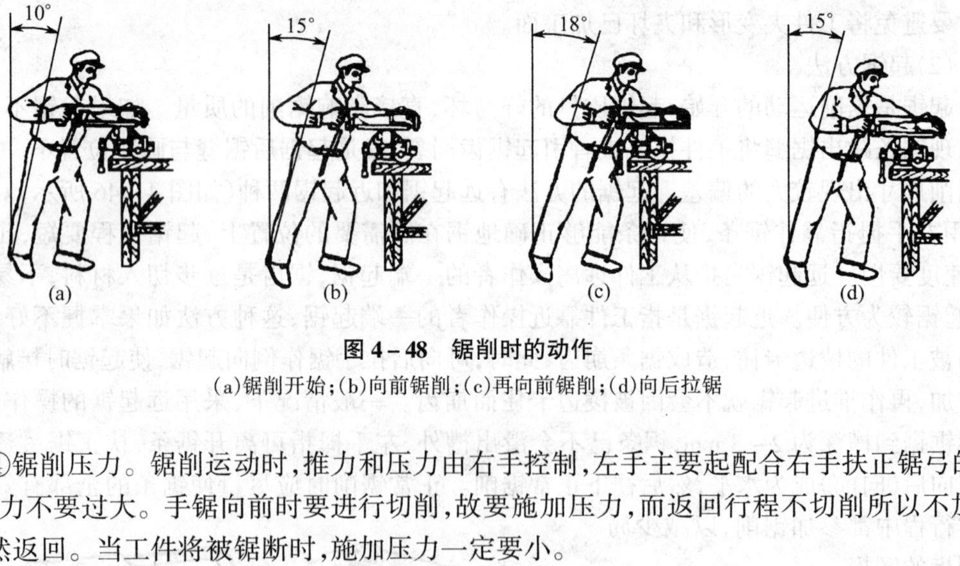

图 4-48 锯削时的动作

(a)锯削开始;(b)向前锯削;(c)再向前锯削;(d)向后拉锯

④锯削压力。锯削运动时,推力和压力由右手控制,左手主要起配合右手扶正锯弓的作用,压力不要过大。手锯向前时要进行切削,故要施加压力,而返回行程不切削所以不加压力自然返回。当工件将被锯断时,施加压力一定要小。

⑤锯削运动和速度。锯削运动一般采用小幅度的上下摆动式,就是手锯推进时,身体略向前倾,双手随着压向手锯的同时,左手上翘,右手下压,回程时右手上抬,左手自然跟回。对锯缝底面要求平直锯割,锯弓必须采用直线运动。锯割时的动速度一般为 40 次/min,锯削较软的工件可以快些,而锯削较硬的材料时,必须慢些。速度过慢,影响了锯削的效率,速度过快,锯条因磨损温度较高,锯齿容易磨损,必要时可加乳化液或机油进行冷却润滑,以减轻锯条的磨损。锯削行程应保持匀速,返回时速度相对快些。

2. 各种材料的锯削方法

(1)棒料的锯削

棒料的锯削断面如果要求比较平整,应从起锯开始连续锯到结束。若锯出的断面要求不高,可改变几次锯削的方向,使棒料转动一个角度再锯,这样,由于锯削面变小而容易锯入，可提高工作效率。锯毛坯材料时断面质量要求一般不高，为了节省时间，可分几个方向锯削，每个方向不锯到中心，然后把它折断，如图 4-49 所示。

(2)管子的锯削

如图 4-50 所示，锯削薄壁管子和精加工的管子时，应夹在带有 V 形槽的两木板之间，以防管材夹扁或夹坏表面。

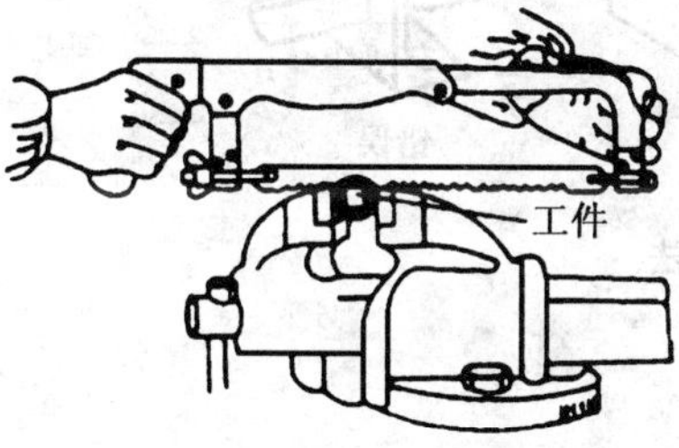

图 4-49　棒料的锯削方法

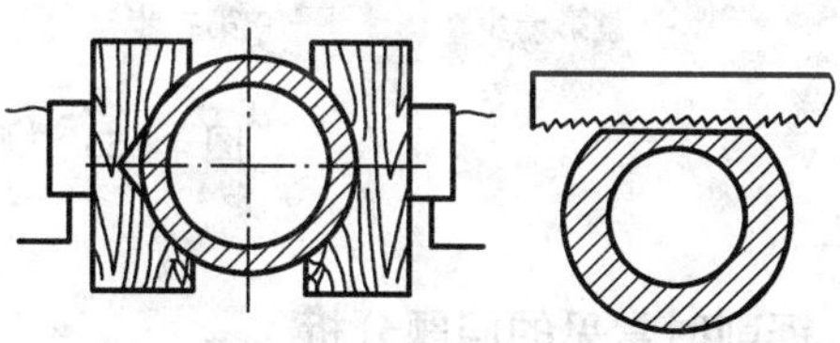

图 4-50　管子的夹持和锯削方法

锯削薄壁管子时不可在一个方向从开始连续剧削至结束，否则锯齿容易被管壁钩住而崩裂。正确的锯削方法是先从一个方向锯削到管子内壁处，然后把管子向推锯方向转过一定角度，仍旧锯到管子内壁处，如此不断改变方向，直到锯断为止。

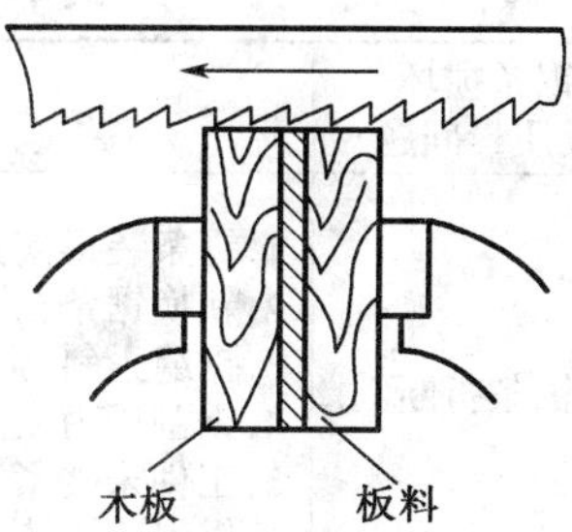

图 4-51　薄板料的锯削方法

(3)薄板的锯削

如图 4-51 所示，薄板材料锯削时尽可能从宽面上锯下去，由于板料截面小，锯齿容易被钩住和崩齿，可用两块木板夹持一起锯下去，这样，避免崩齿和减小振动。另一种方法，是把薄板夹在台虎钳上，用手锯横向斜推锯，使薄板料与锯齿的接触面增大，避免锯齿崩裂。

(4)深缝锯割

如图 4-52 所示，当正常安装的锯条一直锯到锯弓碰到工件为止，再将锯条转过 90°安装，使锯弓转到工件的侧面，或将锯弓转过 180°，锯条装夹成锯齿朝向锯缝内进行锯割。

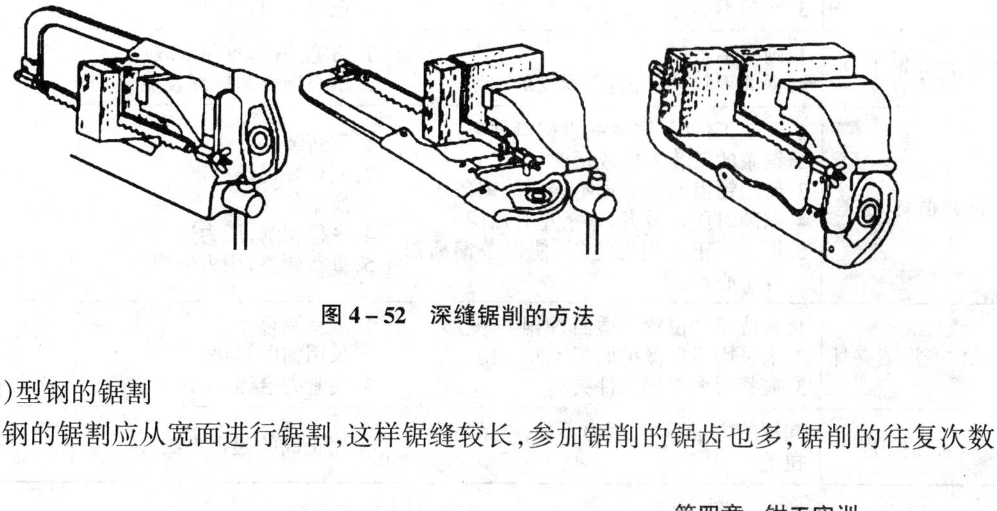

图 4-52　深缝锯削的方法

(5)型钢的锯割

型钢的锯割应从宽面进行锯割，这样锯缝较长，参加锯削的锯齿也多，锯削的往复次数少,锯齿不易被钩住而崩断。角铁在锯好一个面后,将其转过一下方向再锯。这样才能得到比较平整的断面,锯齿也不易被钩住。槽钢的锯削方法与锯削角铁相似,如图 4-53 所示。

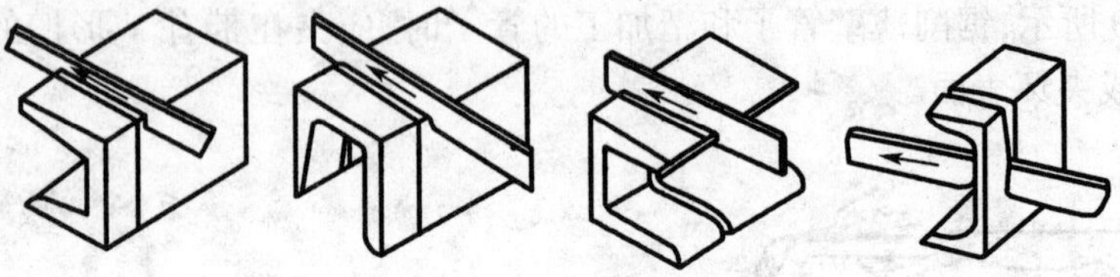

图 4-53　槽钢锯削的方法

三、锯削时常见的问题分析

锯削过程中常见的质量问题及产生原因如表 4-7 所示。

表 4-7　锯削过程中常见的质量问题及产生原因

锯条损坏及质量问题	产生原因	防止方法
锯条折断	1.锯条装得太紧或太松 2.新换锯条在旧锯缝中被卡住而折断 3.锯缝歪斜,强行纠正 4.锯割压力太大,或突然加大压力 5.工件未夹紧,锯削时松动 6.锯削工件时,锯条与台虎钳等硬物相撞	1.旋翼形螺母时,用两指施压,直至旋不动 2.改变方向锯削或在旧锯缝中减慢速度,小心锯割 3.不强行纠锯 4.平稳锯削 5.夹紧工件 6.注意工件锯断的情况
锯齿崩裂	1.锯齿粗细选择不当 2.起锯角太大,起锯用力过猛 3.锯薄管子或薄板方法不当 4.锯条装夹过紧 5.锯削时碰到缩孔和杂质	1.正确选择锯齿 2.正确起锯,起锯角为 10°~15° 3.正确采用锯薄料方法 4.稍放松锯条
锯齿磨损快	1.锯削速度过快 2.工件材料过硬 3.冷却不够	1.锯削速度为 20~60 次/min 2.采用细齿锯条或改用其他方法加工 3.正确使用切屑液
尺寸锯小	1.画线不正确 2.锯缝歪斜过多,偏离画线范围	1.粉笔涂掉,重新画线 2.小心操作掌握好技能
锯缝歪斜,超差	1.安装工件时,锯缝线也钳口不平行 2.锯条的安装太松或扭曲 3.使用锯齿两面磨损不均匀的锯条 4.锯削时压力过大,锯条左右摇摆 5.锯弓不正或用力歪斜,使锯条偏离锯缝中心	1.重新装夹 2.调整好锯条再锯 3.换锯条 4.平稳锯削,压力适当 5.重新调整,用力恰当
工件变形或夹坏	1.夹持工件位置不适当,锯削时变形 2.未采用钳口保护而把工件夹伤 3.夹紧力太大把工件夹坏	1.重新调整 2.采用辅助衬垫 3.夹紧力恰当
表面拉毛	起锯的方法不对,用力不稳,锯条滑出拉毛	采用正确的起锯方法

第十一节　錾削工具及錾削方法

錾削是用锤子打击錾子对金属工件进行切削加工的方法。这是一种原始的、古老的切削加工方法。在现代机械加工迅猛发展的今天,錾削仍然没有被淘汰,这是因为在不便于用机械加工的场合,錾削常常是方便而经济的方法。它的功能主要包括切削或分割材料、去除铸件、锻件的毛刺、凸台和錾油槽等,有时也用作对较小表面的粗加工。此外,通过錾削技能的训练,还可提高锤击的准确性。因此,錾削仍然是钳工的一项较重要的基本技能。

一、常用錾削工具

1.錾子的构造和种类

錾子是削工件的刀具,一般用碳素工具钢(T7A 或 T8A)经锻打成形后再进行刃磨和热处理而形成。錾子的构造如图 4－54 所示,錾子由头部 1、切削刃 2、切削部分 3、斜面 4 和柄 5 等组成。

钳工常用的錾子有以下三种:

(1)扁錾(阔錾),图 4－55(a)为扁錾的形状。它的切削部分扁平。切削刃略带圆弧,其作用是在平面上錾去微小的凸起部分时,切削刃两边的尖角不易损伤平面的其他部位。扁錾用来去除凸缘毛边和分割材料等,应用最广泛。

(2)狭錾(尖錾),狭錾的切削刃比较短,主要用来錾槽和分割曲线形板料。如图 4－55(b)所示,狭錾切削部分的两个侧面,从切削刃起向柄部是逐渐狭小的,其作用是避免在錾沟槽时錾子的两侧面被卡住,以致增加錾削阻力和加剧錾子侧面的磨损。狭錾的斜面有较大的角度,是为了保证切削部分具有足够的强度。

(3)油槽錾,其形状见图 4－55(c)。油槽錾用来錾削油槽。它的切削刃很短,并呈圆弧形。为了能在对开式的滑动轴承孔壁錾削油槽,切削部分做成弯曲形状。

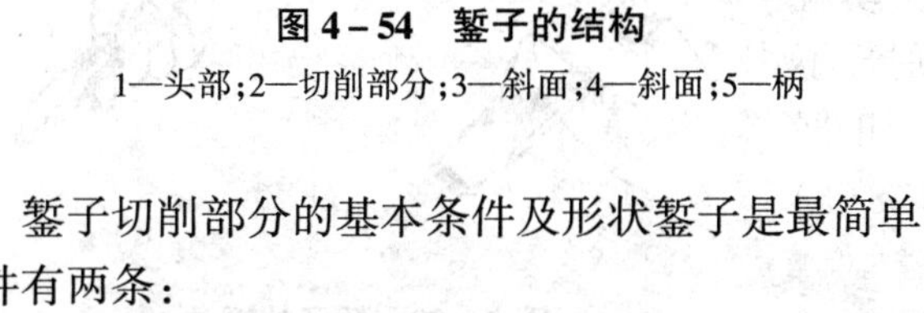

图 4－54　錾子的结构

1—头部;2—切削部分;3—斜面;4—斜面;5—柄

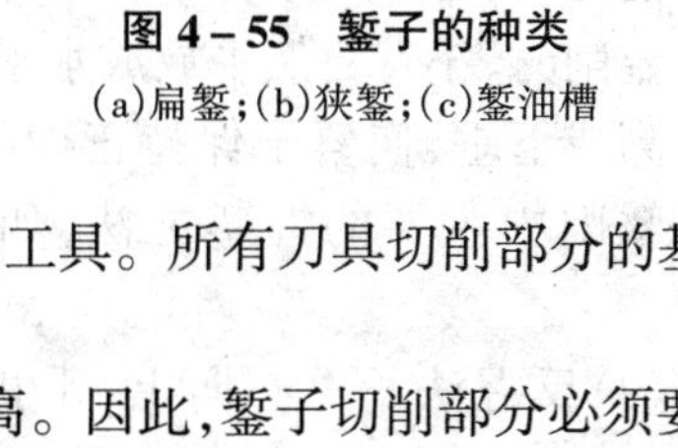

图 4－55　錾子的种类

(a)扁錾;(b)狭錾;(c)錾油槽

錾子切削部分的基本条件及形状錾子是最简单的切削工具。所有刀具切削部分的基本条件有两条:

(1)切削部分的材料硬度要比被切削的工件材料硬度高。因此,錾子切削部分必须要经过热处理淬硬。

(2)切削部分要有合理的形状——楔形。为此,要对錾子切削部分加以刃磨才能使錾刃经常保持锋利。用手锤锤击錾子对工件进行切削加工的操作方法叫做錾削。其操作工艺较为简单，切削效率和切削质量不高。目前，主要用于某些不便于机械加工的工件表面的加工，如清除铸锻件和冲压件的毛刺、飞边，分割材料，錾切油槽等。

2. 錾子的刃磨

(1)錾子的刃磨要求。錾子的几何形状及合理的角度值要根据用途及加工材料的性质而定。錾子楔角的大小 β，要根据被加工的材料的硬软来决定，錾削较软的金属，可取 30°～50°；錾削较硬的金属，可取 60°～70°；一般硬度的钢件或铸铁，可取 50°～60°，切削刃与錾的几何中心线垂直，且应在錾子的对称面上，并使切削十分锋利。为此錾子的前刀面和后刀面必须磨得光滑平整，必要时在砂轮机上刃磨后再在油石上精磨，可使切削刃既锋利又不易磨损，因为此时切削刃的单位负荷减小了。

(2)錾子刃磨方法。如图 4－56 所示，双手握持錾子，在旋转着的砂轮缘上进行刃磨。刃磨时，必须使切削刃高于砂轮水平中心线，在砂轮全宽上左右移动，并要控制錾子的方向，位置，保持磨出所需的楔角值，刃磨时，加在錾子上的压力不易过大，左右移动要平稳，均匀，并且刃口要经常蘸水冷却，以防退火。

图 4－56　錾子的刃磨

3. 手锤

手锤又称榔头，是钳工常用的敲击工具，錾削、矫正、弯曲、铆接和装拆零件等都常用手锤来敲击。如图 4－57 所示，手锤由锤头和木柄组成，锤头一般用工具钢制成，并经热处理淬硬，木柄用比较坚韧的木材制成，如胡桃木、白蜡木、檀木等。木柄装锥孔后用楔子楔紧，以防锤头脱落。手锤的规格用锤头的质量来表示，常用的有1.25 kg，0.5 kg 和 1 kg 等几种。

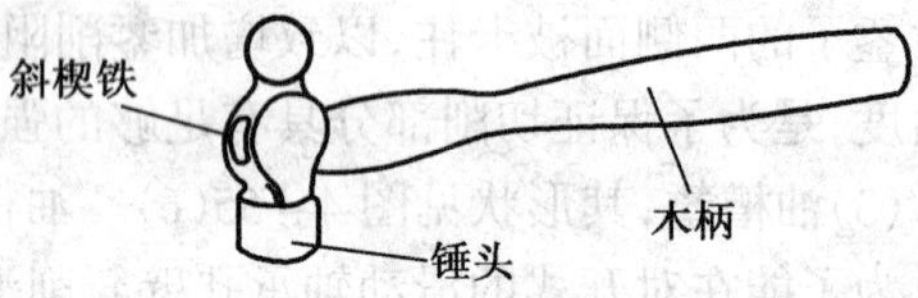

图 4－57　手锤

二、錾削要领及注意事项

1. 錾子的握法

(1)正握法。手心向下，腕部伸直，用中指、无名指握住錾子，小指自然合拢，食指和大拇指自然伸直地松靠，錾子头部伸出约 20 mm。錾子不能握得太紧，否则，手掌所承受的振动就大。錾削时，小臂自然平放成水平位置，肘部不能抬高或下垂，使錾子保持正确的后角。正握法是錾削中主要的握錾方法，如图 4－58(a)所示。

(2)反握法。手心向上，手指自然捏住錾子，手悬空，如图 4－58(b)。

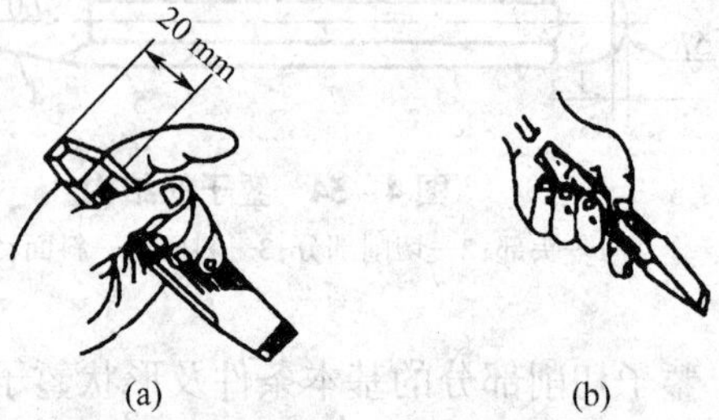

图 4－58　錾子的握法
(a)正握法；(b)反握法

2. 手锤的握法

(1)紧握法。右手无名指紧握锤柄，大拇指扣在食指上，虎口对准锤头方向，木柄尾端露出 15～30 mm。在挥锤和锤击的过程中，五指始终紧握，如图 4－59 所示。

(2)松握法。大拇指和食指始终紧握锤柄,在挥锤时,小指、无名指和中指则依次放松,在锤击时,又以相反的次序收拢握紧。如图 4-60 所示。

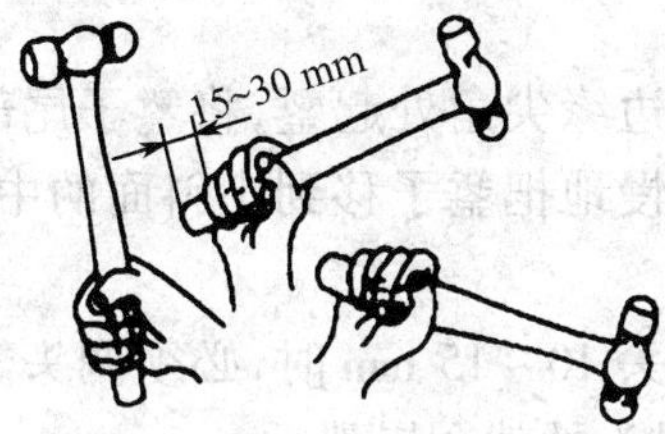

图 4-59　手锤紧握法

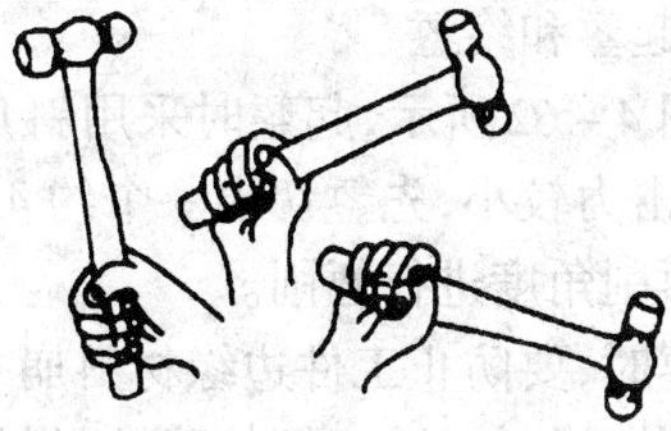

图 4-60　手锤松握法

3.站立姿势

如图 4-61 所示,錾削时,身体在台虎钳的左侧,左脚跨前半步与台虎钳成 30°角,左腿略弯曲,右脚习惯站立,一般与台虎钳的中心线约成 75°角,两脚相距 250~300 mm,右脚要站稳伸直,不要过于用力。身体与台虎钳中心线成 45°角,并略向前倾,保持自然。

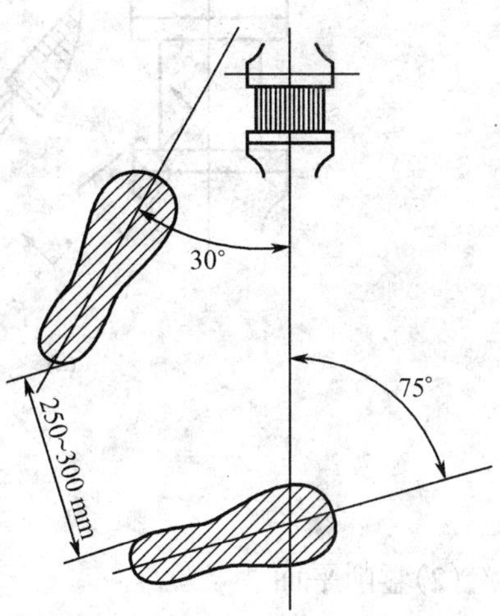

图 4-61　錾削站立姿势

4.挥锤方法及要领

(1)挥锤的方法

挥锤的方法有腕挥、臂挥、肘挥三种。

①腕挥是用手腕的动作进行锤击运动,采用紧握法握锤,一般用于錾前余量较少及錾削的开始和结尾。

②肘挥是利用手腕和肘部一起挥动作锤击动作,采用松握法握锤,因挥动幅度较大,故锤击力也较大,应用广泛。

③臂挥是用手腕、肘和全臂一起挥动,其锤击力最大,用于需要大力錾削的工作。

(2)锤击的要领

锤击时,锤子在右上方划弧线上下运动,眼睛要看在切削刃和工件之间,这样才能顺利地工作及保证产品质量。

锤击要稳,准,狠,其动作要一下一下有节奏地进行,锤击的速度一般在肘挥时约为 40 次/min,腕挥时约为 50 次/min。

锤击时,手锤敲下去应有加速度,以增加锤击的力量。

5.錾削的注意事项

(1)錾子要保持锋利,过钝的錾子不但工作费力,錾削的表面不平,且容易产生打滑伤手;

(2)錾子头部有明显毛刺时要及时磨掉,避免铁屑碎裂飞出伤人,前方应加防护网;

(3)錾子头部,锤子头部和木柄部均不应沾油,以防打滑,木柄松动时要及时更换;

(4)工件必须夹紧稳固,伸出钳口高度 10~15 mm,且工件下要加垫木;

(5)拿工件时,要防止錾削表面锐角划伤手指;

(6)掌握动作要领,錾削疲劳时要作适当休息。

三、錾削的方法

1.平面錾削方法

(1)起錾和终錾

如图 4－62 所示,起錾时采用斜角起錾,先在工件边缘尖角处起錾,将錾子尾部略向下倾斜,锤击力较小,先錾切出一个约 45°的小斜面后,缓慢地把錾子移到小斜面的中间,然后按正常錾削角度进行暂削。

终錾时,要防止工件边缘材料崩裂,当錾削接近尽头 10～15 mm 时,必须调头錾去余下部分,尤其是錾铸铁、青铜等脆性材料更应如此,否则尽头处就会崩裂。

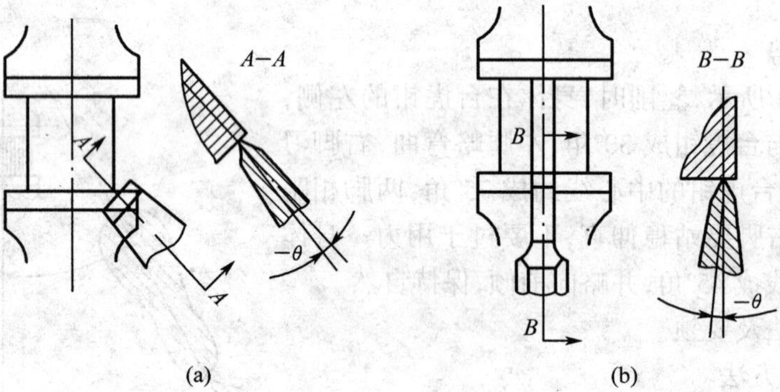

图 4－62　起錾的方法

(a)斜角起錾;(b)正面起錾

(2)錾削平面

錾削平面时,一般采用扁錾,常取后角在 5°～8°之间。錾削过程中,一般每錾削两三次后,可将錾子退回一些,稍微停顿,然后再将刃口顶住錾削处继续錾削,每次錾削材料厚度为 0.5～2 mm。

在錾削较宽的平面时,当工件被切削面的宽度超过錾子切削面的宽度时,一般要先用狭錾以适当的间隔开出工艺直槽,然后再用扁錾将槽间的凸起部分錾平,如图 4－63 所示。在錾削较窄的平面时(如槽间凸起部分),錾子的切削刃最好与錾子前进方向倾斜一个角度,使切削刃与工件有较大的接触面,这样在錾削过程中容易使錾子掌握平稳,如图 4－64 所示。

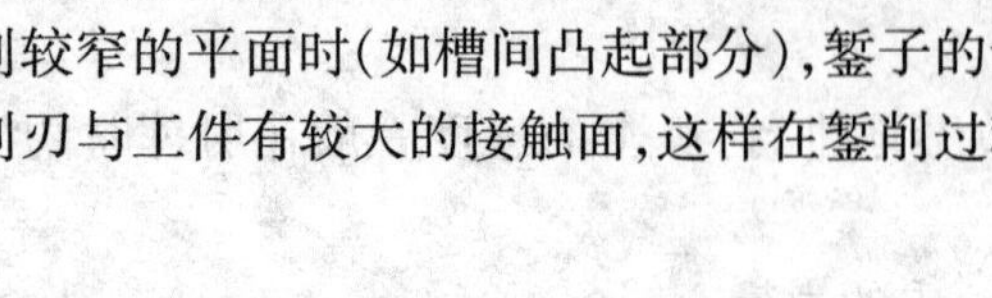

图 4－63　錾宽平面

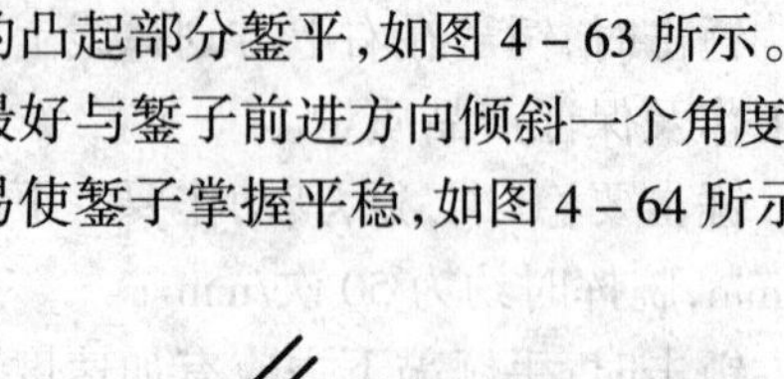

图 4－64　錾窄平面

2.錾切材料

錾切材料的常用方法有以下几种:

(1)工件夹在台虎钳上錾切。如图 4－65 所示,錾切时,要使板料的画线(切断线)与钳口平齐,用扁錾沿着钳口并斜对着板料(约成 45°)自右向左錾切。錾切时,錾子的刃口不能正对着板料錾切,否则由于板料的弹动和变形造成切断处产生不平整或出现裂缝。

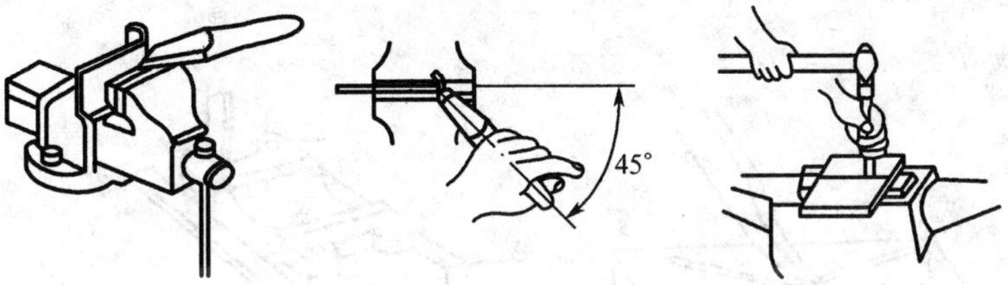

图 4－65　在台虎钳上錾切

(2)铁砧上或平板上錾切。如图 4－66 所示,对尺寸较大的板料或錾切线有曲线而不能在台虎钳上錾切时,可在铁砧(或旧木板)上进行。此时,切断用錾子的切削刃应磨成适当的弧形,以使前后錾痕连接齐整。当錾切直线段时,錾子切削刃的宽度可宽些(用扁錾);錾切曲线时,刃宽应根据其曲率半径大小而定,以使錾痕能与曲线基本一致。錾切时,应由前向后錾,开始时錾子应放斜些,似剪切状,然后逐步放垂直,依次逐步錾切。

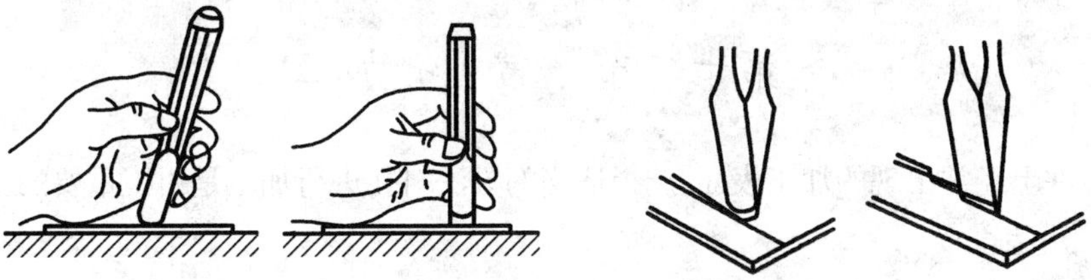

图 4－66　在平面上錾切

(3)用密集钻孔配合錾子錾切。如图 4－67 所示,当工件轮廓线复杂的时候,为了减少工件变形,一般先按轮廓钻出密集的排孔。然后再用扁錾、尖錾逐步錾切。

图 4－67　复杂形面上排孔錾切

3.錾削油槽

錾油槽首先要根据图样上油槽的断面形状,把油槽錾的切削部分刃磨准确,并在工件上划好线。图 4－68 为錾油槽时的情形,在平面上錾油槽时,錾削方法基本上与錾削平面一样，在曲面上錾削油槽时，则錾子的倾斜度要沿着曲面而变动，目的是使切削时的后角保持不变，因为切削刃在曲面上的位置改变时，切削平面的位置也随之而改变，如果錾子倾斜度不变，则錾削时的后角就要改变，后角变得太小时錾削易打滑。錾削方向要与线条一致，錾到尽头前要从相对方向接錾。

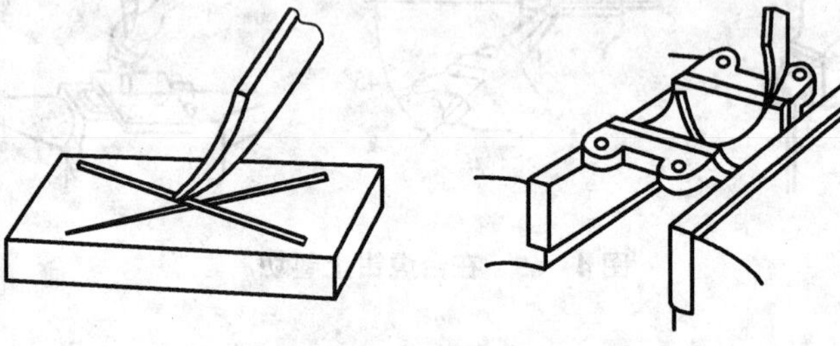

(a) (b)

图 4-68 錾削油槽的方法

(a)平面上錾油槽；(b)曲面上錾油槽

錾油槽应一次成形，要掌握好尺寸和表面粗糙度，因为油槽錾好后不再进行精加工，必要时仅作一些修整而已。

第十二节 常见孔加工

孔是工件上经常出现的加工表面，选择适当的方法对孔进行加工是钳工重要的工作之一。

一、钻孔

用钻头在实体材料上加工出孔的工作称为钻孔。用钻床钻孔时，工件装夹在钻床工作台上固定不动，钻头装在钻床主轴上随主轴旋转，并沿轴线方向作直线运动。

钻孔时，由于钻头的刚性和精度较差，因此钻孔加工的精度不高，一般为 IT10 - IT9，表面粗糙度 Ra 不小于 12.5 μm。常用的钻床有台式钻床、立式钻床、摇臂钻床。

1. 标准麻花钻

钻头是钻孔的主要工具，种类较多，有麻花钻、中心钻、扁钻和深孔钻等。麻花钻是钳工最常用的钻头之一。

(1)麻花钻的构成

麻花钻一般用高速钢制成，淬火后 HRC62 - 68。麻花钻由柄部、颈部和工作部分组成，如图 4 - 69 所示。

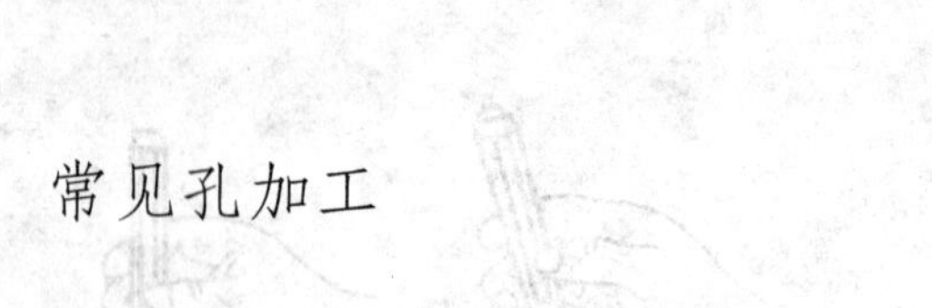

(a)

(b)

图 4-69 麻花钻的构成

(a)锥柄式；(b)柱柄式

①柄部。柄部是麻花钻的夹持部分，用以定心和传递动力，分为锥柄和柱柄两种，一般直径小于 13 mm 的钻头做成直柄，直径大于 13 mm 的做成锥柄。

②颈部。颈部是为磨制钻头时砂轮退刀而设计的，钻头的规格、材料和商标

一般也刻在颈部。

③工作部分由切削部分和导向部分组成。

a.导向部分用来保持麻花钻工作时的正确方向,有两条螺旋槽,作用是形成切削刃及容纳和排除切屑,便于切削液沿着螺旋流入。

b.切削部分主要起切削作用,由六面五刃组成。两个螺旋槽表面就是前刀面,切屑沿其排除;切削部分顶端的两个曲面叫后刀面,它与工件的切削表面相对,钻头的棱带是与已加工表面相对的表面,称为副后刀面;前刀面和后刀面的交线称为主切削刃,两个后刀面的交线称为横刃,前刀面与副后刀面的交线称为副切削刃(如图 4－70 所示)。

(2)麻花钻的辅助平面

如图 4－71 所示为麻花钻头主切削刃上任意一点的基面、切削平面、主截面,三者的位置是相互垂直的。

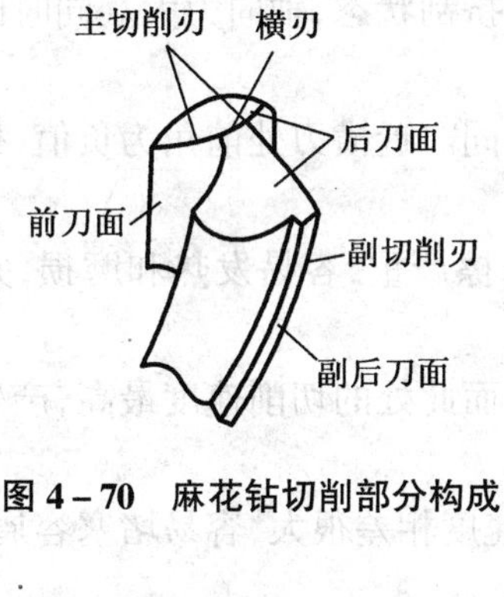

图 4－70　麻花钻切削部分构成

图 4－71　麻花钻的辅助平面

①基面。切削刃上任意一点的基面是通过该点,且与该点切削速度方向垂直的平面,麻花钻主切削刃上各点的基面是不同的。

②切削平面。主切削刃上任意一点的切削平面就是通过该点且与工件表面相切的平面,即该点切削速度与钻刃构成的表面。

③主截面。通过主切削刃上任意一点并垂直于切削平面和基面的平面。

④柱截面。通过主切削刃上任意一点作与钻头轴线的平行线,该平行线绕钻头轴线旋转形成的圆柱面的切面。

(3)麻花钻切削部分的几何角度

麻花钻切削部分的几何角度如图 4－72 所示。

①前角(γ_0)。在主截面内,前刀面与基面之间的夹角。标准麻花钻的前刀面为螺旋面,主切削刃上各点倾斜方向均不相同,所以主切削刃上各点的前角大

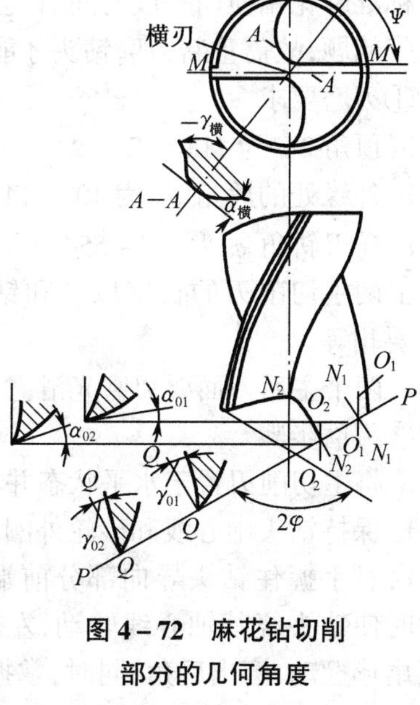

图 4－72　麻花钻切削部分的几何角度

小不相等，近外缘处前角最大，$\gamma_0 = 30°$，从外缘向中心逐渐减小，接近横刃处前角 $\gamma_0 = 30°$。前角大小决定着切除材料的难易程度和切屑在前刀面上的摩擦阻力大小。前角越大，切削越省力。

②后角(a_0)。在柱截面内，后刀面与切削平面之间的夹角称为后角。主切削刃上各点的后角刃磨不等。外缘处后角较小，越接近钻心后角越大。后角主要影响后刀面与切削平面的摩擦和主切削刃的强度。

③顶角(2ϕ)。钻头两主切削刃在其平行平面上的投影之间的夹角称为顶角。标准麻花钻的顶角 $2\phi = 118° \pm 2°$，顶角的大小直接影响到主切削刃上轴向力的大小。顶角大，钻尖强度好，但钻削时轴向阻力大。

④横刃斜角(φ)。横刀与主切削刃在钻头端面内的投影之间的夹角。它是在刃磨钻头时自然形成的，其大小与后角、顶角大小有关。标准麻花钻的横刃斜角 $\psi = 50° - 55°$，靠近横刃处的后角磨得越大，横刃斜角 ψ 越小，横刃越锋利，但横刃的长度会增大，钻头不易定心。

(4)标准麻花钻的缺点

通过上述几何角度的分析，可看出标准麻花钻切削部分存在以下缺点。

①横刃较长，横刃处前角为负值，切削时，横刀处于挤刮状态，轴向力大。同时因横刃较长，钻削时不易定心，钻头容易产生抖动。

②主切削刃上各点前角大小不一样，使切削性能不同。近横刃处前角为负值，处于挤刮状态，致使切削性能差，磨损严重。

③钻头的副后角为零，靠近切削部分棱边与孔壁摩擦严重，容易发热和磨损，并影响孔加工的表面质量。

④主切削刃缘处刀尖角较小，前角很大，刀齿薄弱，而此处的切削速度最高，产生的切削热最多，磨损严重。

⑤主切削刃长，而且全宽参加切削，各点切屑流出速度相差很大，容易堵塞容屑槽，排屑困难，切削液不易进入切削区。

(5)麻花钻的刃磨

标准麻花钻使用一段时间后，会出现钝化现象，或因使用时温度高而出现退火、崩刃或折断等问题，故需重新刃磨钻头才能使用，如图 4－73 所示。

①刃磨要求

a.顶角 2φ 为 $118° \pm 2°$。

b.外缘处的后角 a_0 为 $10° \sim 14°$。

c.横刃斜角 φ 为 $50° \sim 55°$。

d.两主切削刃的长度以及和钻头轴心线组成的两角要相等。

e.两个主后刀面要刃磨光滑。

②刃磨步骤

a.将主切削刃置于水平状态并与砂轮外圆平行。

b.保持钻头中心线和砂轮外圈面成 φ 角。

c.右手握住钻头导向部分前端，作为定位支点，刃磨时使钻头绕其轴心线转动，左手握住的柄部，作上下扇形摆动，磨出后角，同时，掌握好作用在砂轮上

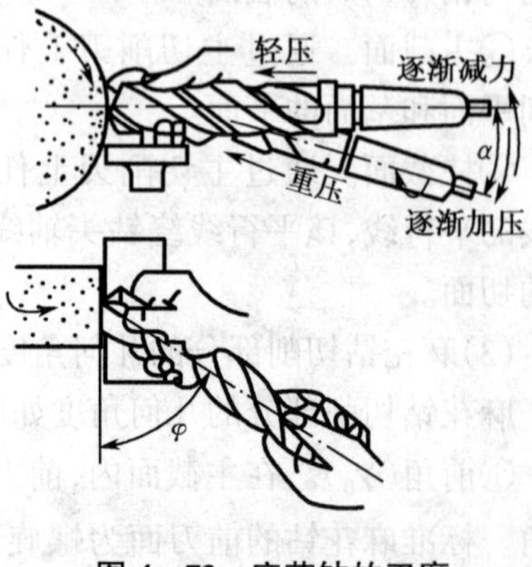

图 4－73　麻花钻的刃磨

的压力。

d.左右两手的动作要协调一致,相互配合。一面磨好后,翻转180°刃磨另一面。

e.在刃磨过程中,主切削刃的顶角、后角和横刃斜角同时磨出。为防切削部分过热退火,应注意蘸水冷却。

f.刃磨后的钻头,常用目测法进行检查,也可如图4-74用样板检验。

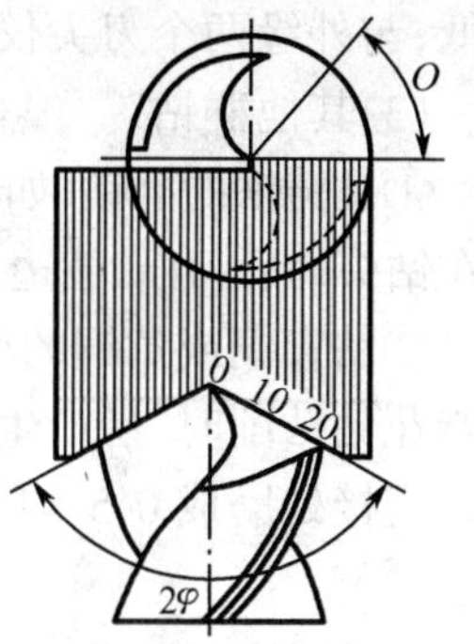

图4-74 麻花钻刃磨后的检测

(6)麻花钻的修磨

由于标准麻花钻存在以上诸多缺点,为了适应不用的钻削状态,达到不同的钻削目的,必须对麻花钻原有的切削刃、边、面进行修改磨削,以提高切削性能。

①磨短横刃。增大靠近钻心处的前角,提高定心作用,减小轴向抗力和挤刮现象,将横刃磨短至原长度的1/3~1/5。

②修磨主切削刃。磨出双重顶角 2φ($2\varphi = 70° \sim 75°$),增加刀尖强度,改善刀尖处散热条件,增加刀齿强度,从而提高钻孔的表面质量和钻头的耐用度。

③修磨前刀面。将主切削刃外缘处前刀面磨去一小块,使其前角减小。钻削硬材料时可提高刀尖的强度;钻削黄铜等软材料时,可以避免"扎刀"现象。

④修磨棱边。在靠近主切削刃的一段棱边上,磨出副后角 $a_0 = 6° \sim 8°$,并保留棱边宽度为原来的1/3~1/2,以减少对孔壁的摩擦,提高钻头寿命。

⑤修磨分屑槽。在两个后刀面上磨出几条相互错开的分屑槽,使切屑变窄、排屑顺利,尤其适用于钻削钢材料。

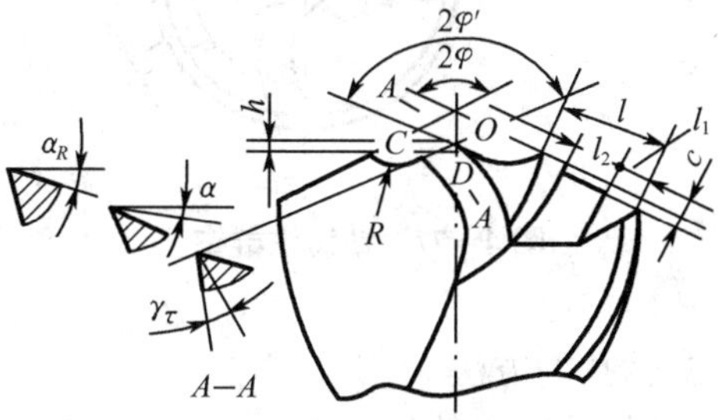

图4-75 标准群钻

2.群钻

群钻是利用标准麻花钻合理刃磨而成的高生产率、高加工精度、适应性强、寿命高的新型钻头。

(1)标准群钻

标准群钻(如图4-75所示)主要用来钻削碳钢和各种合金钢,其形状特点是有三尖七刃两种槽。三尖是由于在后刀面磨出了月牙槽,使主切削刃形成三个尖;七刃是两条外刃、两条内刃、两条圆弧刃和一条横刃;两种槽是月牙槽和单面分屑槽。

(2)钻薄板的群钻

在薄板上钻孔,因为麻花钻的钻尖较高,当钻头钻穿时,钻头立即失去定心作用,同时轴向力又突然减小,加上工件弹动,使孔不圆或孔口毛边很大,甚至扎刀或折断钻头,钻薄板群钻(如图4-76所示)是把麻花钻的两个主切削刃磨成圆弧形切削刃,外缘处磨出两个锋利的刀尖,并将钻尖高度

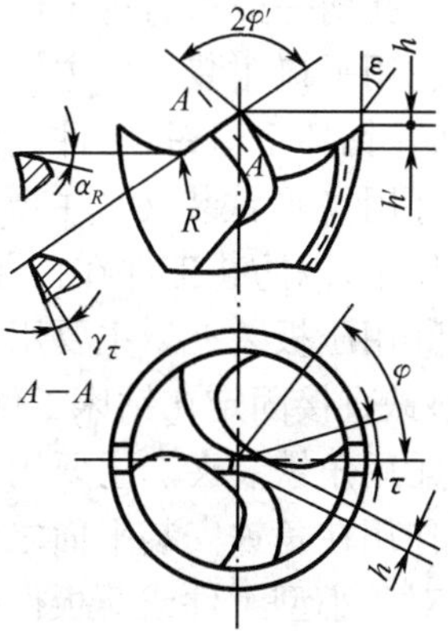

图4-76 钻薄板群钻

磨低，与外缘两个刀尖仅差 0.5～1.5 mm，形成三尖。

(3)其他群钻

①钻铸铁的群钻(如图 4－77 所示)，由于铸铁较脆，钻削时切屑呈碎块并夹杂着粉末，挤压在钻头的后刀面、棱边与工件之间，会产生剧烈的摩擦，使钻头磨损，因此需磨出二重顶角。

②钻青铜或黄铜的群钻(如图 4－78 所示)，青铜或黄铜的硬度较低，切削阻力小，用标准麻花钻钻削时，易产生“扎刀”现象。要设法把钻头外缘处的前角磨小，横刃磨短，主副切削刃交接处磨成 0.5～1 mm 的过渡圆弧。

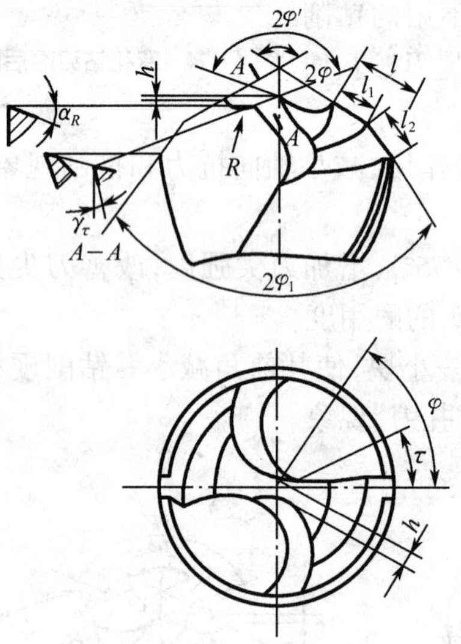

图 4－77　钻铸铁群钻

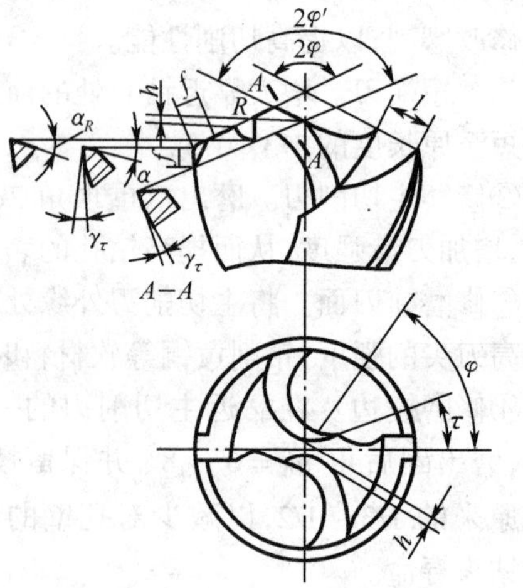

图 4－78　钻青铜或黄铜群钻

3.钻孔的方法

(1)钻孔时工件的画线

按图纸中有关位置尺寸要求，画出孔的十字中心线和孔的检查线(检查图或检查方框)，并在孔的中心位置打好样冲孔眼。

(2)钻孔时工件的装夹

钻孔前一般都需将工件夹紧固定，以防钻孔时工件移动使钻头折断或使孔位偏移。

①用平口钳装夹。主要用于平整工件上钻削较大孔的场合。装夹时，工件应放在垫铁上，防止钻坏平口钳，工件表面与钻头要保持垂直。

②用 V 形铁装夹。主要用于棒类工件的装夹。装夹时，将工件放在 V 形铁上，并配用压板压牢，以防止工件在钻孔时转动。

③用压板装夹。主要用于钻大孔或不便使用平口钳夹紧的工件。装夹时，可用压板、螺栓、垫铁直接固定在钻床工件台上进行钻孔。

④用角铁装夹。主要用于各类角钢及型材的钻孔加工。装夹时，由于钻孔时的轴向钻削力作用在角铁安装平面之外，故角铁必须用压板固定在钻床工件台上。

对于小型工件或薄板件钻小孔，可将工件放置定位块上，用手虎钳进行夹持。

(3)钻头装拆

①如图 4－79(a)所示，直柄钻头用钻夹头装夹。钻夹头装在钻床主轴下端，用钻夹头

钥匙转动小锥齿轮时，直柄钻头被夹紧或松开。

②如图 4-79(b)所示，锥柄钻头用柄部的莫氏锥体直接与钻床主轴连接。拆卸时，将楔铁插入钻床主轴的长孔中将钻头挤出。

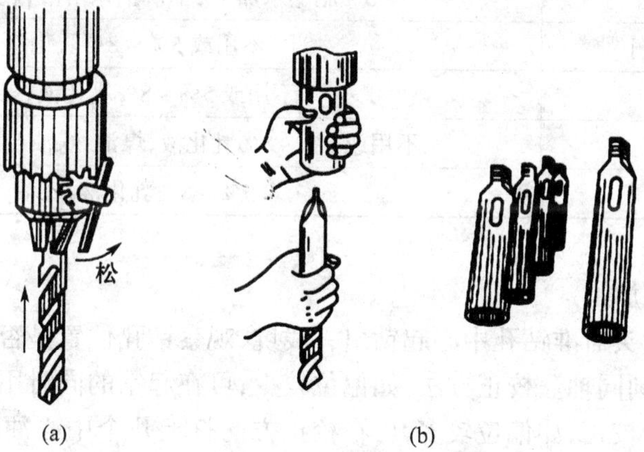

图 4-79 钻头装拆

(a)直柄钻夹头装夹；(b)锥柄钻头

(4)钻削用量

钻削用量的三要素包括切削速度(v)、进给量(f)和切削深度(a_p)。其选用原则是，在保证加工精度和表面粗糙度及保证刀具合理寿命的前提下，尽量先选较大的进给量 f，当 f 受到表面粗糙度和钻头刚度的限制时，再考虑较大的切削速度 v。

①切削速度(v)指钻削时钻头切削刃上最大直径处的线速度。可由下式计算

$$v = \frac{\pi D n}{1\ 000}$$

式中 D——钻头直径，mm；

n——钻床主轴钻速，r/min。

②进给量(f)。钻头每转一转沿进给方向移动的距离，单位为 mm/r。

③切削深度(a_p)指已加工表面和待加工表面之间的垂直距离。钻孔时切削深度等于钻头直径的 1/2，单位是 mm。小于 $\phi30$ 的孔通常一次钻出，切削深度就是钻头的半径；在 $\phi30 \sim \phi80$ mm 的孔可分两次钻出，先用$(0.5 \sim 0.7)D$(D 为要求的孔径)的钻头钻底孔，然后用直径为 D 的钻头将孔扩大。切削深度分两次计算。

(5)切削液的选择

钻头在钻削过程中，由于切屑的变形及钻头与工件摩擦所产生的切削热，严重影响到钻头的切削能力和钻孔精度，甚至使钻头退火或无法钻削。为了使钻头散热冷却，延长使用寿命，提高加工精度，钻削时根据不同的工件材料和不同的加工要求应合理选用切削液(如表 4-8 所示)。

表 4-8　钻孔用切削液

工件材料	冷却润滑液
各类结构钢	3%～5%乳化液,7%硫化乳化液
不锈钢,耐热钢	3%肥皂水加 2%亚麻油水溶液,硫化切削液
纯铜,黄铜,青铜	不用或 5%～8%乳化液
铸铁	不用或 5%～8%乳化液,煤油
铝合金	不用或 5%～8%乳化液,煤油,煤油与菜油的混合油
有机玻璃	5%～8%乳化液,煤油

(6)起钻及钻孔加工

钻孔时,先使钻头对准钻孔中心起钻出一浅坑,观察钻孔位置是否正确,并要不断校正,使起钻浅坑与画线圆同轴。校正方法:如偏位较少,可在起钻的同时用力将工件向偏位的反方向推移,达到逐步校正;如偏位较多,可在校正方向打上几个中心冲眼或用油槽錾錾出几条槽,以减少此处的钻削阻力,达到校正目的。

当起钻达到钻孔位置要求后,即可按要求完成钻孔。手动进给时,进给用力不应使钻头产生弯曲,以免钻孔轴线歪斜。当孔要钻穿时,必须减少进给量,如果是采用自动进给,此时最好改为手用进给。因为,当钻尖将要钻穿工件材料时,轴向阻力突然减少,由于钻床进给机构的间隙和弹性变形的恢复,将使钻头以很大的进给量自动切入,以致造成钻头折断或钻孔质量降低等现象。

钻不通孔时,可按钻孔深度调整挡块,并通过测量实际尺寸来检查钻孔的深度是否达到要求。钻深孔时,钻头要经常退出排屑,防止因堵屑而折断钻头。钻 $\phi30$ 以上的大孔,一般分两次进行,第一次用 0.6～0.8 倍孔径钻头,再用所需直径的钻头钻削。钻 $\phi1$ mm 以下的小孔时,切削速度可选在2 000～3 000 r/min以上,进给力小且平稳,不宜过大过快,防止钻头弯曲和滑移,应经常退出钻头排屑,并加注切削液。

4.钻孔时的注意事项

(1)钻孔前检查钻床的润滑,调速是否良好,工作台面就清洁干净,不准放置刀具、量具等物品。

(2)操作钻床时不可戴手套,袖口必须扎紧,女同志戴好工作帽。

(3)检查工件是否夹紧,开始钻削时,钻钥匙不应插在钻轴上。

(4)钻孔时不应用嘴吹和用手来清除切屑,必须用刷子清除,如果是长切屑,必须用钩子钩去或停车清除。

(5)掌握好手动进给的压力,快钻穿时要减小进给力。

(6)钻床启动状态下,严禁装拆和检验工件。

(7)钻头用钝后须及时刃磨。

(8)清洁钻床或加注润滑油时,必须切断电源。

二、扩孔

扩孔是用扩孔钻或麻花钻对已加工出的孔进行扩大加工的一种方法。它可以校正孔的轴线偏差,并使其获得正确的几何形状和较小的表面粗糙度,其加工精度一般为 IT10－IT9

级，表面粗糙度 Ra 为 6.3～3.2 μm。因此，扩孔常作为孔的半精加工和铰孔前的预加工。

1.扩孔钻的种类及切削深度计算

(1)扩孔钻的种类

扩孔钻按刀体结构可分整体式和镶片式两种；按装夹方式可分为直柄、锥柄和套式三种(如图 4－80 所示)。

(2)切削深度计算

扩孔时的切削深度按下式计算

$$\alpha_{\rho}=\frac{D-d}{2}$$

式中 D——扩孔后直径，mm；

d——预加工孔直径，mm。

2.扩孔钻的结构特点

扩孔钻工作部分有 3～4 条螺旋槽，增加了切削的齿数，提高了导向性能。钻芯较粗，加强了扩孔钻的强度和刚度，提高了切削稳定性，改善了扩孔加工的切削条件。

由此可见扩孔加工与钻孔相比有以下特点：

(1)由于中心不参加切削，没有横刃，避免了横刃切削引起的不良影响；

(2)切削深度小、切削阻力小，切削条件大大改善；

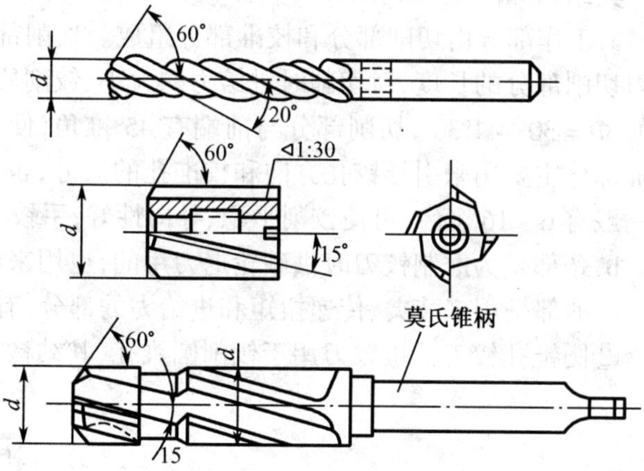

图 4－80 扩孔钻的种类

(3)产生切屑体积小，排屑容易，因而不易擦伤已加工表面；

(4)扩孔钻的钻芯较粗，刚度较好，导向性好，切削平稳，可以增大进给量，提高了刀具的使用寿命、生产效率和孔的加工质量。

3.扩孔方法

(1)实际生产中，一般用麻花钻代替扩孔钻使用，扩孔钻多用于成批大量生产。

(2)钻孔后，在不改变工件和机床主轴相互位置的情况下，立即换上扩孔钻进行扩孔。这样可使钻头与底孔的中心重合，使切削均匀平稳。

(3)扩孔前，先用镗刀镗出一段直径与底孔相同的导向孔，这样可以在扩孔一开始就有较好的导向，而不至于随原有不正确的孔偏斜，多用于铸孔、锻孔上进行扩孔。

(4)采用钻套引导进行扩孔。

4.扩孔时的注意事项

(1)扩孔前钻孔直径的确定。用扩孔钻扩孔时，预钻孔直径为要求孔径的 0.9 倍，用麻花钻扩孔时，预钻孔直径为要求孔径的 0.5～0.7 倍。

(2)扩孔的切削用量。扩孔的进给量为钻孔的 1.5～2 倍，切削速度为钻孔的 0.5 倍。

(3)除铸铁和青铜外，其他材料的工件扩孔时，都要使用切削液。

(4)在实际生产中，用麻花钻代替扩孔钻使用时，应适当减少后角，以避免扎刀现象。

三、铰孔

用铰刀从工件孔壁上切除微量金属层,以提高孔的尺寸精度和降低表面粗糙度的方法称为铰孔。由于铰刀的刀齿数量多,切削余量小,导向性好,因此切削阻力小,加工精度高,一般可达到 IT7 级～IT9 级,表面粗糙度值 Ra 为 0.8 μm,属于孔的精加工。

1.铰刀的种类和结构特点

(1)铰刀的种类

铰刀有手用铰刀和机用铰刀之分,其中手用铰刀又分圆柱孔铰刀、圆锥孔铰刀和可调节手用铰刀三类。

(2)铰刀的结构特点

①圆柱孔铰刀。主要用来铰削标准系列的孔。它由工作部分、颈部和柄部 3 个部分组成。其结构如图 4－81 所示。

a.工作部分由切削部分和校准部分组成。切削部分磨有切削锥角 2Φ。切削锥角决定铰刀切削部分的长度,对切削时进给力的大小、铰削质量和铰刀寿命有较大影响。一般手铰刀的 $\Phi = 30' \sim 1°30'$,切削部分与前端有 45°锥角,便于铰刀进入铰削孔中,并保护切削刃。校准部分主要用来引导铰孔方向和校准孔的尺寸,也是铰刀磨损后的备磨部分。铰刀的刀刃一般有 6～16 个齿,可使铰削平稳、导向性好,手铰刀一般不等距分布刀刃。

b.颈部是为磨制铰刀时供砂轮退刀用的,也用来刻印商标和规格。

c.柄部是用来装夹、传递扭矩和进给力的部分,有直柄、锥柄和直柄方榫 3 种。

②圆锥孔铰刀。锥铰刀用于铰削圆锥孔,其结构如图 4－82 所示。

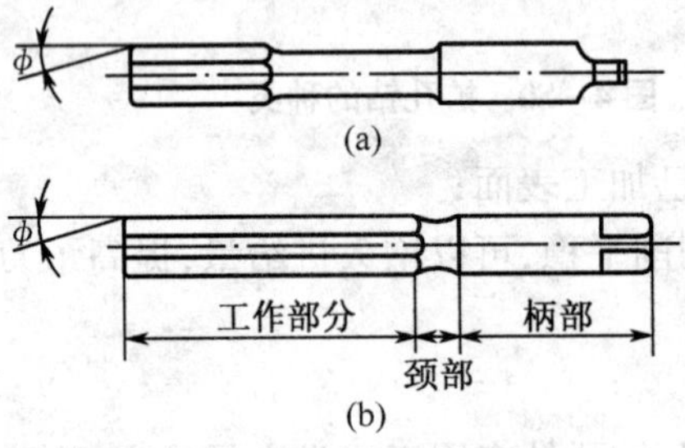

图 4－81　圆柱孔绞刀

(a)挤压机用绞刀;(b)手用绞刀

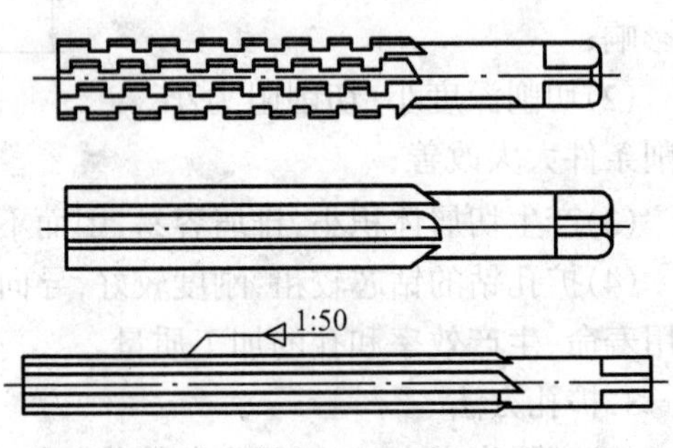

图 4－82　圆锥孔绞刀

常用的圆锥孔铰刀有 1:10 锥度铰刀、1:30 锥度铰刀、1:50 锥度铰刀和锥度近似于 1:20 的莫氏锥度铰刀。

尺寸较小的圆锥孔,铰孔前可按小端直径钻出圆柱底孔,再用锥铰刀铰削即可。尺寸和深度较大或锥度较大的圆锥孔,铰孔前的底孔应钻成阶梯孔。

(3)可调节手用铰刀

整体圆柱孔铰刀主要用来铰削标准直径系列的孔。在单件生产和修配工作中需要铰削少量的非标准孔,则应使用可调节的手用铰刀。

可调节铰刀(如图 4－83 所示)的刀体上开有斜底槽,具有同样斜度的刀片可放置在槽内,用调整螺母和压圈压紧刀片的两端。调节调整螺母,可使刀片沿斜底槽移动,即能改变铰刀的直径,以适应加工不同孔径的需要。

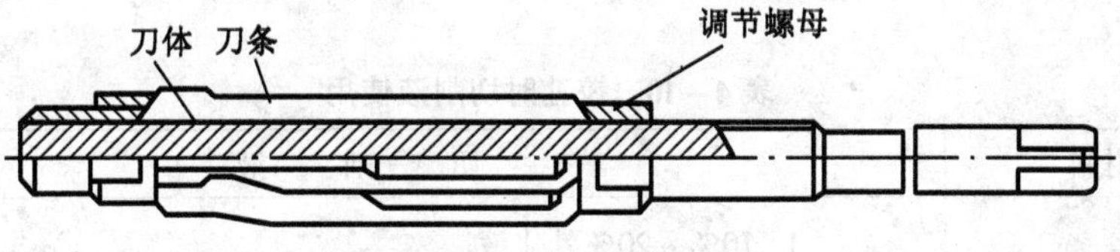

图 4-83　可调节手用铰刀

(4)机用铰刀

机用铰刀一般用高速钢制作,手用铰刀用高速钢或高碳钢制作。为适用高速铰削和铰削硬材料,常采用硬质合金机用铰刀。其结构采用镶片式,直柄机用铰刀直径有6 mm,7 mm,8 mm,9 mm四种规格,锥柄的铰刀直径范围为10~28 mm,分一、二、三号,可分别铰出H9,H10,H11级的孔,如按要求研磨铰刀,则可铰出更高精度的孔。

2.铰削用量

铰削用量包括铰削余量、铰削速度以及进给量。

(1)铰削余量

指上道工序(钻孔或扩孔)完成后留下的直径方向的加工余量。选择铰削余量时应考虑被加工孔径的大小、精度、表面粗糙度、材料的软硬、前工序的加工质量以及铰刀的类型等因素。铰削余量不宜过大,因为过大会使刀齿切削负荷增加,变形增大,切削热增加,被加工表面呈撕裂状态,致使尺寸精度过低,表面粗糙度值增大,同时加剧铰刀磨损;铰削余量也不宜过小,否则,上道工序的残留变形难以纠正,原有刀痕不能去除,铰削质量达不到要求。铰削加工时,其余量选择可参照表4-9所示。

表 4-9　铰削余量的选择

mm

铰孔直径	<5	5~20	21~32	35~50	51~70
铰削余量	0.1~0.2	0.2~0.3	0.3	0.5	0.8

(2)铰削速度(v)

为了取得较小的表面粗糙度,减少切削热及变形,一般应选用较小的切削速度。用高速钢铰刀铰钢件时,$v=4\sim8$ m/min;铰铸件时,$v=6\sim8$ m/min;铰铜件时,$v=8\sim12$ m/min。

(3)进给量(f)

进给量要适当,机铰钢件或铸铁件时 $f=0.5\sim1$ mm/r;机铰铜、铝件时 $f=1\sim1.2$ mm/r。

3.铰孔时的切削液选用

铰孔时的切屑细碎易黏附在刀刃上或挤在孔壁与铰刀之间,而刮伤表面,影响表面质量。因此,铰孔时应选用适当的切削液进行清洗、润滑和冷却,选用时参考表4-10所示。

4.铰孔方法

(1)手工铰孔操作方法

①工件装夹时的位置,应尽可能使铰刀的中心线与孔的中心线重合。

②起铰时,可用右手通过铰孔轴线施加进给压力,左手转动铰刀。正常铰削时两手用力

应平稳，铰削速度要均匀，进给时不要猛力压铰刀。

③铰刀铰孔或退出铰刀时，均不能反转，以防止刃口磨钝以及切屑嵌入刀具后面与孔壁间，将已铰好的孔壁划伤。

表 4－10　铰孔时切削液使用

加工材料	切　削　液
钢	1. 10%～20%乳化液 2.精度要求较高时，采用30%菜油加70%乳化液 3.高精度铰孔时用菜油、柴油、猪油等
铸铁	1.煤油，使用时注意孔径收缩量最大达0.02～0.04 mm 2.低浓度乳化液(或不用)
铝	煤油
铜	乳化油水溶液

(2)机动铰孔操作方法

①装夹工件时，必须严格保证钻床主轴、铰刀和工件孔三者之间的同轴度。

②开始铰孔时，应采用手动进给，当铰刀切削部分进入孔内以后，即可改用机动进给。

③铰削过程中，应按要求合理选用切削液。

④铰削盲孔时，应经常退出铰刀，清除铰刀和孔内切屑，防止因堵屑而刮伤孔壁。

⑤孔铰完后，应先退出铰刀，然后再停车，以防退出时将孔壁拉出刀痕。

5.铰孔时的注意事项

(1)铰刀是精加工工具，要求保护好刃口，避免碰撞，刀刃上有毛刺或切屑黏附，可用油石小心地磨去。

(2)铰刀排屑功能差，需经常取出清屑，以免铰刀被卡住。

(3)铰定位圆锥销孔时，因锥度小有自锁性，其进给量不能太大，以免铰刀被卡死或折断。

(4)掌握好铰孔中常出现的问题，加工时注意避免。

四、锪孔

用锪钻在孔口表面锪出一定形状的孔和表面的加工方法称为锪孔。锪孔的目的是为保证孔端面与孔中心线的垂直度，以便与孔连接的零件位置正确，连接可靠。

1.锪孔钻的种类和结构特点

锪孔钻分柱形锪钻、锥形锪钻和端面锪钻三种（如图 4－84 所示）。

(1)柱形锪钻

锪圆柱形埋头孔的锪钻称为

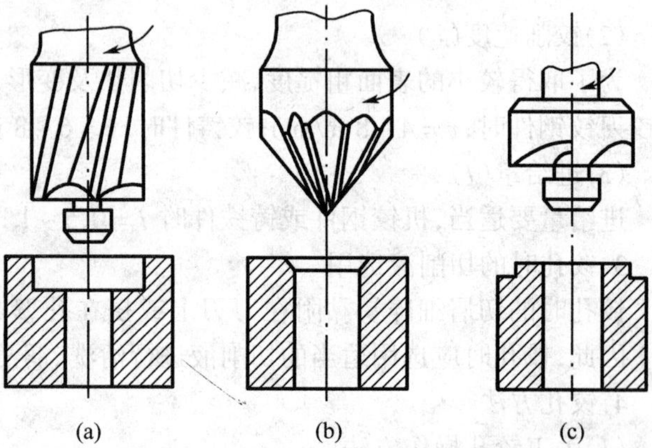

图 4－84　锪孔钻的种类

(a)柱形锪钻；(b)锥形锪钻；(c)端面锪钻

柱形锪钻。柱形锪钻起主要切削作用的是端面刀刃，接端结构可分为带导柱、不带导柱和带可换导柱三种。

(2)锥形锪钻

锪锥形埋头孔的锪钻称为锥钻。按切削部分锥角分为60°,75°,90°,120°四种。刀齿齿数为4~12个，为改善钻尖处的容屑条件，每隔一齿将刀刃切去一块。

(3)端面锪钻

专门用来锪平孔口端面的锪钻称为端面锪钻。其端面刀齿为切削刃，前端导柱用来导向定心，以保证孔端面与孔中心线的垂直度。

2.用麻花钻改磨锪钻

标准锪钻虽有多种规格，但一般适用于成批大量生产，不少场合使用麻花钻改制的锪钻。

(1)麻花钻改制成的锥形锪钻，主要是保证其顶角 2ψ 应与要求锥角一致，两切削刃要磨得对称。为减少振动，一般磨成双重后角 $a_0 = 6° \sim 10°$，对应的后面宽度为 1 ~ 2 mm，$a = 15°$。外缘处的前角适当修整为 $\gamma_0 = 15° \sim 20°$，以防扎刀。

(2)麻花钻改磨柱形锪钻。带导柱的柱形锪钻，前端导向部分与已有孔为间隙配合，钻头直径为圆柱埋头孔直径。导柱刃口要倒钝，以免刮伤孔壁，不带导柱的锪钻，可用来锪平底盲孔。

3.锪孔方法

(1)锪锥形埋头孔时，按图样锥角要求选用锥形锪孔钻。锪深一般控制在埋头螺钉装入后低于工件表面约0.5 mm，加工表面应无振痕。

(2)锪柱形埋头孔时，底面要平整并与底孔轴线垂直，加工表面无振痕。如果用麻花钻改制的不带导柱的锪钻锪柱形埋头孔时，必须用标准麻花钻扩出一个台阶孔作导向，然后用平底锪钻锪至深度尺寸。

(3)锪孔时的切削速度一般是钻孔速的1/2~1/3。精锪时，甚至可以利用钻床停止时主轴的运动惯性来锪孔。

4.锪孔时的注意事项

锪孔方法与钻孔方法基本相同，但锪孔时刀具容易振动，特别是使用麻花钻改制的锪钻，易在所锪端面或锥面上产生振痕，影响加工质量，因此，锪孔需注意以下几点：

(1)锪孔钻的各切削刃应磨得对称，以保持切削平稳。

(2)制作或改磨的锪钻要尽量的短，以减少振动。

(3)锪钻的后角和外缘处的前角应适当地减小，以防止产生扎刀现象。

(4)使用装配式锪钻锪孔时，刀肚和刀片都要装夹牢靠，工件要压紧。

(5)锪孔时，要在导柱和切削表面加些切削液。

(6)锪削速度要低(一般为钻削速度的1/2~1/3)，以获得光滑表面，减少振动。

(7)手进刀时压力要轻，用力要均匀，以防打刀和扭损刀杆。

第十三节　锉　　配

锉配是钳工的一项重要操作技能。本课题主要通过四方开口配、凹凸体锉配、燕尾体锉配三个锉配任务，来讲解锉配的工艺知识、操作步骤及要点。

一、四方开口锉配

1.工件加工图样如图4－85所示。

2.工艺分析

(1)四方体锉配的方法

①锉配时，由于外表面比内表面容易加工和测量，易于达到较高精度，因此一般先加工凸件，后锉配凹件。本课件先加工外四方体，再锉配内四方体。

②加工内表面时，为了便于控制，一般均应选择有关外表面作测量基准，因此，加工内四方体外形基准面时，必须达到较高的精度要求。

③无法直接测量凹形体内表面间的垂直度，可采用自制内直角样板检测，此外还可以检测内表面的直线度。

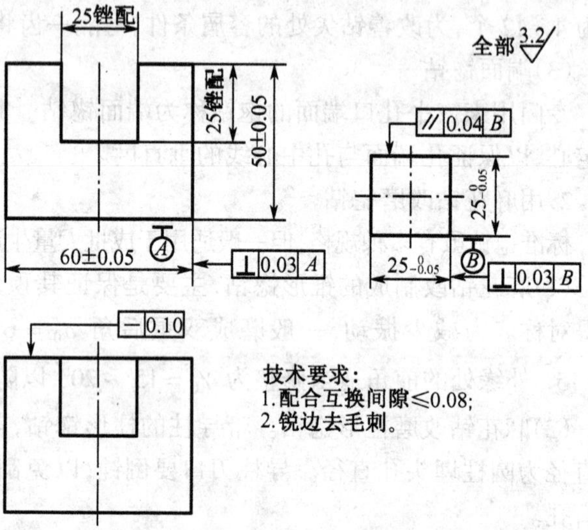

图4－85 四方体锉配

④锉削内四方体时，为了获得内棱角，锉刀一侧棱边必须修磨至略小于90°。锉削时，修磨边紧靠内棱角进行直锉。

(2)四方体形位误差对锉配的影响

①尺寸误差对锉配的影响。如图4－86(a)所示，若四方体的一组尺寸加工至25 mm，而另一组尺寸24.95 mm，认定一个方向可以得到零间隙，但是转过90°角以后，如图4－86(b)所示，则一组尺寸出现间隙0.05 mm，另一组尺寸出现错位误差，作修整配合后，引起配合间隙扩大，其值为0.05 mm。

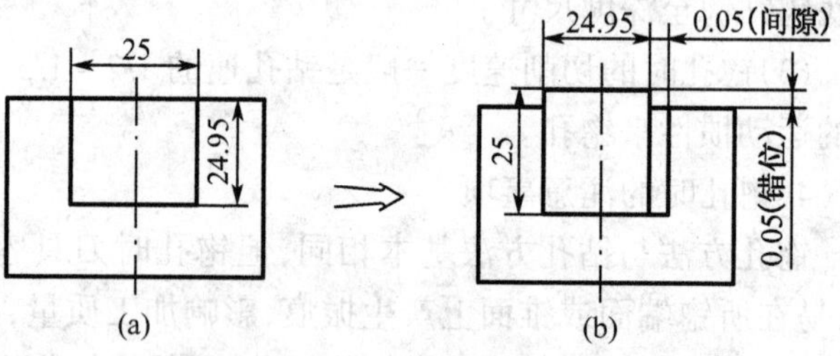

图4－86 尺寸误差对锉配的影响
(a)一组尺寸误差；(b)另一组尺寸误差

②垂直度误差对锉配的影响。如图4－87所示，当四方体的一面有垂直度误差，且在一位置锉配后得到零间隙，则在转位180°作配入修整后，产生附加间隙Δ。

③平行度误差对锉配的影响。如图4－88所示，当四方体有平行度误差时，在一个位置锉配后能得到零间隙，可在转位90°或180°作配入修整后，使内四方体小尺寸处产生间隙Δ_1和Δ_2。

④平面度误差对锉配的影响。当四方体加工面出现平面度误差，将使四方体出现局部间隙或喇叭口。

3.操作步骤

(1)检查来料尺寸是否符合加工要求。

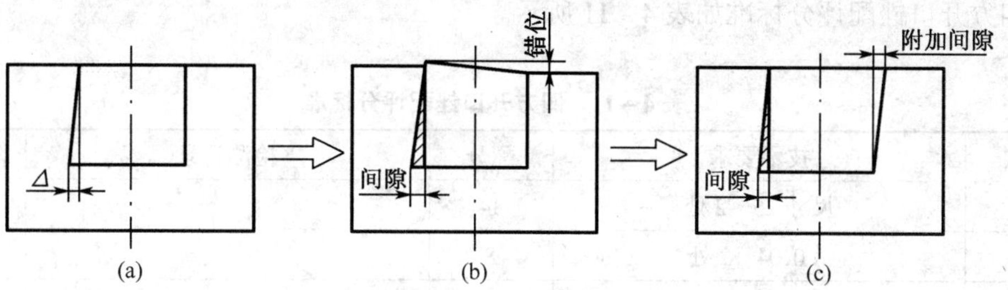

图 4-87　垂直度误差对锉配的影响

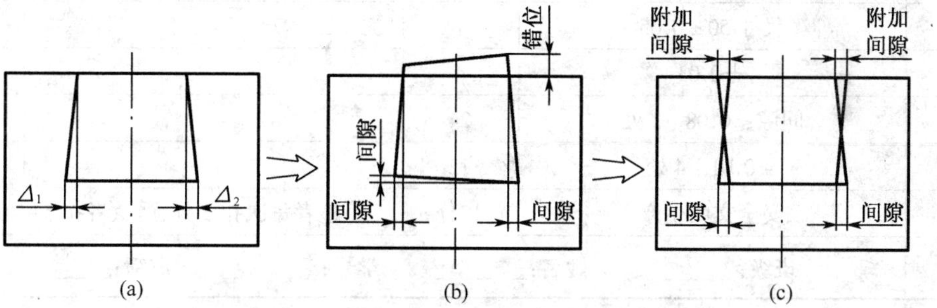

图 4-88　平行度误差对锉配的影响

(a)默认面配合;(b)转位 90°配合;(c)转位 180°配合

(2)画线、锯割分料。

(3)按四方体加工方法加工,达到精度要求。

(4)锉配凹形体:

①锉削凹形体外表面,保证外形尺寸及形位精度要求。

②画出凹形体各面加工线,并用加工好的四方体校对画线的正确性。

③在凹件待去除材料处左侧钻 $\phi12$ 孔,用修磨好的狭锯条锯去多余材料,形成内型腔,然后粗锉至已画线条,单边留 0.1~0.2 mm 余量作锉配用。

④精锉凹形体两侧内型面,控制两侧尺寸相等,并用凸件试配,达到配合间隙要求。

(5)以凸件为基准,凹形体两侧为导向,锉配凹形体底面,保证配合间隙,及配合直线度要求。

(6)全面检查,作必要修整,锐边去毛刺、倒棱角。

4.注意事项

(1)凸件是基准,尺寸、形位误差应控制在最小范围内,尺寸尽量加工至上限,锉配时有修整的余地。

(2)凹形体外形基准面要相互垂直,以保证画线的准确性及锉配时有较好的测量基准。

(3)锉配部位的确定,应在涂色或透光检查后再从整体情况考虑,避免局部间隙过大。

(4)修锉凹形体清角时,锉刀一定要修磨好,用力要掌握好,防止修成圆角或锉不相邻面。

(5)试配过程中,不能用榔头敲击,退出时也不能直接敲击,以免配合面咬毛,变形及表面敲毛。

5.评分标准

四方开口锉配评分标准如表 4－11 所示。

表 4－11　四方开口锉配评分标准

项次	技术要求	配分	检测记录	得分
1	尺寸 25　2 处	14		
2	//0.04　2 处	8		
3	⊥0.03　4 处	12		
4	锉面　4 处	12		
5	尺寸 60±0.05	7		
6	尺寸 50±0.05	7		
7	⊥0.03	4		
8	间隙≤0.08　2 处	24		
9	－0.01　4 处	12		
10	安全文明生产	扣分	违者每次扣 2 分,严重者扣 5～10 分	
日期	班级:________　姓名:________　学号:________　成绩:________			

二、凹凸体锉配

1.工件加工图样如图 4－89 所示。

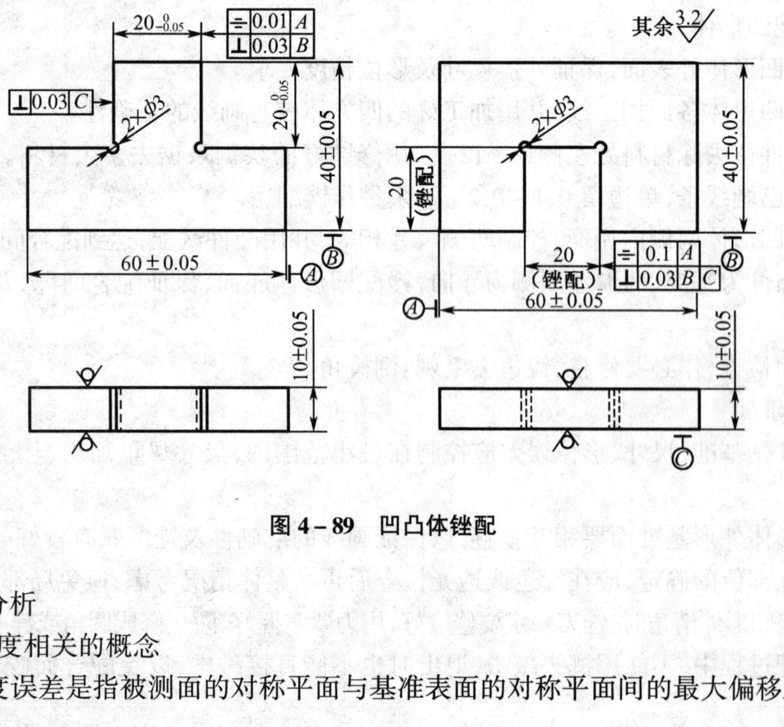

图 4－89　凹凸体锉配

2.工艺分析

(1)对称度相关的概念

①对称度误差是指被测面的对称平面与基准表面的对称平面间的最大偏移距离 Δ。

②对称度公差带是距离为公差值 t，且相对基准中心平面对称配置的两平行平面之间的区域。

(2)对称度误差的测量

测量被测表面与基准面的尺寸 A 和 B，其差值之半即为对称度的误差值。如图 4－90 所示为对称误差的测量示意。

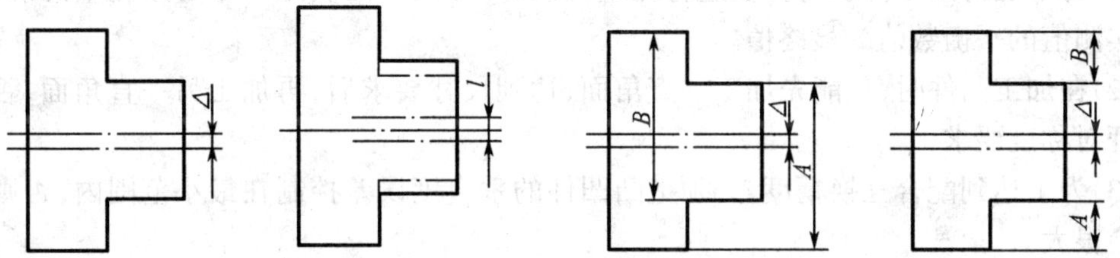

图 4－90　对称度误差的测量

(3)对称度误差对于工件互换精度的影响

如图 4－91 所示，如果凸凹件都有对称度误差 0.05 mm，且在同方向位置上锉配达到要求间隙后，使得两侧基准面对齐，而调换 180°后配合，会产生两侧面基准面偏差，其总差值为 0.1 mm。

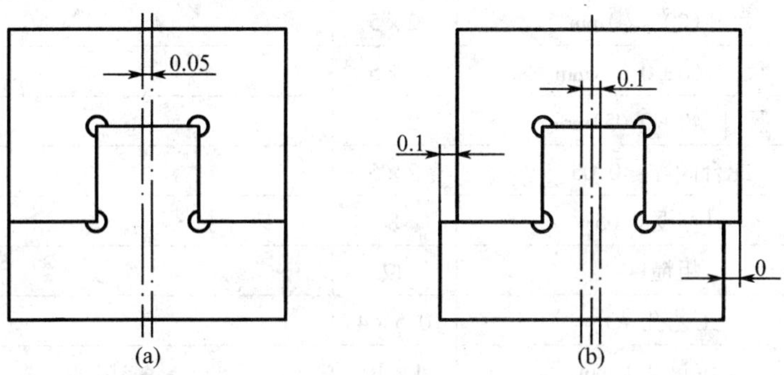

图 4－91　对称度误差对工件互换精度的影响

(a)同方向位置的配合；(b)调换后的配合

3.操作步骤

(1)检查来料尺寸是否符合加工要求。

(2)按图样粗精锉外形面并达到尺寸(60 ± 0.05)mm，(40 ± 0.05)mm 和所规定的垂直度与平面度要求。

(3)画出凸件加工线，并钻工艺孔 2 个 ϕ3 mm，再按画线锯去垂直一角，粗、细锉两垂直面，达到图纸要求。

(4)按画线锯去另一垂直角，粗、细锉两垂直面，并达到图纸要求。

(5)锉配凹件。

①锉削凹形体外形面，达到尺寸(60 ± 0.05)mm，(40 ± 0.05)mm 和规定的垂直度与平面度要求。

②画线，并钻工艺孔 2 个 ϕ3 mm，再用钻头钻出排孔，锯去多余部分，加工至线条。

③先锉左侧面和底面，控制尺寸 20.03 mm，防止超差。

④以凸件为基准锉配右侧面，保证配合间隙和直线度要求。

⑤全面检查，作必要的修整，锐边去毛刺，倒棱。

4.注意事项

(1)为了能对凸凹件的对称度进行测量控制，外形尺寸的实际尺寸必须测量准确，并取各点实测值的平衡数值为最终值。

(2)在加工凸件时，只能先加工一直角面，达到尺寸要求后，再加工另一直角面，否则无法保证对称度要求。

(3)为了达到配合互换精度，必须把凸凹件的垂直度误差控制在最小范围内，否则配合间隙会很大。

(4)加工凹形面时，应以凸形尺寸来控制公差，最大间隙值为 0.05 mm。

(5)在加工各垂直面时，为了防止锉刀侧面碰坏另一垂直面，应将锉刀一侧面在砂轮上修磨，使其与锉刀面夹角小于 90°。

5.评分标准(如表 4－12 所示)

表 4－12　评分标准

项次	技术要求	配分	检测记录	得分
1	尺寸($20^{0}_{-0.05}$)mm	2×5		
2	尺寸(60±0.05)mm	2×5		
3	尺寸(40±0.05)mm	2×5		
4	配合间隙≤0.06	2×5		
5	对称度 0.05	8		
6	粗糙度	12		
7	工艺孔 ϕ3	0.5×4		
8	错位量 0.1 mm	1×10		
9	垂直度 0.03 mm	2×10		
10	安全文明生产	扣分	违者每次扣 2 分，严重者扣 5～10 分	
日期	班级:________	姓名:________	学号:________	成绩:________

三、燕尾体锉配

1.工件加工图样如图 4－92 所示

2.工艺分析

掌握好单燕尾的加工方法对加工燕尾相配有很大帮助。先加工工件 2 作为基准件，并保证尺寸、平面度、角度等要求，也可借助角度样板来检验。工件 1 可与基准件 2 进行锉配。

3.操作步骤

(1)粗、精锉件 2、件 1 外形至要求。

(2)件2、件1分别按图画线。

(3)钻件2、件1上工艺孔$\phi3$。

(4)加工件2。离燕尾角度线2 mm锯去余料,粗加工燕尾的两面,各边留0.1~0.2 mm精锉余量。精加工燕尾的两内型面,保证尺寸、平面度及平行度要求。加工斜面时,用万能角度尺或角度样板测量保证60°±4′,并保证斜面的平行度和件2大平面间的垂直度,利用$\phi10$测量芯棒,保证尺寸25±0.05。

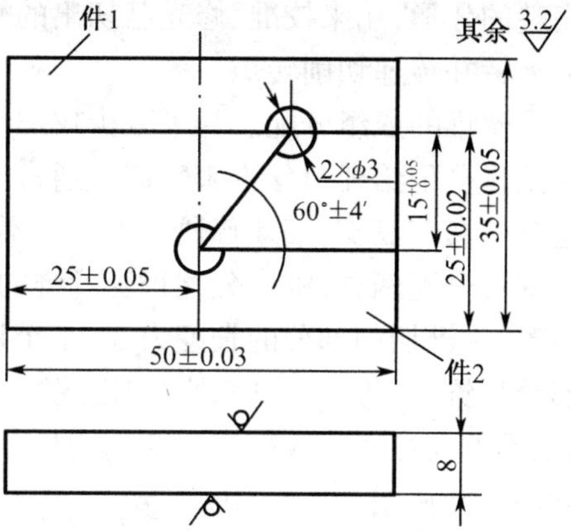

图4-92　单燕尾相配

(5)加工件1。离燕尾角度线2 mm锯去余料,粗加工燕尾的两面,各边留0.1~0.2 mm精锉余量。根据件2的实际尺寸,分别锉配件1底面、角度面,保证平面度、垂直度、平行度、尺寸及配合间隙0.06 mm,保证配合后两侧的错位不大于0.06 mm。达到要求后,各锐边倒钝。

4.注意事项

(1)因采用间接测量来达到尺寸要求,所以必须正确换算和测量,才能达到所要求的精度;

(2)加工面都比较狭窄,应锉平各面,并保证与大平面的垂直度,防止喇叭口的产生;

(3)为达到理想的配合精度,必须保证件2的加工质量。

第十四节　攻螺纹与套螺纹

螺纹加工是金属切削中的重要内容之一。广泛用于各种机械设备、仪器仪表中。作为连接、紧固、传动、调整的一种机构,螺纹加工的方法多种多样,一般比较精密的螺纹都需要在车床上加工,而钳工只能加工三角螺纹,特别适合单件生产和机修场合,其加工方法是攻螺纹与套螺纹。

一、攻螺纹

1.攻螺纹工具

(1)丝锥

①丝锥类型。丝锥是用来切削内螺纹的工具,分手用和机用两种。手用丝锥由合金工具钢或轴承钢制成,手用丝锥的切削部分长些;机用丝锥用高速钢制成,切削部分要短些。

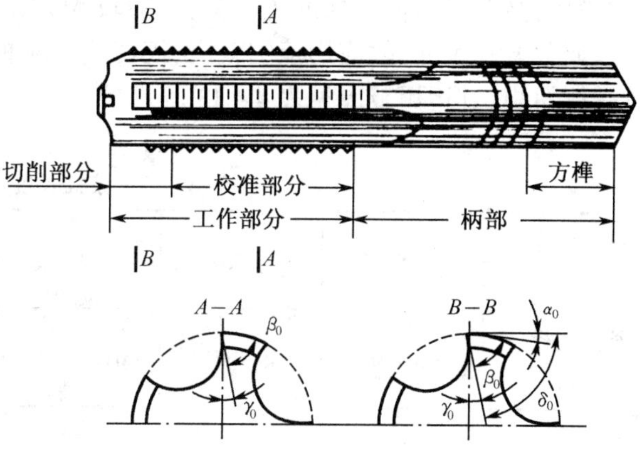

图4-93　丝锥的构造

②丝锥的构造。如图4-93所示,丝锥由工作部分和柄部组成,工作部分包括切削部分和校准部分。切削部分磨出锥角,使切削负荷分布在几个刀齿上,这样不仅

工作省力、丝锥不易崩刃或折断,而且攻螺纹时的导向好,也保证了螺纹的质量。校准部分有完整的牙形,用来校准、修光已切出的螺纹,并引导丝锥沿轴向前进。丝锥的柄部有方椎,用以夹持并传递切削转矩。

③丝锥的成组分配。为了减少攻螺纹时的切削力和提高丝锥的使用寿命,一般将整个切削工作分配给几只丝锥来完成。通常 M6 ~ M24 的丝锥一套有两支,M6 以下和 M24 以上的丝锥一套有三支,细牙普通螺纹丝锥不论大小,均为两支一套。切削用量的分配有锥形分配和柱形分配两种,锥形分配每套丝锥的大径、中径、小径都相等,只是切削部分的长度和锥角不等,头锥切削部分的长度为 5 ~ 7 个螺距,二锥是 2.5 ~ 4 个螺距,三锥是 1 ~ 2 个螺距。柱形分配锥、二锥的大、中、小径比三锥小;头锥、二锥的中径一样,大径不一样;头锥的大径小,二锥的大径大。攻螺纹时切削用量分配合理,每支丝锥磨损均匀,使用寿命长,但攻螺纹时顺序不能搞错。

(2)铰杠

铰杠是用来夹持锥柄部的方锥、带动丝锥旋转切削的工具。铰杠分普通铰杠和丁字形铰杠两类,而普通铰杠又分固定式铰杠两种,如图 4 – 94 和图 4 – 95 所示。

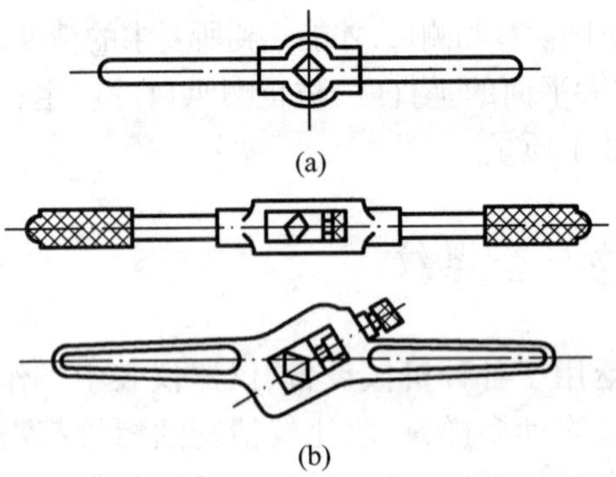

图 4 – 94　普通铰杠

(a)固定式;(b)活络式

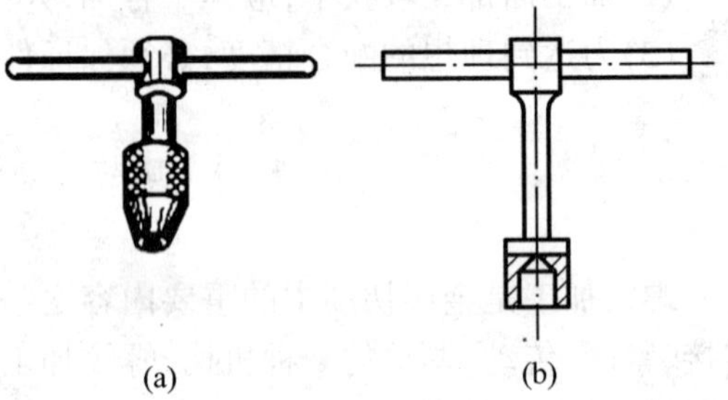

图 4 – 95　丁字形铰杠

(a)固定式;(b)活络式

固定式铰杠的方孔尺寸和柄长符合一定的规格,使丝锥的受力不会过大。丝锥不易折断,故操作比较合理,但规格准备要多,一般攻 M5 以下的螺纹,宜采用固定铰杠,活络式铰杠可以调节方孔尺寸,故应用范围较广,铰杠长度应根据丝锥尺寸的大小选择,以控制一定的攻螺纹扭矩,其运用范围见表 4 – 13。

表 4 – 13　铰杠长度选择

铰杠长度 /mm	150	230	280	380	580	600
丝锥直径 /mm	M5 ~ M8	M8 ~ M12	M12 ~ M14	M12 ~ M16	M16 ~ M22	M24 以上

2.攻螺纹前底孔直径与深度的计算

(1)攻螺纹前底孔直径的计算

用丝锥攻螺纹时，每一个切削刃在切削金属的同时，也在挤压金属，因此会将金属挤到螺纹牙尖，这种现象对于韧性材料尤为突出。若攻螺纹前底孔直径与螺纹小径相等，被挤出的材料就会卡住丝锥甚至使丝锥折断，并且材料的塑性越大，挤压作用越明显。因此，攻螺纹前底孔直径应略大于螺纹小径，这样挤出的金属正好形成完整的螺纹，且不易卡住丝锥。但底孔尺寸也不宜过大，否则会使螺纹牙形高度不够，降低螺纹强度。对普通螺纹来说，底孔直径可根据下列公式计算：

脆性材料 $$D_{底} = D - 1.05P$$

韧性材料 $$D_{底} = D - P$$

式中 $D_{底}$——底孔直径，mm；

D——螺纹外径，mm；

P——螺距，mm。

(2)攻螺纹前底孔深度的计算

攻不通孔螺纹时，由于丝锥切削部分有锥角，前端不能切出完整的牙形，所以钻孔深度应大于螺纹的有效深度，可按下面公式计算

$$H_{钻} = h_{有效} + 0.7D$$

式中 $H_{钻}$——底孔深度，mm；

$h_{有效}$——螺纹有效深度，mm；

D——螺纹大径，mm。

3.攻螺纹的方法

(1)画线，计算底孔直径，然后选择合适的钻头钻出底孔。

(2)在螺纹底的孔口倒角，通孔螺纹两端都倒角，倒角直径可略大于螺孔直径，这样可以使丝锥开始切削时容易切入，并防止孔口出现挤压出的凸边。

(3)起攻时用头锥，可用手掌按住铰杠中部沿丝锥轴线用力加压，另一手配合作顺向旋进。或两手握住铰杠两端均匀施加压力，并将丝锥顺向旋进。应保证丝锥中心线与孔中心线重合，不能歪斜。在丝锥攻入2圈时，可用刀口直角尺在前后、左右方向进行检查，并不断校正(如图4－96所示)。当丝锥切入3～4圈时，不允许继续校正，否则容易折断丝锥。

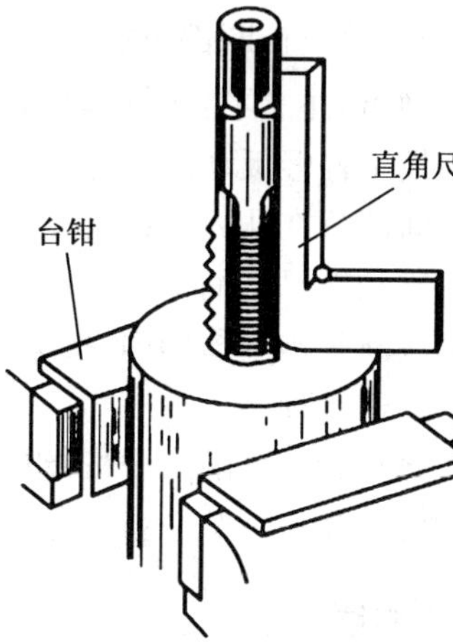

图4－96 攻螺纹的检验

(4)当丝锥的切削部分进入工件时，就不需要再施加压力，而靠丝锥作自然旋进切削。此时，两手用力要均匀，一般顺时针转1～2圈，就需倒转1/4～1/2圈，使切屑碎断，避免切屑阻塞而使丝锥卡住或折断。

(5)攻螺纹时必须按头锥、二锥、三锥的顺序攻削，以减少切削负荷，防止丝锥折断。

(6)攻不通孔螺纹时，可在丝锥上做好深度标记，并要经常退出丝锥，清除留在孔内的切屑，否则会因切屑堵塞使丝锥折断或达不到规定深度。

(7)攻韧性材料的螺孔时，要加切削液，以减小加工螺孔的表面粗糙度和延长丝锥寿命。

攻钢件时用机油;螺纹质量要求高时,可用工业植物油;攻铸件可用柴油。如表4-14所示。

表4-14 攻螺纹时切削液的选用

零件材料	切 削 液
钢、合金钢	机油、乳化液
铸铁	柴油、75%+25%矿物油
铜	机械油、硫化油、75%柴油+25%矿物油
铝	50%煤油+50%机油、85%煤油+15%亚麻油、煤油、松节油

4.丝锥的修磨方法以及取断丝锥的方法

(1)丝锥的修磨

如图4-97所示,当丝锥切削部分磨损或切削刃崩牙时,应刃磨后再使用。先将损坏部分磨掉,再磨出后刀面。刃磨时注意保持各刃瓣的半锥角φ,要把丝锥竖起来刃磨,手的转动要平稳,均匀。刃磨后的丝锥,各对应处的锥角大小相等,切削部分长度一致。当丝锥校准部分磨损时,可刃磨其前刀面,磨损较小时,可用油石研磨其前刀面。刃磨时,丝锥在棱角修圆的片状砂轮上作轴向运动,整个前面要均匀磨削,并控制好角度,注意冷却,以防丝锥刃口退火。

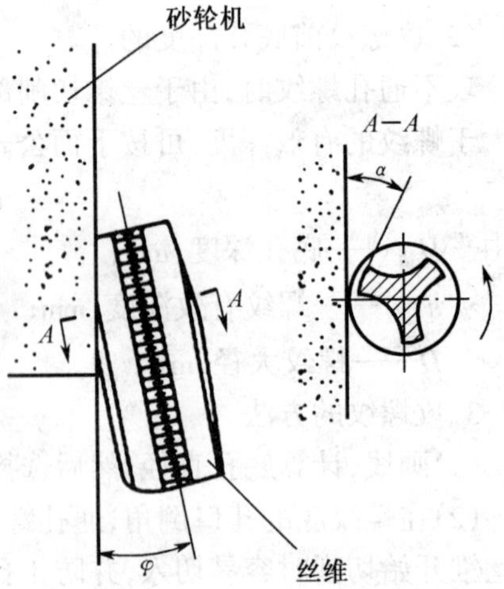

图4-97 丝锥的修磨

(2)取断丝锥的方法

①折断部分露出孔外。如果丝锥折断部分露出孔外,可用手钳轻轻夹牢,先晃动几下,按逆时针旋出;如果丝锥折断部分露出外面较少,可用小圆冲轻轻剔出,注意不要碰伤丝扣;如果丝锥与孔咬得较紧,可在断丝锥上堆焊个六角螺母,然后再用扳手轻轻扳动六角螺母,将断丝锥退出。

②折断部分在孔内。在带方榫的一段断丝锥上拧上两只螺母,再用几段钢丝插入上下两段断丝锥和螺母间的空槽中,然后用铰手向丝锥退出方向扳转方榫,取出断丝锥;将专用旋取器插入断丝锥的屑槽内,按退出方向旋转,将断丝锥取出;如工件不大,可用电火花加工设备将断丝锥腐蚀掉。

5.攻螺纹时常见缺陷分析及预防方法

攻螺纹时常见缺陷分析及预防方法如表4-15所示。

二、套螺纹

1.套螺纹的工具

(1)圆板牙的分类及构造

圆板牙是加工外螺纹的工具,其基本结构像一个圆螺母,只是上面钻几个排屑孔并形成切削刃。如图4-98所示,圆板牙有封闭式和开槽式两种形式。它是由切削部分、校准部分和排屑孔组成。排屑孔形成刃口。切削部分在板牙两端的锥形部分,其锥角约30°~60°,前角在15°左右，后角约8°。校准部分在板牙的中部，起导向和修光作用。圆板牙两端都是切削部分，一端磨损后可换另一端使用。

表4－15　攻螺纹时容易出现的问题和防止方法

废品形成	生产原因	防止方法
螺纹乱扣	1.螺纹底孔直径太小，丝锥不易攻入 2.头锥攻螺纹不正时，用二锥、三锥，强行攻螺纹而乱扣 3.换用二锥、三锥攻螺纹时，没有对准头锥攻出螺纹的孔就强行攻削 4.攻螺纹时，丝锥没有经常倒转断屑，使已切出的螺纹被啃伤 5.丝锥磨钝，崩齿，刀刃有黏屑 6.攻薄形工件丝锥退出时，丝杆掌握不稳乱扣 7.攻螺纹时，两手用力不稳、不均匀 8.切削液选用不当	1.螺纹底孔直径应按表选用 2.一锥攻丝时，要用角尺校正垂直后再深攻 3.换用二、三锥攻丝时，应使丝锥与头锥攻出的螺纹吻合，对准对正后再攻 4.攻螺纹时应经常不断地倒转丝锥 5.避免用磨钝和崩齿的丝锥攻螺纹 6.薄形工件攻完退出时，丝杆要把稳慢慢退出 7.攻螺纹时，两手用力要均匀，不摇摆 8.根据工件的材料不同，采用适宜的切削液
滑扣	1.螺纹底孔直径较大，攻螺纹时丝锥歪斜或晃动 2.工件材料强度较低，丝锥已切入螺纹，仍继续施加压力	1.底孔直径应选择标准尺寸，攻螺纹时丝锥保持垂直 2.攻工件材料强度较低的螺纹时，丝锥切入螺纹后，压力要适合
螺纹孔歪斜	1.螺纹底孔与工件表面不垂直 2.开始攻螺纹时，丝锥与工件不垂直	1.钻螺纹底孔时，要使工件与钻头垂直 2.攻头锥时，要仔细检查，使丝锥和工件保持垂直
丝锥折断	1.螺纹底孔太小，用力较大 2.攻盲孔时，丝锥已到底仍转动丝锥 3.工件材料韧性太大或操作时精神不集中 4.攻螺纹时没用切削液，不经常断屑排屑	1.钻准确的螺纹底孔 2.攻盲孔螺纹时，要事先做好深度标记 3.攻韧性材料时不要用力过猛，也可采用大前角丝锥，操作时精神要集中 4.攻螺纹时使用冷却液，要经常断屑排屑

（2）板牙架

板牙架是装夹板牙的工具，板牙放入相应规格的板牙架孔中，通过紧定螺钉将板牙固定，并传递套螺纹时的切削转矩，如图4－99所示。

2.套螺纹时圆杆直径的确定

套螺纹时，板牙在切削材料的过程中会产生挤压作用，使材料产生塑性变形。因此，套螺纹前的圆杆直径（D）要大于螺纹公称直径（d），可参照下式计算

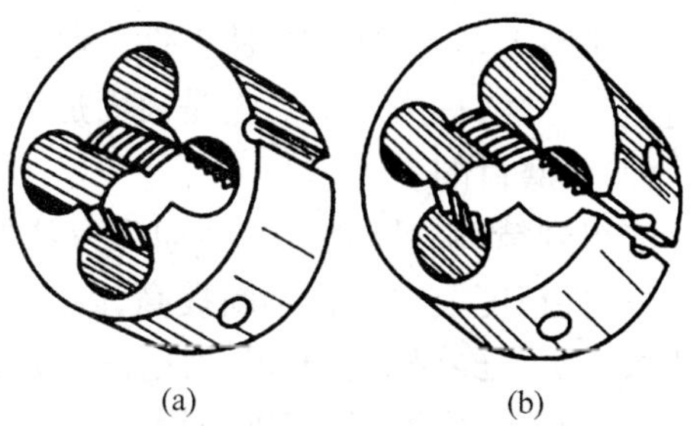

图4－98　板牙

（a）封闭式；（b）开槽式

$$D = d - 0.13P$$

式中　P——螺距，mm。

为了使板牙起套时容易切入工件并作正确的引导，圆杆的端部应倒角为15°～20°的锥体，其倒角处的最小直径应该略小于螺纹小径，避免螺纹端部出现锋口和卷边。

3.套螺纹的方法

(1)确定圆杆直径,切入端应倒角成15°~20°的锥角。

(2)用软钳口或硬木做的V形块将工件夹持牢固,注意圆杆要垂直于钳口,且不能损伤外表面。

(3)起套方法与攻螺纹起攻方法相似,开始套螺纹时,应检查校正,必须使板牙端面与圆杆轴线垂直。

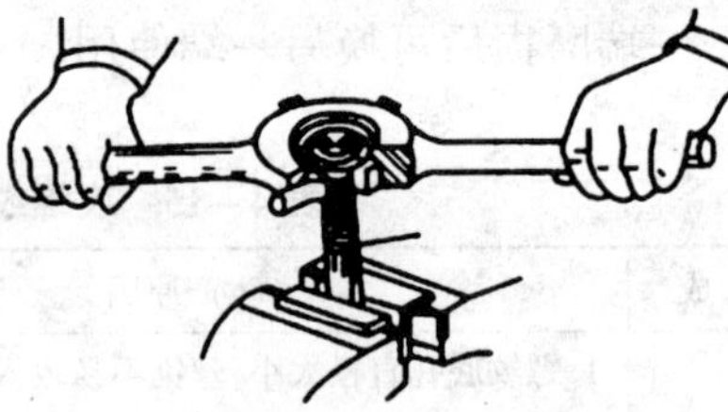

图4-99　板牙架

(4)适当加压力并旋转扳手,当板牙切入圆杆1~2圈螺纹时,再次检查板牙是否套正,如有歪斜应慢慢校正后再继续加工,当切入圆杆3~4圈后,应停止施加压力,平稳地旋动铰手,但要经常倒转板牙断屑。

(5)为了提高螺纹表面质量和延长使用寿命,套螺纹时要加切削液。常用的有机油和乳化液,要求高时可用工业植物油。

4.套螺纹时的注意事项

(1)在钻M20以上螺纹底孔时要用立钻,必须先熟悉机床的使用、调整方法,然后再进行加工,并注意做到安全操作;

(2)起攻时要进行垂直度校正,否则切出的螺纹牙形一面深一面浅,并随着螺纹长度的增加,歪斜现象也随之增加;

(3)套螺纹时两手用力要均匀;

(4)套螺纹时要熟悉其常出现的问题,及时预防。

第十五节　研磨与刮削

研磨与刮削是钳工工作中非常重要的精加工方法,广泛应用于机械制造业中。

一、研磨

1.研磨概述

(1)研磨概念

用研磨工具和研磨剂,从工件上研去一层极薄表面层,使加工精度和表面质量达高程度的精加工方法,称为研磨。它是表面加工的最后一道工序。

(2)研磨目的

能得到精确的尺寸。各种加工方法所能达到的精度是有一定限度的。随着工业的发展,对零件精度要求也在不断提高,因此有些零件必须经过精细的加工,才能达到很高的精度要求。零件经研磨后的尺寸误差一般可控制在1~5 μm范围内。

能提高工件的形位精度。用一般的机械加工方法是很难获得精确的几何形状和表面相互位置要求的。零件经过研磨后,形位误差可控制在5 μm范围内。

能获得极细的表面粗糙度。工件加工面的表面粗糙度是由采用的加工方法决定的。

另外,经研磨的零件,由于有准确的几何形状和很细的表面粗糙度,零件的耐磨性,抗腐蚀性和疲劳强度也都相应得到提高,从而延长了零件的使用寿命。

研磨有手工研磨和机械研磨。特别是手工操作效率低、成本高,所以一般当零件要求的形状误差小于5 μm,尺寸公差小于10 μm时,可用研磨方法加工。

(3)研磨原理

研磨工艺是以物理和化学综合作用除去零件表层金属的一种加工工艺。

一般所用的研磨工具(简称研具)的材料硬度比被研工件的低。研磨时,涂在研具表面的磨料,在受到一定压力后嵌入研具表面成为无数切削刃。由于研具和工件作复杂的相对运动,使磨料对工件产生微量的切削与挤压,在工件表面上去除极薄的一层金属。这是研磨原理中的物理作用。有的研磨剂还起化学作用。例如采用易使金属氧化的氧化铬和硬脂酸配制的研磨剂时,使被研表面与空气接触后,很快形成一层氧化膜,氧化膜由于本身的特性又容易被磨掉,因此,在研磨过程中,氧化膜迅速地形成(化学作用),而又不断地被磨掉(物理作用),从而提高了研磨的效率。

(4)研磨加工余量

研磨是一种切削量极小的精密加工方法,所以留的研磨余量都极小,通常在0.005~0.03 mm内,有时研磨余量就留在尺寸公差以内。原则上可从以下三个方面来考虑留研磨余量:

①根据被研工件的几何形状和尺寸精度要求。

②根据上道加工工序的加工质量。

③根据实际情况考虑,如具有双面、多面和位置精度要求很高的工件,在预加工中又无工艺装备保证其质量,其研磨余量应适当多留些。

研磨面积较大或形状较复杂且精度要求高的工件,研磨余量取较大值,100 mm的长度内约留0.015 mm或更少些。

2.研磨工具和研磨剂

(1)研磨工具

研具是研磨加工中保证被研工件几何精度的重要因素,因此对研具的材料、精度和表面粗糙度都有较高的要求。

研具材料的组织结构应细密均匀,避免使研具产生不均匀磨损而影响工件的质量。其表面硬度应低于被研工件材料的硬度,使研磨剂中的微小磨粒容易嵌入研具表面,而不易嵌入工件表面。但不可太软,否则会全部嵌进研具而失去研磨作用。还应有较好的耐磨性,以保证被研工件获得较高的尺寸和形状精度。

灰铸铁是常用的研具材料,它强度较高,不易变形,润滑性能好,磨耗较慢,硬度适中,便于加工,且研磨剂易于涂布均匀,因此研磨的效果较好。

球墨铸铁的耐磨性更好,且比灰铸铁更容易嵌存磨粒。因此,用球墨铸铁制作的研具,精度保持性更好。

除上述两种常用的研具材料外,对一些特殊的研磨对象,还有选用软钢、铜、硬木、塑料、巴氏合金和铅等来制作研具。

研具的形状和结构按被研表面形状和要求不同而不同。其中有可调式和不可调式两种。

(2)研磨剂

研磨剂是由磨料和研磨液调和而成的混合剂。

磨料　磨料在研磨中起切削作用。研磨加工的效率、精度和表面粗糙度,都与磨料有密切关系。常用的磨料有以下三类:

①刚玉类磨料。刚玉类磨料主要用于碳素工具钢、合金工具钢、高速钢和铸铁工件的研磨。这类磨料能磨硬度60HRC以上的工件。

②碳化物磨料。碳化物磨料其硬度高于刚玉类磨料。除了可研磨一般钢制作外，主要用来研磨硬质合金、陶瓷与硬铬之类的高硬度工件。

③金刚石磨料。金刚石磨料分人造和天然的两种。它的切削能力比刚玉类、碳化物磨料都高，实用效果也好。但由于价格昂贵，一般只用于硬质合金、硬铬、宝石、玛瑙和陶瓷等高硬度工件的精研磨加工。

研磨液　研磨液在研磨加工中起到调和磨料、冷却和润滑的作用。

研磨液的质量高低和选用是否正确，直接关系着研磨加工的效果。一般要求具备以下条件。

①有一定的黏度和稀释能力。磨料通过研磨液的调和，均布在研具表面以后，与研具表面应有一定的黏附性，否则，磨料就不能对工件产生切削作用。同时研磨液对磨料有稀释能力，特别是积团状的磨料颗粒，在使用之前，必须经过研磨液的稀释或淀选。越精密的研磨，对磨料的稀释与淀选越重要。

②有良好的润滑和冷却作用。研磨液在研磨过程中，应起到良好的润滑和冷却作用。

③不影响人体健康且对工件无腐蚀性，选用研磨液首先应该考虑以不损害操作者的皮肤和健康为主，而且易于清洗干净。

常用的研磨液有煤油、汽油、L-AN15 与 L-AN32 全损耗系统用油、工业用甘油以及熟猪油等。此外，根据需要在研磨液中再加入适量的石蜡、蜂蜡等填料和黏性较大而氧化作用较强的油酸、脂肪酸或硬脂酸等，则研磨效果更好。

3.平面研磨

平面研磨一般是在非常平整的研磨平板（研具）上进行的。研磨平板分有槽的和光滑的两种。粗研时，应该在有槽的研磨平板上进行（图 4-100(a)）。因为在有槽的研板上，容易使工件压平，粗研时就不会使表面磨成凸弧面。精研时，则应在光滑的研磨平板上进行（图 4-100(b)）。

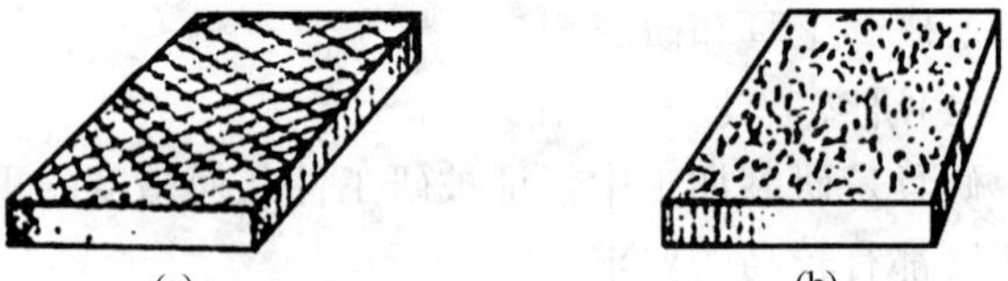
(a)　　(b)

图 4-100　研磨用研

在研磨过程中，研磨的压力和速度对研磨效率和质量有很大影响。若压力太大，研去的金属就多，表面粗糙，甚至会发生因磨料压碎而使表面划伤。对较小的硬工件或精研磨时，可用较大的压力、较低的速度进行研磨，而大工件或精研时就应用较小的压力、较快的速度进行研磨。有时由于工件自身太重或接触面较大，互相贴合后的摩擦阻力大。为了减小研磨时的推动力，可加些润滑油或硬脂酸起润滑作用。在研磨中，应防止工件发热。若稍有发热，应立即暂停研磨，如继续研磨下去会使工件变形，特别是薄壁和壁厚不均匀的工件，更易发生变形。此外，工件发热时，不能进行测量，因为工件发热时所测得的尺寸是不准的。

在研磨狭窄平面时，可用金属块作导靠（金属块平面应相互垂直），使金属块和工件紧紧地靠在一起，并跟工件一起研磨，如图 4-101(a)所示，以保持侧面和平面的垂直，防止斜和产生圆角。按这种被研磨面的形状特点，应采用直线研磨运动轨迹。如工件的数量较多，则可采用弓形夹头，把几块工件夹在一起进行研磨。这样加大了接触面，研磨时不会歪斜，也提高了效率。图 4-101(b)所示的 90°角尺的刀口要研成 $R \leqslant 0.2$ mm 的圆弧面，这时则可采用摆动式直线研磨的运动轨迹。

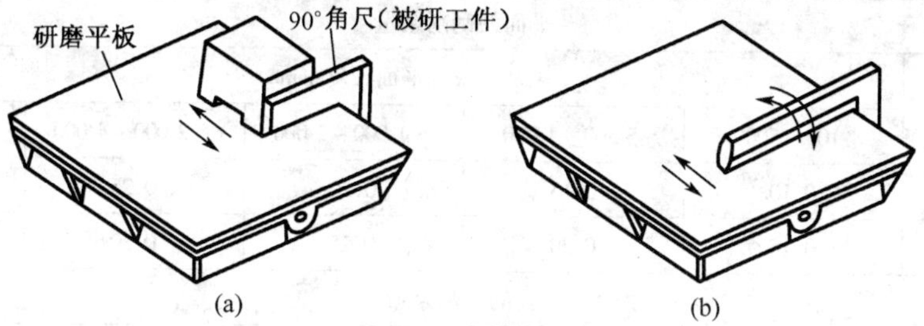

图 4-101 狭窄平面的研磨

(a)研磨90°角尺测量基面;(b)研磨90°角尺的圆弧

二、刮削

1.刮削概述

用刮刀刮除工件表面上的薄层,从而提高加工精度,以满足使用要求的加工方法叫刮削。

(1)刮削原理

刮削时,先在工件与校准工具或工件与其配合件之间的配合面上涂上显示剂,经相互对研后显出工件表面高点,然后用刮刀刮去高点,如此反复地显高点和刮削高点。刮削中,刮刀对工件还有推挤和压光作用。

(2)刮削的特点及应用

①刮削具有切削量小、切削力小、切削热量小、装夹变形小等优点,能获得较高的尺寸精度、形状和位置精度、接触精度和很小的表面粗糙度值。

②刮削时,刮刀反复对工件表面进行挤压,使工件表面组织更加紧密,从而提高了刮削表面的耐磨性。

③刮削后表面形成均匀分布的微线凹坑,使表面具有良好的润滑和存油条件。

④刮削一般采用标准件或互配件进行涂色显点,因此刮削后的工件有较高的形位公差和互配件的精密配合。

刮削工件主要应用于机床导轨及相配合表面、滑动轴承接触表面、工量具的接触面及密封表面等场合。

(3)刮削余量

由于刮削每次只能刮去很薄的一层金属,刮削操作的劳动强度又很大,故机加工后留下的刮削余量不是太大,一般为0.05~0.4 mm,如表4-16所示。

2.刮削的工具

(1)刮刀的种类

刮刀一般用碳素钢T10A,T12A或弹性好的轴承钢GCr15锻制而成,硬度可达60HRC左右,刮刀是刮削的主要工具。刮削淬火硬件时,可用硬质合金刮刀。刮刀分平面刮刀和曲面刮刀两大类。

①平面刮刀用来刮削平面和外曲面,平面刮刀又分普通刮刀和活头刮刀两种,其中普通刮刀按所刮表面精度不同,又分为粗刮刀、细刮刀和精刮刀三种,如图4-102所示。

表 4-16 刮削余量

平面的刮削余量

平面宽度/mm	平面长度/mm				
	100~500	>500~1 000	>1 000~2 000	>2 000~4 000	>4 000~6 000
100 以下	0.10	0.15	0.20	0.25	0.30
100~500	0.15	0.20	0.25	0.30	0.40

孔的刮削余量

孔径/mm	孔长/mm		
	100 以下	100~200	>200~300
80 以下	0.05	0.08	0.12
80~180	0.10	0.15	0.25
>180~360	0.15	0.20	0.35

②曲面刮刀(如图 4-103 所示)用来刮削内曲面,如滑动轴承等,常用的有三角刮刀和蛇头刮刀两种。

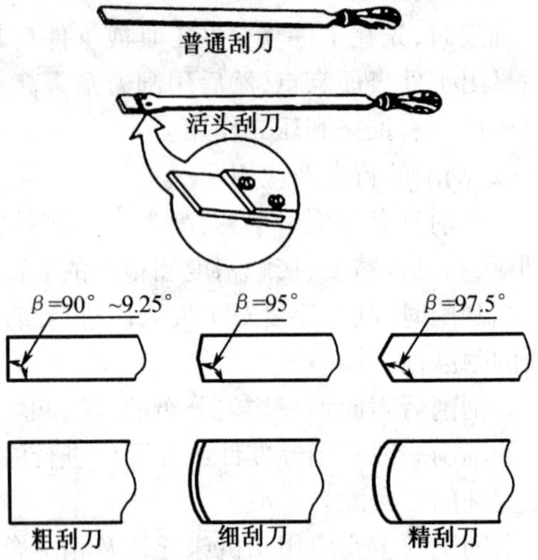

图 4-102 平面刮刀

(2)校准工具

校准工具是用来推磨研点和检查被刮面准确性的工具,也称研具。常用的有校准平板、校准直尺、角度直尺(如图 4-104 所示),校研曲面用的研磨棒以及根据被刮面形状设计制造的专用校准型板等。

(3)显示剂

显示剂主要用于工件与校研工具的对研表面之间,其作用是清晰地显示出工件表面上的高点。常用的显示剂有红丹粉和普鲁士蓝油。

①红丹粉由氧化铅或氧化铁加机械油调和而成,其特点是显示清晰,不反光,价格低廉,广泛用于钢和铸铁工件。

②普鲁士蓝油是由普鲁士蓝粉与蓖麻油及适量机油调制而成,其特点是研后点小、清楚、价格较高,多用于有色金属和精密零件的显示。

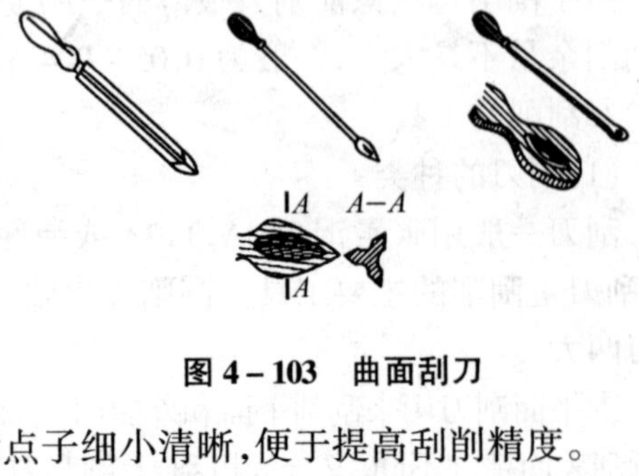

图 4-103 曲面刮刀

显示剂的使用方法:粗刮时,显示剂调得稀些,在校准件表面涂得较厚,这样显示点子较暗淡,大而少,切屑不易黏附在刮刀上;精刮时,显示剂调得干些,薄而均匀地涂抹在零件表面,显示点子细小清晰,便于提高刮削精度。

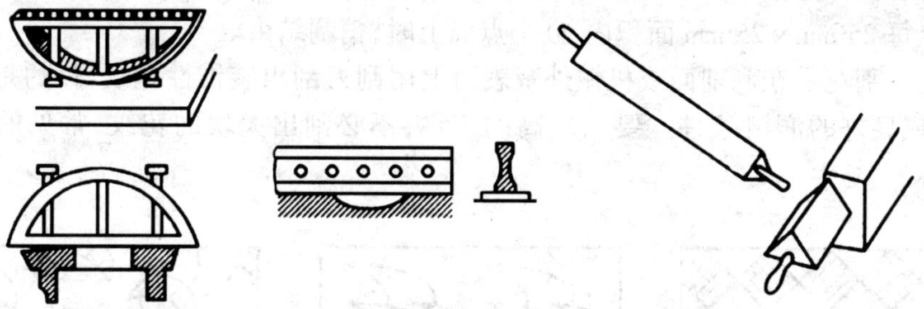

图 4-104　校准工具

3.刮削及精度检验

(1)平面刮削方法

平面刮削一般采用挺刮法和手刮法两种。

①挺刮法。如图 4-105(a)所示,将刮刀柄放在小腹右下侧肌肉处,左手在前,手掌向下,右手在后,手掌向上,距刮刀头部 50~80 mm 处握住刀身。刮削时刀头对准研点,左手下压,右手控制刀头方向,利用腿部和臀部力量,使刮刀向前推动,随着研点被刮削的瞬间,双手利用刮刀的反弹作用力迅速提起刀头,刀头提起高度约为 10 mm。

②手刮法。如图 4-105(b)所示,右手提刀柄,左手握刀杆,距刀刃为 50~70 mm 处,刮刀与被刮表面成 25°~30°角。左脚向前跨一步,身体重心靠向左腿。刮削时右臂利用上身摆动向前推,左手向下压,并引导刮刀运动方向,在下压推挤的瞬间迅速抬起刮刀,这样就完成了一次刮削运动,手刮法刮削力量小,手臂易疲劳,但动作灵活,适用于各种工作位置。

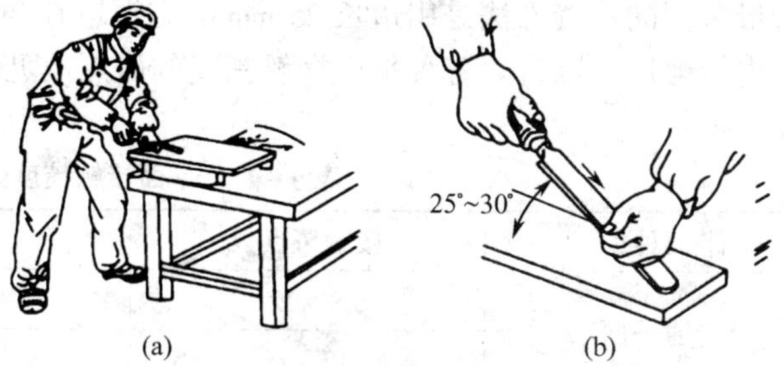

图 4-105　平面刮削

(a)挺刮法;(b)手刮法

(2)平面刮削步骤

平面刮削可分为粗刮、细刮、精刮、刮花四个步骤。工件表面的刮削方向应与前道工序的刀痕交叉,每刮削一遍后,涂上显示剂,用校准工具配研,以显示出高点,然后再刮掉,如此反复进行。

①精刮。用粗刮刀在刮削面上均匀铲去一层较厚的金属,刮刀痕迹要连成片,不可重复。粗刮能很快去除较深的刀痕、严重的锈蚀或过多的余量。当粗刮到每 25 mm × 25 mm 的面积内有 2~3 点时转入细刮。

②细刮。用细刮刀刮去块状的研点,目的是进一步改善不平现象。细刮时采用短刮法,刀痕宽而短,刀迹长度均为刀刃宽度,随着研点的增加,刀痕逐步缩短。细刮同样采用交叉刮削方法,在整个刮削面上达到每 25 mm × 25 mm 面积内有 12~15 个点时,细刮结束。

③精刮。用精刮刀采用点刮法对准显点刮削,目的是增加研点、改善表面质量。精刮

时，落刀要轻，提刀要快，每个研点上只刮一刀，不要重复刮削，并始终交叉地进行刮削。当研点增加至每 25 mm×25 mm 面积内 20 个点以上时，精刮结束。

④刮花。刮花是在刮削面或机械外观表面上用刮刀刮出装饰性花纹，目的是增加表面美观度，形成良好的润滑条件。要求较高的工件，不必刮出大块的花纹，常见的花纹如图 4－106所示。

斜花纹　燕子纹　鱼鳞纹

图 4－106　常见刮花的花纹

(3)平面刮削精度检验

刮削精度包括尺寸精度、形状和位置精度、接触精度及贴合程度、表面粗糙度等。刮削质量最常用的检查方法是用边长 25 mm 的方框罩在与校准工具配研过的被检查表面上，检测框内接触斑点数目。各种平面接触精度的研点数见表 4－17。

表 4－17　平面接触精度研点数

平面种类	接触斑点数	应用范围
普通平面	8～12	普通基准面、密封结合面
	12～16	机床导轨面、工具基准面
精密平面	16～20	精密机床导轨、直尺
	20～25	精密量具、一级平板
超精密平面	＞25	零极平板、高精密机床导轨

(4)曲面刮削及精度检验

曲面刮削与平面刮削基本相似，只是使用刀具和掌握刀具的方法略有不同。进行内圆弧面的刮削操作时，刮刀作内圆弧运动，刀痕与轴线约为 45°角。内孔刮削常用与其相配的轴或标准轴作校准工具，用蓝油涂在孔的表面，用轴来回转动显点，再进行刮削。其刮削质量如表 4－18 所示。

大多数的刮削平面还有平面度要求，如工件平面大范围内的平面度、机床导轨面的直线度等，这些误差可以用框式水平仪检查。

表 4－18　滑动轴承的研点数

轴承直径/mm	机床或精密机械主轴轴承			锻压设备和运用于机械的轴承		动力机械和冶金设备的轴承	
	高精度	精密	普通	重要	普通	重要	普通
	每 25 mm × 25 mm 内的研点数						
≤120	25	20	16	12	8	8	5
＞120		16	10	8	6	6	2

第十六节　装　　配

机械产品一般由许多零件和部件组成，按规定的技术要求，将若干零件结合成部件或若干个零件和部件结合成机器的过程称为装配。

一、装配工艺规程

装配工艺规程是指规定装配部件和整个产品的工艺过程，以及该过程中所使用的设备和工、夹、量具等的技术文件。

1.装配工艺规程的作用

装配是产品生产过程中的最后一道工序。装配工艺规程是指导装配施工的主要技术文件之一，产品质量的好坏除了取决于零件的加工质量，还取决于装配质量。而对金属切削机床来说，装配质量好就能满足加工的各项精度要求，使装配工作顺利进行，降低成本，增加经济效益。

2.装配工艺包括以下四个过程

(1)装配前的准备工作

①熟悉装配图纸上的技术要求，了解产品的结构、零件的作用，以及相互连接关系。

②确定装配的方法和程序，并准备好所需工具。

③对装配零件进行清洗，去掉零件上的毛刺、锈斑、切屑、油污，然后涂一层润滑油。

④对要求修配的零件进行修配，有些特殊要求的零件进行平衡试验和压力试验。

(2)装配工作

一般来说，对于较为复杂的产品，其装配工作常分为部件装配和总装配。

①部件装配是指在进入总装配之前，由两个以上零件或几个组件结合在一起，成为一个装配单元的工作。

②总装配是指将零部件结合成一台完整产品的装配工作。

(3)调整、检验和试车

①调整工作指调节零件或机构的相互位置、配合间隙、集合程度等，使机器工作更为协调。

②检验主要包括机器和机构的几何精度和工作精度。

③试车是试验机构和机器运转的灵活性、振动情况、工作温度、噪声、转速、功率等参数是否符合要求。

(4)喷漆、涂油、装箱

机器装配之间,为了使其美观、防锈和便于运输,还要做好喷漆、涂油和装箱工作。

3.常用的装配方法

装配精度取决于零件制造公差,但零件制造精度过高,生产将不经济。为正确处理装配精度与零件制造精度之间的关系,可采用以下几种不同的装配方法。

(1)完全的装配方法

在同类零件中,任取一个装配零件,不经修配即可装入部件中,且能满足规定的装配要求,这种装配方法,零件磨损后便于更换,适用于大批量产品生产和组织流水线装配。

(2)选择装配法

将一批零件测量后,严格按公差范围分成几组,然后将对应的各组配合件进行装配以达到要求的装配精度。但选配好的零件必须做好记号,以免搞错。这种方法可提高装配精度,较低成本,但可能造成产品和零件积压。

(3)修配装配法

装配时修去指定零件上预留修配量以达到装配精度的装配方法。通过修配得到装配精度,可降低零件制造精度,但是生产周期过长,对工人技术要求较高,适用于单件和小批量的生产以及装配精度高的场合。

(4)调整装配法

装配时调整某一零件的位置和尺寸以达到装配精度的装配方法。一般采用斜面、锥面、螺纹等移动可调整件的位置,采用调换垫片、垫圈、套圈等控制调整件的尺寸。这种方法便于维护与修理,能达到较高的装配精度,但对于工人的技术要求较高,如果调整不好,会影响机器的性能和使用寿命。

4.装配工件的组织形式

(1)单件生产时装配组织形式

单件生产时,产品入手不重复(如新产品试制、模具和夹具制造等)产品的全部装配工作都在一定的固定工作地点,由一个工人或一组工人去完成。这样的组织形式装配周期长、生产效率低、对工人的技术要求较高。

(2)成批生产时装配组织形式

成批生产时,装配工作通常分为部件装配和总装配。部件由一个工人或一组工人来完成,然后进行总装配,一般用于较复杂的产品,如机床,飞机等的制造。

(3)大量生产时装配组织形式

在大量生产中,把产品的装配过程划分为部件、组件装配。每一个工序只由一个工人或一组工人来完成,只有当所有的工人都按顺序完成自己负责的工序后,才能装配出产品。通常把这种装配组织形式叫流水装配法。流水装配法广泛采用互换性原则,因此装配质量好,生产效率高,是一种先进的装配组织形式。

二、固定连接的装配工艺

固定连接是装配中最基本的一种装配方法,常见的固定连接有螺纹连接、键连接、销连接和管道连接等。

1.螺纹连接装配

螺纹连接是一种可拆卸的固定连接。它结构简单、连接可靠、装拆方便、成本低廉,因而在机械产品中应用非常普遍。

(1)螺纹旋具

①螺钉旋具。一般螺钉旋具的工作部分用碳素工具钢制成,并经淬火处理,主要用来装拆头部开槽的螺钉。如图 4-107 所示,常用的有一字旋具、十字旋具、快速旋具和弯头旋具等。

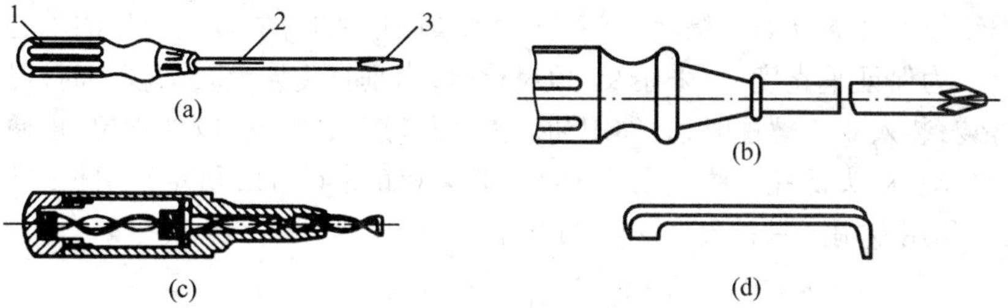

图 4-107　螺钉旋具

(a)一定旋具;(b)十字旋具;(c)快速旋具;(d)弯头旋具

1—把手;2—刀体;3—刀口

②扳手。扳手用来旋紧六角形螺钉,正方形螺钉及各种螺母。常用工具钢,合金钢或可锻铸铁制成,开口处要求光整、耐磨,分为通用、专用、特殊三类。

a.通用扳手(如图 4-108 所示)也称为活动扳手,使用时应让固定钳口承受主要作用力,否则容易损坏扳手。扳手长度不可随意加长,以免拧紧力矩过大而损坏扳手或螺母。

b.专用扳手(如图 4-109 所示)只能拆装一种规格的螺母或螺钉。根据其用途不同常用的可分为成套套筒扳手(a)图、呆扳手(b)图、整体扳手(c)图,此外还有钳形扳手和内六角扳手等。

c.特殊扳手是根据某些特殊需要制造的,如图 4-110所示的棘轮扳手,不仅使用方便,而且效率较高。

(2)螺纹连接装配的技术要求

①保证一定的拧紧力矩,使螺纹连接可靠和紧固,拧紧螺纹时,使纹牙间产生足够的预紧力。

②螺纹连接要有可靠的防松装置,防止在冲击、震动或交变载荷下螺纹连接松动,螺纹连接一般都具有自锁性。

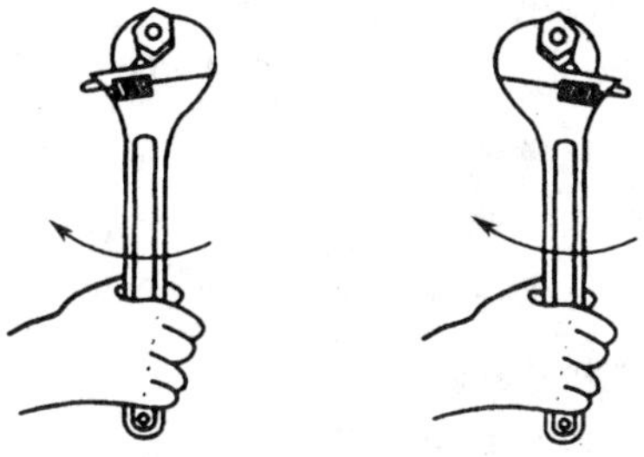

图 4-108　活动扳手及应用

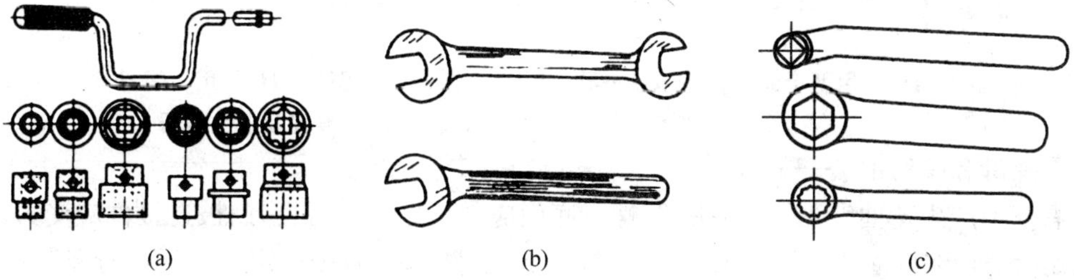

图 4-109　专用扳手

(a)成套套筒扳手;(b)呆扳手;(c)整体扳手

③保证螺纹连接的配合精度。

(3)螺纹连接装配

①双头螺柱的装配要求：

应保证双头螺柱与机体螺纹的配合有足够的紧固性，保证在装拆螺母过程中，无任何松动现象。为此，可留有过盈量；也可采用阶台形式紧固在机体上(如图 4－111 所示)；有时还可以采用螺纹最后几圈牙形沟槽浅一些，以达到紧固性的目的；双头螺柱的轴心线必须与机体表面垂直。为保证垂直度，可采用 90°角尺检验，当垂直度误差要求较小时，可将螺孔用丝锥矫正后再装；装入双头螺柱时，必须用油润滑，以免旋入时产生咬住现象，也便于以后的装拆卸；常用的拧紧双头螺柱方法有用两个螺母拧紧(如图 4－112 所示)、用长螺母拧紧(如图 4－113 所示)和用专用工具拧紧(如 4－114 所示)等。

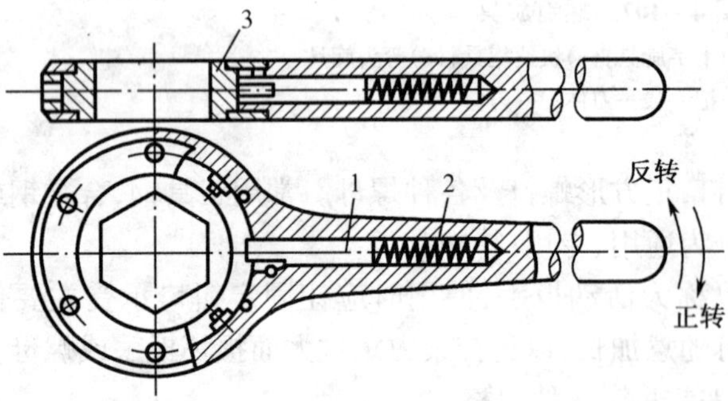

图 4－110　棘轮扳手

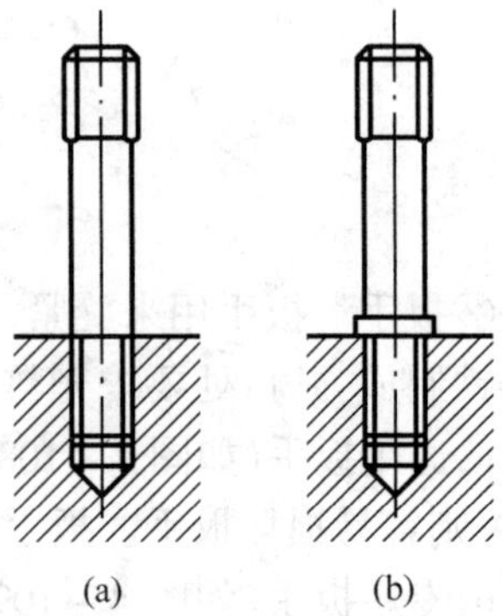

图 4－111　双头螺柱的紧固形式

(a)过盈的配合；(b)带台阶的紧固

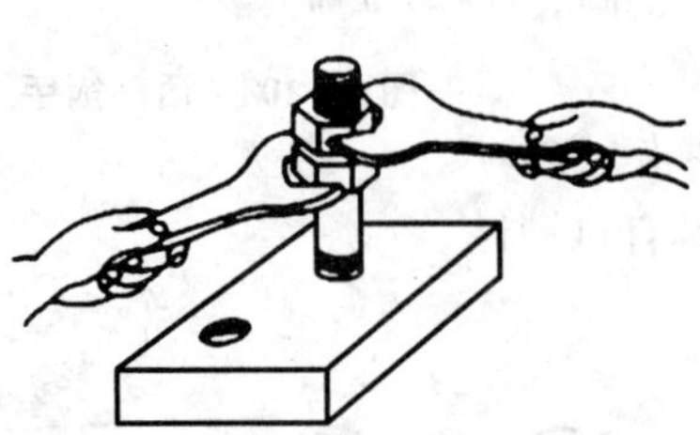

图 4－112　用两个螺母拧紧双头螺母

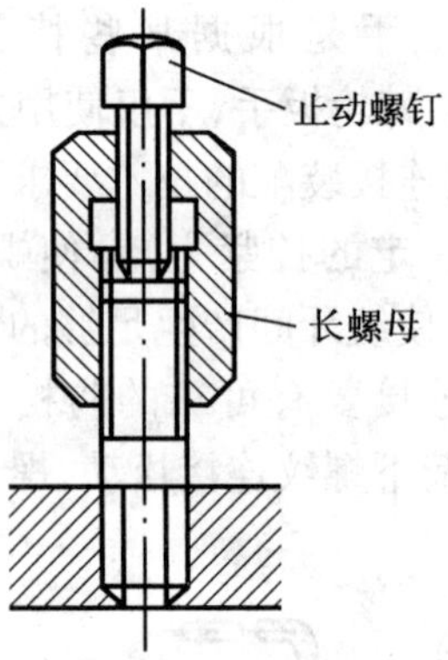

图 4－113　用长螺母拧紧双头螺母

②螺母和螺钉的装配要点：

螺杆不产生弯曲变形，螺钉头部、螺母底面应与连接件接触良好；被连接件应受力均匀，互相贴合，连接牢固；如图 4－115 所示，拧紧成组螺母时，需按一定顺序逐次拧紧。拧紧原则一般为从中间向两边对称扩展。

③安装防松装置。螺纹连接用于有震动或冲击场合时会发生松动,为防止螺母或螺钉松动的现象,就必须采用可靠的防松装置。常用的防松方法有用双螺母防松(如图4－116所示)、用弹簧垫圈防松(如图 4－117 所示)、用开口销与带槽螺母防松(如图 4－118 所示)、用止动垫圈防松(如图 4－119 所示)等几种。

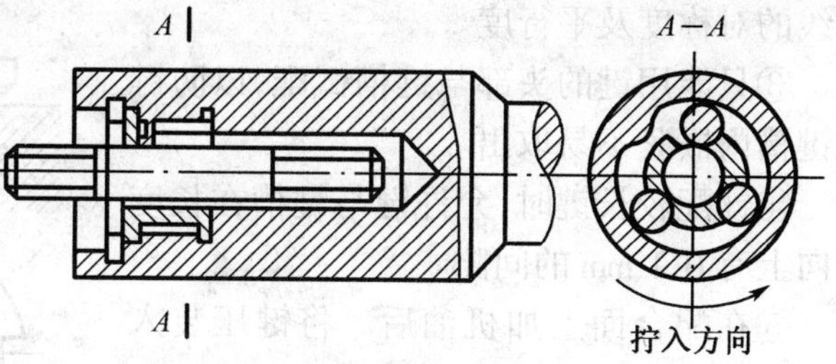

图 4－114　用专用工具拧紧双头螺母

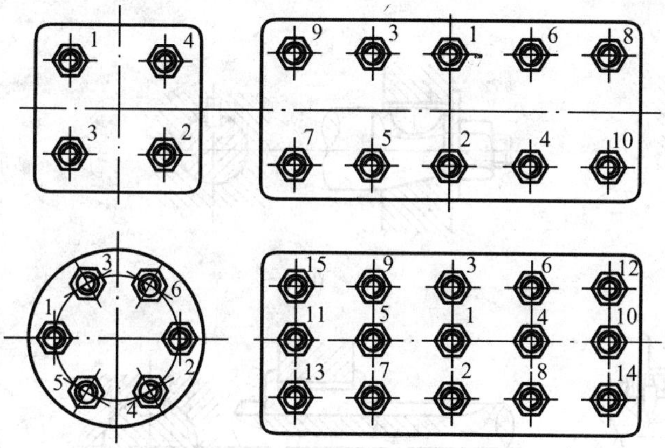

图 4－115　拧紧成组螺母的顺序

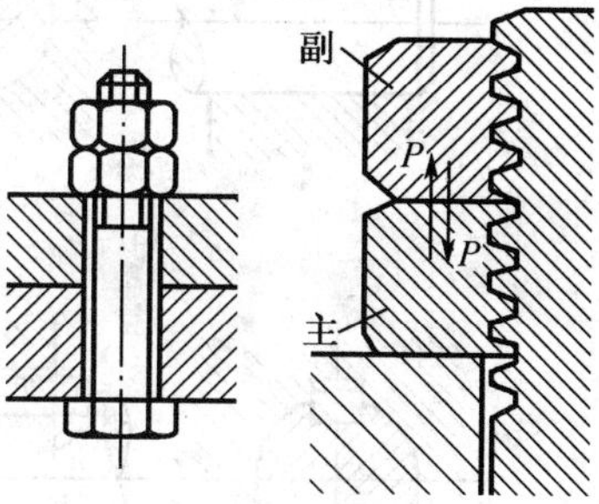

图 4－116　双螺母防松

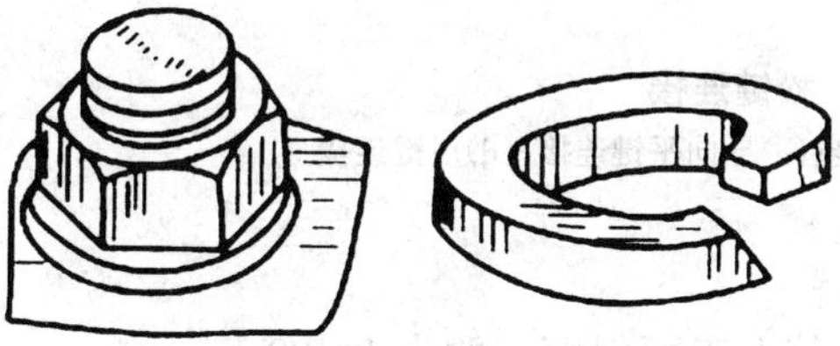

图 4－117　弹簧垫圈防松

图 4－118　开口销与带槽螺母防松

2. 键连接的装配

键连接是将轴和轴上零件通过键在圆周方向上固定,以传递转矩的一种装配方法。它具有结构简单、工作可靠和装拆方便等优点,因此在机械制造中获得广泛应用。根据结构特点和用途不同,键连接可分为松键连接、紧键连接和花键连接三大类。

(1)松键连接的装配

松键连接是靠键的侧面来传递转矩的,对轴上零件作圆周方向固定,不能承受轴向力。松键连接所采用的键有普通平键、半圆键、导向平键、滑键等,如图 4－120 所示。

松键的装配要点如下:

①清除键及键槽上的毛刺,以防影响配合的正确性。

②装配前应检查键的直线度，键槽对轴心线的对称度及平行度。

③只能用键的头部与键槽试配，以防键在键槽内嵌紧不易取出。

④锉配较长键时，允许键与键槽在长度方向上有 0.1 mm 的间隙。

⑤在配合面上加机油后。将键压装入轴槽中，并与键槽底接触良好。

⑥试配并安装套件（齿轮，带轮等）时，键与键槽的配合面应留有间隙，使轴与套件达到同轴度要求。

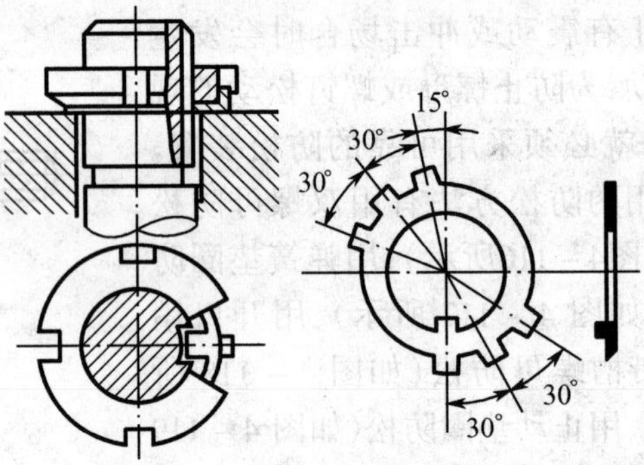

图 4－119　止动垫圈防松

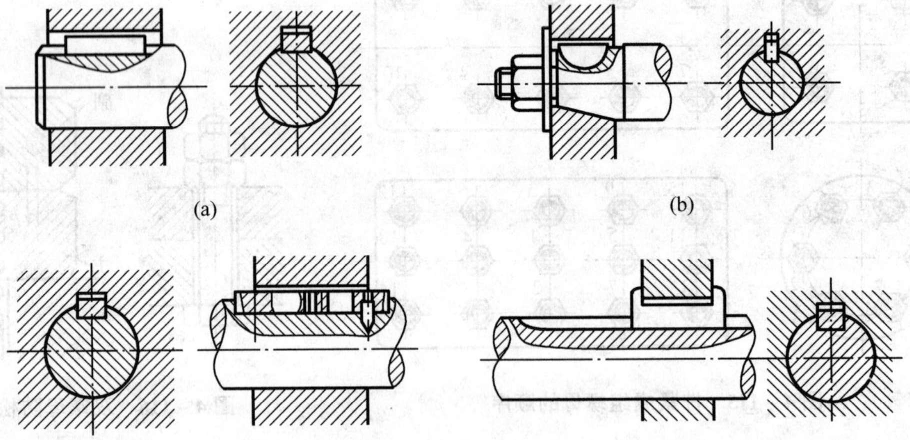

图 4－120　松键连接

(a)普通平键连接；(b)半圆键连接；(c)导向平键连接；(d)滑键连接

（2）紧键连接的装配

紧键连接主要指楔键连接。见图 4－121，其上表面斜度一般为 1:100。

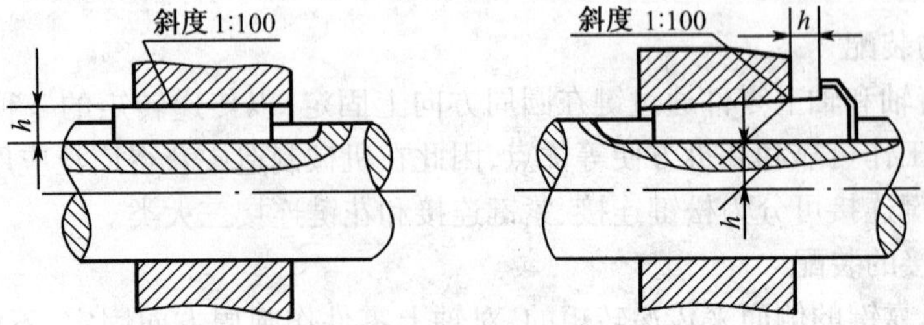

图 4－121　楔键连接

(a)普通楔键；(b)钩头楔键

紧键的装配要点如下：

①装配楔键时，可用涂色法检查键的上下表面与轴槽的接触情况。

②若接触不好，可用锉刀或刮刀修整键槽。

③合格后，轻敲紧键入内，使套件周向、轴向紧固可靠。

(3)花键连接的装配

如图 4－122 所示，花键连接具有承载能力高，传递转矩大，同轴度高和导向性好等优点。适用于大载荷和同轴度要求较高的传动机构中，但制造成本较高。

花键的装配要点如下：

①静花键连接时套件应在花键轴上固定，过盈量小时，可用铜棒敲下，若过盈量较大，可用热胀冷缩原理，将套件(花键孔)加热到 80～120 ℃后再进行装配。

②动花键连接时应保证正确的配合间隙，使套件在花键轴上能自由滑动，用手摆动套件时，不应感觉有明显的周向间隙。

③对经热处理后的花键孔，应用花键推刀修整后再进行装配。

④装配后的花键副，应检查花键轴与套件的同轴度和垂直度。

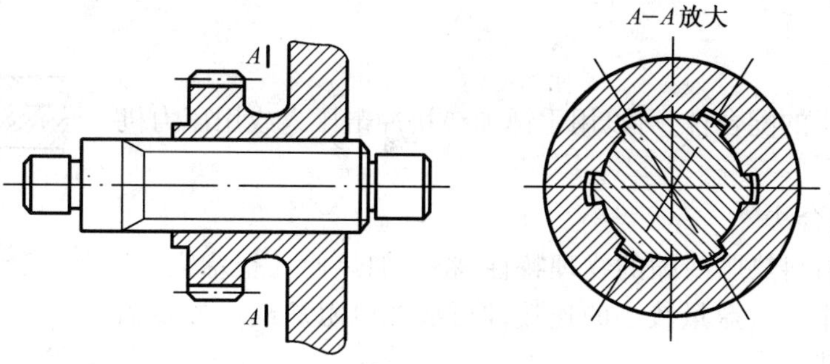

图 4－122　花键连接

3.销连接的装配

如图 4－123 所示，销连接的主要作用是定位、连接或锁定零件，有时还可以作为安全装置中的过载剪断元件，其连接可靠、拆装方便，故应用较广泛，其中用得最多的是圆柱销及圆锥销。

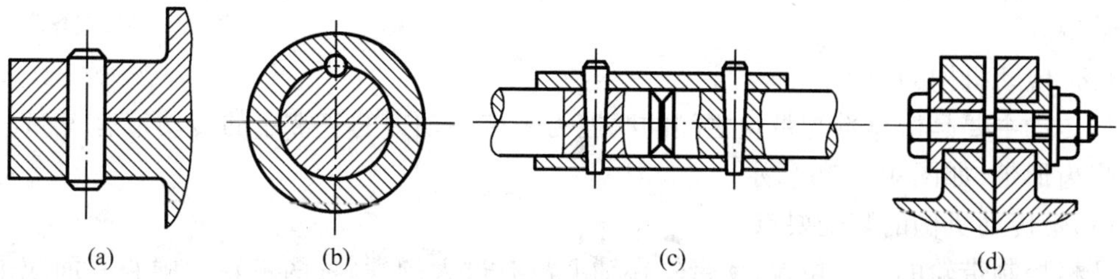

图 4－123　销连接

(a)定位作用；(b)，(c)连接作用；(d)保险作用

(1)圆柱销的装配

圆柱销一般依靠过盈配合固定在孔中，用以定位和连接，故不易多次装拆。

如图 4－124 所示，在圆柱销作定位时，为保证配合精度，通常需要将两个被连接件的销孔同时钻、铰。装配时应在销子表面涂上机油，用铜棒将销子敲入孔中；也可在销子端面垫上铜棒后由锤子击入。对于装配精度要求高，不能用锤子或铜棒敲入的定位销，可用 C 形夹头把销子压入孔中。这样能避免销子变形或工件位移，如图 4－125 所示。

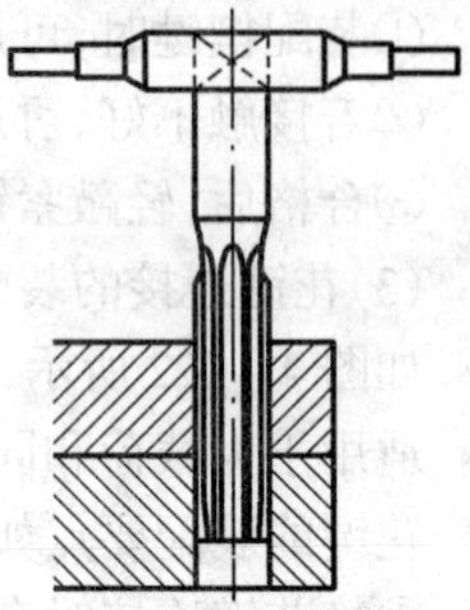

图 4－124　两个被连接件同时钻、铰

(2)圆锥销的装配

标准的圆锥销具有 1∶50 的锥度，它定位准确，可多次拆装。圆锥销装配时，被连接的两孔也应同时钻、铰出来，孔径大小以销子自由插入全长的80%～85%为宜，然后用铜棒敲入，销子的大头与被连接件表面平齐。

4.过盈连接的装配

过盈连接是依靠轴和孔的过盈量达到连接的目的。装配后，由于材料的弹性变形，使轴和孔的配合面间产生压力，工作时，由此压力产生摩擦力传递扭矩、轴向力。常用的过盈连接方法有压入法、热胀法、冷缩法三种。

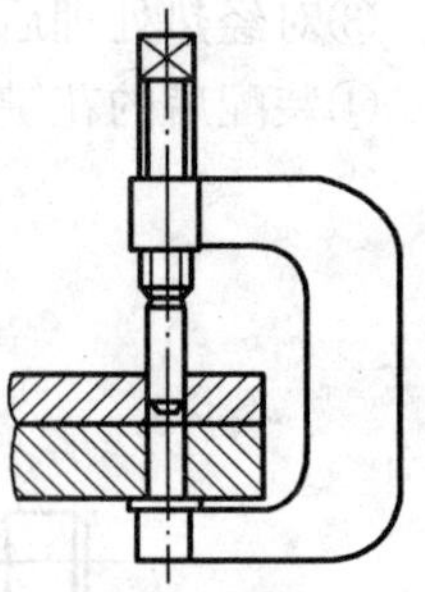

图 4－125　用 C 形夹头压定位销

(1)压入法

过盈量较小的配合件，可以用手锤加垫块冲击压入或用压力机压入。

(2)热胀配合法

利用金属材料热胀冷缩的物理特性，将孔加热使孔径增大，然后将轴装入孔中。过盈量较小的连接件可放在电阻炉或红外线辐射加热箱中加热。

(3)冷缩配合法

将轴进行低温冷却，使之缩小，然后与常温孔装配，得到过盈连接。常用的冷却方式是采用干冰和采用液氮进行冷却。

三、传动机构的装配

传动机构的类型很多，常见的有带传动、链传动、齿轮传动、螺旋传动、蜗杆传动和联轴器传动等。

1.带传动机构的装配

带传动主要是依靠带与带轮之间的摩擦力来传递动力的。常用的传动带有 V 带、平带和同步齿形带，如图 4－126 所示。

(1)带传动机构的装配要点

严格控制带轮的安装位置，使带轮在轴上没有过大的歪斜；两带轮的中心平面应重合，其倾斜角和轴向偏移量不应过大。一般倾斜角不应超过 1°；带轮工作表面粗糙度要适当，过小容易脱落，过大则使带过快磨损；传动带的张紧力要适当，过小容易脱落，过大则使带过快磨损。

(2)带传动机构的装配方法

一般带轮与轴之间采用键或螺纹件等紧固件保证周向和轴向固定。装配时，应先清除

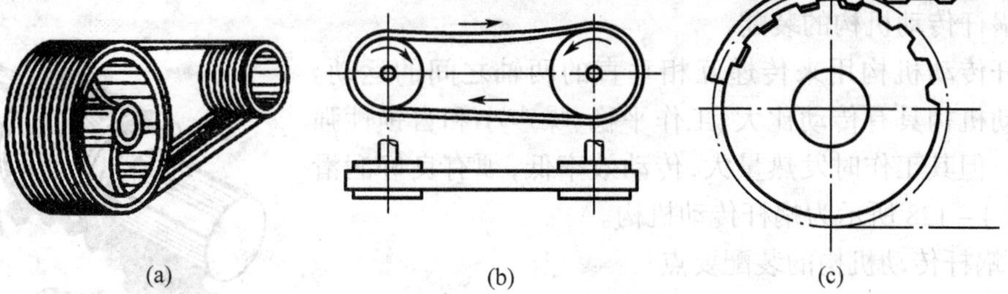

图 4-126 带传动机构

(a)V 带传动;(b)平带传动;(c)同步齿形带传动

安装表面上的污物并涂上机油,装上键用手锤把带轮轻轻敲入,或用螺旋压入工具将带轮压到轴上。带轮装上轴后,要检查带轮的径向和端面圆跳动。

安装 V 带时,应先将其套在小带轮的轮槽中,再套在大带轮上,然后边转动大带轮,边用螺钉旋具将带拨入大带轮槽中。

2. 齿轮传动机构的装配

齿轮传动是机械中最常见的传动方式之一,它具有传动比恒定,变速范围大,传动效率高,结构紧凑和使用寿命长等优点。但它的制造及装配要求高,若质量不良,不仅影响使用寿命,而且还会产生较大的噪声。

(1)齿轮传动机构装配要点

①要保证齿轮与轴的同轴度精度要求,严格控制齿轮的径向圈跳动(如图 4-127(a)所示)和轴向窜动(如图 4-127(b)所示)。

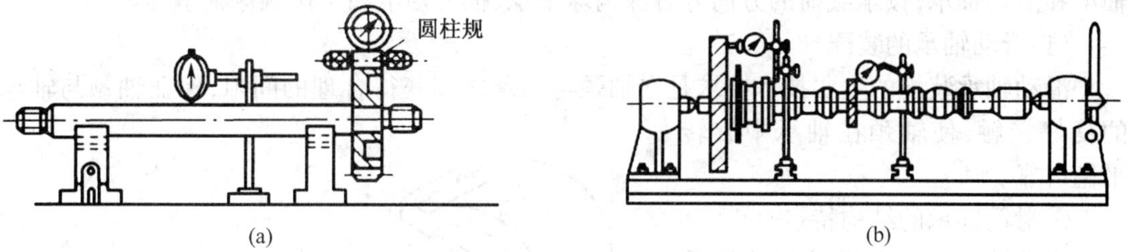

图 4-127 齿轮径向、端面圆跳动的检验

(a)径向跳动检验;(b)轴向窜动检验

②齿轮有准确的中心距和适当的齿侧间隙。

③保证滑动齿轮在轴上滑移的灵活性和准确的定位位置。

④检查齿轮的啮合质量,有足够的接触面面积和正确的接触位置。

⑤对转速高,直径大的齿轮,装配前应进行平衡。

(2)齿轮传动机构的装配方法

齿轮传动的装配与齿轮箱的结构特点有关,打开齿轮箱,先将齿轮按要求装到轴上,然后将齿轮组件再装入箱内,用涂色法检验啮合齿轮的接触面积,进行必要修整,如果齿轮的传动精度要求高，则应检查径向和端面圆跳动误差，盖上齿轮箱上盖，对轴承进行固定、调整即可。

3.蜗杆传动机构的装配

蜗杆传动机构用来传递互相垂直的两轴之间的运动。这种传动机构具有传动比大、工作平稳、噪声小和自锁性强等特点。但其工作时发热量大，传动效率低，须有良好润滑条件，图 4－128 所示为蜗杆传动机构。

图 4－128　蜗杆传动机构

(1)蜗杆传动机构的装配要点

①蜗杆轴线与蜗轮的轴线垂直。

②蜗杆轴心线应在蜗轮轮齿的对称中心面内。

③蜗杆、蜗轮间的中心距一定要准确。

④有适当的齿侧间隙和正确的接触斑点。

(2)蜗杆传动机构的装配方法

蜗杆与轴的装配方式与圆柱齿轮相同。一般先将蜗轮齿圈压入轮毂，然后用螺钉加以紧固，蜗轮装到轴上，接着将蜗轮组件装入箱体后，再装蜗杆，蜗杆的位置由箱体精度保证。蜗轮的轴向位置则根据蜗杆的轴心线，通过改变垫圈厚度的方法来调整。

蜗轮与蜗杆装配后的检查和调整，可用涂色检验蜗轮的轴向位置及啮合印痕。而其齿侧间隙用铅丝或塞尺的方法测量很困难，一般用百分表来测量，在蜗杆轴上固定一带量角器的刻度盘，百分表测头抵在蜗轮齿面上。转动蜗杆，在百分表指针不动的条件下，刻度盘相对于固定指针的最大转角称空程角，空程角的大小反映出了侧隙的大小。

4.轴承的装配

轴承是支承轴或轴上旋转零件的部件，其种类很多，按轴承工作的摩擦性质可分为滑动轴承和滚动轴承；按承载荷的方向分有深沟球轴承、推力轴承和角接触球轴承等。

(1)滑动轴承的装配

滑动轴承装配的主要技术要求是在轴颈与轴承之间获得合理的间隙，保证轴颈与轴承的良好接触，使轴颈在轴承中旋转平稳可靠。

①滑动轴承的结构特点

滑动轴承是一种滑动摩擦性质的轴承，其主要特点是工作平稳可靠、无噪声，能承受载荷和较大的冲击载荷，所以多用于精密、高速及重载的转动场合，如图 4－129 所示为剖分式滑动轴承的组成。

②滑动轴承的装配方法

a.压入轴套。当尺寸和过盈量较小时，可用手锤加垫板将轴套敲入；当尺寸和过盈量较大时，则应用压力机把轴套压入机体中。压入轴

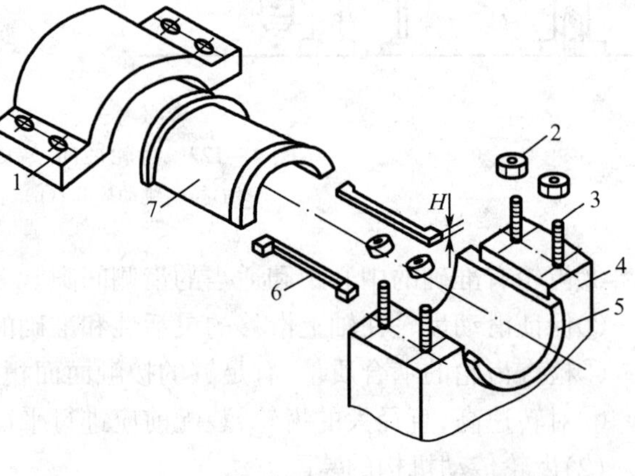

图 4－129　剖分式滑动轴承的零件组成

1—轴承盖；2—螺母；3—双头螺柱；
4—轴承座；5—下轴瓦；6—垫片；7—上轴瓦

套时应注意配合面清洁,并涂上润滑油。为了防止轴套歪斜,压入时可用导向环或导向心轴导向。

b.轴套定位。在压入轴套后,按图样要求用紧定螺钉或定位销等固定轴套位置,以防轴套随轴转动。

c.修整轴承孔。轴套壁薄易产生变形,因此,在压装后要用铰削、刮削或滚压等方法对轴套孔进行修整。

d.轴套的检验。轴套修整后,作相互垂直方向的检验,可以测定轴套的圆度误差及尺寸。还要检验套孔中心线对轴套端面的垂直度,一般借助涂色法或塞尺来检查其准确性。

(2)滚动轴承的装配

滚动轴承一般由外圈、内圈、滚动体和保持架组成。内圈和轴颈为基孔制配合,外圈和轴承座孔为基轴制配合。

①滚动轴承的装配要点

a.滚动轴承上标有代号的端面应装在可见的方向,以便更换时查对。

b.轴承装在轴上或壳体的孔上后,不应有歪斜现象。

c.同轴的两个轴承中,必须有一个可以随轴热胀时有轴向移动的余地。

d.装配过程中要防止异物进入轴承内。

e.装配后的轴承运转灵活、噪声小、工作温度不超过 50 ℃。

②滚动轴承的装配方法

滚动轴承的装配方法应视轴承尺寸大小和过盈量情况来选择。一肌滚动轴承的装配方法有锤击法(如图 4－130 所示)、用螺旋或杠杆压力机压入法(如图 4－131 所示)及热装法等。

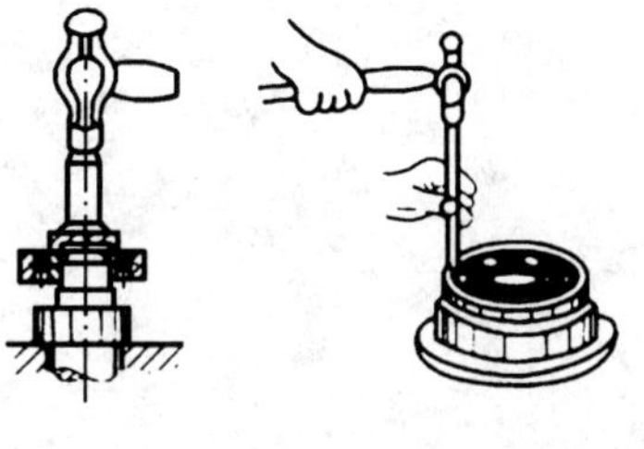

图 4－130 锤击法装配滚动轴承

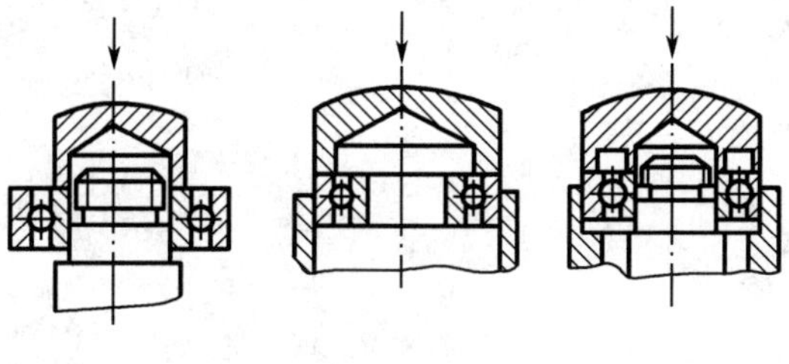

图 4－131 压入法装配滚动轴承

★技能训练

基本操作步骤:

(1)准备拆卸和装配的工具,读装配图并编制装配工艺规程(图 4－132)。

(2)拆卸分解,然后对零部件进行清洗。

(3)检验主轴和其他零部件的精度,测量各支承轴径向跳动的误差大小和方向,并做好标记。

(4)按零部件精度的检验结果,用定向装配的方法装配主轴及轴承,以提高主轴回转精度。

(5)总装配完成后,进行检验、调整和试车。

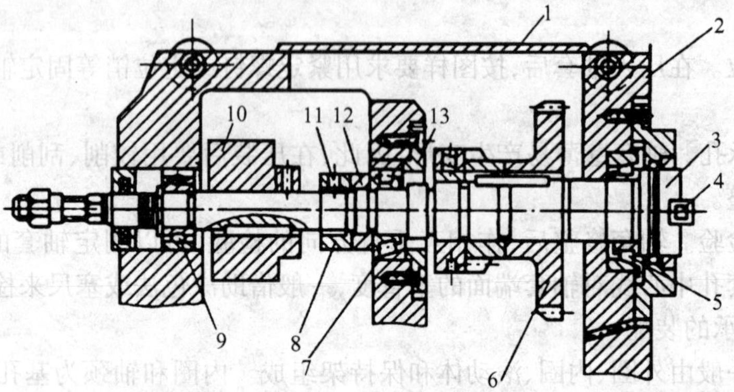

图 4-132　X62W 万能铣床主轴

1—盖板；2—床身；3—主轴；4—端面键；5—前支承轴承；6—齿轮；7—中间支承轴承；8—螺母；9—后支承轴承；10—飞轮；11—紧定螺钉；12—垫圈；13—法兰盘

第五章 铣工实训

第一节 铣工安全操作规程

铣工安全操作规程

1.按规定穿戴好防护用品。

2.按机床部位加油和润滑液。

3.检查机床各部位、附件和传动系统，操作系统是否正常，并低速运转3~5分钟，正常后开始工作。

4.装夹工件、工具必须牢固可靠，不得有松动现象，所用的扳手必须符合标准规格。

5.在机床上进行上下工件，刀具紧固调整，变速及测量工件等工作必须停车。两人工作应协调一致。

6.高速切削时，必须装护挡板，操作者要戴防护眼镜。

7.工作台上不得放置工具、量具等其他物件。

8.切削中，头、手不得接近铣削面。取卸工件时，必须移开刀具后进行。

9.严禁用手摸或用棉纱擦拭正在转动的刀具和机床的传动部分。

10.拆装立铣刀时，台面须垫木板，禁止用手托刀盘。

11.装平铣刀，使用扳手扳螺母时，需要手摇进刀，不准快速进刀。正在走刀时，不准停车。铣深槽时要停车退刀。快速进刀时，注意手柄伤人。

12.吃刀不能过猛，自动走刀必须拉脱工作台上手轮，不许突然改变进刀速度。应把限位撞块预先调整好。

13.工作后，将工作台停在中间位置，升降台落到最低的位置上，清除铁屑和杂物，并将各部手柄放置“空位”，关闭电源。

第二节 铣床简介

铣床的类型很多，主要包括万能铣床、龙门铣床、卧式升降台铣床、立式升降台铣床及成形铣床等。铣床的型号和其他机床型号一样，如万能卧式铣床X6132的含义为

X——表示铣床类； 6——表示卧铣；

1——表示万能升降台铣床； 32——表示工作台的宽度为320 mm。

一、万能铣床

1.万能升降台铣床

万能升降台铣床与一般升降台铣床的主要区别在于，工作台除了能在相互垂直的三个方向上作调整或进给外，还能绕垂直轴线在图±45°范围内回转，从而扩大了机床的工艺范围。万能升降台铣床是一种卧式铣床，其主要参数为：工作台面宽320 mm，工作台面长度1

250 mm,工作台纵向最大行程为 800 mm,工作台横向最大行程为 300 mm,工作台垂向最大行程为 400 mm。

如图 5－1 所示,床身固定在底座上,用以安装和支承其他部件。床身内装有主轴部件,主变速传动装置及其变速操纵机构。悬梁安装在床身顶部,并可沿燕尾导轨,调整前后位置。刀杆支架用以支承刀杆的外端,以减少刀杆的弯曲和颤动,伸出的长度可根据刀杆的长度调整。升降台安装在床身两侧面垂直导轨上,可作上下移动,升降台水平导轨上装有床鞍,床鞍上装有回转盘,而工作台装在回转盘上的燕尾导轨上,绕垂直轴线在 ± 45°范围内调整角度,以便铣削螺旋表面。升降台内部安装有进给运动的电动机及传动系统。

2.万能工具铣床

万能工具铣床的基本布局与万能升降台铣床相似,但配备有多种附件,因而扩大了机床的万能性。如图 5－2 所示为万能工具铣床外形及其附件,机床安装着主轴座、固定工作台,此时机床的横向进给运动与垂直进给运动,仍分别由工作台及升降台来实现。根据加工需要,机床还可安装其他图示附件,如(b)图为可倾斜工作台,(c)图为回转工作台,(d)图为平口钳,(e)图为分度装置,(f)图为立铣头,(g)图为插削头。由于万能铣床具有较强的万能性,故常用于工具车间,加工形状较复杂的各种切削刀具、夹具及模具零件等。

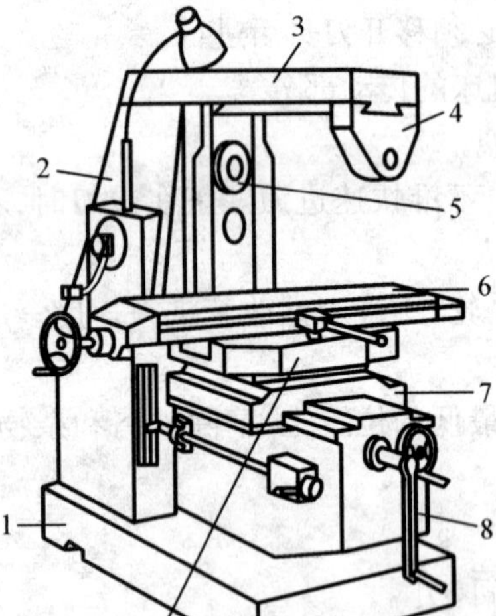

图 5－1　万能升降台铣床

1—底座;2—床身;3—悬梁;
4—刀杆支架;5—主轴;6—工作台;
7—床鞍;8—升降台;9—回转台

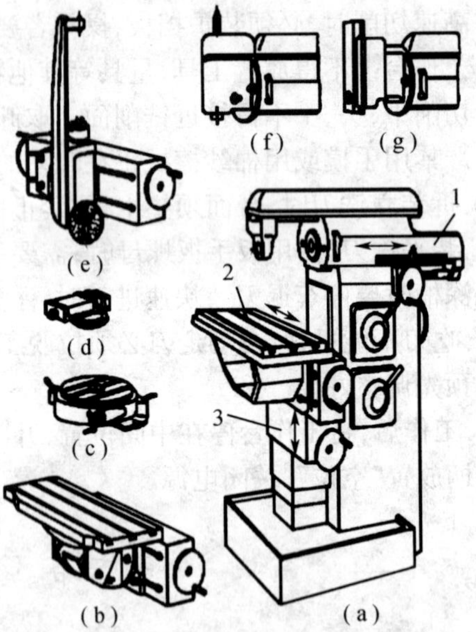

图 5－2　万能工具铣床

(a)万能工具铣床外型;(b)可倾斜工作台;
(c)回转工作台;(d)平口钳;(e)分度装置;
(f)立铣头;(g)插削头

二、龙门铣床

如图 5－3 所示,龙门铣床在布局上以两根立柱及顶梁与床身构成龙门框架,并由此而得名。通用的龙门铣床一般有 3～4 个铣头,分别安装在左右立柱和横梁上。横梁上的两个垂直铣头可沿横梁导轨,作水平方向的位置调整。横梁本身及立柱上的两个水平铣头,可沿立柱上的导轨调整垂直方向位置。加工时，工作台带动工件作纵向进给运动。由于采用多刀同时切削几个表面，加工效率较高。另外，龙门铣床不仅可作粗加工、半精加工，还可进行精加工。所以，这种机床在成批和大量生产中得到广泛的应用。

三、立式升降台铣床

立式升降台铣床与万能升降台铣床的区别仅在于其主轴垂直于工作台，是立式布置的。主轴安装在立铣头内，可沿其轴线方向进给或经手动调整位置。立铣头可根据加工要求，在垂直平面内向左或向右在45°范围内回转，使主轴与台面倾斜成一定角度，从而扩大了铣床的工作范围。立式铣床的其他部分，如工作台、床鞍及升降台的结构与卧式升降台铣床相同。立式铣床可加工平面沟槽、斜面、台阶、凸轮等表面，如图5－4所示。

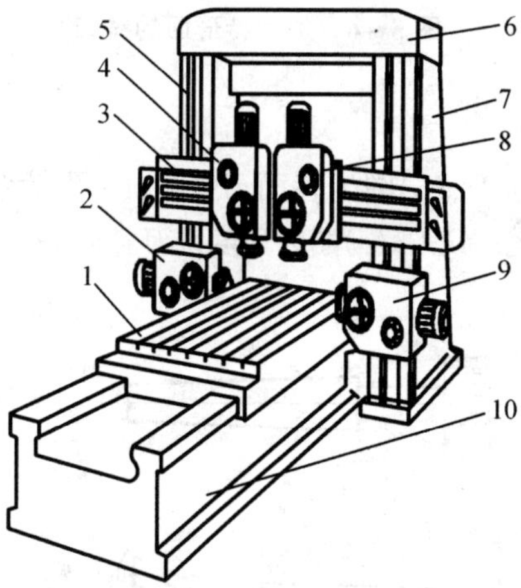

图5－3　龙门铣床

1—工作台；2,9—水平铣头；3—横梁；4,8—铣头；5,7—立柱；6—顶架；10—床身

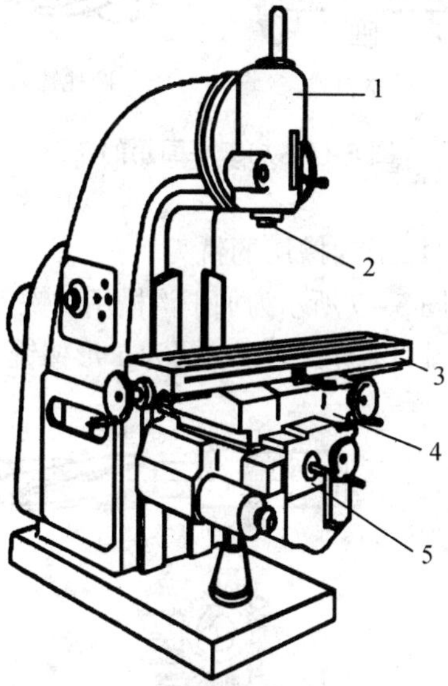

图5－4　立式升降台铣床

1—立铣头；2—主轴；3—工作台；4—床鞍；5—升降台

第三节　铣　　刀

一、铣刀的种类及安装

1.铣刀的种类

(1)加工平面的铣刀

①端面铣刀。有整体式、镶齿式和可转位式三种。主要用于立式铣床上加工平面，刀齿采用硬质合金制成，生产效率高，加工表面质量也高。内燃机缸体、缸盖等零件的平面，多用该铣刀进行切削。

②圆柱铣刀。分粗齿与细齿两种，主要用于铣床上加工平面，由高速刚制造。圆柱铣刀

采用螺旋形刀齿，可提高切削工作平稳性，如图 5-5 所示。

(2)加工成形面铣刀

根据特形面的形状而专门设计的成形铣刀称为特形铣刀。如图 5-6 所示，左图为凸半圆成形铣刀，用于铣削凹半圆特形面，右图为凹半圆成形铣刀，用于铣削凸半圆特形面。

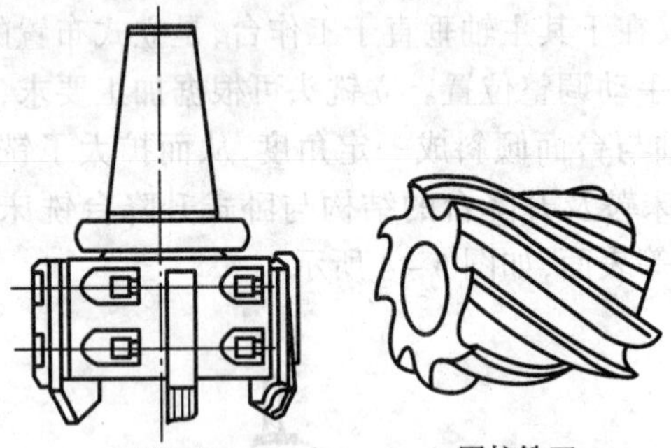

图 5-5 加工平面用的铣刀

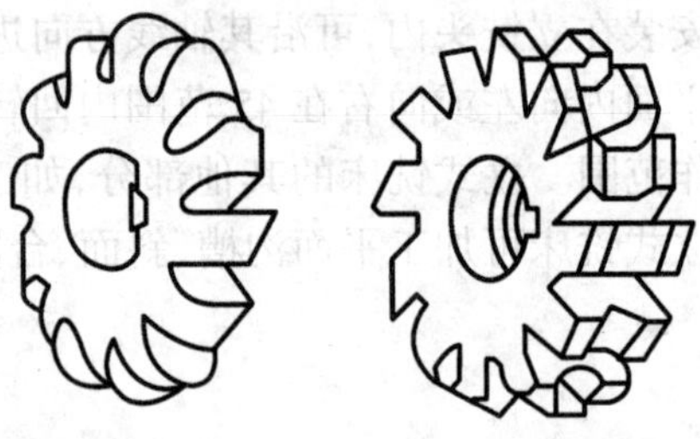

图 5-6 加工特形面的铣刀

(3)加工沟槽用的铣刀

如图 5-7 所示为加工沟槽用的铣刀，(a)图为立铣刀，(b)图为三面刃铣刀，(c)图为键槽铣刀，(d)图为锯片铣刀，(e)图为 T 形槽铣刀，(f)图为燕尾槽铣刀，(g)图为角度铣刀。

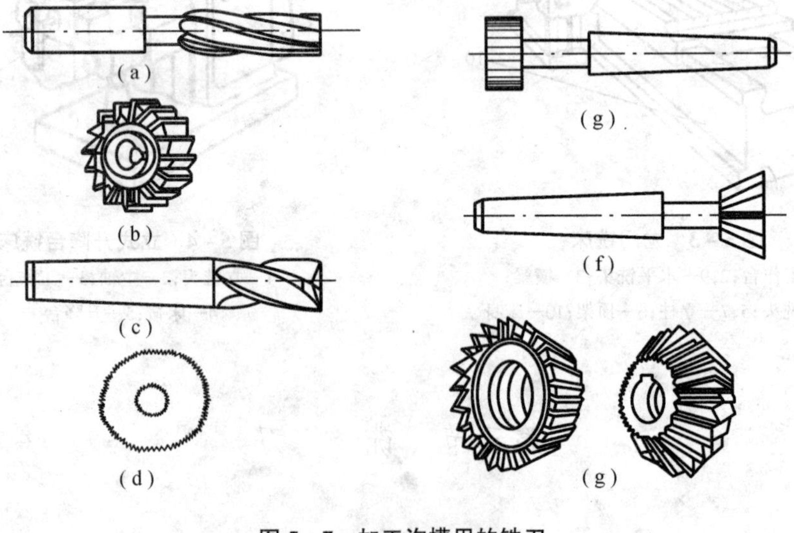

图 5-7 加工沟槽用的铣刀

(a)立铣刀；(b)三面刃铣刀；(c)键槽铣刀；(d)锯片铣刀；
(e)T 形槽铣刀；(f)燕尾槽铣刀；(g)角度铣刀

2. 铣刀的安装

(1)带柄铣刀的安装

①直柄铣刀须用弹簧夹头安装，弹簧夹头沿轴向有 3 个开口槽，当收紧螺母时，随之压紧弹簧夹头端面，使其外锥面受压，收小孔径，夹紧铣刀。不同孔径的弹簧夹头可以安装不

同直径的直柄铣刀，如图5－8左图所示。

②锥柄铣刀应该根据铣刀锥柄尺寸选择合适的过渡锥套，用拉杆将铣刀及过渡锥套拉紧在主轴端部的锥孔中。若铣刀锥柄尺寸与主轴端部锥孔尺寸相同，则可直接装入主轴锥孔后拉紧，如图5－8右图所示。

(2)带孔铣刀的安装

如图5－9所示，带孔铣刀须用长刀拉杆安装，拉杆用于拉紧刀杆，保证刀杆外锥面与主轴锥孔紧密配合。套筒用来调整带孔铣刀的位置，尽量使铣刀靠近支承端，吊架用来增加刀杆的刚度。

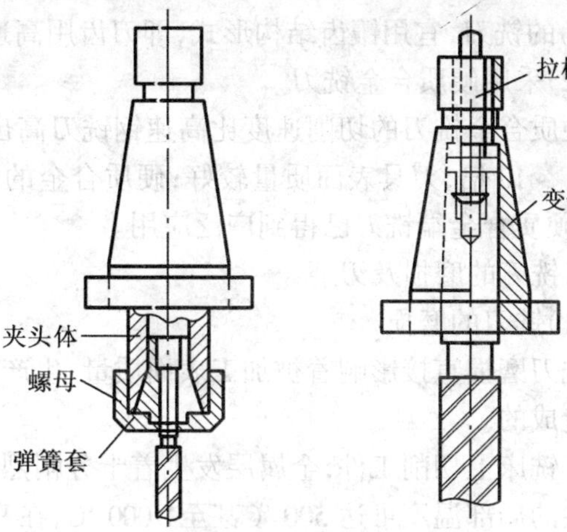

图5－8　带柄铣刀的安装

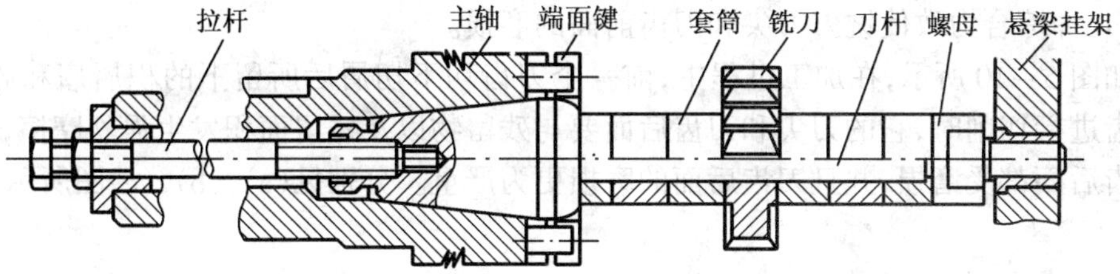

图5－9　带孔铣刀的安装

二、铣刀的改进及刃磨

1.铣刀的改进

为了提高铣削效率，改善加工表面质量，提高刀具耐用度，在实际生产中对铣刀进行了许多改进，并设计出许多新型铣刀结构，其改进方向可归纳为以下几个方面：

(1)改进高速钢尖齿铣刀结构

普通高速钢尖齿铣刀虽然应用比较广泛，但仍存在许多缺点，所以需要进行如下几个方面改进。

①适当减少铣刀齿数，增大容屑空间。标准铣刀如锯片铣刀、T形槽铣刀等，由于齿数太多使排屑条件较差，容屑槽空间小，切屑容易堵塞在齿槽中间。高速钢铣刀欲提高生产效率，主要靠增大进给量。因此，需要提高刀齿强度和增大容屑空间，这样铣削时，切削变形小，消除了堵塞现象，提高了铣削用量。

②增大铣刀螺旋角。适当增大螺旋角，使实际前角增大，改善排屑条件，提高铣削平稳性，使切削省力，显著提高生产率和加工质量。

③改变切削刃形状。铣刀的容屑槽为半封闭式，切屑卷曲和排出较困难。因此，在普通铣刀及立铣刀螺旋齿背上，开出相互错开的分屑槽，这样可便于切屑形成、卷曲和排出，使切削轻快。与普通铣刀相比较，可提高生产率3～4倍。

④采用镶齿结构，以节约刀具材料。整体式高速钢价格比较贵，对于大直径($d>80$ mm)的铣刀，宜用镶齿结构形式，即刀齿用高速钢制造，刀体用结构钢(45号钢)制造。

(2)采用硬质合金铣刀

硬质合金铣刀的切削速度比高速钢铣刀高出3~5倍，故生产率高；耐用度比高速钢铣刀高5 ~10倍，刀具表面质量较好；硬质合金的耐热性高于高速钢，可加工较硬金属材料。因此，硬质合金端铣刀已得到广泛应用。

2.铣刀的磨损及刃磨

(1)铣刀的磨损

铣刀磨损直接影响着被加工表面质量、生产效率和加工成本，铣刀磨损主要由以下几个方面造成的。

①铣床上切削工件，金属层发生着十分剧烈的挤压和切屑变形，产生出很大的热量，这时刀尖的局部温度可达500 ℃甚至1 000 ℃，在高温作用下，刀具切削刃的金属组织渐渐变软，硬度降低，甚至失去切削性能，这样切削刃就会卷边，铣刀明显变钝。

②铣床上切削工件是断续进行的，在切削过程中，刀尖和刀齿的前面时时受到切屑的抗力，同时切削时铣刀齿表面要受到很大的压力(约20 MPa)，并且摩擦速度很高，机械摩擦力很大，这几种综合力致使铣刀刀尖和刀齿前面的磨损。

③如图5-10所示，在加工过程中，前一个刀齿切下切屑后所留下的积屑瘤和碎片，当后一刀齿进行切削时，它的刀尖和刀齿后面要与残留物以及残留面积发生强烈摩擦，而使刀尖和刀齿后面都受磨损，并且刀齿后面的磨损更为严重。分别见(a)，(b)，(c)图所示。

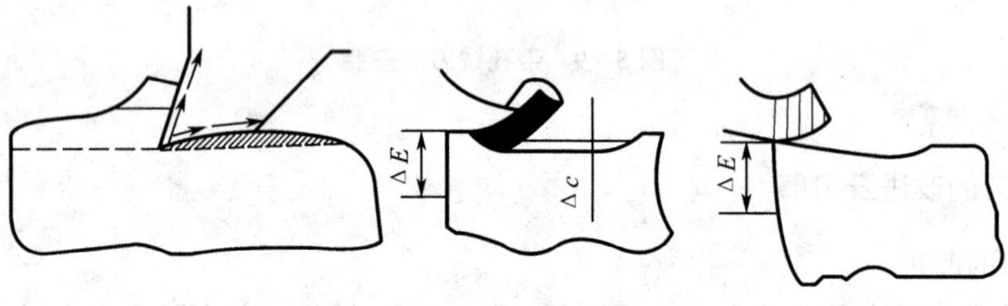

(a)　(b)　(c)

图5-10　铣刀的磨损

④切削时，金属层经受力变形，材料的力学性能发生变化，硬度和断裂强度增加，而塑性降低，经过切削力和热应力多次反复，使刀具表面层达到疲劳强度极限，当切削温度较高时，脆性的刀具材料容易出现磨损。

⑤使用硬质合金刀具铣削，很高的切削热会使硬质合金中的碳、钴、钨、钛等元素逐渐扩散到工件和切屑中去，这样，改变了刀具表层的化学成分，使硬质合金刀具的硬度下降，从而使刀具加剧磨损。

(2)铣刀的背刀方法

背刀就是用油石研磨铣刀刀齿的切削刃部分，使刃口光洁锋利。及时地背刀，可以减缓刀齿磨损，延长铣刀的使用寿命。很光滑平整的铣刀齿，会大大降低初期磨损阶段的磨损量，会延长正常磨损阶段的时间。

一把新铣刀如果在使用前经过背刀，使用一段时间，进入正常磨损阶段后，再进行一次背刀,将大大增加其使用期限。

成形铣刀齿背呈螺旋线状,背刀时,检查刀齿刃口是否有毛刺和细微的缺口,是否有黏结在刀齿上的残渣,认真清除掉,如果刀齿前面有白痕,可用油石沿刀齿前面贴平,均匀推磨,直至消失。背刀时,注意保持刀齿原来形状,不可将刃口背低或背的刀刃高而后面低,不要伤害邻近的刀齿刃口,如图 5-11 所示。

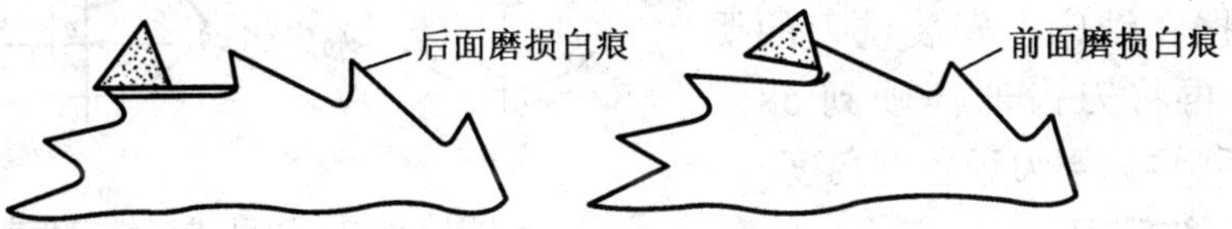

图 5-11　尖齿铣刀的研磨

(3)铣刀的刃磨

尖齿铣刀重磨后刀面,铲齿成形铣刀重磨前刀面,一般在万能工具磨床上进行。重磨圆柱铣刀的方法是,刀齿的位置由支片决定。为了获得所需的后角,支片顶端到铣刀中心的距离 H 可按下式计算

$$H = \frac{d}{2}\sin\alpha_0$$

式中　d——铣刀直径,mm;

α_0——铣刀后角,(°)。

重磨铲齿时,一般采用蝶形砂轮的端面。为了严格控制刀具的前角 r_0,防止铲齿铣刀刃形的畸变而影响加工工件的精度,通过调节砂轮端面对刀具中心的偏心距 e 来控制前角 r_0 的大小。偏心距 e 可按下式计算

$$e = \frac{d}{2}\sin r_0$$

砂轮进给通过调节支片位置的方法进行,不得移动横向工作台,以免影响前角的大小。尖齿铣刀在使用中,后刀面的磨损情况往往比前刀面严重,因此,一般都刃磨后刀面(图 5-12 所示);刃磨成铣刀时,铣刀的前角一般都等于零度,要注意保持刀齿齿背处的曲线形状不变,所以只能刃磨刀齿的前面(如图 5-13 所示)。

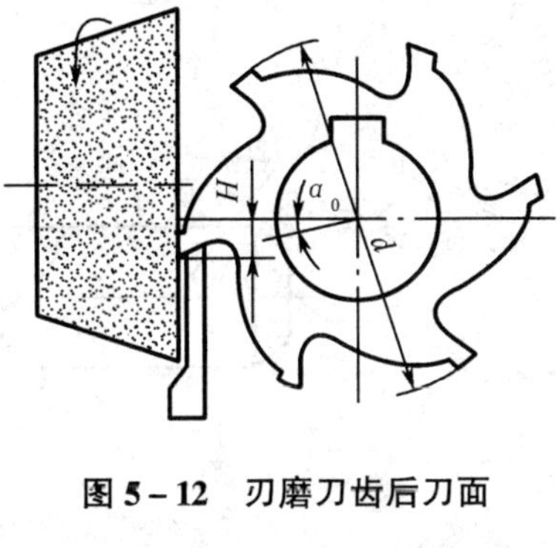

图 5-12　刃磨刀齿后刀面

铣刀刃磨要进行检查,除刀齿前角和后角的角度以外,还应对位置公差和径向圆跳动摆差进行检查。

3.铣刀的修旧利废

(1)修复立铣刀

如图 5-14 所示,从柄部折断的铣刀,经修复后还能够再用。把折断的刀齿根部磨成 1:30 的锥度,锥体的直径要根据铣刀的直径来决定,一般不要太小;锥体的长度约为 20 mm。用碳钢车制一个刀柄,在刀柄的一端作出锥孔和铣刀根部的锥度一样,将刀齿与刀柄进行配合,再把接缝处焊牢,然后加工柄部的莫氏锥度,并对刀齿进行刃磨和研磨,就成了一把端铣

刀了。

(2)废钻头改磨立铣刀

如图5－15所示，用废钻头改磨键槽铣刀可像普通铣刀一样去切削工件。改磨方法是，将废高速钢钻头进行刃磨，按标准铣刀的角度磨出前角和后角等角度，将尾部根据在铣床上安装铣刀的要求进行加工，再将刀齿部淬硬到58～62HRC，淬火后，再修磨刀齿各部角度。

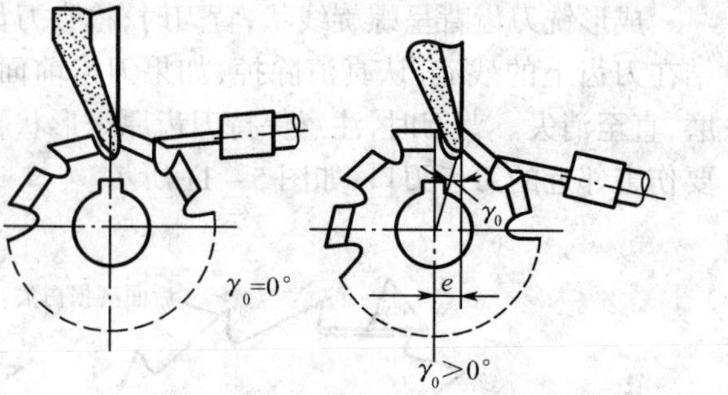

图5－13　刃磨成形铣刀齿前面

(3)黏结刻线铣刀

铣床上刻线刀的刃部很小，如果刀齿和刀体都用好的刀具材料制作，造成很大浪费。这时，可将一块用旧的硬质合金刀片(或高速钢刀头)与刀杆黏结在一起，凝固后按照角度要求进行刃磨，就是一把很好的刻线刀。黏结时可使用环氧树脂，在一定温度下进行，如图5－16所示。

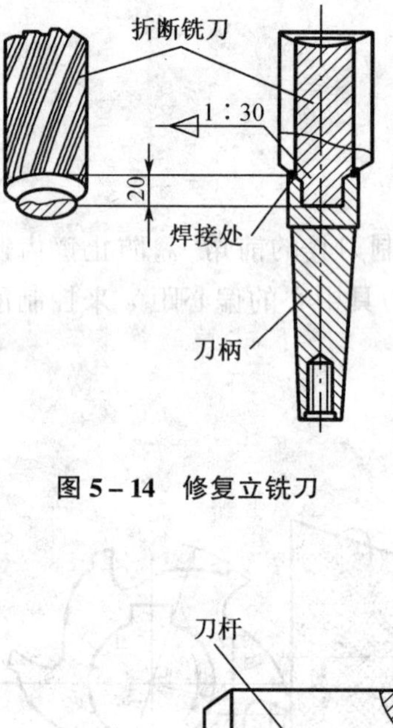

图5－14　修复立铣刀

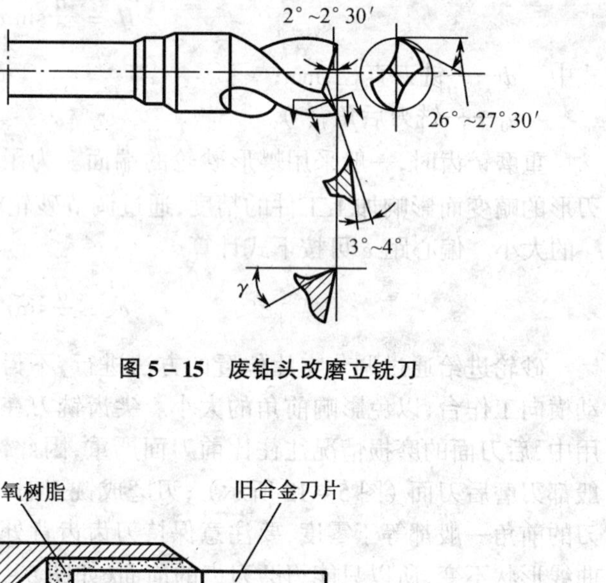

图5－15　废钻头改磨立铣刀

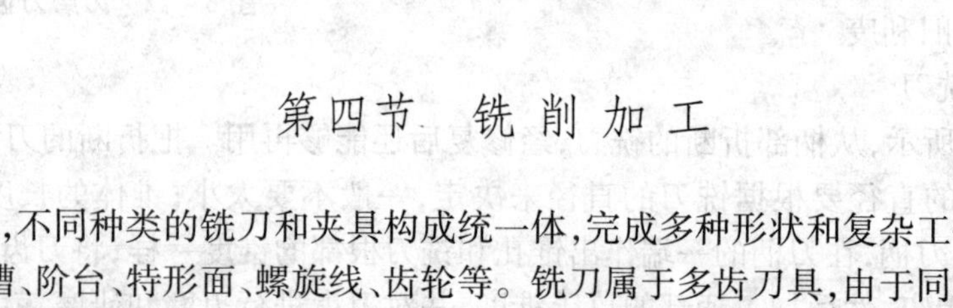

图5－16　黏结刻线刀

第四节　铣削加工

在铣床上，不同种类的铣刀和夹具构成统一体，完成多种形状和复杂工件的加工。常见的有平面、沟槽、阶台、特形面、螺旋线、齿轮等。铣刀属于多齿刀具，由于同时参加切削的齿数较多，参加切削的切削刃总长度较长，并能采用高速切削，所以铣削生产率高。如图5－17

所示为各种典型表面的铣削加工。

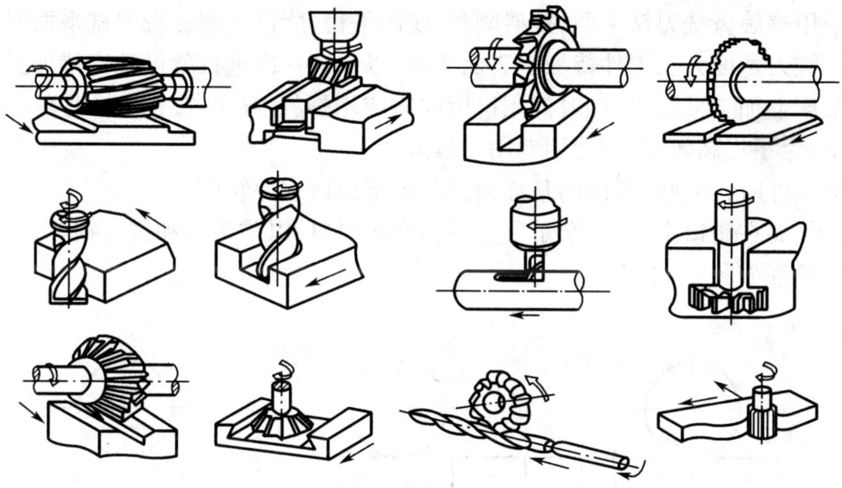

图 5-17　各种典型表面的铣削加工

一、铣平面

用铣削方法加工工件的平面称为铣平面。平面是构成机器零件的基本表面之一，铣平面是铣床加工的基本工作内容。

1. 铣平面的方法

(1)端铣刀铣平面

如图 5-18 所示，用端铣刀铣平面可以在卧式铣床上进行，铣出的平面与铣床工作台台面垂直；也可以在立式铣床上进行，铣出的平面与铣床工作台台面平行。端铣刀切削时，切削厚度变化小，参加切削刀齿多，工作平稳；铣刀的直径一般大于工件宽度，尽量在一次进行中铣出整个加工表面。

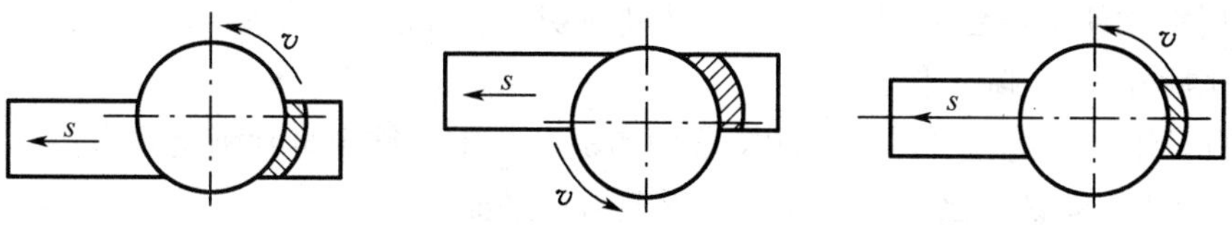

图 5-18　端铣刀铣平面

用端铣刀铣削平面具有下列优点：

①端铣刀的每个刀齿所切下的切削厚度变化较小，因此端铣时切削力变化小。

②端铣刀铣削时，同时参与切削的刀齿数较多，因此铣床主轴受力较稳定，铣削平稳。

③端铣刀直径可以做得很大，对于加工表面较宽的工件，平面可以一次切出，不需接刀。

④端铣刀刀轴短，强度高，刚性好，铣削时振动小，加工表面质量好。

⑤用端铣刀可进行高速切削，不重磨铣刀铣削，生产效率高。

(2)圆柱形铣刀铣平面

圆柱铣刀有螺旋齿和直齿,前者刀齿是逐步切入切出,切削过程比较平稳。在卧式铣床上,铣出的平面与工作台台面平行,铣削平面均采用螺旋齿圆柱形铣刀。其加工步骤如下:

①由于用螺旋齿铣刀铣平面,排屑顺利,铣削平稳,所以用圆柱铣刀铣平面时,常采用螺旋齿铣刀。铣刀宽度大于工件待加工表面宽度,以保证一次进行就可铣完待加工表面。

②在铣床上加工平面时,一般都用机用虎钳或用螺栓、压板把工件装夹在工作台上,大批量生产中,为了提高效率,可使用专用夹具来装夹。

③装夹工件时,必须将零件的基准面紧贴固定钳口或导轨面。

④工件装夹在钳口中间,且余量层必须稍高出钳口,以防钳口和铣刀损坏。

⑤铣削过程如图5-19所示。

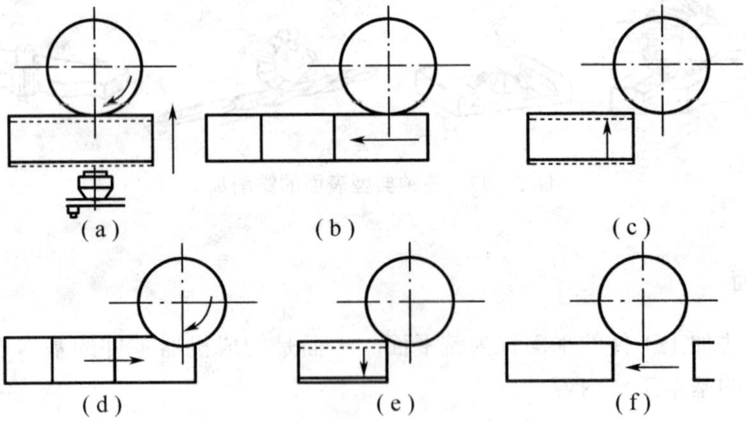

图5-19 圆柱铣刀铣平面加工过程

a.先开动主轴,使铣刀转动,再摇动升降台进给手柄,使工件慢慢上升,当铣刀微接触工件后,在升降刻度盘上做记号。

b.降下工作台,再纵向退出工件。

c.利用刻度盘将工作台升高到规定的铣削深度位置,紧固升降台和横滑板。

d.先用手动使工作台纵向进给,当工件稍被切入后,改为自动进给。

e.铣完后停车,下降工作台。

f.退回工作台,测量工件尺寸,测察表面粗糙度。重复铣削直到满足要求。

在铣平面时,端铣刀已逐渐取代圆柱形铣刀铣平面。

(3)立铣刀铣平面

在立式铣床上进行,用立铣刀的圆柱面刀刃铣削,铣出的平面与铣床工作台台面垂直,立铣刀用于加工较小的凸台面和台阶面,铣刀的周边是主切削刃,端面刃是副刀刃。

2.铣平面注意事项

(1)铣削中途不要突然停止进给,接着又开始进给,否则会在停止的地方留下深啃槽。

(2)掌握好进刀深度,刻度盘处紧固螺母拧紧,防止螺母松动、刻度盘空转或滑转,而使进刀数值不准确。

(3)工件在粗铣中应留有一定精铣余量,防止超差。

(4)在转动刻度盘时,如果转过了预定的刻度线,应将手柄倒转一整转以上,使倒转数能够消除工作台丝杠和螺母的间隙后，再使刻度线准确对正刻度盘的刻度数。如果仅仅使它稍微向回倒转一点，退到预定的刻度线，由于丝杠和螺母之间的间隙没有消除，而使加工出来的尺寸小于所需尺寸。

(5)粗铣中要把工件表面黑皮全部铣去。对于有砂眼、凹坑等缺陷的表面或不规则的表面，在不影响尺寸的情况下，可多铣去些。平整的表面可少铣些，也不要把某一个表面铣的太多，以防铣其他面时，尺寸已达到要求，使切削面上仍带有黑皮等缺陷而造成废品。

(6)粗铣时要基本保证工件的正确形状，注意防止工件变形，因为工件粗铣后得到的形状不太正确或变形，在精铣时就很难纠正，造成加工困难。

(7)进给结束后，工作台快速返回时，应及时降低工作台，防止铣刀在刚加工过的表面上画出印痕而损坏表面质量。

3.铣斜面

斜面就是工件上的一个表面与另一个相邻基准面交成某种角度的平面。铣斜面与铣平面的原理一致。只是对工件的切削位置或对工件的安装位置作相应的改变，以使斜面能达到准确的斜度。斜面的铣削一般有以下几种方法。

(1)改变铣刀的切削位置铣斜面

如图5－20所示，采用这种形式通常在立式铣床上根据工件的斜度要求，将立铣头转动到相应角度，把斜面铣出来。这种方法铣削时，工作台必须横向进给，且因受到工作台横向行程的限制，铣削斜面的尺寸不能过长，若斜面尺寸过长，可利用万能铣头来进行铣削，因为工作台可以作纵向进给。

(2)使用角度铣刀铣斜面

如图5－21所示，直接用带角度的铣刀来铣削斜面，所选用的铣刀角度要和工件的斜度相一致。由于角度铣刀的刀刃宽度有一定限制，所以，这种方法适用于较小尺寸的工件。

图5－20　改变铣刀的切削位置铣斜面

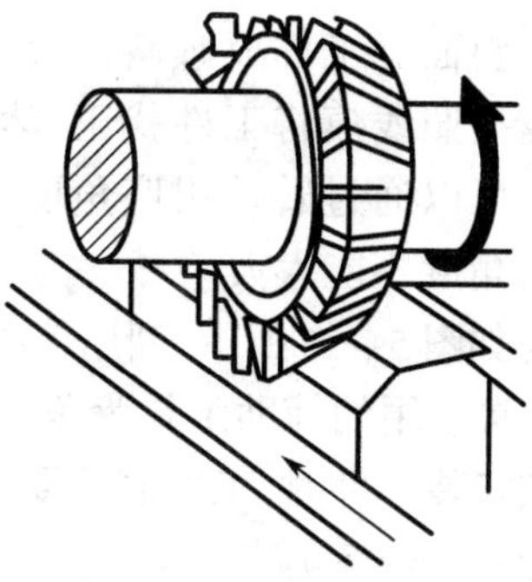

图5－21　角度铣刀斜面

如图5－22所示，工件上有两个斜面时，可用两把角度铣刀进行组合铣削，选用的角度铣刀锥面刀齿的长度要大于工件的斜面宽度。采用组合铣刀铣斜面时，为了保证切削位置的准确，必须控制好铣刀间的距离。

(3)改变工件的安装位置铣斜面

改变工件安装位置，采用在万向夹具上安装工件、在万能分度头上安装工件，使用辅助工具安装工件，利用机用平口台虎钳安装工件，或将工件直接夹紧在工作台上等方法。

①用万向夹具安装工件。万向夹具包括正弦钳、万向机用台虎钳、组合式角铁等，如图

5－23所示。万向台虎钳工作中，将铣刀安装在铣床主轴前端的铣刀杆上，万向台虎钳的旋转度数，应依照工件的斜度要求来确定。在万向转台上安装工件铣斜面时，可根据需要，将工件转动到任意角度。加工中，夹具的各部螺钉、螺母注意拧紧。

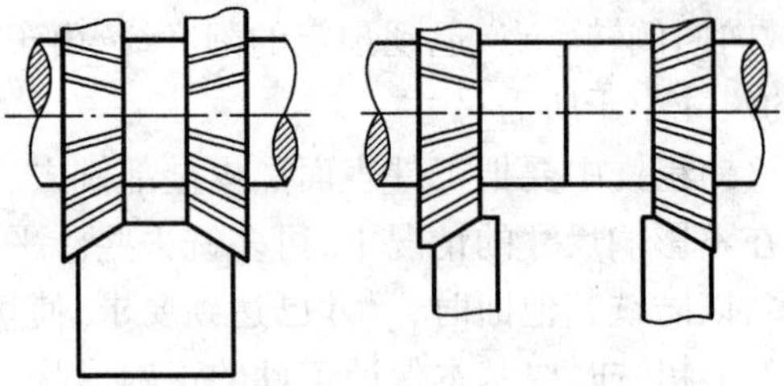

图 5－22　组合角度铣刀铣斜面

②在万能分度头上安装工件。如图5－24所示，利用分度头安装工件铣斜面时，工件安装在三爪自定的卡盘内，按照斜度要求将分度头扳转一个倾斜角度，将斜度铣出来。

图 5－23　万向夹具铣斜面

③利用机用平口台虎钳安装工件。如图 5－25 所示，将工件安装在机用台虎钳上铣斜面。工件成倾斜位置，加紧前用刻线盘按照线痕将工件找正，然后进行切削。也可以通过转动钳座角度来铣斜面，但转动角度不能太大。

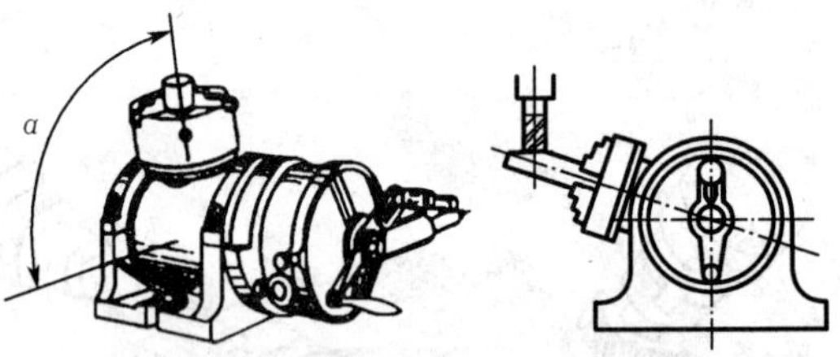

图 5－24　分度头安装工件铣斜面

④如图 5－26 所示，利用辅助工具安装工件。常使用的辅助工具为角度垫铁，使用角度垫铁安装工件时，工件底面要与垫铁严密接触，工件用螺栓和压板夹紧。

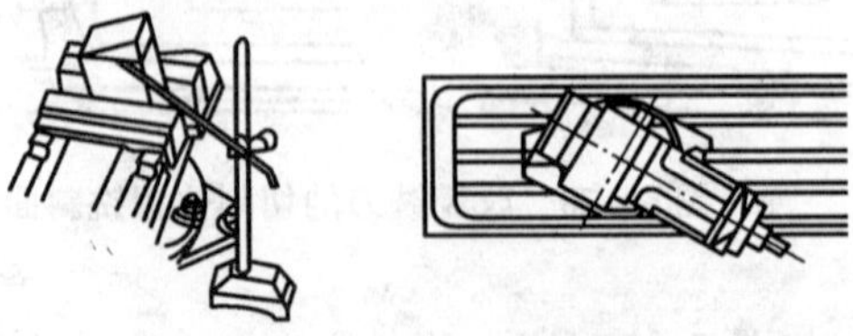

图 5－25　按照线印找正工件或转动虎钳铣斜面

(4)使用专用夹具铣斜面

大批量加工斜面工件，通常使用专用的特种夹具，如图 5－27 所示。该夹具在设计和制作过程中，已经考虑了被加工工件对斜度的要求，所以，安装时不用进行找正，只要按照规定做好工件的定位就可以了。

如图 5－28 所示是一种组合式专用夹具。两个角铁用螺母固定在工作台上，工件安装在角铁上，每次夹紧两个工件。夹具斜度和工件所要求斜度相适合。

二、铣台阶面

台阶面是由两个互相垂直的平面构成的。铣削台阶面时，同一把铣刀不同部位的切削刃同时进行铣削。由于铣削采用同一定位基准，因此，可以满足台阶较高的尺寸精度、形状精度和位置精度要求。

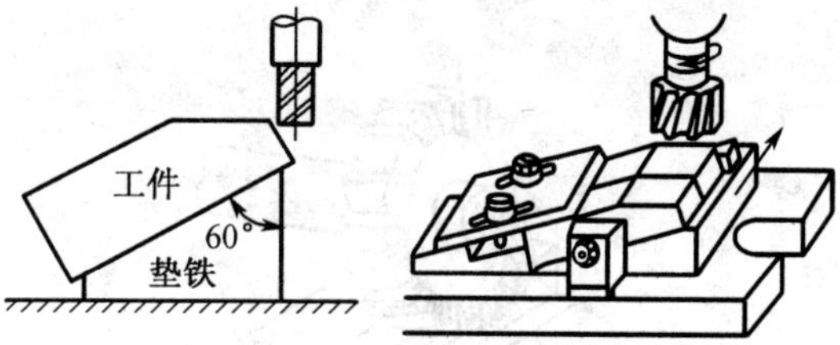

图 5－26　使用辅助角度垫铁铣斜面

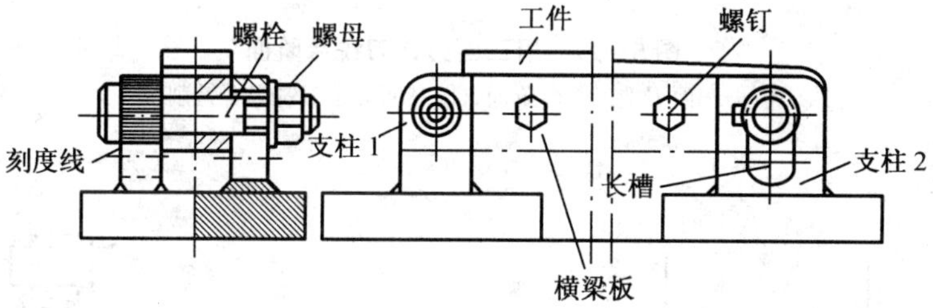

图 5－27　专用夹具铣斜面

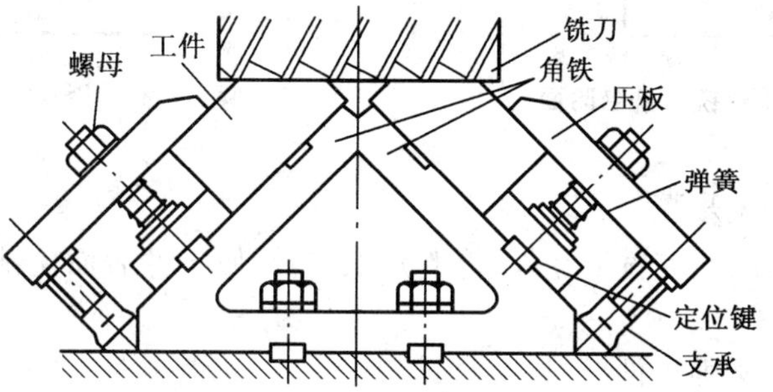

图 5－28　组合式夹具铣斜面

1. 台阶面铣削方法

(1)三面刃铣刀铣台阶

三面刃铣刀的直径和刀齿尺寸都比较大，容屑槽大，所以刀齿强度和排屑、冷却性能均较好，生产效率高。铣削阶台和沟槽一般均采用三面刃铣刀在卧式铣床上进行，如图 5－29(a)所示。若工件上有对称阶台，则常采用两把直径相同的三面刃铣刀组合铣削，如图 5－29(b)所示。

(2)端铣刀铣台阶面

宽度较大而深度不深的台阶常采用端铣刀铣削。端铣刀直径大、刀杆刚度好，铣削时切屑厚度变化小，铣削平稳，生产效率高，如图 5－30 所示。

(3)立铣刀铣台阶面

立铣刀铣削适用于垂直面较宽，水平面较窄的台阶面，如图 5－31 所示。当台阶处于工件轮廓内部，其他铣刀无法伸入时，此方法加工很方便。通常立铣刀直径小、悬伸长、刚性差，所以不宜选用较大铣削用量。

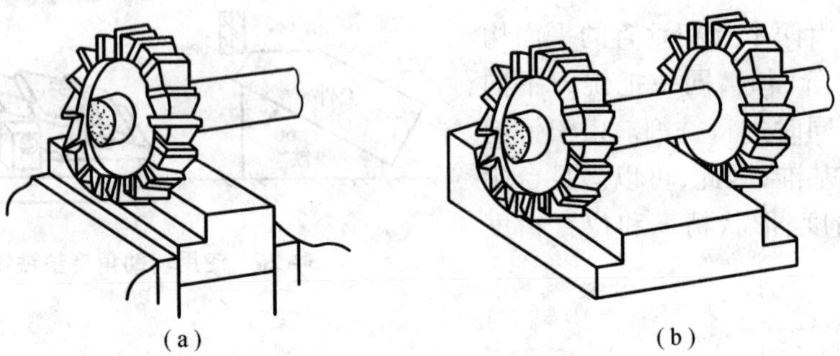

图 5－29　用三面刃铣刀铣台阶面

(a)三面刃铣刀铣台阶面；(b)三面刃铣刀铣组合铣削

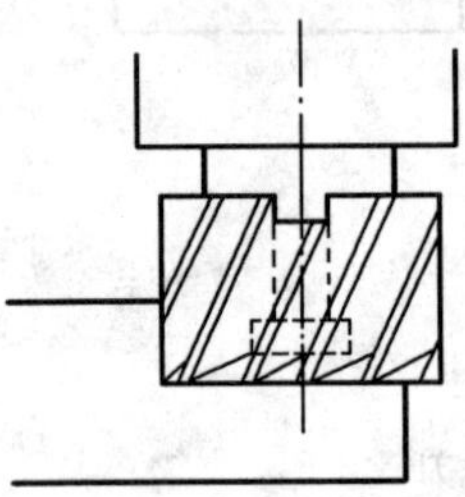

图 5－30　用端铣刀铣台阶面

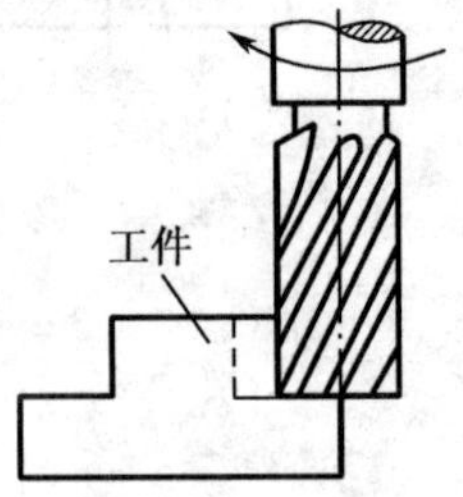

图 5－31　用立式铣刀铣台阶面

2.台阶面铣削加工步骤

(1)横向移动工作台，使铣刀在外，再上升工作台，使工件表面比铣刀刀刃高，但不能超过 16 mm。

(2)找正平口钳，装夹工件。

(3)开动机床，使铣刀旋转，并移动横向工作台，使工件侧面渐渐靠近铣刀。

(4)把横向工作台的刻度盘调整到零线位置，下降工作台，摇动手柄，使工作台横向移动 6.5 mm，并把横向固定手柄扳紧。

(5)调整铣削层深度，先渐渐上升工作台，直到工件顶面与铣刀刚好接触。纵向退出工件，再上升 16 mm，并把垂直移动的固定手柄扳紧，接着即可开动机床和切削液泵，进行切削。

(6)在铣另一边的台阶时，铣削层深度可采取原来的深度，不必再重新调整。

在第一个工件加工时，可少铣去一些余量，然后根据测量的数据，进行第二次调整，并记录刻度值，再铣去余量。待第一个工件合格后，再铣其余的工件。

3.注意事项

(1)开车前应仔细检查铣刀及工件装夹是否牢固，安装位置是否正确；

(2)开车后检查铣刀旋转方向是否正确，对刀和调吃刀深度应在开车时进行；

(3)铣削加工时，按照先粗铣后精铣的方法，提高工件的加工精度和表面质量；

(4)注意切削力的方向应压向平口钳钳口，避开切屑飞出的方向；

(5)铣削时应采用逆铣，注意进给方向，以免顺铣造成打刀或损坏工件。

三、铣沟槽

1.直角沟槽的铣削

直角沟槽分为通槽、半通槽和不通槽三种形式,如图5-32所示。

较宽的通槽常用三面刃铣刀加工,较窄的通槽可用锯片铣刀或小尺寸的立铣刀加工,较长的不通槽也可先用三面刃铣刀铣削中间部分,再用立铣刀铣削两端圆弧。

键槽的加工与铣直槽一样,常使用键槽铣刀,只是半圆键槽的加工需用半圆键槽铣刀来铣削,如图5-33所示。

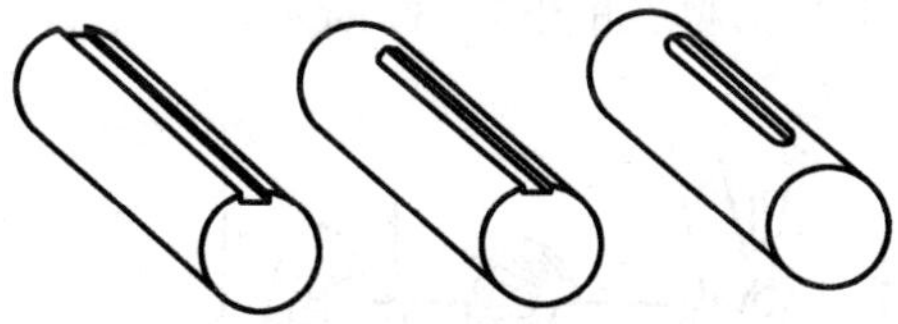

图5-32　直槽的种类

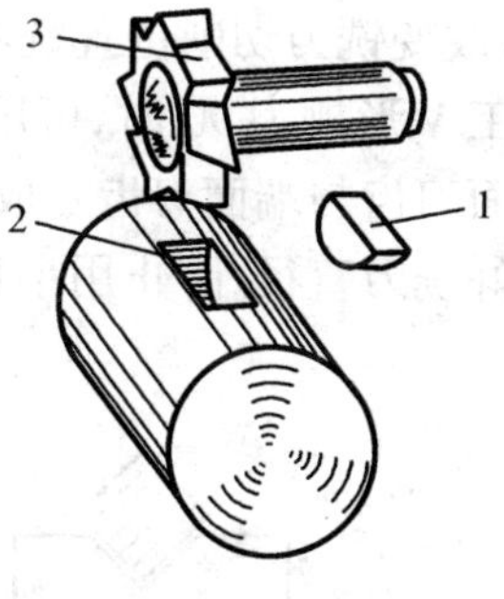

图5-33　半圆键槽的铣削
1—半圆键;2—半圆键槽;3—键槽铣刀

开口键槽可在卧式铣床上用三面刃铣刀来铣削。如图5-34所示。

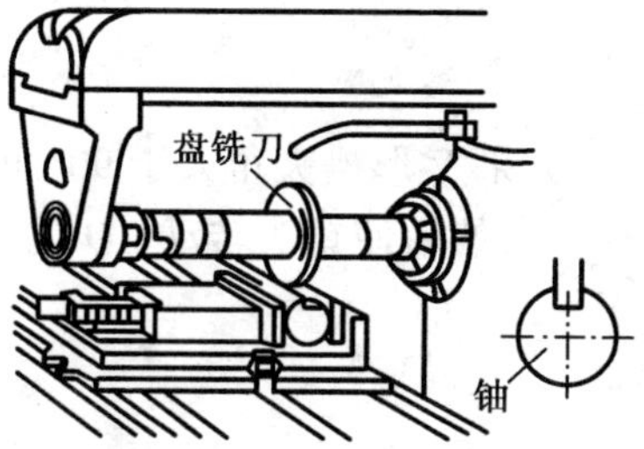

图5-34　在卧式铣床上铣开口键槽

其步骤如下:

(1)选择及安装铣刀。三面刃铣刀的宽度应根据键槽的宽度选择。铣刀必须装得准确,不应左右摆动。

(2)安装工件。轴类工件常用虎钳安装。为了使铣出的键槽平行于轴的中心线,虎口虎钳须与纵进给方向平行,图5-35所示。装夹工件时,应使轴的端部伸出钳口外,以便对刀和检验键槽尺寸。

(3)对刀。铣削时,铣刀中心平面和轴的中心线对准。铣刀对准后,将横溜板紧固,如图5-36所示。

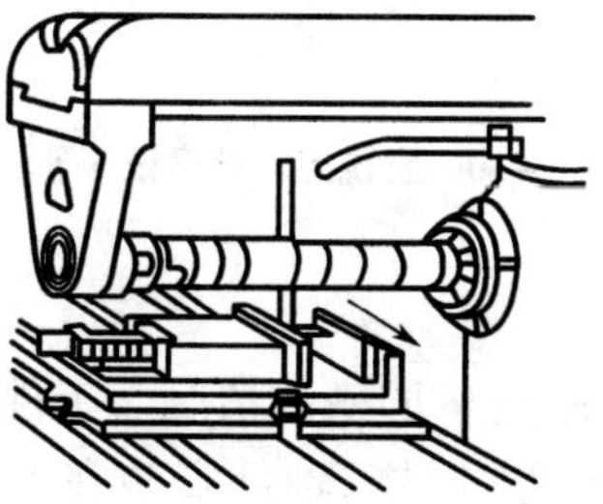

图5-35　用杠杆表校正钳口

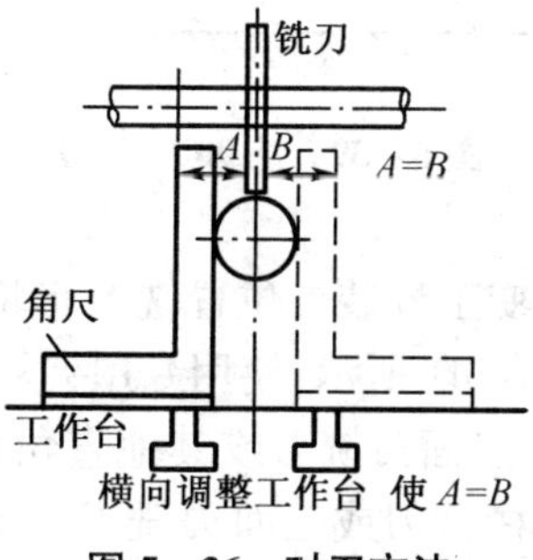

图5-36　对刀方法

(4)调整铣床。调整方法与铣平面时相同,先试切,检验槽宽,然后铣出键槽的全长。铣较深的键槽时,须分几次进行。封闭键槽在立式铣床上铣削。如图 5-37 所示。

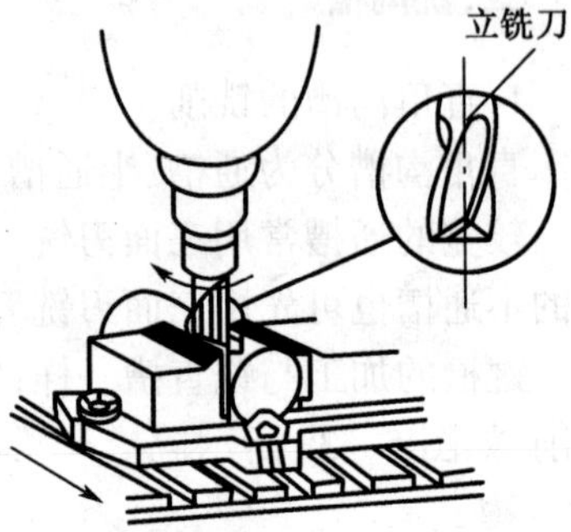

图 5-37　在立式铣床上铣封闭键槽

2.V 形槽的铣削

(1)角度铣刀铣出 V 形槽

如图 5-38 所示,先用锯片铣刀将槽中间的窄槽铣出,窄槽的作用是使用角度铣刀铣 V 形面时,保护刀尖不被损坏,同时,使与 V 形槽配合的表面间能够紧密贴合。铣削时,应注意使窄槽中心与 V 形槽中心相重合。

(2)改变铣刀切削位置铣 V 形槽

加工 V 形槽为 90°时,可用套式面铣刀铣削。利用铣刀圆柱面刀齿与端面刀齿互成垂直 的角度关系,将铣头转动 45°,把 V 形槽一次铣出。加工中选择好铣刀直径,防止用小直径铣刀铣大尺寸 V 形槽,如图 5-39 所示。

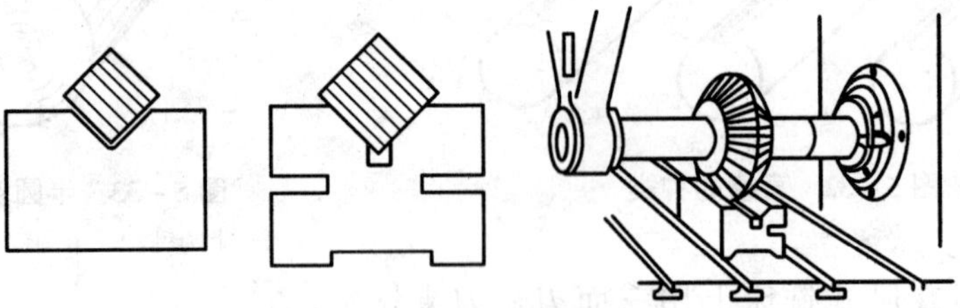

图 5-38　角度铣刀铣 V 形槽

如果 V 形槽夹角大于 90°,可使用立铣刀。按照 V 形槽的一半的角度 Q 转动铣头先铣出一面,然后使铣头转动 $2Q$ 的角度,将 V 形槽的另一面加工出来,如图 5-40 所示。

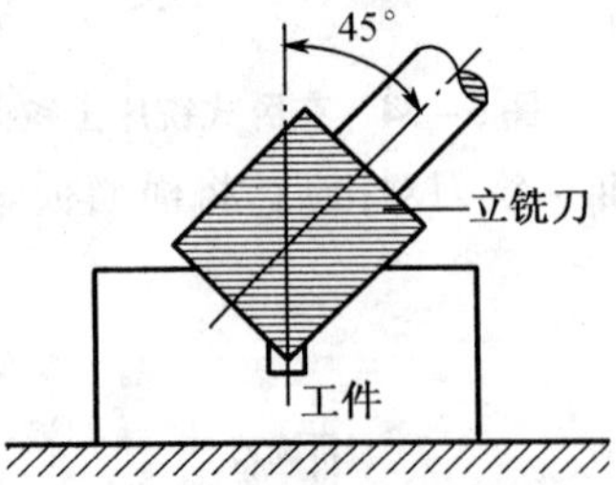

图 5-39　铣 90°V 形槽

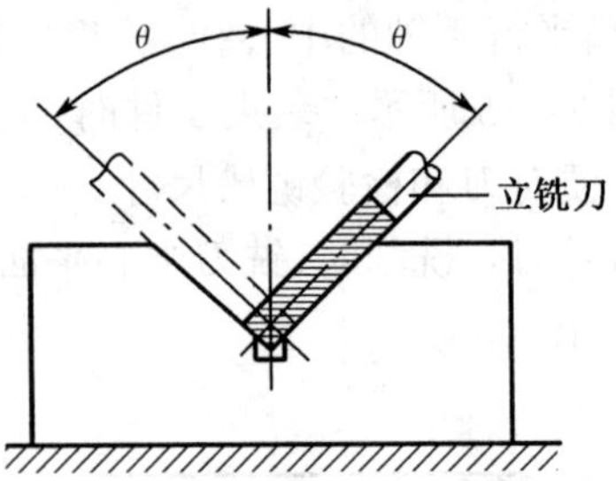

图 5-40　立铣刀转角度铣 V 形槽

(3)改变工件装夹位置铣 V 形槽

如图 5-41 所示,使用专用夹具改变工件安装位置铣 90°V 形槽的情况。工件安装位置倾斜45°,用三面刃铣刀或其他直角铣刀切削。在轴件上铣V形槽,轴件安装在万能分度头上,用盘形槽铣刀或三面刃铣刀切削。当铣刀中心线对正工件中心线后先铣出直角槽,然后,将工件按图中箭头方向旋转一个角度为 Q(Q 为 V 形槽角度的一半),同时,使工件台移动距离 B,铣出 V 形槽的一面后,在使工件反转 $2Q$ 的角度,并使工作台反向移动 $2B$ 的距离，将 V 形槽的另一面铣出。

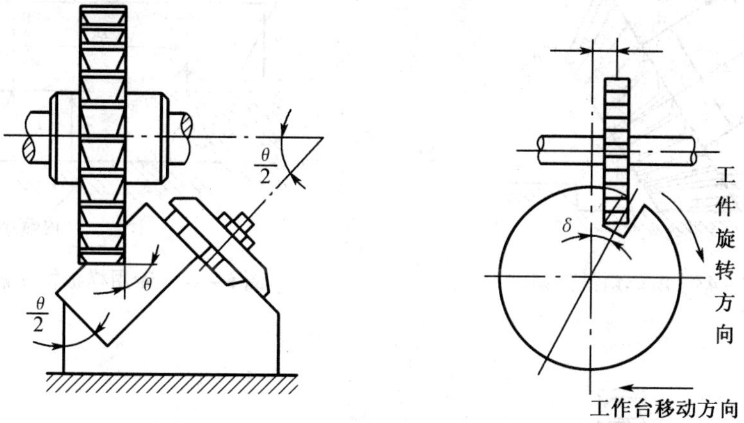

(a)　　(b)

图 5－41　改变工件装夹位置铣 V 形槽

3.燕尾槽的切削

带燕尾槽的零件在铣床和其他机械中经常见到，如车床导轨、铣床床身和悬梁相配合的导轨槽就是燕尾槽。

铣削燕尾槽要先铣出直角槽，然后使用燕尾槽铣刀铣削燕尾槽。如图 5－42 所示，(a)图为内燕尾铣削，(b)图为外燕尾铣削。铣削时燕尾槽铣刀刚度弱，容易折断，所以，在切削中，要经常清理切屑，防止堵塞。选用的切削用量要适当，并且，注意充分使用切削液。

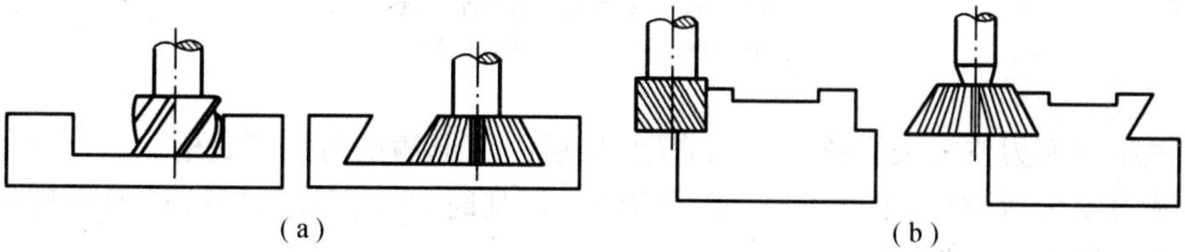

(a)　　(b)

图 5－42　铣削燕尾槽

(a)内燕尾铣削；(b)外燕尾铣削

铣削燕尾槽，在缺少燕尾槽铣刀的情况下，可以使用单角铣刀代替进行加工，如图5－43所示。这时，单角铣刀的角度要和燕尾槽角度相一致，并且铣刀杆不要露出铣刀端面，防止有碍切削。

批量生产中，可使用专用样板检查，如图 5－44 所示。要求精密测量时，必须使用检测内外燕尾槽的专用工具。

4.铣削 T 形槽

铣 T 形槽的工件可在立式铣床上，用 T 形槽铣刀铣削，如图 5－45 所示。铣 T 形槽的加工步骤如下：

(1)在工件表面画上线痕，找对位置再正确装夹。

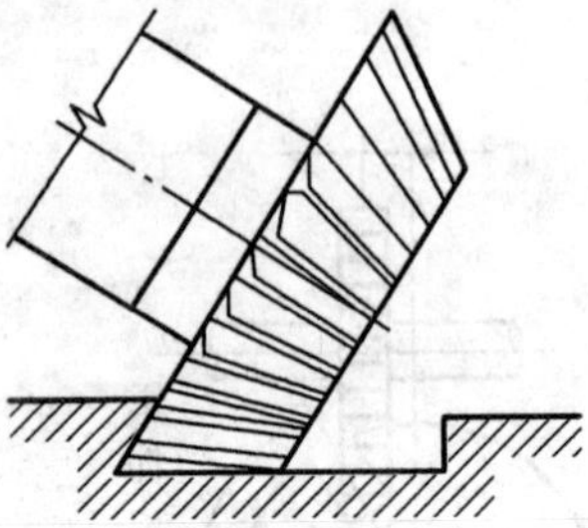

图 5-43 用单角铣刀切削

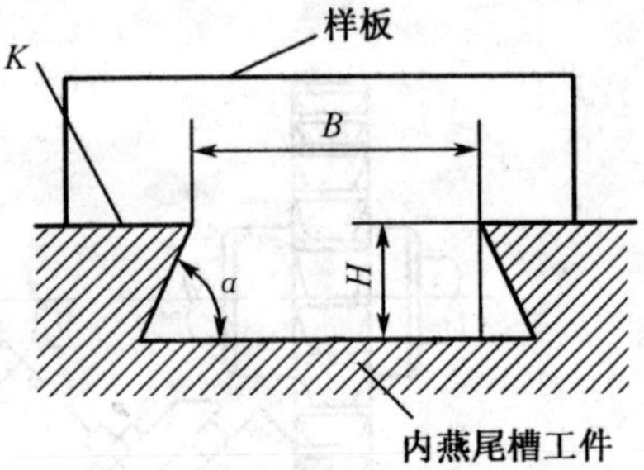

图 5-44 专用样板检测燕尾槽

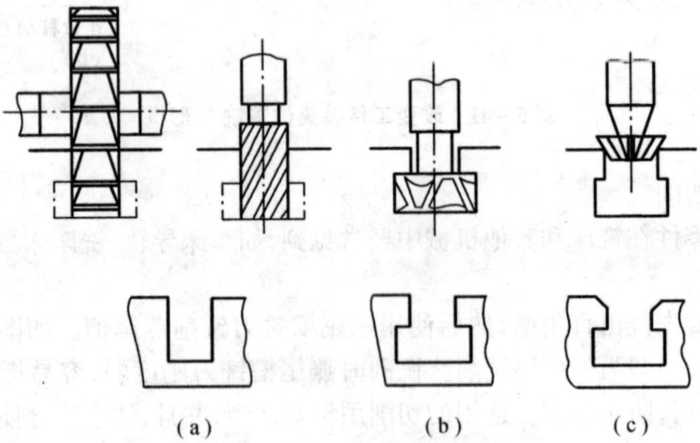

图 5-45 T形槽的铣削方法

(a)铣直槽;(b)加工底槽;(c)倒角

(2)先用三面刃铣刀或立铣刀铣出直槽,然后用T形槽铣刀加工底槽。

(3)铣刀安装后,对准工件印痕,开始切削。切削时,采用手动进给,铣刀全部切入工件后,再用自动进给进行切削。

(4)铣T形槽时,由于排屑、散热都比较困难,加之T形槽铣刀的颈部较小,容易折断,所以在铣削中要充分使用切削液,注意及时排除切屑,防止堵塞,并且不宜选用过大的铣削用量。

5.注意事项

(1)加工键槽前,应认真检查铣刀尺寸,可以先试加工;

(2)铣削用量要合适,避免产生"让刀"现象,以免将槽铣宽;

(3)切断钢件时,要充分浇注切削液,避免"夹刀"现象;

(4)切断工件时,切口位置尽量靠夹紧部位,以免工件振动造成打刀;

(5)铣削时不准测量工件,不准手摸铣刀和工件。

四、铣螺旋槽

在铣床上,常用万能分度头铣削带有螺旋线的工件,这类工件的铣削称为铣螺旋槽。

1.铣削螺旋槽

(1)螺旋线的概念

如图 5－46 所示,当直径为 D 的圆柱体在直角三角形纸片 ABC 上滚动一周或者直角三角形纸片 ABC 绕圆柱转动一周,斜边 AB 在圆柱体上的轨迹或形成曲线就是螺旋线。

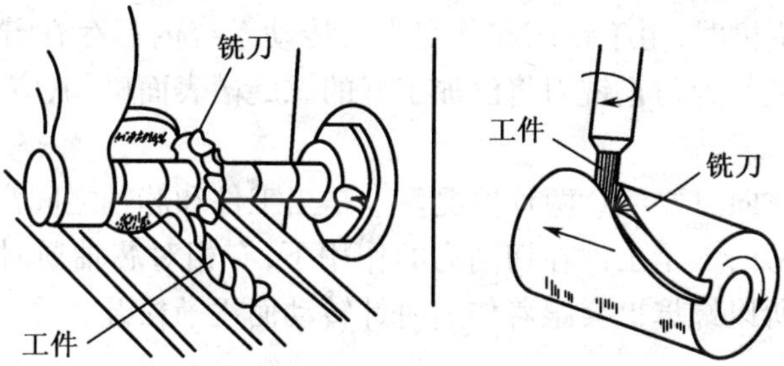

图 5－46　铣削螺旋线

(2)螺旋线的要素

螺旋线绕圆柱一周后,在周线方向所移动的距离即为导程,用 L 来表示;螺旋角是螺旋线与圆柱体轴线之间的夹角即为螺旋角,用 β 表示;螺旋升角是螺旋线与圆柱面之间的夹角为螺旋升角,用 λ 表示,它们之间的关系式

$$L = \pi D\cot\beta$$

(3)铣削螺旋槽的要点

①铣螺旋线必须在万能铣床上进行,每铣完一条螺旋线,分度后,接着铣下一条螺旋线。

②铣螺旋线要先使铣刀中心对正工件中心,为了保证工作台扳动后,工件仍能与铣刀中心对正,分度头的定位键要嵌入工作台正中间的 T 形槽内。

③如图 5－47 所示,螺旋线的螺旋方向是由工件的进给方向和工件转动的方向决定的,绕右螺旋线应使工件逆时针方向旋转,工件自右向左进给,铣左螺旋线则相反。

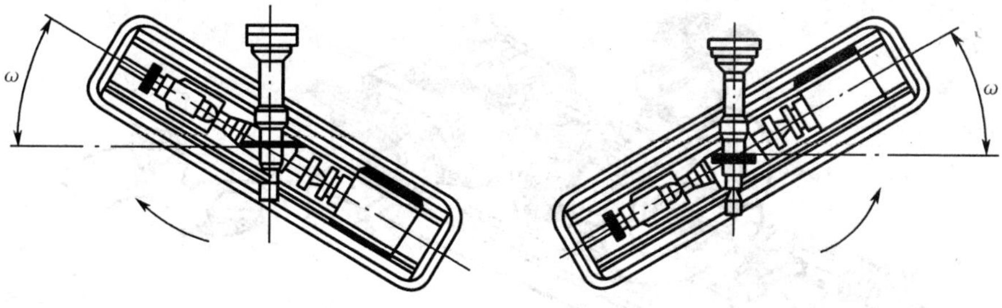

图 5－47　铣螺旋线工作台扳转方向和角度

④螺旋线的截面形状各种各样(如三角形、梯形、矩形等),所以,选用的铣刀也必须符合螺旋槽形状。在铣矩形螺旋槽时,只能用立铣刀,不能用三面刃铣刀,否则,铣刀齿会划破槽壁,使铣出的沟槽形状改变。

2.注意事项

(1)在铣削螺旋槽时,工件需要随纵向工作台进给而连续移动,必须将分度头主轴的紧固手柄和分度盘的紧固螺钉松开。

(2)当工作螺旋槽导程小于80 mm时,由于挂轮速度比较大,最好采用手动进给。在实际工作中,手动进给时可转动分度手柄,使分度盘随着分度手柄一起转动。

(3)加工多头螺旋槽时,由于铣床和分度头的传动系统内都存在着一定的传动间隙,因此在每次铣好螺旋槽后,为防止铣刀将已加工好的螺旋槽表面碰伤,应在返程前将升降台下移一段距离。

(4)在确定铣削方向时要注意两种情况。一是当工件和芯轴之间没有定位键时,要注意芯轴螺母是否自动松开;二是工件在切削力的作用下,有相对芯轴逆时针转动的趋向,由于端面摩擦力的关系,所以螺母也会跟着作逆时针转动而逐渐松开。

第五节　齿轮齿形加工

齿轮齿形的加工主要有成形法和展成法,成形法是利用刀刃形状和齿槽形状相同的刀具在铣床上切制齿形的方法,有铣齿、成形插齿、拉齿等,铣齿最为常用。展成法是利用齿轮刀具与被切齿轮的互相啮合运动而切出齿形的方法,有滚齿、插齿、衍齿等,其中滚齿、插齿是最为常用的方法。成形法加工齿轮,其齿轮的精度比展成法加工齿轮的精度低,生产效率也低,但它不需要专用齿轮加工机床和昂贵的展成刀具,故成形法应用很广。

一、铣齿

1.铣齿加工方法

铣齿是利用成形齿轮铣刀在铣床上直接切削出齿轮的方法。在卧式铣床上,利用万能分度头和尾架顶尖装夹工件,用与被切齿轮模数相同的盘状铣刀铣削。每切完一个齿槽,用分度头按齿数进行分度,再铣下一个齿槽,如图5-48所示。

(a)　　(b)

图5-48　铣齿轮

(a)齿轮盘铣刀铣齿轮;(b)指形铣刀铣齿轮

2.铣齿加工特点

(1)结构简单,加工方便,生产成本低。

(2)由于刀具存在原理性的齿形误差，以及铣齿时工件、刀具的安装误差和分齿误差，铣齿的精度较低，一般为9～10级的精度。

(3)铣齿时，由于每铣一个齿槽均须重复进行切入、切出、退刀和分度等工作，辅助时间长，因此生产率低。

二、插齿

插齿是利用插齿刀按展成法加工内、外齿轮或齿条齿面的一种方法，如图5－49所示。

插齿的工作原理是利用一对圆柱齿轮相啮合来加工齿面。插齿刀实质上是一个端面磨有前角、齿部及齿侧均磨有后角的齿轮。插齿时，插齿刀沿工件轴向作直线往复运动以完成切削主运动，在刀具和工件轮坯作“无间隙啮合运动”过程中，在轮坯上渐渐切出齿廓。加工过程中，刀具每往复一次，仅切出工件齿槽的一小部分，齿廓曲线是在插齿刀刀刃多次相继的切削中，由刀刃各瞬时位置的包络线所形成的。

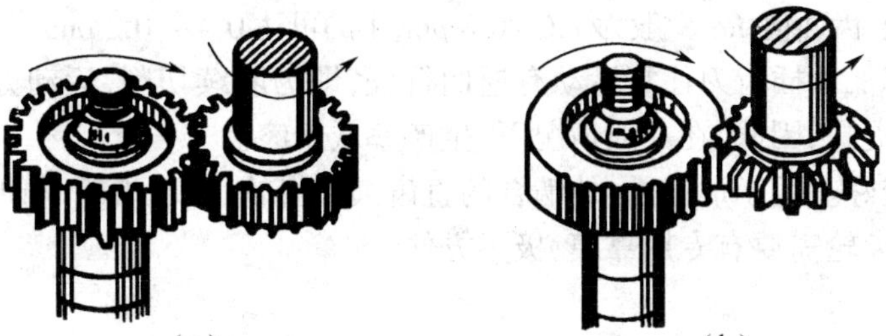

(a)　　　　(b)

图5－49　插齿加工

(a)一对圆柱齿轮相啮合加工齿轮；(b)插齿工作原理

1.插齿机

插齿机主要用于加工直齿圆柱齿轮，尤其适用于加工在滚齿机上不能滚切的内齿轮和多联齿轮。图5－50所示为Y5132型插齿机外形。它由床身、立柱、刀架、主轴、工作台和溜板等部件组成。加工外齿轮最大分度圆直径为320 mm，加工最大齿轮宽度为80 mm，加工内齿轮最大外径为500 mm，加工最大宽度为50 mm。

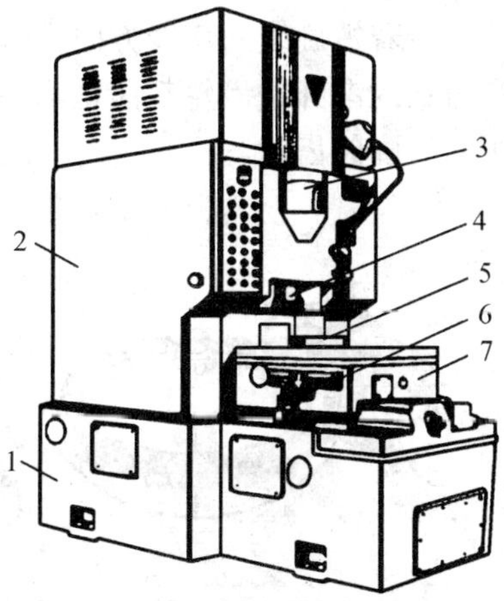

图5－50　Y5132型插齿机

1—床身；2—立柱；3—刀架；4—主轴；5—工作台；6—挡块支架；7—溜板

插齿机在加工直齿轮时，有如下几种运动方式：

(1)主运动。插齿机的主运动是插齿刀沿其轴线所作的直线往复运动。在一般立式插齿机上，刀具垂直向下时为工作行程，向上为空行程。主运动以插齿刀每分钟的往复行程次数来表示，即双行程/min。

(2)展成运动。加工过程中插齿刀和工件必须保持一对圆柱齿轮的啮合运动关系，即在插齿刀转过一个齿时，工件也要转过一个齿。插齿刀和工件所作的啮合旋转运动即为展成运动。

(3)圆周进给运动。圆周进给运动是插齿刀绕自身轴线的旋转运动，其旋转速度的快慢决定了工件转动的快慢，也直接关系到插齿刀的切削负荷，被加工齿轮的表面质量，机床生产率和插齿刀的使用寿命。圆周进给运动的大小，即圆周进给量，单位为 mm/双行程。

(4)径向切入运动。开始插齿时，如插齿刀立即径向切入工件至全齿深，将会因切削负荷过大而损坏刀具和工件。工件应逐渐地向插齿刀作径向切入，径向进给量是以插齿刀每次往复行程，工件径向切入距离来表示，单位为 mm/双行程。

(5)让刀运动。插齿刀空行程时，为了避免擦伤工件齿面和减少刀具磨损，刀具和工件间应让开一小段距离，而在插齿刀向下开始工作行程之前，又迅速恢复到原位，以便刀具进行下一次切削，这种让开和恢复原位的运动即为让刀运动，它是由安装工件的工作台移动来实现的。

2.插齿加工特点

(1)加工精度高。插齿刀的制造、刃磨和检验都比齿轮滚刀简便，易于保证制造精度，但插齿机分齿运动的传动链接较滚齿机复杂，传动误差较大，因此，插齿的加工精度比铣齿高，与滚齿相比，一般为 8~7 级，齿面值 Ra 一般为 1.6~0.8 μm，小的可达 0.4~ 0.2 μm。

(2)生产效率低。插齿刀往复运动有返回行程，即为断续切削，运动方向的改变存在死点而影响速度的提高，因此，在一般情况下，生产率低于滚齿。

(3)适用性较好。适于加工内、外啮合的直齿圆柱齿轮、多联齿轮、扇形齿轮和齿条。用插齿方法加工斜齿轮需要有专用靠模，极不方便。

三、滚齿

用齿轮滚刀按展成法加工齿轮、蜗轮等的齿面称为滚齿。

1.滚齿加工方法

如图 5-51 所示，滚刀的形状相当于一个蜗杆，为了形成切削刃，在垂直于螺旋线的方向开出沟槽，并经铲齿、刀齿具有前角与后角，成为齿轮滚刀，如图 5-52 所示。沿着滚刀刀槽的一排刀齿，在滚刀的螺旋线法向截面上，其切削刃近似于齿条的齿形。滚切时，就像一个无限长的齿条在缓慢移动，滚刀与工件的相对运动可以假想为齿条和齿轮的啮合，滚刀的刀齿又沿着螺旋线的切线方向进行切削，实现在齿坯上切出齿廓的运动。齿条与同模数的任意齿数的渐开线齿轮都能正确啮合，所以滚刀滚切同一模数的任意齿数的齿轮，均可加工出所需齿廓的齿轮。

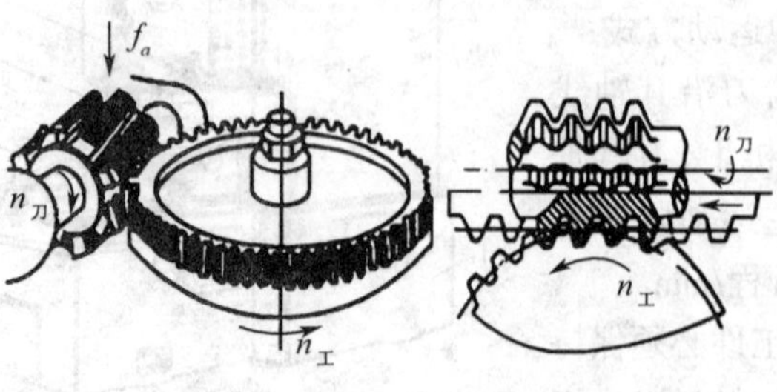

图 5-51 滚齿工作原理

图 5-52 齿轮滚刀

2.滚齿机

滚齿机是齿轮加工机床中应用最广泛的一种机床，主要用于加工直齿和斜齿圆柱齿轮，此外，使用蜗轮滚刀时，也可用于加工花键轴及链轮等。

如图5－53所示，滚齿机由床身、立柱、刀架溜板、滚刀架、后立柱和工作台等主要部件组成，立柱固定在床身上。刀架溜板带动滚刀架沿立柱导轨作垂向进给运动或快速移动，滚刀安装在刀杆上，由滚刀架的主轴带动作旋转主运动，滚刀架可绕自己的水平轴线转动，以调整滚刀的安装角度。工件安装在工作台的心轴上或直接安装在工作台上，随同工作台一起作旋转运动。后立柱上的支架可通过轴套或顶尖支承工件心轴的上端，以提高滚切工作的平稳性。

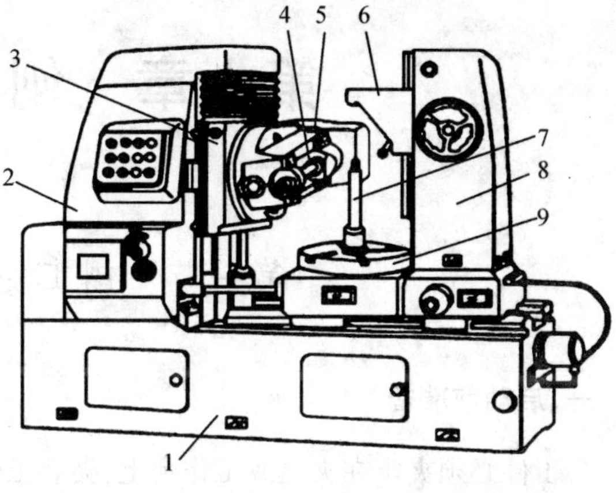

图5－53　Y3150E型滚齿机外形

1—床身；2—立柱；3—溜板；4—刀杆；5—滚刀架；6—支架；7—心轴；8—后立柱；9—工作台

3.滚齿加工特点

(1)加工精度高。滚齿是利用展出原理加工齿轮的方法，与铣齿相比，没有原理性齿形误差，因此，加工精度比铣齿高，一般为8～7级，高的可达5～4级；齿面的表面粗糙度值 *Ra* 一般为3.2～0.8 μm，最小的可达0.4 μm。

(2)生产效率高。滚齿是多刃刀具的连续切削加工，生产效率在一般情况下比铣齿、插齿高。

(3)适用性较好。适于加工直齿、斜齿圆柱齿轮和蜗杆，但不能加工内齿轮，且不适宜间距较近的阶台齿轮的滚切。

(4)滚刀的通用性强。每一模数的滚刀可以滚切同一模数任意齿数的齿轮。

第六章 刨工实训

第一节 刨工安全操作规程

一、启动前准备

1.工件必须夹牢在夹具或工作台上,夹装工件的压板不得长出工作台,在机床最大行程内不准站人。刀具不得伸出过长,应装夹牢靠。

2.校正工件时,严禁用金属物猛敲或用刀架推顶工件。

3.工件宽度超出单臂刨床加工宽度时,其重心对工作台重心的偏移量不应大于工作台宽度的四分之一。

4.调整冲程应使刀具不接触工件,用手柄摇动进行全行程试验,滑枕调整后应锁紧并随时取下摇手柄,以免落下伤人。

5.龙门刨床的床面或工件伸出过长时,应设防护栏杆,在栏杆内禁止通过行人或堆码物品。

6.龙门刨床在刨削大工件前,应先检查工件与龙门柱、刀架间的预留空隙,并检查工件高度限位器安装是否安装正确牢固。

7.龙门刨的工作台面和床面及刀架上禁止站人、存放工具和其他物品。操作人员不得跨越台面。

8.作用于牛头刨床手柄上的力,在工作台水平移动时,不应超过 8 kg,上下移动时,不应超过 10 kg。

9.工件装卸、翻身时应注意锐边、毛刺割手。

二、运转中注意事项

1.在刨削行程范围内,前后不得站人,不准将头、手伸到牛头前观察切削部分和刀具,未停稳前,不准测量工件或清除切屑。

2.吃刀量和进刀量要适当,进刀前应使刨刀缓慢接近工件。

3.刨床必须先运转后方准吃刀或进刀,在刨削进行中欲使刨床停止运转时,应先将刨床退离工件。

4.运转速度稳定时,滑动轴承温升不应超过 60 ℃,滚动轴承温升不应超过 80 ℃。

5.进行龙门刨床工作台行程调整时,必须停机,最大行程时两端余量不得少于 0.45 m。

6.经常检查刀具、工件的固定情况和机床各部件的运转是否正常。

三、停机注意事项

1.工作中如发现滑枕升温过高;换向冲击声或行程振荡声异响;或突然停车等不良状况,应立即切断电源;退出刀具,进行检查、调整、修理等。

2.停机后,应将牛头滑枕或龙门刨工作台面、刀架回到规定位置。

第二节 常用刨削类机床简介

刨床和插床两者很相似,所以,刨床的工作原理和加工内容、刨刀及其切削原理、刨床夹具和工件的安装与定位,以及各种工作切削方法等,在插床上工作时都可以借鉴和选用。

一、刨削加工范围和工艺特点

1.刨削加工范围

刨床结构简单、操作方便、通用性强,适合在多品种、单件小批量生产中,用于加工各种平面、导轨面、直沟槽、T形槽、燕尾槽等。如果配上辅助装置,还可以加工曲面齿轮、齿条等工件,如图6-1所示。

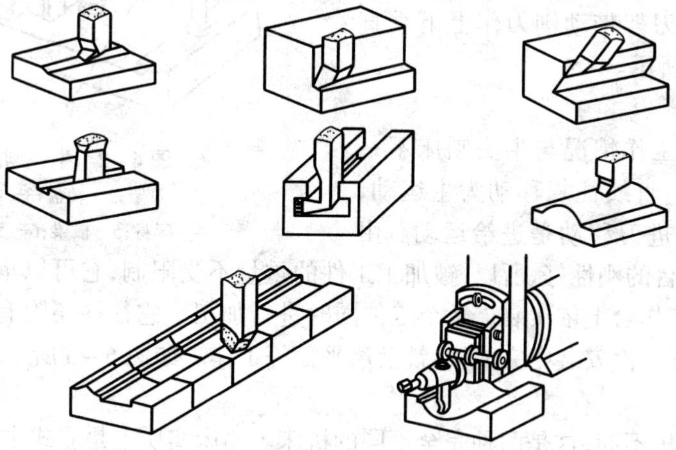

图6-1 刨床的加工范围

2.刨削加工的工艺特点

(1)刨刀的制造和刃磨容易,价格低廉,其加工成本明显低于同类机床。

(2)刨削速度不应过快,因为换向瞬间运动反向惯性很大,而由于刨削速度低并且有一定的空行程,产生的切削热不高,故一般不需要加切削液。

(3)由于切削是断续的,每个往复行程中刨刀切入工件时,受较大冲击力,刀具易磨损,加工质量较低。

(4)返回行程刨刀一般不切削,造成空运行时间损失,使生产效率较低。

(5)刨削加工精度达IT10~IT7级,表面粗糙度值 *Ra* 可达6.3~1.6 μm。

二、常用刨削类机床

刨削类机床常用的有牛头刨床、龙门刨床和插床等,刨削加工可以在牛头刨床和龙门刨床上进行。单件小批量生产中的中小型零件通常在牛头刨床上进行,而在刨床上难以加工的内外表面或槽类(如孔内键槽等)工件用插床来加工。

1.牛头刨床

刨削常用的设备是牛头刨床，牛头刨床是由刀架、转盘、滑枕、床身、横梁和工作台等部分组成的。

牛头刨床多用于刨削长度不超过 1 m 的中小型工件。它完成刨削工作有 3 个基本运动，即主运动、进给运动和辅助运动。刨削时，滑枕带着刀架上的刨刀作直线往复运动，是主运动。滑枕前进时刨刀对工件进行切削，返回时刨刀不切削工件。被切削工件装夹在工作台上，通过进给机构使工作台在横梁上作间歇式直线移动，这是进给运动。辅助运动是横梁连同工作台沿床身导轨作上下升降和刀架带动刨刀作上下垂直移动，如图 6－2 所示。

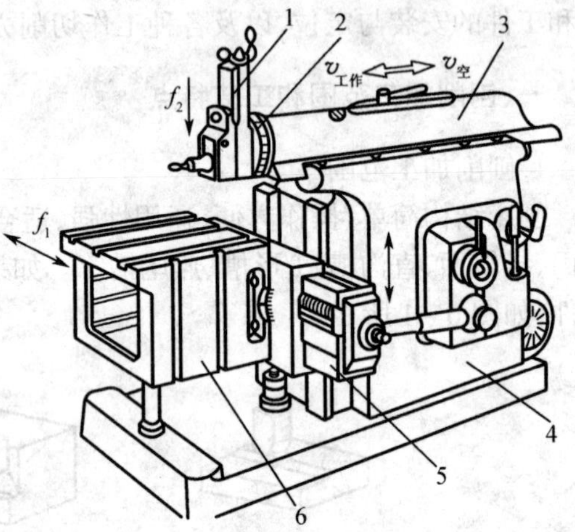

图 6－2　牛头刨床

1—刀架；2—转盘；3—滑枕；4—床身；5—横梁；6—工作台

2.龙门刨床

龙门刨床的工作情况与牛头刨床不一样，它以工作台的直线往复移动为主运动，而刨刀的间隙式进刀移动是进给运动。由于龙门刨床工件台的刚性好，所以，被加工工件的重量不受限制，它可以承受大重量和大尺寸工件，也可在工作台上依次装夹数个工件同时进行加工。它往往还附有铣头和磨头等部件，以便使工件在一次安装中完成刨、铣及磨平面等工作。如图 6－3 所示为龙门刨床。

3.插床

插床与插齿机不同，这是两种完全不同的机床。插床实质上是立式牛头刨床，如图6－4所示。插床的滑枕沿垂直于水平面方向作上下直线往复运动，插床工作台除了作纵向和横向的进给运动外，还可作回转运动，以完成圆弧形表面的加工。插床主要用于加工工件的内表面，如内孔键槽及多边形孔等，有时也用于加工成形内外表面。插床的生产率较低，一般只用于单件小批量生产。

三、刨削工作原理

在刨削过程中，金属工件表面受到刀具的挤压力，工件被压洼下去一块，当退出刀时，工件不能恢复到原来的形状和尺寸了。如果刀具对金属材料继续施以挤压力，切削层就会产生挤裂和切离而变为切屑。切削层的金属变为切屑，要经历挤压、滑移、挤裂和切离的四个阶段，如图 6－5 所示。

钳工用锉刀锉削工件，为了锉掉一层金属，必须用劲，这个“劲”就是切削力。在机床上加工工件也是如此，大机床干大活，用的切削力也大。

四、刨削用量

刨削加工中，主运动和进给运动的数值是用切削用量来表示的，切削用量包括切削速度、进给量和切削深度，称为切削用量三要素。

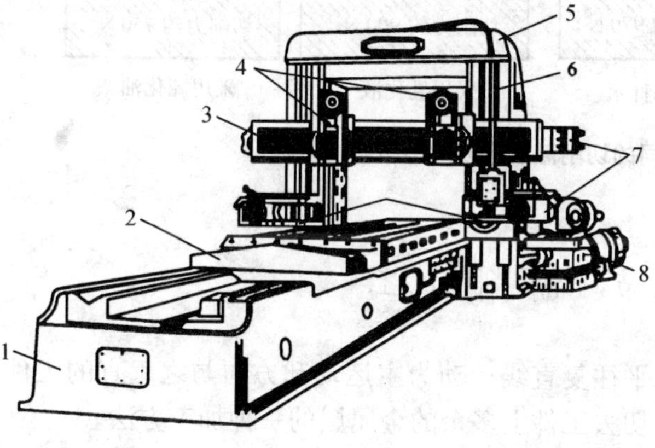

图 6-3　龙门刨床

1—床身；2—工作台；3—横梁；4—垂直刀架；
5—顶梁；6—立柱；7—进给箱；8—减速箱；9—侧刀架

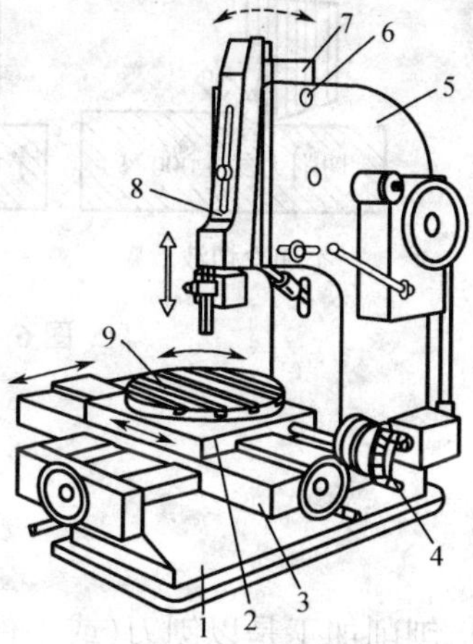

图 6-4　插床

1—床身；2—溜板；3—床鞍；
4—分度装备；5—立柱；6—销轴；
7—滑枕导轨座；8—滑枕；9—圆工作台

1.切削速度 v

刨削加工时，刨刀切削刃上的某点相对于待加工表面在主运动方向上的瞬时速度，称为切削速度。在龙门刨床上指工作台移动速度，在牛头刨床或插床上指滑枕移动的速度，单位为 m/min。

2.切削深度 α_p

切削深度为工件已加工表面与待加工表面的垂直距离，单位为 mm。

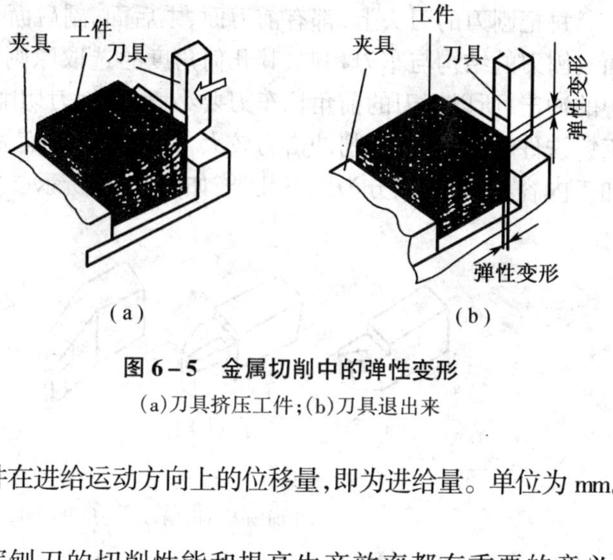

图 6-5　金属切削中的弹性变形

(a)刀具挤压工件；(b)刀具退出来

3.进给量 f

刨刀或工件每往复一次，刨刀或工件在进给运动方向上的位移量，即为进给量。单位为 mm。

4.切削用量的选择原则

合理地选择切削用量，对充分发挥刨刀的切削性能和提高生产效率都有重要的意义。刨削时采用的切削用量，应在保证工件的加工要求和刨刀耐用度的前提下，获得最高的生产效率。在一般情况下，切削用量的选择原则是先选择大的切削深度，再选择较大的进给量，最后再选择大的切削速度。

五、合理选用切削液

切削液除了可降低切削温度、减少切屑变形和使刀具磨损降低外，另一个作用就是减少切屑、工件与刀具之间的摩擦，因而也减少了切削阻力。图 6-6 所示是在相同切削条件下，采用不同切削液所形成的不同切削力情况。

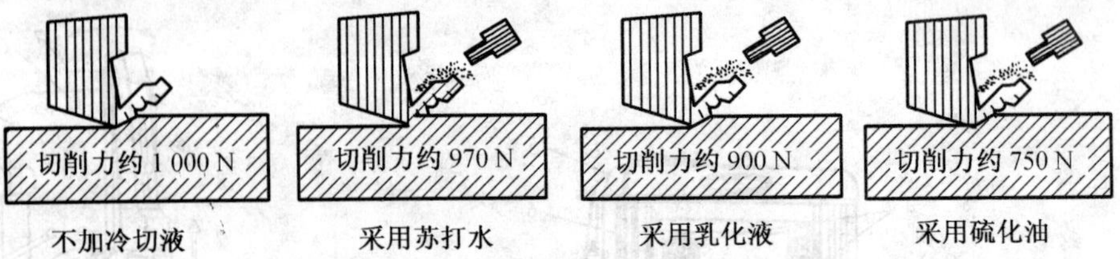

图 6-6 不同的切削液所形成的不同切削力

第三节 刨 削 加 工

刨削加工是以刨刀(或工件)的水平往复直线运动为主运动和方向与之垂直的工件(或刨刀)的间歇移动为进给运动相配合,切去工件上多余的金属层的一种加工方法。

一、常用刨刀的种类、材料及安装拆卸

刨刀是刨床上切削工件的刀具,合理选用刨刀和掌握刨刀的使用方法,对刨削加工的工作质量和生产效率有着直接的影响。

1.刨刀的种类

每把刨刀的刀头上,都有前刀面、主后面、副后面,磨出过渡刃的刨刀还有相应的过渡后面。刨刀的结构与车刀相似,其几何角度的选取原则也与车刀基本相同。但由于刨削过程中的冲击,所以刨刀的前角比车刀要小,根据刨刀切削情况,都把前面做成不同的形状,如加工铸铁件时,崩碎的切削冲击力较大,常将刀头前面做成平直形,以增加刀头强度。按刨刀加工内容不同,可以分为以下几类,如图 6-7 所示。

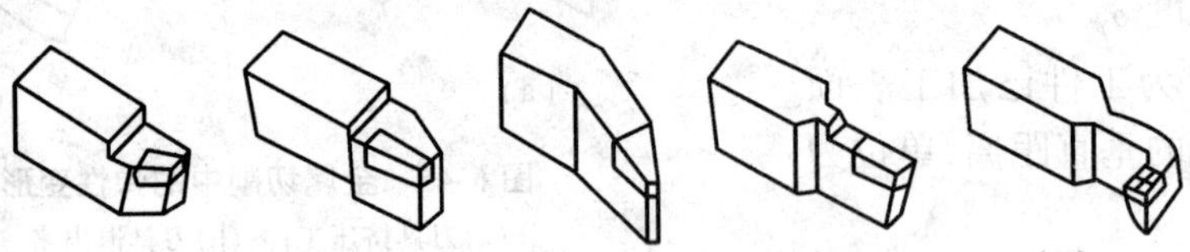

图 6-7 刨刀的种类

(a)平面刨刀;(b)偏刀;(c)角度偏刀;(d)切刀;(e)弯切刀

2.常用刨刀材料及其性能

刨工在刨床上切削工件,刨刀的选择很关键。目前,刨床上使用的刨刀材料有高速钢和硬质合金,同时推广使用的有陶瓷刀具材料、立方氮化硼刀具材料和人造金刚石等。推广使用的刀具材料多属于超硬材料,用于高硬度工件或精密加工。在进行一般工件和普通金属材料刨削时,大量使用的还是高速钢和硬质合金。刨刀结构形式有整体式和组合式,图6-8 所示可调式双刃刨刀属于组合式刨刀,它能够补偿刀具的磨损。

(1)高速钢。高速钢材料就是在合金钢的成分中,多增加一些钨、钼、铬、钒等元素,这样,它的强度就会提高,不会发脆,耐磨性也提高了。它在热处理后硬度可达 62~66HRC,抗

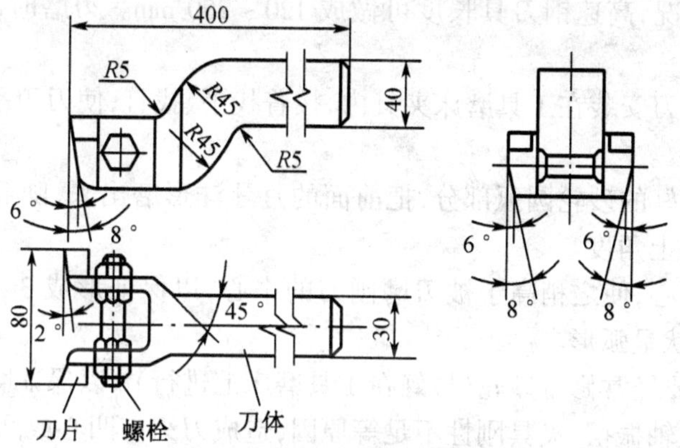

图 6－8　加工沟槽可调式双刃刨刀

弯强度约3.3 GPa，在 65～500 ℃时仍能进行切削。

(2)硬质合金。硬质合金是由碳化钨、碳化钛和钴等粉末，经过高压成形，再放在高温的炉子中烧结出来的。硬质合金很硬，而且能耐 850～1 000 ℃的高温。硬质合金刨刀切削速度比高速钢刨刀提高 5～10 倍。但是，硬质合金比高速钢脆很多，强度只相当于高速钢的三分之一左右。

(3)钨钴类硬质合金，由碳化钨和钴组成。硬质合金中含钴量越高，韧性越好，且耐磨性好，因此用它来加工冲击性较大和铸铁材料工件是比较好的。

(4)钨铁铌类硬质合金，在前一类硬质合金中加入 Tac 或 Nbc，这样可提高抗弯强度、疲劳强度、冲击韧度、抗氧化能力、耐磨性和高温硬度等。它既可以加工脆性材料，又适合于加工塑性材料。

硬质合金刀具的价格很贵，所以要注意节约使用，如果把不同种类的硬质合金混放在一起，或对刀具的牌号模糊不清，这时，要想办法进行辨别，否则会影响加工效果和效率，同时也造成浪费。

3.刨刀的刃磨

刨刀磨损后，为了重新得到锋利的切削刃和正确的形状、角度，就需要进行刃磨。刃磨高速钢刨刀时，一般得用刚玉类砂轮；刃磨硬质合金刨刀，一般使用碳化硅砂轮。

刃磨刨刀，一般分粗磨和精磨两个步骤。粗磨时，在掌握好主偏角和副主偏角情况下，先磨后刀面和副后刀面，然后再磨前刀面；精磨时，也应先磨后刀面和副后刀面，接着修磨主偏角和副偏角，再精磨前刀面，得到所需要的前角和刃倾角，最后磨刀尖圆弧和倒棱等，完成后，可用油石上机油研磨，使各刀面达到一定的光洁程度。

以高速钢宽刃精刨刀为例，如图 6－9

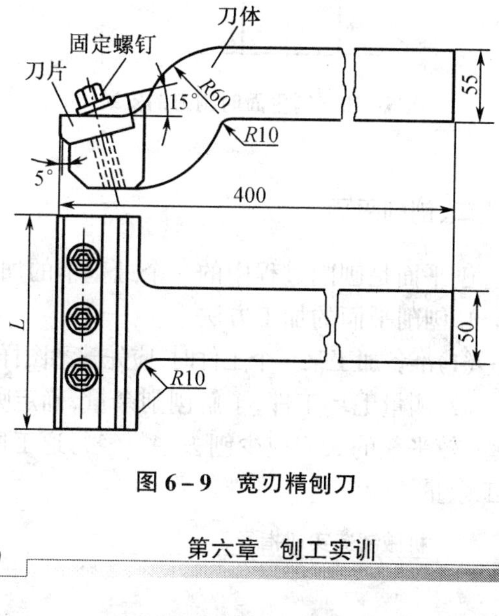

图 6－9　宽刃精刨刀

所示,其刃磨方法步骤如下:

(1)根据加工情况,高速钢刀具长度可做成 120 ~ 250 mm。刃磨时,首先对宽刃精刨刀的毛坯进行粗磨。

(2)粗磨后的刨刀安装在工具磨床夹具内,接着找平、找直,使刀刃平行于工具磨床的床面并与走刀方向一致。

(3)用预先修打好的砂轮圆弧部分,把前面的月牙洼形磨出来,随后把工具磨床的磨头扳成与刀刃成 35°以上角度。

(4)下降砂轮中心,使之稍高于被刃磨刨刀的中心,以保证形成 3° ~ 4°的后角,用砂轮磨出刨刀的后面形状呈弧形。

(5)在精磨时,要经常修打砂轮(最好在工具磨床上进行),以保证磨出平直刃口。

(6)由于砂轮主轴振摆、夹具刚性不足等原因,造成刀刃有凹心或凸肚现象。在精磨前,先用平直尺按透光法检测一下,如有凹凸现象,要加以消除。

4.刨刀的安装与拆卸

安装前,应先检查选用的刨刀是否合理,其安装步骤如下:

(1)刨刀安装,将选择好的刨刀插入夹刀座的方孔内并用紧固螺钉压紧。刨平面时,刀架和刀座都应在中间垂直的位置上,如图 6 - 10 所示。

(2)刨刀在刀架上不能伸出太长,以免加工时发生振动或折断,如图 6 - 11 所示。直头刨刀伸出长度,一般不宜超过刀杆厚度的 1.5 ~ 2 倍,弯头刨刀一般应稍长于弯头部分。

(3)卸刀时,用一只手扶住刨刀,另一只手从上向下或倾斜向下扳动刀夹螺栓,夹紧或松开刨刀。

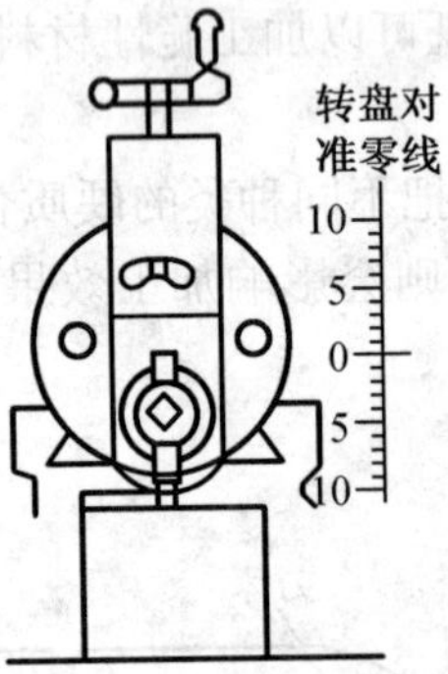

图 6 - 10　刨平面时刨刀的安装

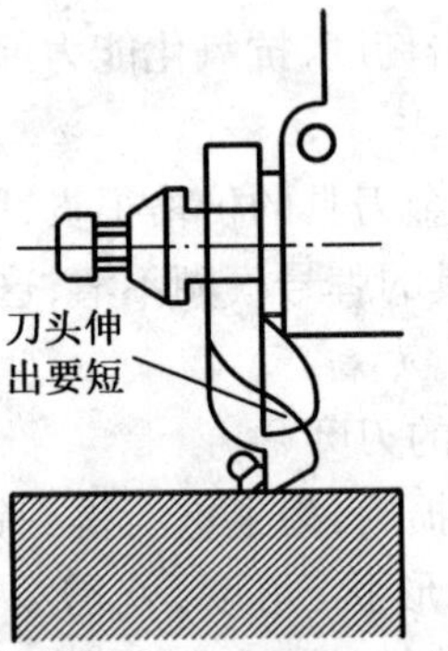

图 6 - 11　刨刀的伸出长度

二、刨削平面

刨平面是刨削过程中的一个最基本的加工形式。

1.刨削平面的加工方法

(1)准备加工某一个工件时,应先熟悉图样,看清图中所表达的各项内容,再安排加工步骤。

(2)测量毛坯工件,了解刨削余量,确定哪一面该刨掉多少,对于粗糙不平的表面应多刨去些,较平整的表面应少刨去些。经每道工序加工出的半成品,都要给下道工序留出一定的加工余量。

(3)按照前面要求的方法装夹刨刀。但用力方向不要由下向上,以防止刀架装刀板撬起而影响操作。

(4)尺寸较小的工件可直接装夹在机用平口台虎钳或其他夹具上,尺寸大的工件可直接装夹在刨床工作台上,装夹薄板类工件时,夹紧力不要过大,否则刨削后工件会凸起。

(5)刨刀安装好后,调整刨床,根据刨削速度来确定滑枕每分钟往复次数,再根据夹好工件的长度和位置来调整滑枕的行程长度和行程起始位置。

(6)开车对刀,使刀尖轻轻地擦在加工平面表面上,观察刨削位置是否合适,如不合适,需停车重新调整行程长度和起始位置。刨削切削深度为0.2~2 mm,进给量为0.33~0.66 mm/dstr。

(7)去毛刺、倒棱角,并检验精度。

2.刨削平面加工中出现问题及解决方法

(1)刨削中产生振动或颤动,会在加工表面出现条纹状痕迹,它影响表面质量和表面粗糙度,给加工带来一定影响。形成的原因和防止方法如下:

①运动部件间隙大,引起刨床运动不平衡。通过消除和调整好刨床部件间的配合间隙,提高刨床、夹具、刨刀的刚性,增加刨床运转稳定性可以得到解决。

②工件的加工余量不均匀,造成断续性、带冲击性的切削。解决方法是采用锐利的大前角刨刀,并尽量使工件表面加工余量均匀。

③刨床的地脚螺栓松动或损坏,或地基损坏,而致使刨床安装刚性差,解决的方法是拧紧或维修地脚螺栓,地基损坏则应修复。刨床安装牢固了,才能使切削顺利。

④切削用量选择太大,应及时调整和正确选择切削用量。

⑤工件材料硬度不均匀,解决方法是,对工件进行退火处理,改变刨刀的角度,增大刨刀前角、后角、主偏角或减小刀尖圆弧半径等。

⑥工件安装刚性差,或装夹不稳固时,采用正确的装夹方法,保证工件装夹牢稳可靠。

⑦刀杆伸出太长,解决方法是采用增加刀杆的横截面积的方法。在刨床上工作,应尽可能使用弯柄刨刀。

⑧刨床本身精度低,部件磨损严重,利用维修、调整刨床的方法使之达到精度要求。

(2)精刨表面如果出现有规律的直波纹,则是由于切削速度偏高,刨刀前角过小,刃口不锋利或由于外界震动等原因引起的。若是选择刀具方面的原因就应选择弹性弯头刨头杆。

(3)刨削薄板工件时,工件在各个方向上弯曲不平,这是因为装夹工件中夹紧力太大,或装夹不牢固,使工件切削时产生弹性变形,切削力过大,产生切削热太高,工件出现形变和内应力,应该在加工中有效避免,装夹合理。

(4)刨平面时出现"扎刀"现象,这是由于刀架丝杠与螺母间的间隙过大,或安装刨刀架连接板处的间隙过大,或滑枕等部分的配合间隙太大而引起的。操作中应定期进行检查和合理调整。

(5)如图6-12所示,刨出的平面局部上产生"深啃"的现象,这种情况出现是因为大斜齿圆柱齿轮上曲柄销螺杆一端的螺母松动而引起的。在操作中要注意刨床运转时的声音。发现问题及时处理。

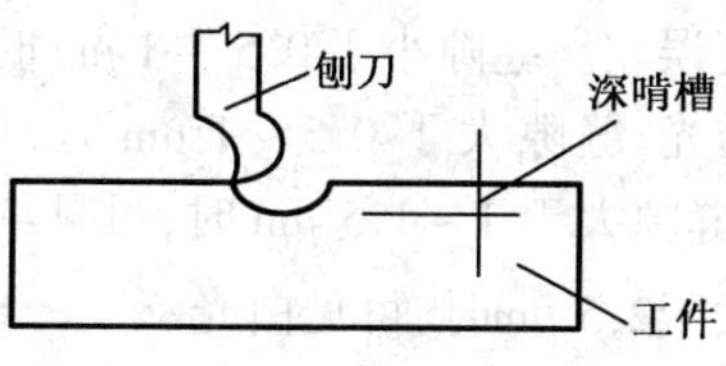

图6-12 刨削中出现"深啃"现象

3.平面和直线度检测方法

(1)平面检测方法

①如图6-13所示,放在基准平板上,用百分表

平稳移动，检测出平面度误差。当精度要求很高时，由钳工对基准平板进行刮削，以保证其精度。

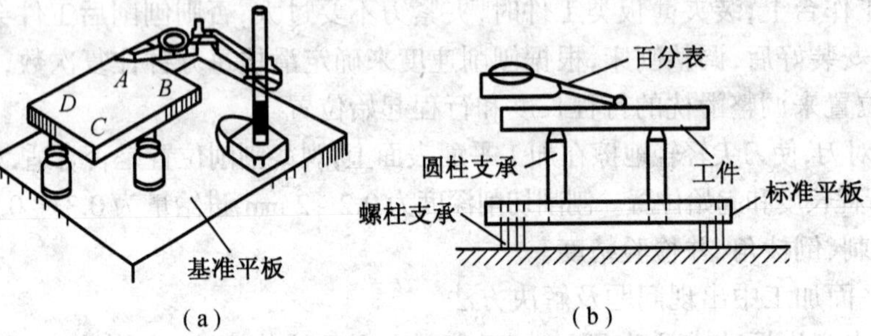

图 6-13 调平比较法检测平面度

(a)用千斤顶支承；(b)用可调螺柱支承

②如图 6-14 所示，使用框式水平仪从一端测到另一端，测量时要逐段依次进行，做好记录，并计算其误差值。

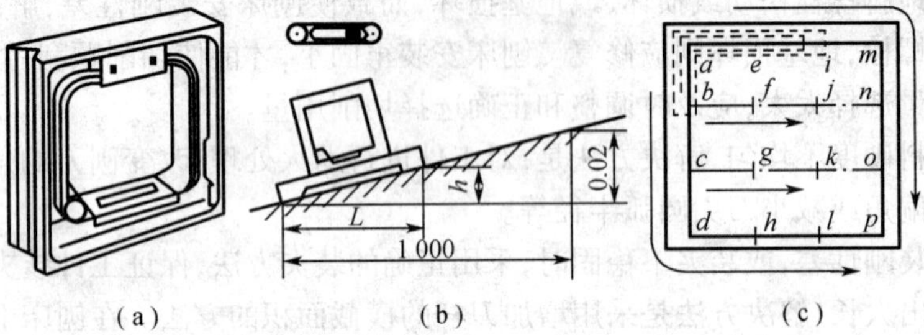

图 6-14 框式水平仪和读数原理

(a)框式水平仪；(b)分度值原理；(c)水平仪分段检测

③在被检测表面上薄薄地涂上一层红丹油之类的颜色，将平板尺的工作面扣在被检测平面上来回拖动，轻微研磨，根据两者着色点分布和接触情况，来判别被检验表面的平面误差度。

(2)直线度检测方法

①如图 6-15 所示，用刀口形直尺与被测表面接触，并朝刀口垂直方向轻轻摆动直尺，用眼睛观察两者接触后缝隙的透光情况，透光的缝隙即是被检测表面的直线度误差。缝隙小于 0.5 ~1 μm 时，看不见透光；缝隙大于 0.5 ~ 1 μm 时，可见蓝光；缝隙大于 1 ~ 1.5 μm 时，可见红光；缝隙大于2.5 μm时，可见白光。

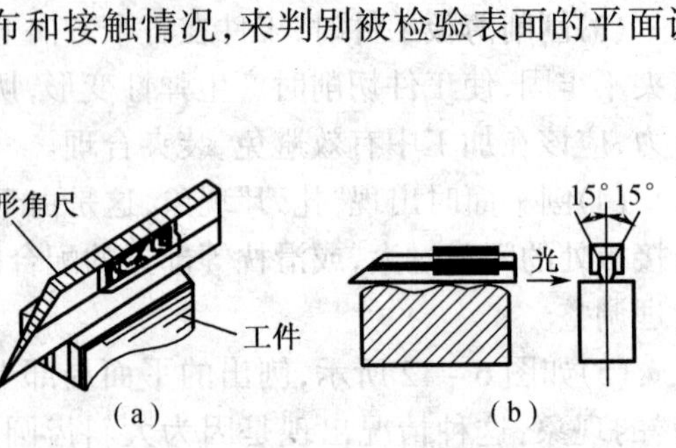

图 6-15 刀口形直尺检测直线

(a)刀口形直尺检测；(b)刀口形直尺使用方法度

②被测表面的直线度误差较大时，可使用塞尺进行检测。将被测平面和标准平板的工作面接触，用塞尺塞入缝隙，当松紧适宜时，这片塞尺的厚度即是被测表面的直线度误差。

4.刨削斜面的方法

(1)改变安装位置刨斜面

①倾斜装夹工件法。如图 6－16 所示,单件加工时,可使用机用平口台虎钳,将工件倾斜一个角度装夹,然后用画线盘按线印把工件找正后即可加工。

②使用角度垫铁法。将角度垫铁放在机用台虎钳上,然后将工件放在角度垫铁上,将工件夹紧即可进行加工,但倾斜应与工件所要求斜度相一致,如图 6－17、图 6－18 所示。

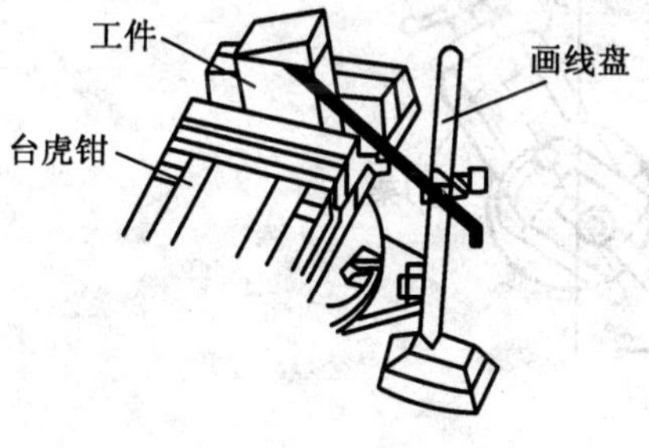

图 6－16　倾斜角度装夹工作

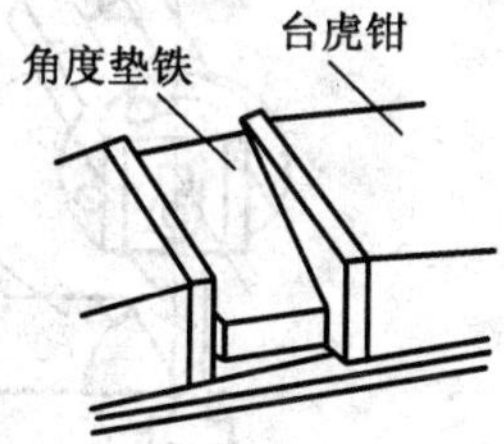

图 6－17　台虎钳上使用垫铁装夹工作

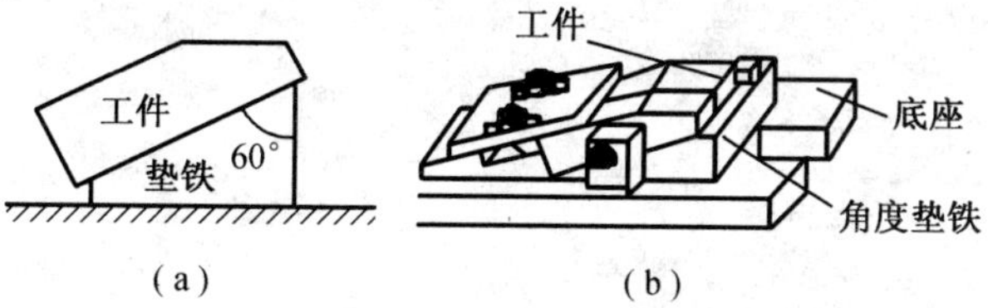

图 6－18　使用角度垫铁装夹工件

③使用专用夹具法。如图 6－19 所示是刨斜面正件时,使用专用夹具的情况,两个角铁螺母固定在刨床工作台上,通过压板和螺栓将工件夹紧在角铁上,夹具的斜度和工件所要求的斜度相适应,利用这种夹具一次可加工两个工件,适用于批量加工。

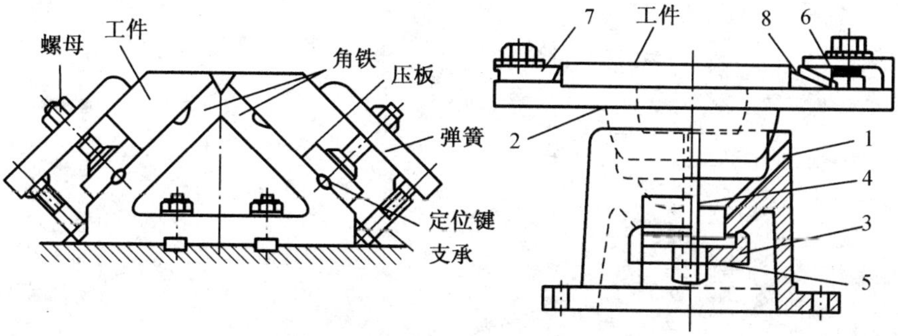

图 6－19　使用专用夹具装夹工件

1—底座;2—托板;3—碗形压板;4—大螺钉;5—垫圈;6,8—压板;7—定位挡板

④倾斜刀架位置刨斜面

如图 6－20 所示，按照所加工斜面的斜度要求，将刀架转动一个角度，这样在进刀时，手动摇转刀架上的手把来完成。一般使用该方法是用手动进刀，不宜掌握得那么均匀，所以常在粗刨和半精刨中使用。

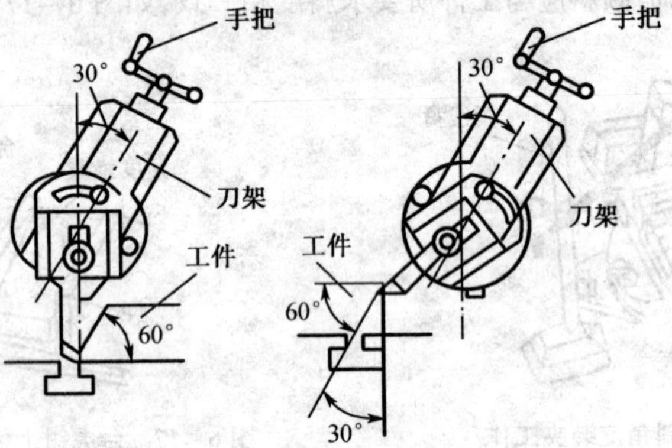

图 6－20　倾斜刀架位置刨斜面

第七章 磨工实训

第一节 磨工安全操作规程

一、磨工安全操作规程

1.工作前,穿戴好工作服。女同学必须戴上安全帽,不准戴手套工作,以免被机床的旋转部分绞住,造成事故。

2.未了解机床的性能和未得到实习指导人员的许可,不得擅自开动机床。

3.砂轮旋转速度很快,故安装、紧固、使用等都要处处小心,在使用前检查砂轮四周有无裂缝,如发现有裂缝,要更换后才能使用。

4.机床启动前必须检查机床各转动部分的润滑情况是否良好,各运动部件是否受到阻碍,防护装置是否完好,机床上及其周围是否堆放有碍安全的物件。

5.机床运转时,操作者不能随时离开运转中的机床。

6.拆装工件或搬动附件时,手要拿稳,勿使物件敲击台面或碰撞砂轮,特别注意防止手或手臂碰着砂轮。

7.把砂轮引向工件的时候,应当缓慢而均匀,避免冲撞。

8.在校正台面或拆装工件时,首先要退出砂轮(注意进退方向)。

9.摇动工作台要特别注意避免撞上砂轮、磨头或尾座。

10.发现异常现象应立即停车并向实习指导人员报告。

11.工作完毕切断电源,必须整理工具并做好机床的清洁工作。

二、磨床维护保养与安全生产

1.磨床维护和保养

磨床操作者应做好以下维护保养工作。

(1)了解磨床的性能、规格、各操纵手柄的功用、操作要求,正确地使用磨床。

(2)机床开动前,应首先检查机床各部位有无故障,并润滑机床。

(3)对导轨、丝杠等关键部位,严防垃圾入内,调整头尾架位置时,必须将工作台等擦拭干净并涂上润滑油。

(4)装卸大工件时,要在工作台上垫放木板,防止碰伤工作台面。

(5)选用磨削用量时要考虑机床的刚度。

(6)经常注意砂轮主轴轴承的温度,发现温度过高应立即停车。

(7)工作完毕后,应清除磨床上的切削液和磨屑,将工作台及导轨等擦拭干净并涂上润滑油。

磨床除日常维护保养之外,还需要按一定期限做全面的维护保养。磨床累计运转 500 h(小时)后要进行一次“一级保养”,即以操作工人为主,维修工人为辅,对磨床进行局部解体,清洗规定部位，疏通油路，调整各部位配合间隙等。磨床累计运转2 500 h后要进行一次"二级保养"，以维修工人为主，操作工人为辅，对磨床进行部分解体、检查、修理，使局部恢复精度。

2.安全文明生产

每一个操作工人都必须从思想上高度重视安全生产，并应具备一定的安全生产知识，严格遵守安全操作规程。操作时应注意以下几点。

(1)工作时，应按规定的要求穿工作服，女工要戴安全帽。

(2)必须正确安装和紧固砂轮。新砂轮要用木棒轻轻敲击砂轮的侧面，听砂轮发出的响声是否清脆，若响声暗哑，则该砂轮可能有裂纹，必须经安全回转试验合格后方可使用；否则，该砂轮应报废。换新砂轮时，必须作砂轮平衡，砂轮平衡经初次修整后还应再作一次平衡。

(3)各种磨床的砂轮必须安装防护罩，不允许在不安装防护罩的情况下进行磨削。磨削前，砂轮应空转 2 分钟，启动砂轮时，人不应站在砂轮的正面。

(4)磨削前，应仔细检查工件装夹是否正确。平面磨床要检查磁性工作台的吸力是否可靠，在磨削窄而高的工件时，工件的前后应放挡铁。

(5)开车前必须调整好换向挡铁的位置并将其紧固。工作台自动送给时，要避免出现砂轮与工件轴肩、夹头或卡盘等相碰撞。

(6)禁止用一般砂轮的端面磨削较宽的平面；禁止在无心磨床上磨削弯曲的零件。

(7)工件加工完后，必须将砂轮退到安全位置后才能上、下工件。工作结束后，应让砂轮空运转 2 分钟后再关闭砂轮电源。

(8)磨床上的所有外露旋转部分都应有罩壳加以保护。

(9)操作时必须精力集中，不允许离开机床等违章操作。

(10)注意安全用电，出现电器故障时，应请电工进行检查修理，机床操作工人不要打开电器箱和电器设备。

(11)工作场地应保持整洁，要文明生产。

第二节　磨　　具

所谓磨具，即用不同的结合剂，将磨料黏结成一定的几何形状或膏状，用于磨削、抛光、研磨等的工具。

一、磨具的结构

磨具一般是由磨料、结合剂、气孔三要素组成的。如图 7－1 所示，磨料是构成模具的主体，是磨具产生切削作用的根本因素，它是用来黏结磨粒的材料，能使磨具具有一定几何形状和强度。磨粒和结合剂之间的空隙，称为磨具的气孔。根据切削过程的需要，控制气孔的大小、多少及均匀性，能改善磨具的切削性，同时在磨削过程中气孔起到容屑、排屑和散热的作用。

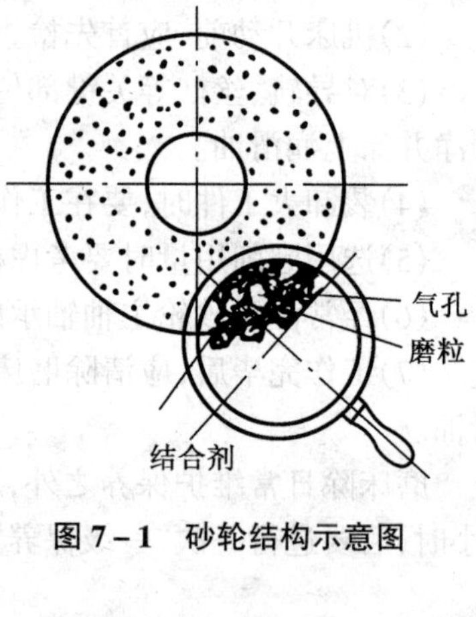

图 7－1　砂轮结构示意图

二、磨具的分类

由于磨具的用途非常广泛。因使用方法、加工对象、加工要求各不相同,所以磨具种类也很多。根据所用的磨料不同,磨具可分为普通磨具和超硬磨具两大类。

1.普通磨具

普通磨具是指用普通磨料制成的磨具,如刚玉类磨料、碳化硅类磨料和碳化硼磨料制成的磨具。普通磨具按照磨料的结合形式分为固结磨具、涂附磨具和研磨膏。根据不同的使用方法,固结磨具可制成砂轮、油石、砂瓦、磨头、抛磨块等;涂附磨具可制成砂纸、砂布、砂带等。研磨膏可分为硬膏和软膏。

2.超硬磨具

超硬磨具是指硬度很高、耐磨性能好、有一定热稳定性的磨具,如立方氮化硼和人造金刚石。主要用于加工硬质合金等,人造金刚石可在纳米级稳定切削。

三、磨料的选用

磨料用作磨削加工主要分天然和人造两大类。一般来说,人造磨料比天然磨料(天然金刚石例外)品质纯、硬度高、性能好,因此生产中主要采用人造磨料来制造各种磨具。

1.粒度选用

粒度是指磨料颗粒尺寸的大小,即粗细程度。加工要求高时,选用较细粒度,因为粒度细,同时参加切削的磨粒数多,工件表面上残留的切痕较小,表面质量就高。当磨具和工件接触面积、磨削深度较大时或磨削软金属和韧性金属时,应选用粗粒度磨具。因为粗粒度磨具和工具的摩擦小,发热也较小。例如磨平面时,用砂轮端面磨削时比用圆周磨削磨具粒度要粗一些。

2.磨具形状选用

磨具正确的几何形状和尺寸是保证磨削加工正常进行的必要条件。由于被加工零件的形状、加工方法和磨床类型的不同,磨具也制成许多不同的形状和尺寸。常见的砂轮形状、代号、用途如表7-1所示。

表7-1 常见的砂轮形状、代号及用途

砂轮名称	代号	断面形状	主要用途
平行砂轮	1	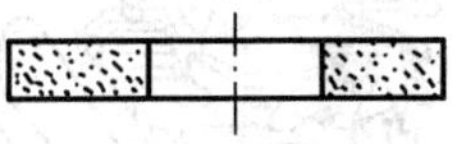	外圆磨、内圆磨、无心磨、工具磨
薄片砂轮	41	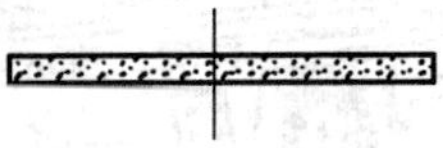	切断及切槽
筒形砂轮	2	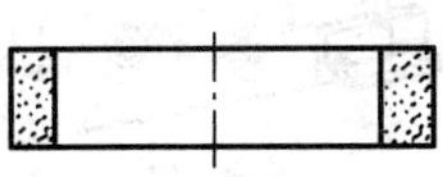	端磨平面

表 7-1(续)

砂轮名称	代号	断面形状	主要用途
碗形砂轮	11	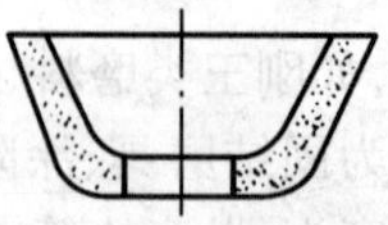	刃磨刀具、磨导轨
碟形 1 号砂轮	12a	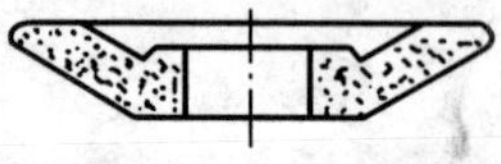	磨铣刀、铰刀、拉刀、磨齿轮
双斜边砂轮	4	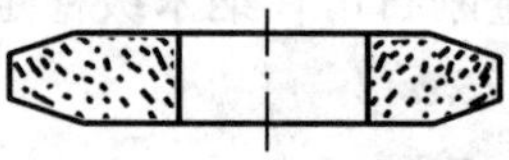	磨齿轮及螺纹
杯形砂轮	6	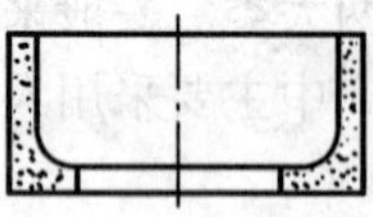	磨平面、内圆、刃磨刀具

第三节　万能外圆磨床

用磨料磨具(砂轮、砂带、油石和研磨料)作为工具对工件进行磨削加工的机床统称磨床。磨床的种类很多,常用的有外圆磨床、内圆磨床和平面磨床。

如图 7-2 所示,是万能外圆磨床的外形图,其功用主要用于磨削圆柱形或圆锥形的外圆和内孔,也能磨削阶梯轴的轴肩和端面,属于普通精度级,加工精度可达 IT6~IT7 级,表面粗糙度 Ra 可达 0.8~0.2 μm。它的万能性较大,操作方便但磨削效率不高,自动化程度也较低,应用于工具、机修车间和单件小批生产。它由以下部分组成:

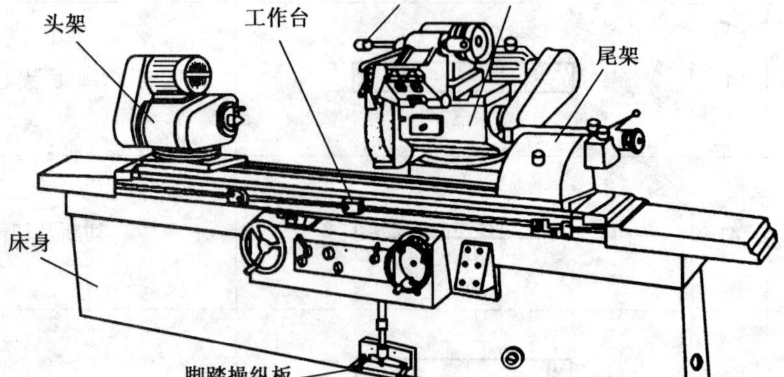

图 7-2　M1432A 型万能外圆磨床外形图

1.床身

床身用来安装各部件,上部装有工作台和砂轮架,内部装置有液压传动系统。床身上的纵向导轨供工作台移动用,横向导轨供砂轮架移动用。

2.砂轮架

砂轮架供安装砂轮,并有单独电动机,通过皮带传动带动砂轮高速旋转。砂轮架可在床身后部的导轨上作横向移动。移动方式可作自动间歇进给,也可手动进给,或快速进退运动。砂轮架绕垂直轴可旋转某一角度。

3.头架

头架上有主轴,主轴端部可以安装顶尖、拨盘或卡盘,以便装夹工件。主轴由单独电动机通过皮带传动,变速机构制动,使工件可获得不同的转动速度。头架可在水平面内偏转一定的角度。

4.尾架

尾架的套筒内有顶尖,用来支承工件的另一端。尾架在工作台上的位置,可根据工件的不同长度调整。尾架可在工作台上纵向移动。扳动尾架上的杠杆,顶尖套筒可伸出缩进,以便装卸工件。

5.工作台

工作台由液压传动沿着床身上的纵向导轨作直线往复运动,使工件实现纵向进给。在工作台前侧面的T形槽内,装有两个换向挡块,用以操纵工作台自动换向。工作台也可手动。工作台分上下两层,上层可在水平面内偏转一个不大的角度(±8°),以便磨削圆锥面。

6.内圆磨头

内圆磨头是磨削内圆表面用的,在它的主轴上,可装上内圆磨削砂轮,由另一个电动机带动。内圆磨头绕支架旋转,使用时翻下,不用时翻向砂轮架上方。

第四节　磨削加工

一、磨削加工的加工范围和特点

1.磨削加工的加工范围

磨削加工的工艺范围很广泛,如图7-3所示,可以磨削外圆、内圆、平面、成形面及齿轮等。由于砂轮磨粒硬度高,热稳定性好,不但可以加工未淬火钢、铸铁和有色金属等材料,还可以加工淬火钢、各种切削刀具及硬质合金等硬度很高的材料。

2.磨削加工的特点

(1)磨削效率高

砂轮相对工件作高速旋转,一般砂轮线速度可达35 m/s,约为普通刀具的20倍,可获得较高的金属切除率。随着磨削新工艺的开发,磨削加工的效率进一步提高,某些工序已取代车、铣、刨削,直接从毛坯上加工成形。同时,磨粒和工件产生强烈的摩擦、急剧的塑性变形,因而产生大量的磨削热。

(2)能获得很高的加工精度和很细的表面粗糙度

每颗磨粒切去切屑层很薄,一般只有几微米,因此表面可获得较高的精度和较低的表面粗糙度。一般精度可达IT6~IT7,表面粗糙度 Ra 可达0.08~0.05 μm,高精密磨削可达到更

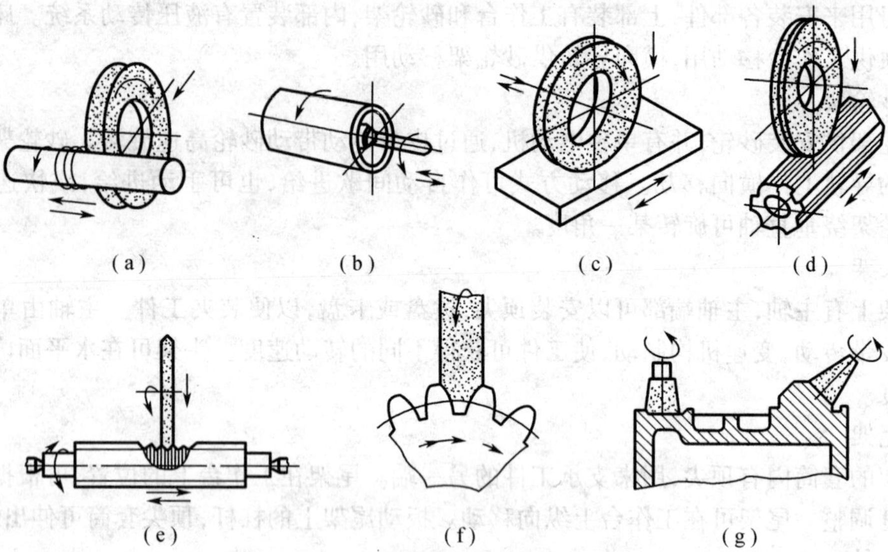

图 7-3　磨削的主要内容

(a)磨外圆;(b)磨孔;(c)磨平面;(d)磨花键;
(e)磨螺纹;(f)磨齿纹;(g)磨导轨

高,故磨削常用在精加工工序。

(3)切削功率大和消耗能量多

砂轮是由许许多多的磨粒组成的,磨粒在砂轮中的分布是杂乱无章、参差不齐的,切削时多成负前角($-15° \sim -85°$),并且尖端有一定的圆弧半径,因此切削功率大、消耗能量多。

二、磨削液简介

1.磨削液的作用

磨削液主要作用是降低磨削温度,改善加工表面质量,提高磨削效率,延长砂轮使用寿命。从提高磨削效果来看,磨削液应满足下列要求。

(1)冷却作用

通过切削液的热传导,能降低磨削区的温度,从而避免工件烧伤、变形,使测量工件的尺寸准确。

(2)润滑作用

切削液能渗入到磨粒与工件的接触面之间,并黏附在金属表面上形成润滑膜,减少磨粒与工件间的摩擦,有利于提高工件表面粗糙度和砂轮的耐用度。

(3)洗涤作用

可将磨屑和脱落的磨粒冲洗掉,避免工件表面烧伤。

(4)防锈作用

在切削液中加入防锈添加剂,能在金属表面形成保护膜,使工件、机床免受氧化,起到防锈作用。

除以上作用外,还要求磨削液无毒、无臭味,不刺激皮肤,化学稳定性好,不易腐败变质,不产生泡沫和废液,易处理与再生,避免污染环镜等。

2.常用的切削液

切削液分为水溶性和油性两大类。常用的水溶性切削液有乳化液和合成液,油性切削液油和煤油。

(1)乳化液

乳化液又称肥皂水,它由乳化油加水稀释而成。乳化油有多种配方。使用时,取2%~5%的乳化油和95%~98%的水配制即可。低温季节,可先用少量热水将乳化油融化,然后再加入冷水调匀。

(2)合成液

合成液是一种新型的切削液,由添加剂、防锈剂、低泡油性剂和清洗剂配制而成。磨削的工件表面粗糙度值 Ra 可达0.025 μm,砂轮的使用寿命可提高1.5倍,使用期在1个月左右。

3.磨削液的供给方法

(1)浇注法

这是最普通的使用方法。一般由齿轮泵或低压泵将磨削液通过喷嘴供液,如图7-4所示。一般在普通磨削时只使用一个冷却泵即可,功率可根据机床规格选择。

(2)喷雾法

切削液在压缩空气作用下细化成雾状,随高速气流喷射到磨削区域,细小的滴液在磨削区高温作用下很快汽化,汽化过程中吸收大量磨削热,从而达到磨削目的。

(3)内冷却法

内冷却法是采用特制的多孔砂轮,如图7-5所示。磨削液从中心通入,靠离心力的作用,通过砂轮内部的空隙从砂轮四周的边缘甩出,因此切削液可直接进入磨削区,冷却效果很好。但此法要求磨削液需经过仔细的过滤,以免堵塞砂轮内孔。同时,还要解决磨削液的飞溅和油雾处理等问题。故只适用于大气孔砂轮,而对树脂等砂轮不适用。

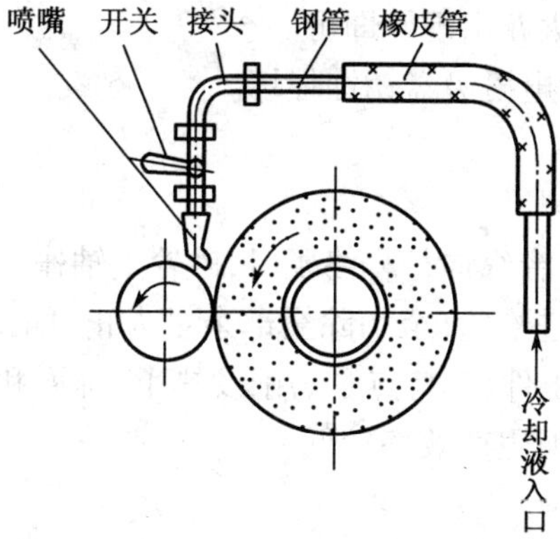

图7-4 浇注法冷却

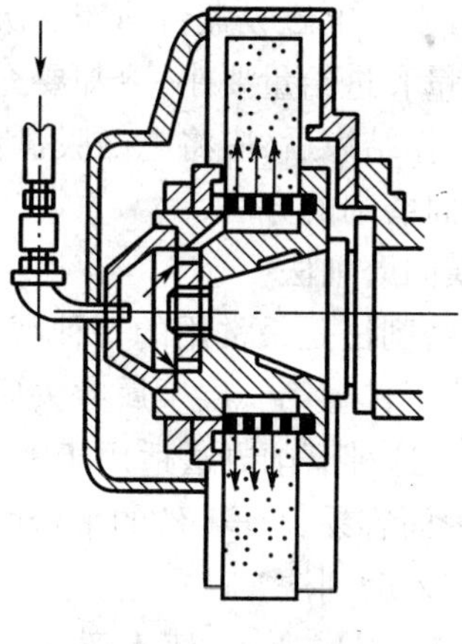

图7-5 内冷却法

三、平面磨削

平面磨削通常是在平面磨床上进行。电磁吸盘为最常用的夹具之一,凡是由钢、铸铁等铁磁性材料制成的平行面零件,都可用电磁吸盘装夹,对于较大的工件和非磁性材料的磨削，则需用压紧装置固定在工作台上。

1.磁性工作台使用时的注意事项

(1)关掉电磁吸盘的电源后，工件和电磁吸盘上仍会保留一部分磁性，这种现象称为剩磁。因此工件不易取下，这时只要将开关转到退磁位置，多次改变线圈中的电流方向，把剩磁去掉，工件就容易取下。

(2)装夹工件时，工件定位表面盖住绝磁层条数尽可能多，以充分利用磁件吸力，小而薄的工件应放在绝磁层中间，如图 7-6(b)所示。

要避免放成如图 7-6(a)所示位置，并在其左右放置挡板，以防止工件松动，如图 7-6(c)。装夹高度较高而定位面较小的工件，应在工件的四周放上面积较大的挡板。挡板的高度应略低于工件的高度，这样可避免因吸力不够而造成工件翻倒使砂轮碎裂，如图 7-7 所示。

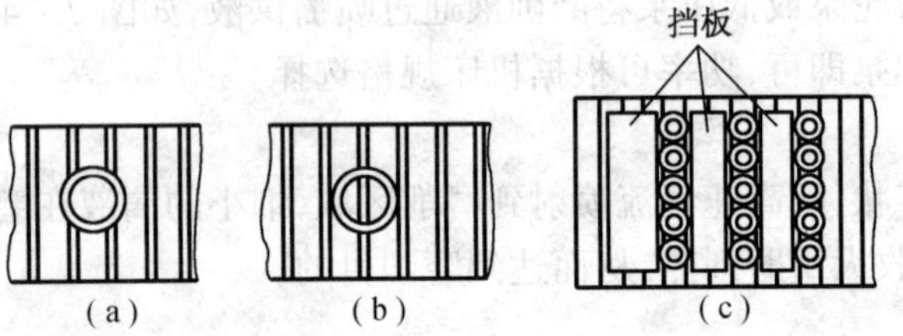

图 7-6　小工件的装夹方法

(a)错误放置位置;(b)放置的绝磁层中间;(c)防止工件松动式

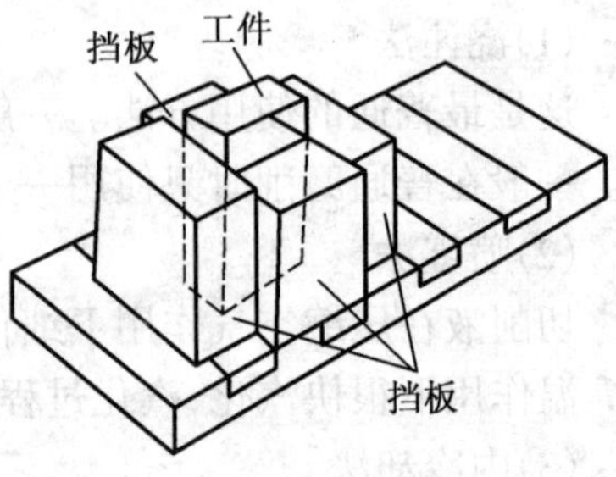

图 7-7　狭高工件的装夹方法

(3)电磁吸盘的台面要经常保持平整光洁，如果台面出现拉毛，可用三角油石或细砂纸修光，再用金相砂纸抛光。如果台面使用时间较长，表面上划纹和细麻点较多，或者有某些变形时，可以对电磁吸盘台面作一次修磨。修磨时，电磁吸盘应接通电源，使它处于工作状态。磨削量和进给量要小，冷却要充分，待磨光至无火花出现时即可。

(4)操作结束后，应将电磁吸盘台面擦干净，以免电磁吸盘锈蚀损坏。

2.平面磨削的方法

(1)横向磨削法

横向磨削法是最常用的一种磨削方法，每当工作台纵向行程终了时，砂轮主轴作一次横向进给，待工件上第一层金属磨去后，砂轮再作垂直进给，直至切除全部余量为止，如图 7-8(a)所示。这种磨削方法适用于磨削长而宽的平面工件，其特点是磨削发热小，排屑和冷却条件好，因而容易保证工件的平行度和平面度要求，但生产效率较低。

(2)切入磨削法

如图 7-8(b)所示，切入磨削法先粗磨，将余量一次磨去，粗磨时的纵向移动速度很慢，横向进给量很大，约为(3/4～4/5)T(T 为砂轮厚度)。然后再用横向磨削法精磨。切入磨削法垂直进给次数少，生产效率高，但磨削抗力大，仅适于在刚性好、动力大的磨床上磨削平面尺寸较大的工件。

(3)阶台磨削法

如图 7-8(c)所示，阶台磨削法是一种磨削效果很好的磨削方法。将砂轮厚度的前一半修成几个阶台，粗磨余量由这些阶台分别磨除，砂轮厚度的后一半用于精磨。这种磨削方法生产效率高，但磨削时应采用较小的横向进给量。由于磨削余量被分配在砂轮的各个阶台圆周面上，磨削负荷及磨损由各段圆周表面分担，故能充分发挥砂轮的磨削性能。由于砂轮修整麻烦，其应用受到一定限制。

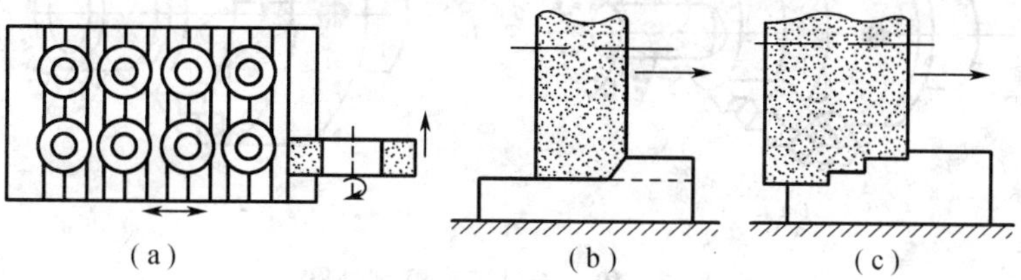

图 7－8　平行平面的磨削方法

(a)横向磨削法；(b)切入磨削法；(c)阶台磨削法

四、外圆磨削

外圆磨削是指对工件圆柱、圆锥和多台阶轴外表面及旋转体外曲面进行的磨削加工。

1. 工件的安装

在磨床上磨削工件时，工件的装夹包括定位和夹紧两个部分，工件定位要正确，夹紧要可靠有效，否则会影响加工精度以及操作安全。生产中工件一般用两顶尖装夹，但有时依据工件的形状和磨削要求也用卡盘。

(1)顶尖装夹

顶尖装夹是外圆磨床最常用的方法，其安装方法跟车床上所用方法基本相同，特点是装夹迅速方便，定位精度高。工作时，把工件装夹在前、后顶尖间，由头架上的拨盘、拨销、尖头带动工件旋转，其旋转方向与砂轮旋转方向相同。磨床上的后顶尖不随工件旋转，俗称"死顶尖"，这样可以提高工件的加工精度，如图 7－9 所示。

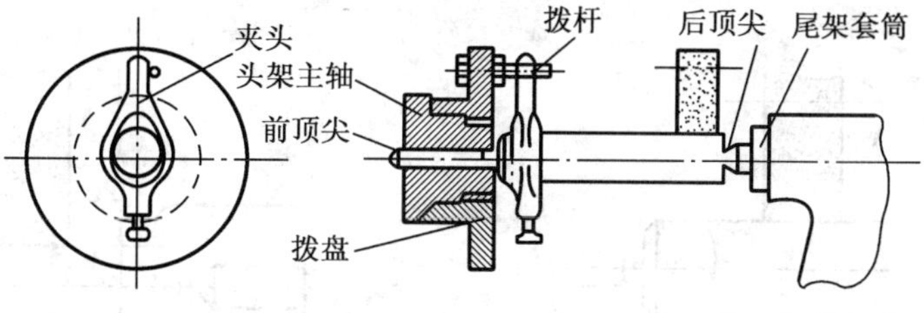

图 7－9　顶尖安装工件

(2)卡盘安装

两端无中心孔的轴类零件和盘形工件外圆可选用三爪卡盘装夹，外形不规则的工件可用四爪卡盘装夹，其装夹方法如图 7－10 所示。

三爪卡盘应检查卡盘与头架主轴的同轴度，有误差必须找正。四爪卡盘必须用划针盘或百分表找正工件右端和左端两点，夹爪的加紧力应均匀，并要两夹爪对称调整。夹紧后要将 4 个卡爪拧紧一遍，再用百分表校正工件后方可开车磨削。

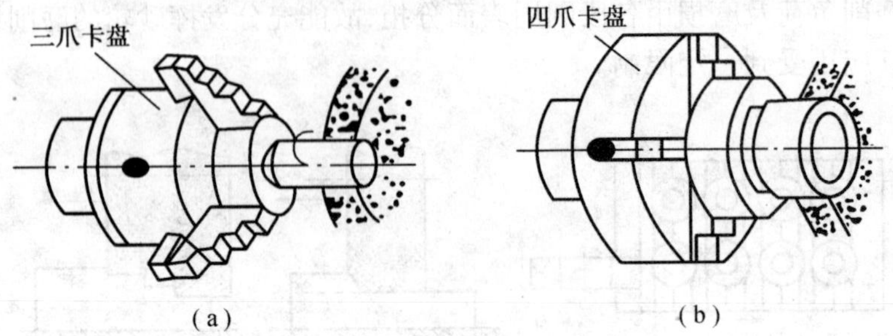

图 7－10 卡盘装夹磨削外圆

(a)三爪卡盘夹紧;(b)四爪卡盘夹紧

(3)用心轴安装

盘套类空心工件常以内孔定位磨削外圆,此时常用心轴安装工件。

2.磨削方法

根据工件的形状大小、精度要求、磨削余量的多少和工件的刚性等来选择磨削方法,常用外圆磨削的基本方法有纵向磨削法、横向磨削法、阶段和深度磨削法等三种。

(1)纵向磨削法

磨削时,砂轮作高速旋转运动和径向进给运动,工件作低速转动进给并和工作台一起作直线往复运动,当每一次轴向行程或往复行程终了时,砂轮按要求的磨削深度作一次径向进给运动。纵向磨削每次进给量很小,但可获得较高的加工精度和较小的表面粗糙度,如图 7－11所示。

(2)横向磨削法

磨削时,砂轮高速旋转运动,且以很慢的速度连续(或断续)向工件作横向进给运动,切入磨削直至磨去全部余量,工作台无轴向往复运动,工件作旋转运动,如图 7－12 所示。此方法适用于磨削长度较短的外圆表面及两侧都有台阶的轴颈,工件有良好的刚性。

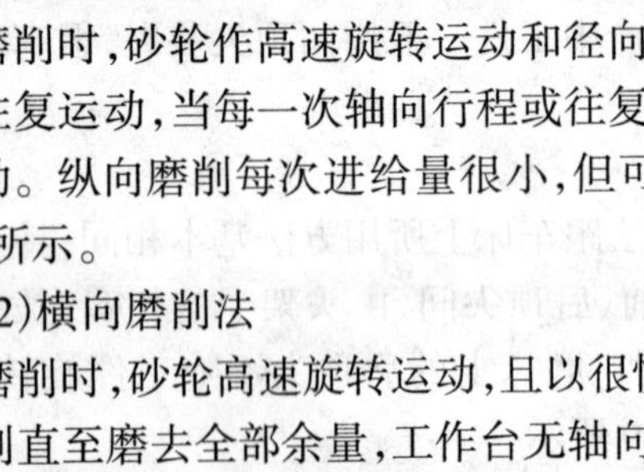

图 7－11 纵向磨削法

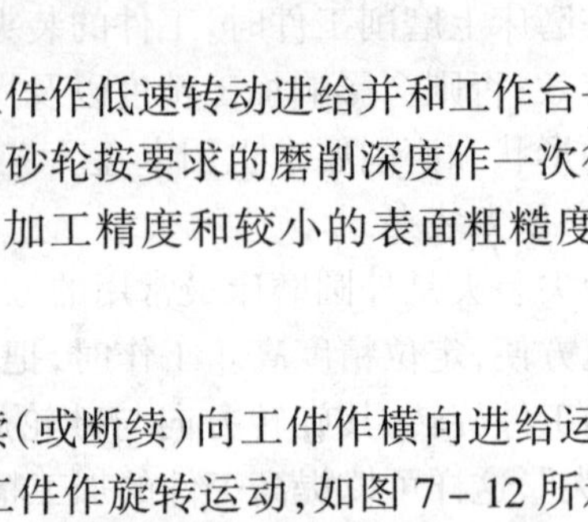

图 7－12 横向磨削法

(3)深度磨削法

深度磨削法是在一次纵向进给运动中,将工件磨削余量全部切除而达到规定尺寸要求的一种高效率的磨削方法。其磨削方法与纵向磨削法相同,但砂轮需要修成阶梯形,如图 7－13所示。磨削时砂轮各阶台的前端担负主要切削工作,各阶台的后部起精磨、修光作用,前面各阶台完成粗磨,最后一个阶台完成精磨。阶台数量及深度按磨削余量的大小和工件的长度确定。

深度磨削法适用于磨削余量和刚度较大的工件和批量生产。由于磨削力和磨削热很大,所以应选用刚度和功率大的机床。

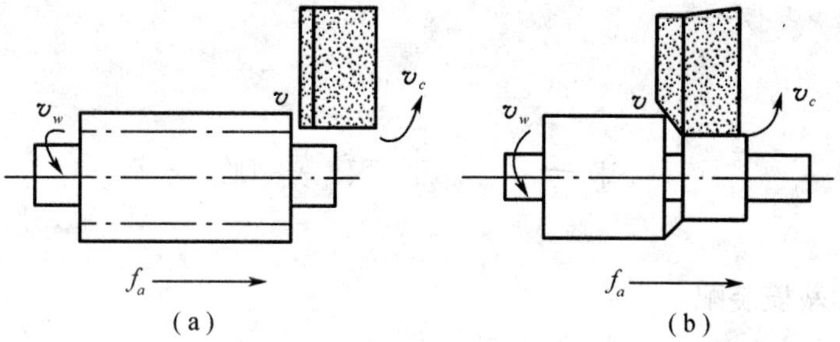

图 7-13 深度磨削法

(a)阶梯砂轮;(b)锥形砂轮

3.内圆磨削

内圆磨削可在万能外圆磨床上利用内圆磨头来完成。多用于小批量生产,成批生产时,则应在内圆磨床上进行。

内圆磨削的砂轮直径受工件孔径的限制,一般较小,不宜采用较大的磨削深度和进给量,冷却液也不易进入磨削区域,磨削不易排出。

第八章　模 具 实 训

第一节　冲 模 装 配

一、单工序冲裁模装配

1.任务

介绍单工序冲裁模的装配工艺与要求以及各类模架的装配、检测方法，要求重点掌握如图 8-1 所示的电度表固定卸料冲孔模的装配工艺过程。

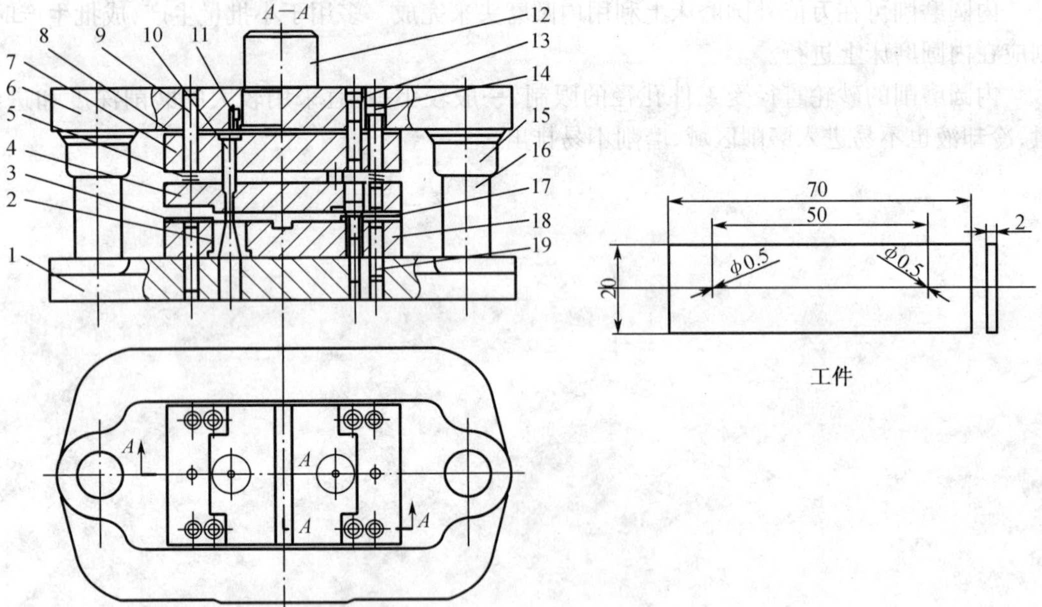

图 8-1　电度表固定卸料冲孔模

1—下模板；2—凹模；3—定位板；4—卸料板；5—弹簧；6—上模板；7，18—固定板；8—上模垫板；9，19—销钉；10—凸模；11—防转销；12—模柄；13，17—螺钉；14—卸料螺钉；15—导套；16—导柱

如图 8-1 所示的电度表固定卸料冲孔模，其冲裁材料为 H62 黄铜板，厚度为 2 mm，该模具的结构特点为：模具为中间式导柱导套，凹模采用镶拼形式，两凸模采用压入法安装在固定板 7 上，再反铆接，卸料板用弹簧弹性卸料。

2.任务分析

首先确定任务研究对象是一副电度表固定卸料冲孔模。由图 8-1 模具结构可知，该模具具有导向装置，其结构简单，主要由模架，冲孔凸、凹模，卸料装置等组成。从模具结构分析，影响模具装配质量的因素主要有以下几方面：一是导柱垂直度，二是冲孔凸模与凸模固定板装配基面的垂直度，三是凸模与凹模的间隙均匀性，四是卸料板定位位置的准确性。

3.任务实施

单工序冲裁模可分为无导向装置的冲裁模和有导向装置的冲裁模两种类型。对于无导向装置的冲裁模，可按图样要求将上、下模分别进行装配，其凸、凹模的间隙是在冲模被安装到压力机上时进行调整的。而对于有导向装置的冲裁模，装配时先选择基准件，然后以基准件为基准，再配装其他零件并调整好间隙值。如图 8-1 所示冲裁电度表固定卸料的冲孔模，其冲裁材料为 H62 黄铜板，厚度为 2 mm，其装配工艺过程如下。

(1)装配前的准备

装配钳工在接到任务后，必须先仔细阅读图样，了解所冲零件形状、精度要求以及模具的结构特点、动作原理和技术要求，选择合理的装配方法和装配顺序。并且要对照图样检查零件的质量，同时准备好必要的标准零件，如螺钉、销钉及装配用的辅助工具等。

(2)装配模柄

在手动压力机上或液压机上，将模柄 12 压入上模板 6 上，并加工出骑缝钉孔，将防转销 11 装入后，再反过来将模柄端面与上模板的底面在平面磨床上磨平。安装模柄 12 与上模板 6 时，应用 90°角尺检查模柄与上模板上平面的垂直度，若发现偏斜应予以调整，直到合适后再加工销钉孔，将防转销 11 打入骑缝销钉孔。

(3)装配导柱与导套

在模板上安装导柱与导套，应按照表 8-1、表 8-2 和表 8-3 的工艺方法进行装配。并注意安装后导柱与导套配合的间隙均匀，上、下模板沿导柱活动时，应无发涩及卡住现象，经检查，所装配的模架应符合技术要求。若采用标准模架，装配就更加方便。

①压入式模架的装配。这种模架的导柱与上、下模座的固定采用压入式配合，两种装配工艺方法见表 8-1。

表 8-1　压入式模架装配工艺之一

序号	工序	简　图	说　明
1	压入导柱	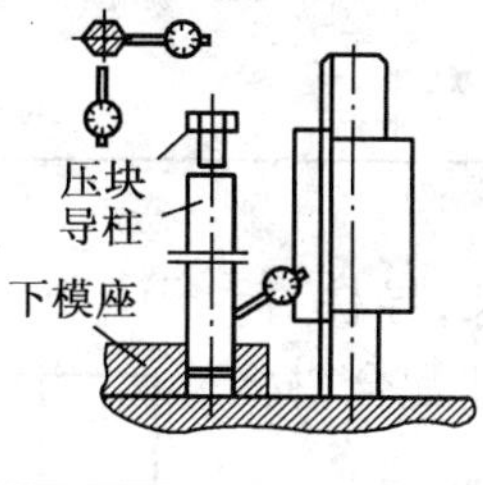	利用压力机，将导柱压入下模座。压导柱时，将压块顶在导柱中心孔上，在压入过程中，测量与校正导柱的垂直度。将两个导柱全部压入
2	装导套	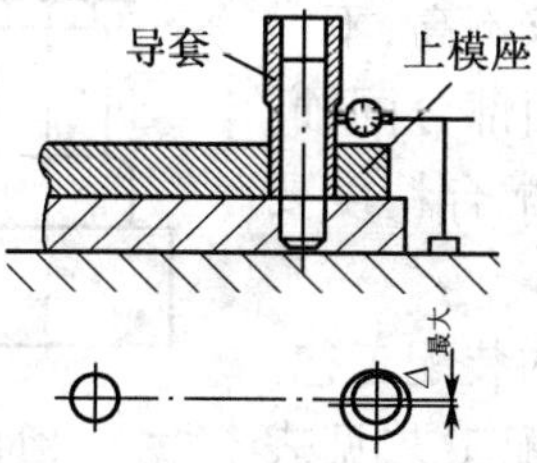	将上模座反置套在导柱上，然后套上导套，用千分表检查导套压配部分内外圆的同轴度，并将其最大偏差 $\Delta_{最大}$ 放在两导套中心连线的垂直位置，这样可以减少由于不同轴而引起的中心距变动

表 8 - 1(续)

序号	工序	简 图	说　明
3	压入导套 1	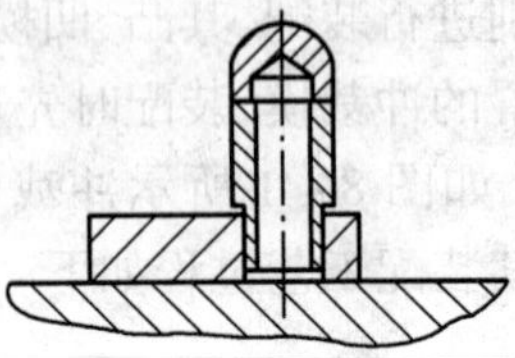	将帽形垫块放在导套上,用帽形垫块将导套的一部分压入上模座;取走下模座及导柱,仍用帽形垫块将导套全部压入上模座
4	压入导套 2	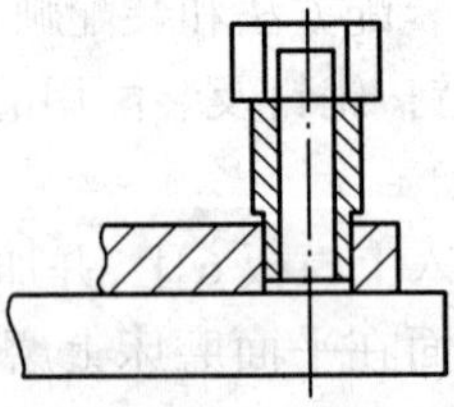	将上模座放在专用工具上(此工具的两圆柱与底板垂直,圆柱直径与导柱直径相同);将两个导套分别套在圆柱上,用两个等高垫圈垫在导套上,在压力机上将导套压入上模座
5	压入导柱	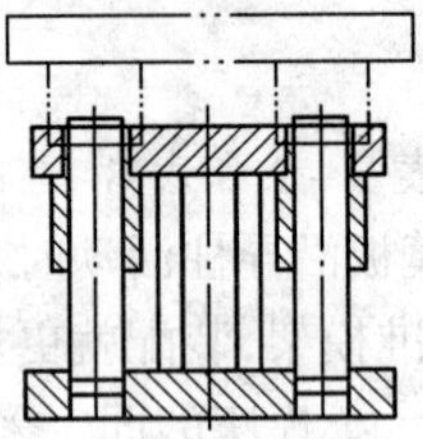	在上、下模座间垫入等高垫块;将导柱插入导套;在压力机上将导柱压入下模座 5 ~ 6 mm;将上模座用手提升至不脱离导柱的最高位置,然后再放下,如上模座与两垫块接触松紧不一,则调整导柱至接触松紧均匀为止;将导柱压入下模块
6	检验	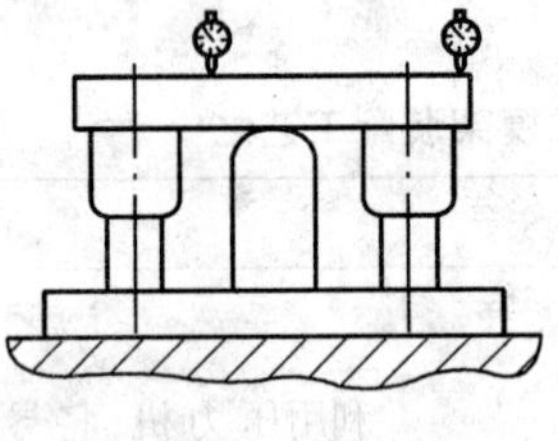	将上、下模座对合,中间垫以垫块,放在平板上测量模架平行度

②黏结式模架的装配。图 8 - 2 所示的模架,导柱直接与上模座黏结,导套与衬套以锥面分别与导柱配合,衬套黏结在下模座上。

这种模架的上、下模座孔的加工精度要求不高,不需要专用设备,但导柱的圆柱部分必须与圆锥面部分同轴。衬套的外圆要求不高,而锥孔面与导柱锥面配合精度要求较高。

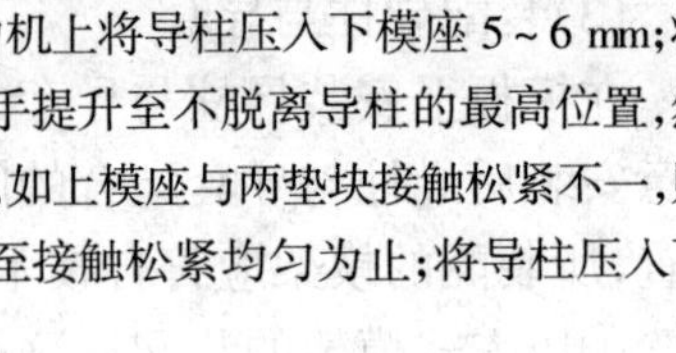

图 8 - 2　黏结式模架

表 8 - 2 所示为导柱可卸的黏结式模架的装配工艺。导柱直接与下模座黏结的黏结式模架的装配工艺见表 8 - 3。黏结式模架装配时用的等高垫块决定了模架的平行度,因此,要求等高垫块上、下平面平行,相对高度误差小于 0.005 ~ 0.01 mm,放置等高垫块时,距离应尽量大。

表 8－2　导柱可卸的黏结模架的装配工艺

序号	工序	简　图	说　　明
1	配导柱及衬套	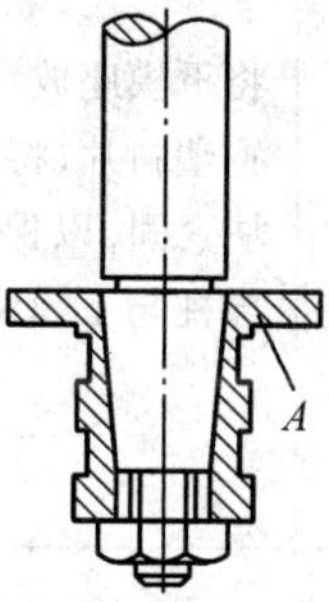	将导柱与衬套装配(两者锥度均匀磨好)；以导柱两端中心孔为基准，磨衬套 *A* 面与锥孔中心垂直
2	黏结衬套	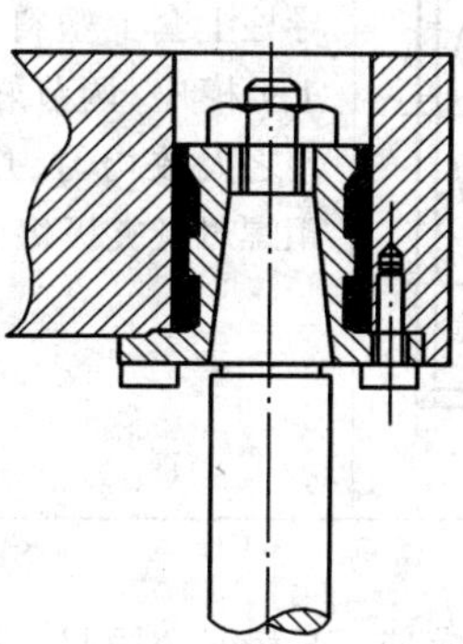	将衬套装入下模座，调整好衬套与模座孔的间隙使之大致均匀，然后用螺钉紧固，垫好等高垫块后浇注黏结剂
3	黏结导套	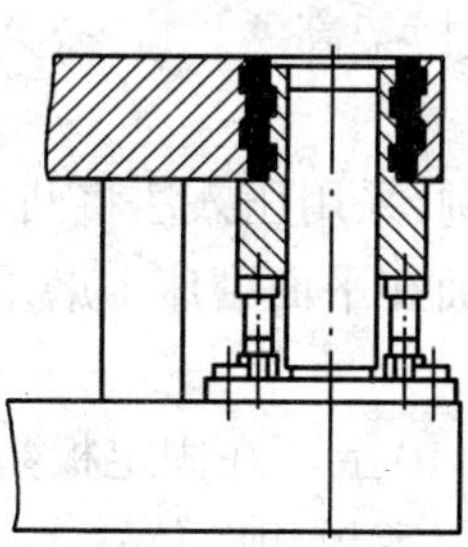	将已黏结完成的下模座平放，将导套套入导柱，再套上上模座(上、下模座间垫等高垫块)，调整好导套与上模座孔之间的间隙，并调整好导套下的支撑螺钉后浇注黏结剂

表 8-3 导柱不可卸的黏结模架的装配工艺

序号	工序	简图	说明
1	导柱定位	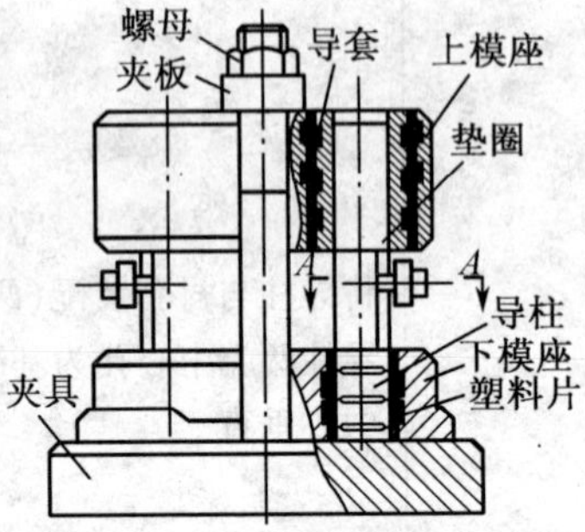	将下模座放在夹具上,在两导柱孔内分别放置塑料片;将导柱插入下模座孔内并用定位块紧固,以保证导柱与下模座垂直;调整好导柱与下模座孔的间隙,使之大致均匀
2	导套定位	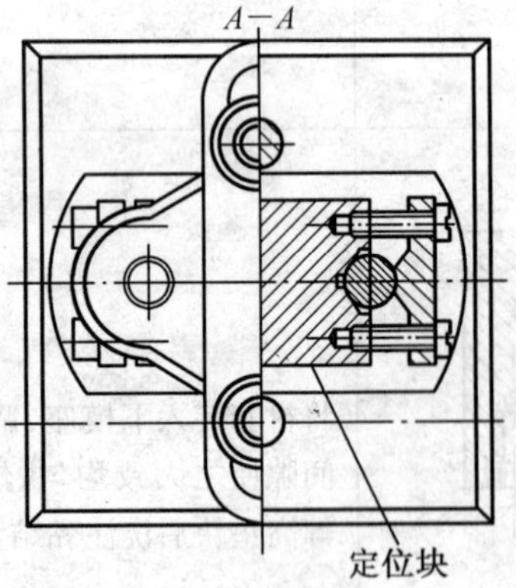	导柱上套上塑料垫圈;导柱上套上导套;套上上模座,调节好导套与上模座孔的间隙,使之大致均匀,并使上模座与定位块紧贴;用螺母及夹板将上、下模座夹紧

③滚珠式模架的装配。滚珠式模架由上模座、下模座、导柱、导套以及保持圈等组成。它与一般模架的区别是:导柱与导套之间设有滚珠,导柱、导套与滚珠成过盈配合(过盈量按导柱直径大小确定,一般为 0.005 ~ 0.02 mm),常用于小间隙冲裁模、硬质合金冲模、精冲模等精密模具。滚珠模架的制造精度要求比一般模架高。

(4)装配凸模

仍以图 8-1 所示固定卸料冲孔模装配为例,采用压入法将凸模 10 安装在固定板 7 上,装配后,应将固定板上平面与凸模安装尾部端面在平面磨床上磨平。

(5)初装卸料板

将卸料板 4 套在已装入固定板 7 上的凸模 10 上。在固定板与卸料板之间垫上垫块,并用夹板将其夹紧,然后按卸料板上的螺钉孔在固定板相应位置上画线,卸开后钻、铰固定板上的螺钉过孔。

(6)装凹模

将凹模 2 装入凹模固定板 18 中,紧固后,应将固定板与凹模上平面在平面磨床上一起磨平,使刃口锋利。同时,其底面也应磨平。

(7)安装下模

在凹模 2 与固定板 18 组合上安装定位板 3,并把固定板与凹模的组合安装在下模板 1 上,调整好相对位置后,先在下模板上加工出螺纹、销钉孔,拧紧螺钉、打入销钉。

(8)配装上模

将已装入固定板7上的凸模10插入凹模孔内,注意固定板与凹模2之间应垫等高垫块,再把上模板6放在固定板7上,将上模板与固定板之间的位置调整好后用夹紧钳夹紧,并在模板上投影卸料螺孔及螺钉过孔,拆开后钻孔。然后,放入上模垫板8,拧入螺钉13,但不要拧紧。

(9)调整间隙

将模具合模并翻转倒置,模柄夹在平口钳上,用手灯照射,从下模板漏料孔中观察凸、凹模间隙大小,看透光是否均匀,若发现某一方向不均匀,可用锤子轻轻敲击固定板7侧面,使上模的凸模10位置改变,以得到均匀的间隙为准。

(10)紧固上模

间隙调整均匀后,将螺钉拧紧,并钻、铰销钉孔,穿入销孔。

(11)装入卸料板

装卸料板4装在已紧固的上模上,并检查是否能灵活地在凸模上、下移动。检查凸模端面是否缩入卸料孔内0.5 mm左右,最后安装弹簧5。

(12)试切与调整

将冲模的其他零件安装好后,用与制件厚度相同的纸片作为工件材料,将其放在上、下模之间,用锤子敲击模柄进行试切,若冲出的纸样试件毛刺较小或均匀,表明装配正确。否则应重新装配及调整。

(13)打刻编号

将装配后的冲模打刻编号。

4.评分项目与标准(如表8-4所示)

表8-4　评分项目与标准

序号	考核项目	考核要求	配分	评分标准
1	装配前准备	模具结构图的识图,选择合理的装配方法和装配顺序,准备好必要的标准件,如螺钉、销钉及装配用的辅助工具等	5	具备模具结构知识及识图能力
2	装配模柄	安装模柄与上模板后,用90°角尺检查模柄与上模板上平面的垂直度,合格后再加工销钉孔,将销钉打入骑缝销钉孔	5	模柄与上模板上平面的垂直度在0.01 mm之内
3	装配导柱与导套	压入导柱与导套	10	熟练使用百分表校验垂直度和平行度,保证平行度和垂直度在0.01 mm之内
4	装配凸模	将凸模安装在固定板上,装配后,再将固定板的上平面与凸模安装尾部端面在平面磨床上磨平	10	操作熟练,保证安全,不损伤凸模刃口,熟练使用磨床,板上孔的位置

表 8-4(续)

序号	考核项目	考核要求	配分	评分标准
5	装卸料板	使用正确的工艺方法钻、铰固定板上的螺钉过孔	10	操作熟练,不损伤凸模刃口,且保证卸料板上孔的位置
6	装凹模	凹模装入凹模固定板中,紧固后,磨平上下表面	10	熟练操作使用磨床,保证平行度
7	安装下模	安装定位板,再把固定板与凹模的组合安装在下模板上。最后加工出螺纹、销钉孔,拧紧螺钉、打入销钉	10	熟练操作使用钻床,加工出合格的螺纹孔、销钉孔
8	配装上模	用正确的工艺方法钻、铰各孔,最后不要拧紧螺钉	10	操作过程熟练,思路清晰,保证安全
9	调整间隙	用透光法或其他方法调整凸、凹模之间的间隙	10	以得到均匀的间隙为准
10	紧固上模	调整位置后,拧紧螺钉,并钻、铰销钉孔,打入销钉	10	调整位置准确
11	装入卸料板	将卸料板装在已固紧的上模上,最后安装弹簧	5	凸模端面是否缩入卸料孔内0.5 mm左右,卸料板能否灵活地在凸模间上下移动
12	试切与调整	用与制件厚度相同的纸片或其他材料作为工件材料,将其放在上、下模之间,用锤子敲击模柄进行试切	5	冲出的纸样试件毛刺较小或均匀

第二节　塑料模装配

一、热塑性塑料注射模装配

1.任务

热塑性塑料注射模如图 8-3 所示。本任务主要介绍热塑性塑料注射模的装配,通过本任务学习,在巩固注射模装配工艺过程的同时,重点掌握导柱、导套孔的加工、装配以及滑块抽芯的装配方法。

热塑性塑料注射模装配要求:

(1)模具上、下平面的平行度误差不大于 0.05 mm;

(2)分型曲面处需密合;

(3)推件时推杆和卸料板动作必须保持同步;

(4)上、下模型芯必须紧密接触。

2.任务分析

根据任务描述,从图 8-3 中可以看出,该模具可以确定为阶梯分型注射模。定模与卸

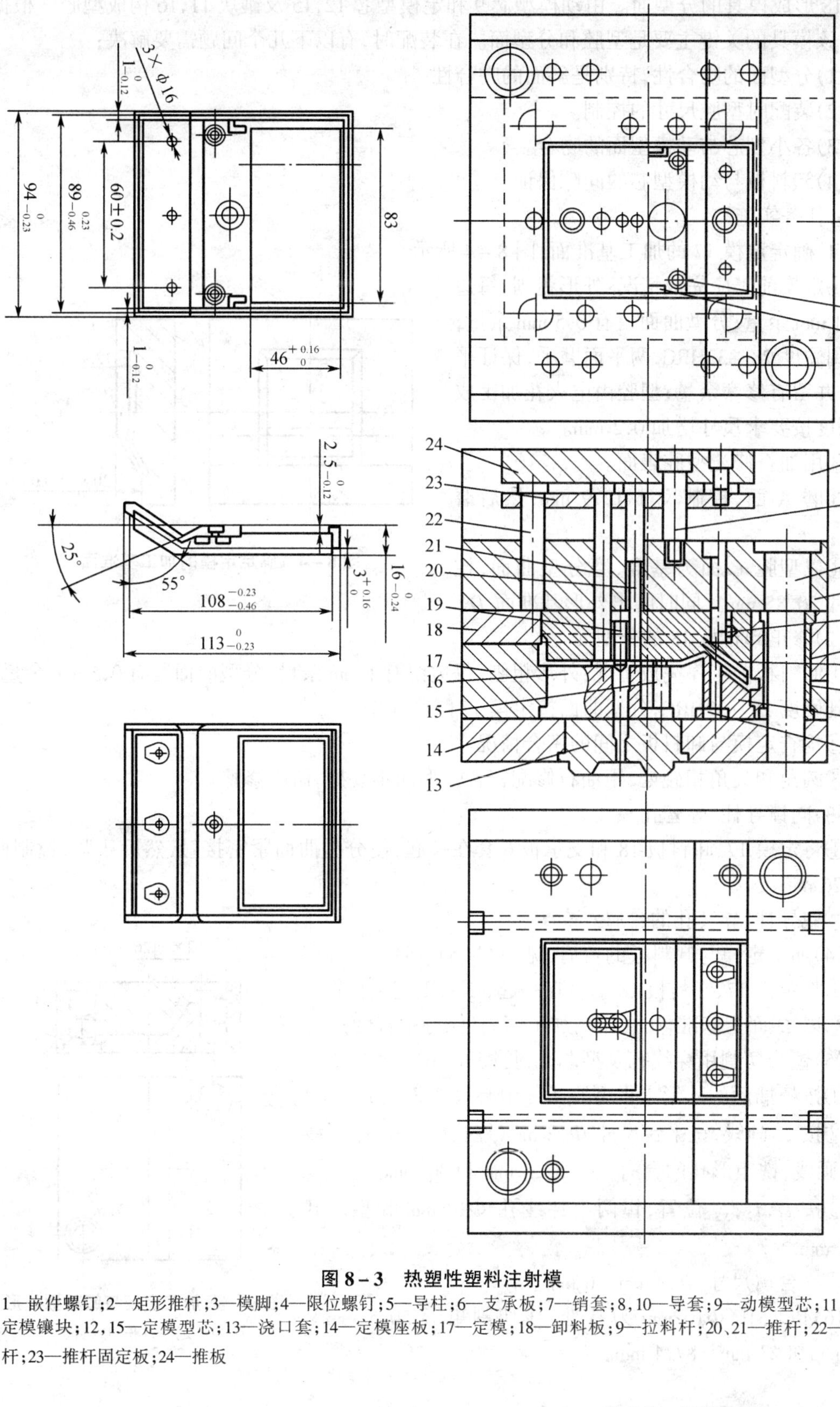

图 8-3　热塑性塑料注射模

1—嵌件螺钉;2—矩形推杆;3—模脚;4—限位螺钉;5—导柱;6—支承板;7—销套;8,10—导套;9—动模型芯;11,16—定模镶块;12,15—定模型芯;13—浇口套;14—定模座板;17—定模;18—卸料板;9—拉料杆;20、21—推杆;22—复位杆;23—推杆固定板;24—推板

料板18形成模具的分型面。由动模型芯9和定模型芯12,15及镶块11,16构成型腔。根据分析,该模具的关键主要是型腔和分型面。在装配时,有以下几个问题需要解决:

(1)分型面的吻合性,特别是斜面的吻合性。

(2)装配时型腔尺寸的控制。

(3)各小型芯与动模型面的吻合。

(4)卸料板与动模型芯的间隙保证。

3.任务实施

(1)确定定模17的加工基准面,图8－4所示

①定模前工序完成情况:外形粗刨,每边留有1 mm余量;分型曲面留有0.5 mm余量;调质到硬度28～32HRC;两平面磨平,保证平行度,并留有修磨余量;型腔由电火花加工成形,深度按要求尺寸增加0.2 mm。

②用油石修光型腔表面。

③磨A面,控制尺寸12.9 mm,然后磨B面。

④以型腔C面为基准,磨分型曲面,控制尺寸20.85 mm。同时磨出外形基准面D。

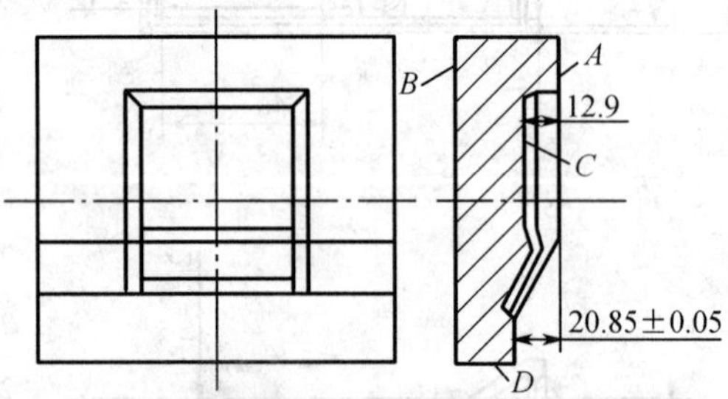

图8－4　确定定模的加工基准面

(2)修正卸料板18的分型面

①卸料板前工序完成情况:外形粗刨,每边留有1 mm余量;分型曲面留有0.5 mm余量;调质到硬度28～32HRC;分型曲面按定模17配磨完毕。

②检查定模与卸料板之间的密合情况。

③圆角和尖角相碰处,用油石修配密合。型面不妥处,研磨修整。

(3)同镗导柱、导套孔

①将定模17、卸料板18和支承板6套在一起,使分型曲面紧密接触,然后压紧,镗制两孔Φ26 mm。

②锪导柱、导套孔的台肩。

(4)加工定模与卸料板的台肩(见图8－5)

①将定模17、卸料板18叠合在一起,压入工艺定位销。

②以D面为基准,用插床精加工四周(保持垂直度)。

(5)镗线切割用穿线孔及型芯孔(见图8－6)

①按精插后的外形求得型腔实际中心尺寸L与L_1。

②按l_1画线,铣平台尺寸Φ12 mm(镗孔用);按l_1画线与l_2画线,铣矩形孔的台肩尺寸57.5 mm和30 mm。

③按l_1,l_2,l_3位置,镗两个穿线孔Φ10 mm和型芯孔Φ7.1 mm。

④锪台肩尺寸Φ10 mm×6 mm。

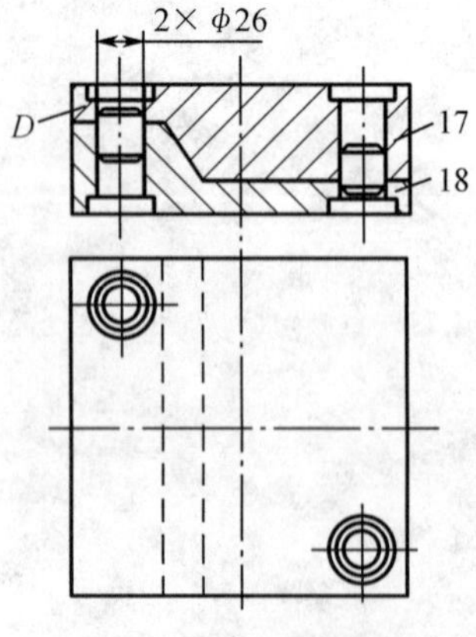

图8－5　加工定模与卸料板外形

17—定模;18—卸料板

(6)以两孔Φ10 mm为基准,线切割矩形50.5 mm×87.4 mm和23 mm×87.4 mm。

(7)线切割卸料板型孔

①按定模的实际中心 L 与 L_1 尺寸镗线切割用穿线孔。

②以穿线孔和外形为基准,线切割型孔。

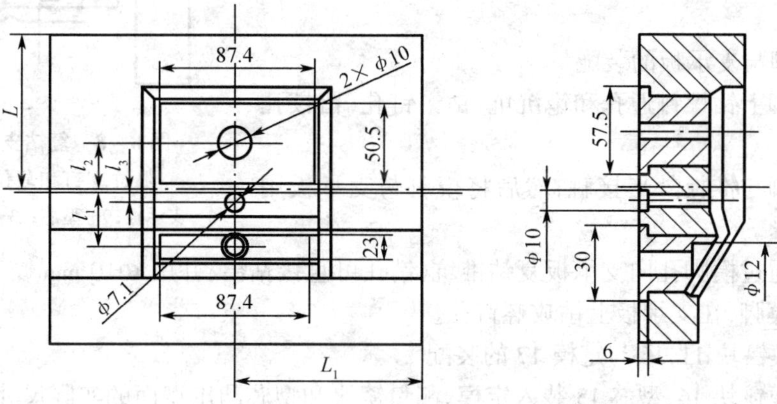

图 8-6 镗线切割用穿线孔及型芯孔

(8)在定模、卸料板和支承板上分别压入导柱、导套

①清除孔和导柱、导套的毛刺。

②检查导柱、导套的台肩,其厚度大于沉坑者应修磨。

③半导柱、导套分别压入各板。

(9)型芯 9 与卸料板 18 及支承板 6 的装配

①钳工修光卸料板型孔,并与型芯作配合检查,要求滑动灵活。

②支承板和卸料板合拢。将型芯的螺钉孔口部涂红粉,然后放入卸料板型孔内,在支承板上复印出螺钉通孔的位置。

③移去卸料板与型芯,在支承板上钻螺钉通孔,并锪沉坑。

④将销套压入型芯,拉杆装入型芯。

⑤将卸料板、型芯和支承板装合在一起,调整到正确位置后,用螺钉坚固。

⑥按画线一同钻、铰支承板与型芯的销钉孔(见图 8-7)

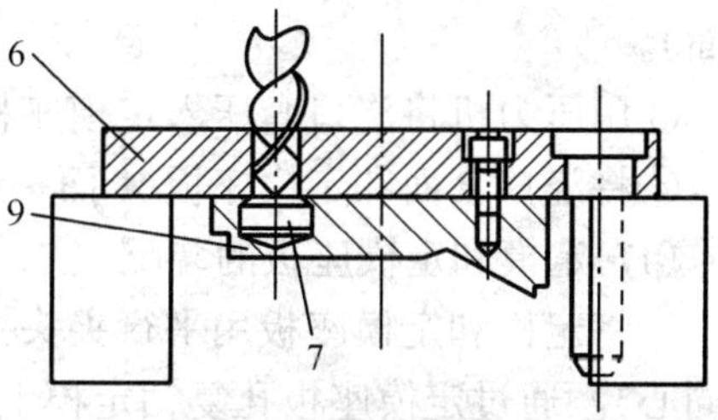

图 8-7 支承板与型芯一同钻、铰销钉孔

6—支承板;7—销套;9—型芯

⑦压入销钉。

(10)通过型芯复钻支承板上的推杆孔

①在支承板上复钻出锥坑。

②拆下型芯,调换钻头,钻出要求尺寸的孔。

(11)通过支承板复钻推杆固定板上的推杆孔

①将矩形推杆穿入推杆固定板、支承板和型芯(板上的方孔已由机床加工完成)。

②将推杆固定板和支承板用平行夹头夹紧。

③钻头通过支承板上的孔直接钻通推杆固定板孔。

④推杆固定板上的螺钉孔通过推板复钻。

(12)在推杆固定板和支承板上加工限位螺钉和复位杆孔(见图 8-8)

①在推杆固定板上钻限位螺钉通孔和复位杆孔。

②用平行夹头将支承板与推杆固定板夹紧。

③通过推杆固定板复钻支承板上的锥坑。

④拆下推杆固定板，在支承板上钻攻螺钉和钻通复位杆孔。

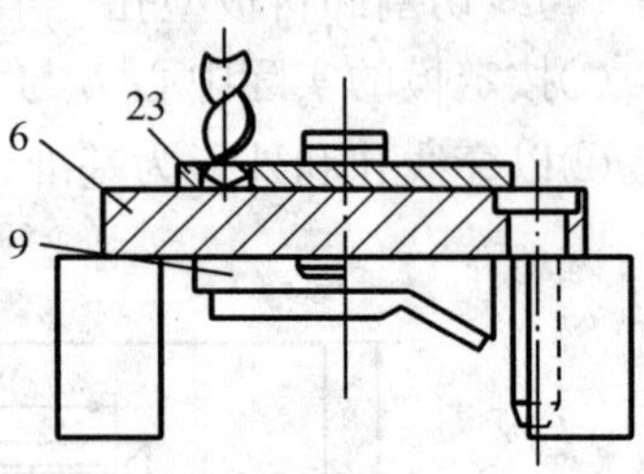

图 8－8　复钻支承板的限位螺钉和复位杆孔

6—支承板；9—型芯；23—推杆固定板

(13)模脚与支承板的装配

①在模脚上钻螺钉通孔和锪沉坑；钻销钉孔(留铰孔余量)。

②使模脚与推板外形接触，然后将模脚与支承板用平行夹头夹紧。

③钻头通过模脚孔向支承板复钻锥坑(销孔可直接钻出，并用 $\Phi10$ mm 铰刀铰孔)。

④拆下模脚，在支承板上钻攻螺钉孔。

(14)定模镶块 11,16 与定模 17 的装配

①将定模镶块 16、型芯 15 装入定模，测量镶块和型芯凸出型面的实际尺寸。

②按型芯 9 高度和定模深度的实际尺寸，将定模镶块和型芯退出定模，单独进行磨削。然后再装入定模，并检查与定模和卸料板是否同时接触。

③将型芯 12 装入定模镶块 11，用销钉定位。以定模镶块的外形和斜面作基准，预磨型芯的斜面。

④将上项的型芯、定模镶块装入定模，然后将定模与卸料板合模，并测量分型面的间隙尺寸。

⑤将定模镶块 11 退出，按上项测量出的间隙尺寸精磨型芯 12 的斜面到要求尺寸。

⑥将定模镶块 11 装入定模，一起磨平装配面。

(15)在定模座板 14 上钻、锪螺钉通孔和导柱孔，钻两销钉孔(留铰孔余量)

(16)将浇口套压入定模座板(见图 8－9)

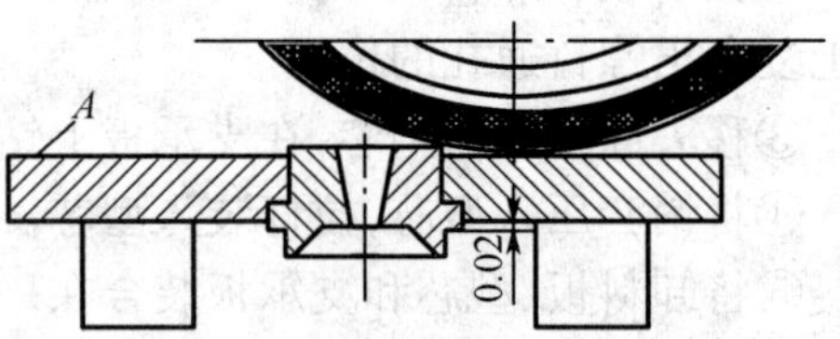

图 8－9　浇口套和定模座板的装配

①清除定模座板浇口套孔中的毛刺。

②检查台肩面到两平面的尺寸是否符合装配要求(浇口套两端面均应凸出定模座板的两平面)。

③用压力机将浇口套压入定模座板。

④将浇口套面和定模座板 *A* 面一起磨平。

(17)定模和定模座板的装配

①将定模和定模座板用平行夹头夹紧(浇口套上的浇道孔和镶块上的浇道孔必须调整到同心)。通过定模座板孔复钻定模上的螺钉孔和销钉孔(螺钉孔复钻锥坑，销钉孔可直接钻到要求深度后铰孔)。

②将定模和定模座板拆开，在定模上钻攻螺钉孔。

③敲入销钉，坚固螺钉。

(18)修正推杆和复位杆的长度

①将动模部分全部装配，使模脚底面和推板紧贴于平板。自型芯表面和支承板表面测量出推杆和复位杆的凸出尺寸。

②将推杆和复位杆拆下,按上项测得的凸出尺寸修磨顶端,要求推杆凸出型芯平面0.2 mm,复位杆与支承板平面齐平。

二、评分项目与标准(如表 8-5 所示)

表 8-5　评分项目与标准

序号	考核项目	考核要求	配分	评分标准
1	装配前准备	模具结构图的识图,选择合理的装配方法和装配顺序,准备好必要的标准件,如螺钉、销钉及装配用的辅助工具等	5	具备模具结构知识及识图能力
2	确定定模 17 的加工基准面	磨 *A* 面控制尺寸 12.9 mm,然后磨 *B* 面,以型腔 *C* 面为基准,磨分型曲面,控制尺寸 20.85 mm;同时磨出外形基准面 *D*	10	保证尺寸 12.9 mm 和 20.85 mm
3	修正卸料板 18 的分型面	检查定模与卸料板之间的密合情况	5	圆角和尖角相碰处,用油石修配密合,型面不妥帖处,研磨修正
4	同镗导柱、导套孔	镗制两孔 Φ26 mm。锪导柱、导套孔的台肩	5	操作熟练、目的明确、保证精度、保证安全
5	加工定模与卸料板外形	将定模与卸料板叠合在一起,压入工艺定位销,以 *D* 面为基准,用插床精加工四周	5	操作熟练、目的明确、保证精度、保证安全
6	镗线切割用穿线孔和型芯孔	镗两个穿线孔 Φ10 mm 和型芯孔 Φ7.1 mm,锪台肩尺寸 Φ10 mm×6 mm	5	操作熟练、目的明确、保证精度、保证安全
7	线切割矩形孔	以两孔 Φ10 mm 为基准,线切割矩形孔 50.5 mm × 87.4 mm 和 23 mm × 87.4 mm	5	保证位置精度和尺寸精度
8	线切割卸料板型孔	以穿线孔和外形为基准,线切割型孔	5	保证位置精度和尺寸精度
9	在定模、卸料板和支承板上分别压入导柱、导套	去毛刺后,将导柱、导套分别压入各板	5	操作熟练、目的明确、保证精度、保证安全
10	型芯 9 与卸料板 18 及支承板 6 的装配	将卸料板、型芯和支承板装合在一起,调整到正确位置后,用螺钉坚固	10	操作熟练、目的明确、保证精度、保证安全
11	通过型芯复钻支承板上的推杆孔	在支承板上复钻出锥坑。拆下型芯,调换钻头,钻出要求尺寸的孔	5	操作熟练、目的明确、保证精度、保证安全

表 8－5(续)

序号	考核项目	考核要求	配分	评分标准
12	通过支承板复钻推杆固定板上的推杆孔	钻头通过支承板上的孔，直接钻通锥杆固定板孔。推杆固定板上的螺钉孔，通过推板复钻	5	操作熟练、目的明确、保证精度、保证安全
13	在推杆固定板和支承板上加工限位螺钉孔和复位杆孔	在推杆固定板上钻限位螺钉通孔和复位杆孔，在支承板上钻攻螺钉孔和钻通复位杆孔	5	操作熟练、目的明确、保证精度、保证安全
14	模脚与支承板的装配	在模脚上钻螺钉通孔和锪沉坑；钻销钉孔，在支承板上钻攻螺钉孔	5	操作熟练、目的明确、保证精度、保证安全
15	定模镶块 11216 与定模 17 的装配	镶块与定模的装配，最后一起磨平装配面	5	操作熟练、目的明确、保证精度、保证安全
16	将浇口套压入定模座板	用压力机将浇口套压入定模座板，将浇口套面和定模座板 A 面一起磨平	5	操作熟练、目的明确、保证精度、保证安全
17	定模和定模座板的装配	在定模上钻攻螺钉孔，敲入销钉，紧固螺钉	5	操作熟练、目的明确、保证精度、保证安全
18	修正推杆和复位杆的长度	修正到推杆凸出型芯平面0.2 mm，复位杆与支承板平面平齐	5	推杆凸出型芯平面0.2 mm正确

第三节　冲模的安装与调试

冲模的安装

一、任务

介绍冲模在压力机上的安装。通过本任务学习，要求学生掌握各类冲模的安装和设备的选用，熟悉冲压设备的安全操作规程及冲模安装和使用中的注意事项。

二、任务分析

根据任务描述，首先确定主要研究的对象是冲模的安装。可以看出，冲模的安装有三个方面的要求：

1.对压力机的要求，成品的冲模必须首先保证其能顺利安装到指定压力机上。模具的参数必须符合压力机的各种技术参数，主要包括公称压力、闭合高度、滑块行程、最大装模高度、工作台孔尺寸、安装条件等。在冲模安装过程中应注意压力机的装模高度和模具高度，必须保证模具高度在压力机装模允许范围之内，然后再根据模具高度对装模高度作必要的调整。

2.检查模具是否符合图样要求和技术要求，包括零件是否齐全，有无特殊要求。

3.冲模的安装程序和方法，包括模具安装前的准备工作，安装过程和安装后的调试。

三、任务实施

1.冲模的安装要求

(1)压力机的选用

①压力机的安装要求。压力机的吨位应大于冲模的工艺力;压力机的抽动器、离合器及操作系统等机构的工作要正常;压力机要有足够的刚度、强度和精度。

②压力机的检查方法。按下压力机启动手柄或踏下脚踏板,滑块不应有连冲现象,若发生连冲,应调整后再安装冲模。

(2)压力机工作台面。工作台面与模具底面要清理干净,不准有任何污物及金属废屑。用毛刷及棉纱擦拭干净。

(3)冲模的紧固零件。安装冲模的螺栓、螺母及压板应采用专用件,最好不要代用。用压板将下模紧固在工作台面上时,其紧固用的螺栓拧入螺孔中的长度应大于螺栓直径的1.5~2倍。安装压板时,应使压板的基面平行于压力机的工作台面,不准偏斜,可以用目测法及采用百分表等量具测量。

2.冲模安装前的准备

(1)熟悉冲模。包括冲压件图、冲压工艺、冲模结构及动作原理、冲模安装方法。

(2)检查冲模安装条件

①模具的闭合高度是否与压力机相适应。

②压力机的公称压力是否满足冲模工艺力的要求。

③冲模的安装槽(孔)位置是否与压力机一致。

④顶杆直径及长度和下模座顶杆位置是否与压力机相适应。

⑤推料杆的长度与直径是否与压力机上的推料机构相适应。

(3)检查压力机的技术状态

①检查压力机的刹车、离合器及操作机构是否工作正常。

②检查压力机上的推料螺钉,并将其调整到适当位置,以免调节滑块的闭合高度时顶弯或顶断压力机上的推料机构。

③检查压力机上的压缩空气垫的操作是否灵活可靠。

(4)检查冲模

①根据冲模图样检查冲模零件是否齐全。

②了解冲模对调整与试冲有无特殊要求。

③检查冲模表面是否符合技术要求。

④根据冲模结构,应预先考虑试冲程序及前后相关联的工序。

⑤检查工作部分、定位部分是否符合图样要求。

3.冲模的安装程序与调试方法

(1)在单动压力机上安装冲模

①开动压力机,使压力机滑块上升到上止点。

②清理压力机滑块底面、压力机台面和冲模上、下面的一切杂物并擦拭干净。

③把模具吊装到压力机台面规定的位置上,用压力机行程尺检查压力机滑块底面至冲模上平面之间距离大于压力机行程。必要时,调节滑块高度,以保证该距离大于压力机行程。如果模具有托杆(拉深模、成型模顶出缓冲系统),则应先按图样位置将其插入压力机台面的孔内,并把模具位置摆正。

④将滑块降到下止点,并调节滑块高度,使其与冲模上平面慢慢接触至吻合。用螺钉将上模紧固在压力机上,并将下模初步固定在压力机台面上。

⑤将滑块稍往上调一点(以免冲模顶死),然后开动压力机,使滑块上升到上止点,松开

下模的安装螺栓，让滑块空行程数次，再把滑块降到下止点停止。

⑥拧紧下模的安装螺栓(对称交错进行)，再开动压力机使滑块上升到上止点位置。在导柱上加润滑油，并检查冲模工作部分有无异物。然后开动压力机，再使滑块空行程运行数次，检查导柱、导套配合情况。若发现导柱不垂直或与导套配合不合适时，应拆下冲模进行修理。

⑦检查模具及压力机，确认无误后方可进行试冲，并逐步调节滑块到所需的高度。

⑧调节压力机上的推料螺栓到适当高度，使推料杆能正常工作。如果冲模使用气垫，则应调节压缩空气到合适的压力。

(2)在双动压力机上安装冲模

①检查双动拉深模有关安装尺寸(内、外闭合高度，安装孔及安装槽位置)，并选定安装用的垫板。

②调节压力机内、外滑块的最高点，并将内、外滑块停于上止点。

③将冲模置于压力机工作台面的中心位置。

④把滑块降到下止点，开动内滑块调节电动机，使内滑块下降至与凸模固定座相接触，对准安装槽孔，将凸模固定座用螺钉固定在内滑块垫板上。

⑤开动压力机，使滑块及凸模上升并停止于上止点位置。

⑥将冲模从台面上拉出，将外滑块的垫板放在压边圈上，用螺钉将其与压边圈初步连接上，然后再将冲模移到台面中心位置。

⑦卸下外滑块垫板与压边圈连接螺钉，开动压力机使其空行程运行数次，并使外滑块垫板处于正确位置。

⑧安装压边圈。放掉平衡汽缸里的空气，调节外滑块的高度，使外滑块与垫板接触，用螺钉将外滑块、外滑块垫板和压边圈连接紧固。然后，向平衡汽缸里送压缩空气。

⑨用螺钉将凹模初步固定在工作台垫板上(先不拧紧螺钉)

⑩开动压力机试运转，正常后拧紧凹模的固定螺钉。检查模具及压力机各部分是否正常，确认无误后可开动压力机试模。

(3)冲模安装要点。冲模在安装过程中要注意压力机的闭合高度和模具的高度，可先将压力机的滑块调到下止点，量出滑块底部到工作台面的高度，此高度应大于模具的高度。

(4)其他冲模的安装

①无导向冲模

a.将冲模放在压力机平台中心处。

b.松开压力机滑块螺母，用手或撬杠转动飞轮，使压力机滑块下降到与模具上模板接触，并使冲模模柄进入滑块中。

c.将模柄紧固在滑块上。固定时，应注意使滑块两边的螺栓交错旋紧。

d.在凹模的刃口上垫以相当于凸、凹模单面间隙的硬纸或钢板，并间隙均匀。

e.间隙调整后压紧下模。

f.开动压力机，进行试冲。

②有导向冲模

a.将闭合状态的模具放在压力机台面中心位置(调节压力机闭合高度，且应大于模具的高度)。

b.将压力机滑块下降到最低位置，并调整到使其与上模板接触。

c.把上模固定在滑块上，利用点使滑块慢慢上升，让导柱、导套自由导正(导柱不能离开导套)，再将下模座压紧。

d.调整滑块位置，使其在上极点时凸模不至于逸出导板之外，或导套下降距离不应超过导柱长度的1/3为止。

e.紧固时要牢固，紧固后进行试冲与调整。

f.拉深模与弯曲模安装时，最好在凸、凹模之间垫以试件，以便于调整间隙值。

(5)弯曲模的安装。弯曲模在压力机上的安装方法，基本上与冲裁模在压力机上的安装方法相同。其在安装过程中的调整方法如下：

①有导向装置的弯曲模，调整安装比较简单，上模与下模相对位置及间隙均由导向零件决定。

②无导向装置的模具，上、下模的位置需要用测量间隙或用垫片法来保证。如果冲压模具有对称、直壁的制件(如U形弯曲件)，在安装模具时，可先将上模具紧固到压力机滑块上，下模在工作台上暂不紧固。然后在凹模孔壁口放置与制件材料等厚的垫片，再使上、下模吻合就能达到自动对准，且间隙均匀。待调整好闭合高度，再把下模紧固后，即可试冲。所垫的垫片最好选用试件，这样可便于调整间隙，也避免碰坏凸、凹模。

(6)拉深模的安装。在使用单柱压力机拉深时，其模具在压力机上的安装固定方法基本上与弯曲模相同。但对于带有压边圈的拉深模，应对压边力进行调整，这是因为，压边力过大易被拉裂，压边力太小又易起皱。因此，在安装模具时，应边试验、边调整，直到合适为止。对于拉深筒形零件，先将上模固定在冲床的滑块上，下模放在冲床工作台面上，先不必紧固。在安装时，可先在凹模孔放置一个制件(试件与制件同样厚度的垫片)，再使上、下模通过调节螺杆或飞轮使其吻合，下模可自动对准位置。在调好闭合高度后，可以将下模紧固试冲。

(7)校正、整形模的安装。在安装校正、整形模时，调节压力机的闭合高度需特别小心慎重。在调整时，应使上模随滑块到下止点位置时，既能压实制件，又不发生硬性冲击或“卡住”现象。因此，对上模在压力机上的上下位置进行粗略调整后，在凸、凹模上、下平面之间垫入一块等于或略厚于毛坯厚度的垫片，用调节压力机连杆长度的方法，用手搬动飞轮(或用微动按钮)，直到使滑块能正常地通过下止点而无阻滞或卡住的现象为止。这样就可以固定下模，取出垫片进行试冲。试冲合格后，再将紧固件拧紧。

4.使用冲模应注意的事项

在冷冲压生产中能否正确使用冲模，对于冲模的使用寿命、工作的安全性、工件的质量等有很大影响。在使用冲模时，应注意以下几点：

(1)安装冲模的压力机必须有足够的刚度、强度和精度。在冲模安装前，需将压力机预先调整好，即应仔细检查制动器、离合器及压力机操纵机构的工作部分是否正常。检查方法是先踩脚踏板或按手柄，如果滑块有不正常的连冲现象，应在故障排除后再安装冲模。

(2)冲模安装固定时应采用专用压板和螺钉、螺母、压块，不可用替代品。要将模具底面及工作台面擦拭干净，不准有废屑、废渣。

(3)用压块将下模紧固在工作台面上时，其紧固用的螺栓拧入螺孔中的长度应小于螺栓直径的1.5~2倍，压块的位置应平行于下台面，不能偏斜。

(4)在冲模安装后调整冲模时，凸模进入凹模的深度不能超过0.8 mm(冲裁厚度在2 mm以下)；对于硬质合金制成的凸、凹模，不应超过0.5 mm。对于拉深模，调整时，可以用试件先套入凸模上，当其全部进入凹模内，才能将下模固定，以防将冲模损坏，其试件的厚度最好等于制件厚度的1.2~1.4倍。

(5)安装后的冲模,所有凸模中心线都应与凹模平面保持垂直,否则会使刃口啃坏。

(6)冲模在使用一段时间后,应定期进行检查,刃磨刃口。每次刃磨时刃磨量不应太大,一般可为0.05～0.1 mm。刃磨后,应用油石进行修整。

(7)冲模在使用过程中,应经常对其导柱、导套进行润滑。

(8)冲压用料或半成品坯件应清洗干净。在工作时对于冲模所用的板料可进行少许润滑,以减少磨损。

(9)冲压时应防止叠片冲压,以避免损坏冲模。

(10)在冲压过程中,随时要停机检查,并用放大镜检查刃口状况,若发现有微小裂纹或啃刃,应停机维修。

四、评分项目与标准(如表8－6所示)

表8－6　评分项目与标准

序号	考核项目	考核要求	配分	评分标准
1	图样分析	模具结构图的识图	5	具备模具结构知识及识图能力
2	检查冲模、压力机技术状态	冲模安装条件,模具表面质量,压力机技术状态	10	明确冲模各项安装条件、模具质量要求、压力机技术状态
3	开机、清理安装面	滑块至下止点,清理安装表面	5	操作熟练、目的明确、保证安全
4	吊装	保证滑块底面与冲模上表面距离大于压力机行程	15	操作熟练、目的明确、保证安全
5	滑块至下止点	滑块至下止点,通过调整连杆长度使滑块下表面与冲模安装面吻合	10	操作熟练、目的明确、保证安全
6	紧固上模,初步固定下模	用螺钉将上模紧固在压力机上,并将下模初步固定在压力机台面上	10	操作熟练、目的明确、保证安全
7	开机找正,固定下模	将滑块稍往上调一点(以免冲模顶死),然后开动压力机,使滑块上升到上止点,松开下模的安装螺栓,让滑块空行程运行数次,再把滑块降到下止点停止	20	操作熟练、目的明确、保证安全
8	润滑、试冲	拧紧下模的安装螺栓(对称交错进行)。再开机使滑块至上止点。在导柱上加润滑油,并检查冲模工作部分有无异物。然后开动压力机,再使滑块空行程运行数次,检查导柱、导套配合情况	20	操作熟练、目的明确、保证安全
9	调整推料螺栓,调节压缩空气	调节压力机上的推料螺栓到适当高度,使推料杆能正常工作。如果冲模使用气垫,则应调节压缩空气到合适的压力	5	操作熟练、目的明确、保证安全

冲模的调试

一、任务

介绍冲模的调试。通过本任务学习，基本掌握各类冲模的调试工艺，并熟悉冲模调试方法与技术要求，具有独立完成冲模的调试和分析、处理问题的能力。

二、任务分析

根据任务描述，冲模的调试有四个方面：

(1)调试的目的，包括检查模具的质量和取得制件成型的基本工艺参数，为正常生产打下好基础。

(2)对产品精度的调整，在调试过程中，会产生各种缺陷，这就要求根据缺陷产生的原因加以分析并设法解决，以保证产品的质量。在调试过程中应注意保证凸、凹模刃口及间隙，以及定位、卸料、退件装置的位置。在弯曲模调试中还应注意保证上、下模在压力机上的相对位置。拉伸模调试中应注意调整拉伸深度。

(3)对调试过程中各种异常情况进行分析，如需要对模具进行修整，要提出合理的建议，并说明原因。

(4)对试冲材料的要求，试冲材料必须符合技术规定的要求，不能随便用其他材料代替，在选择时应考虑到材料的尺寸、硬度、韧性等。

三、任务实施

1.冲裁模的调整与调试

(1)调试的目的与内容

①试模与调整的目的

a.发现模具设计及制造中存在的问题，以便对原设计、加工与装配中的工艺缺陷加以改进和修正，制出合格的制件。

b.通过试模与调整，能初步提供产品的成型条件及工艺规程。

c.试模及调整后，可以确定前一道工序毛坯的准确尺寸。

d.验证模具质量及精度，作为交付生产的依据。

②试模与调整内容

a.将模具安装在指定的压力机上。

b.用指定的坯料(及板料)在模具上试冲出制件。

c.检查成品的质量，并分析其质量缺陷、产生原因，设法修整解决后，试冲出一批完全符合图样要求的合格制件。

d.排除影响生产、安全、质量和操作的各种不利因素。

e.根据设计要求，确定模具上某些需经试验后才能决定的工作尺寸(如拉深模首次落料坯料尺寸)，并修正这些尺寸，直到符合要求为止。

f.经试模后，制定制件生产的工艺规范。

③试模与调整的注意事项

a.试模材料的性能与牌号、试件坯料厚度均应符合图样要求。

b.冲模用的试模材料的宽度应符合工艺图样要求。若是连续模，其试模材料的宽度要比导板间距离小 0.1 ~ 0.15 mm。

c.试模用的条料,在长度方向上一定要保证平直。

d.模具在所需要的设备上试模,一定要紧固,不可松动。

e.在试模前,首先要对模具进行一次全面检查。检查无误后,才能安装于机器上。

f.模具各活动部位在试模前或试模中要加润滑油。

g.试模使用的压力机、液压机一定要符合要求。

(2)冲模调试的技术要求

①调试技术要求

a.模具外观。各种冷冲模在装配后,应经外观和空载检验合格后才能进行试模。检验时,应按冲模技术条件要求进行。

b.试模材料。试冲材料必须经过检验,并符合技术要求。冲裁模允许用材料相近、厚度相同的材料代用;大型冲模的局部试冲,允许用小块材料代用;其他试冲材料的代用,需经用户同意。

c.试冲设备。试冲设备必须符合工艺规定,设备精度必须符合有关标准规定要求。

d.试冲最少数量。小型模具≥50 件;硅钢片≥200 件;自动冲模连续时间≥3 min;贵重金属材料试冲数量根据具体情况而定。试冲件数无规定时,每一工序不少于 3 ~ 10 个。

e.冲件质量。冲件断面应均匀,不允许有夹层及局部脱落和裂纹现象。试模毛刺不得超过规定数值;尺寸公差及表面质量应符合图样要求。

f.入库。模具入库时,应附带检验合格证。

②凸模进入凹模的深度。在安装过程中,冲裁厚度小于 2 mm 时,凸模进入凹模的深度不应超过 0.8 mm。硬质合金模具不超过 0.5 mm。拉深模及弯曲模应采用试冲方法,确定凸模进入凹模的深度。其操作方法是:弯曲模试冲时,可将样件放在凸、凹之间,借助试件确定凸模进入凹模的深度;拉深模在调试时,可先将试件套入凸模上,当其全部进入凹模内,即可将其固定。试件的壁厚应大于被冲制件的厚度。

③凸模与凹模的相对位置。冲模安装后,凸模的中心线与凹模工作平面应垂直;凸模与凹模间隙应均匀。可以利用 90°角尺测量和利用塞块或试件进行检查。

2.冲模的调试

(1)凸、凹模刃口及其间隙的调整。冲模的上、下模之间的相对位置正确。应保证上、下模的工作零件(凸模或凹模)相互吻合,深度要适中,不能太深与太浅,以冲下合适的零件为准。调整是依靠压力机的连杆长度来实现的。

(2)凸、凹模间隙要均匀。对于有导向零件的冲模,其调整比较方便,只要保证导向件运动顺利而无发涩现象即可保证间隙;对于无导向冲模,可以在凹模刃口周围衬以紫铜皮或硬纸板进行调整,也可以用透光法或塞尺测试的方法在压力机上调整,直到上、下模的凸、凹模相互对中且间隙均匀后,可用螺钉固在压力机上,进行试冲。

(3)定位装置的调整

①修边模与冲孔模的定位件形状,应与前工序形状相吻合。在调整时应保证其定位的稳定性。

②检查定位销、定位块、定位杆是否定位稳定和合乎定位要求。假如位置不合适及形状不准,在调整时应进行修正,必要时要更换定位零件。

(4)卸料系统的调整

①卸料板(顶件器)形状是否与冲件形状一致。

②卸(顶)料弹簧及橡皮弹力应足够大。

③卸料板(顶件器)的行程要足够。

④凹模刃口应无倒推,以便于卸件。

⑤漏料孔和出料槽应畅通无阻。

⑥推料杆、推料板应顺利推出制件,如发现缺陷,应采取措施予以消除。

冲模试冲过程中的常见缺陷、产生原因及解决方法

缺陷一　制件毛刺大

产生原因:

1.间隙偏小,偏大或不均匀。

2.刃口不锋利。

3.凹模有倒锥。

4.导柱、导套间隙过大,压力机精度不高。

解决方法:

1.若制件剪切面上光亮带过宽,甚至出现两个光亮带和被挤出的毛刺时,说明间隙小,可用油石研磨凸模(落料模)或凹模(冲孔模),使其间隙变大,达到合理的间隙值。

若制件剪切面上光亮带太窄,塌角较大,且整个断面又有很大倾斜度,产生断裂毛刺时,则表明间隙过大。修复时,对于落料模只能重做一个凸模。对于冲孔模要换凹模,重新装配后,调整好间隙。

若制件剪切面光亮带宽窄不均,且毛刺偏于一边,则表明间隙不均匀,应对凸、凹模间隙重新调整,使之均匀。如果是局部不均匀,应进行局部修正。

2.当凸模刃口不锋利时,会在落料件周边上产生大毛刺,而在冲孔件上产生大圆角;若凹模刃口变钝,则冲孔件孔边产生毛刺,落料件圆角大;若凸模、凹模刃口都变得不锋利,则在冲孔件和落料件上均会产生毛刺。其解决的办法是刃磨刃口端面。若因凸、凹模硬度降低而引起变钝,要重新淬硬。

3.落料凹模有倒锥,当制件从凹模孔中通过时,制件边缘被挤出毛刺。解决的办法是将凹模倒锥修磨掉。

4.由于压力机精度不高,或导柱导套间隙太大,在模具上、下模闭合时会使凸、凹模相对位置发生变化,导致间隙不均匀,从而使制件产生毛刺。解决的方法是选用精度高的压力机,或更换导柱、导套。

缺陷二　凸、凹模刃口相碰造成啃刃

产生原因:

1.凸模、凹模或导柱安装时,与模面不垂直。

2.上模座、下模座、垫板及固定板上、下面不平行,装配后平行度误差积累导致凸模或凹模轴心线偏斜。

3.卸料板、推件板的孔位不正确或歪斜。

4.导向件配合间隙大于冲裁间隙。

5.无导向冲模安装不当或机床滑块与导轨间隙大于冲裁间隙。

解决方法：

1.重新安装凸、凹模或导柱，并在装配后进行检验，以提高精度。

2.重新装配与检验。

3.装配前要对零件进行检查，并卸下修正，重新装配。

4.更换导柱或导套重新研配后，使之配合间隙小于冲裁间隙。

5.重新安装冲模，或更换精度较高的压力机。

缺陷三　制件翘曲不平

产生原因：

1.冲裁间隙不合理或刃口不锋利。

2.落料凹模有倒锥，制件不能自由下落而被挤压变形。

3.推件块与制件的接触面积过小。推件时，制件内孔外形边缘的材料在推力作用下产生翘曲变形。

4.顶出或推出制件时作用力不均匀。

解决方法：

1.选择合理的间隙和用锋利的刃口冲裁，并在模具上增设压料装置或加大压料力。

2.修磨凹模，去除倒锥。

3.更换推件块，加大与制件的接触面积，使制件平起平落。

4.调整模具，使顶件、推件工作正常。

缺陷四　制件内孔与外形相对位置不正确

产生原因：

1.单工序模中定位元件位置或尺寸不准确。

2.级进模侧刃内尺寸或位置不准确，定距不准确。

3.定位元件尺寸位置不准，如挡料销或挡料块的位置不正确，导致销尺寸过大等。

4.凹模各型孔间的位置不正确或组装凹模时(拼块凹模)各工位间步距的实际尺寸不一致。

5.导料板和凹模送料中心线不平行，条料送进时，偏移中心线，导致制件孔、形误差。

解决方法：

1.重新更换定位元件。

2.当定距侧刃尺寸小于步距时，修正时应将挡料块磨去一些；当侧刃尺寸大于步距时，应将侧刃内边磨去一些，并将挡料块移靠侧刃一侧，其加大或减小的尺寸应等于制件孔，形误差量除以步数。

3.修正或更换定位元件。

4.重新安装、调整凹模，保证步距精度。

5.修正导料板，使其平行于送料中心线。

缺陷五　送料不通畅或卡死

产生原因：

发生在级进模中

1.导料板安装不正确或条料首尾宽窄不等。

2.侧刃与导料板的工作面不平行或侧刃与侧刃挡块不密合，冲裁时在条料上形成很大的毛刺或边缘不齐，从而影响条料的送进。

3.凸模与卸料板型孔间隙过大，卸料时，使搭边翻转上翘。

解决方法：

1. 根据情况重新安装导料板或修正条料。

2. 设法将侧刃与导料板调整平行，消除侧刃挡块与侧刃之间的间隙或更换挡块，使之与侧刃密合（如图 8－10 所示）。

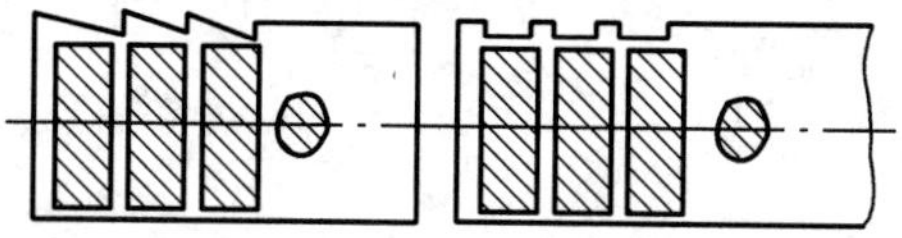

图 8－10　级进模送料

3. 更换卸料板，使其与凸模间隙缩小。

缺陷六　卸料不正常

产生原因：

1. 模具制造与装配不正确，如卸料板与凸模配合过紧，或因卸料板倾斜或装配不当，导致卸料机构不能正常工作。

2. 弹性元件（弹簧、橡皮等）弹力不足。

3. 凹模孔与下模板卸料孔位置偏移。

4. 凹模有倒锥。

5. 推料杆或顶料杆长度不够。

解决方法：

1. 修正卸料装置，或重新装配，使其调整得当。

2. 更换弹性元件（弹簧、橡皮等）

3. 重新装配凹模，使卸料孔与凹模孔对正。

4. 修磨去掉凹模倒锥。

5. 增加推料杆或顶料杆长度。

缺陷七　制件尺寸超差，形状不准确

产生原因：

凸模、凹模形状及尺寸精度差。

解决方法：

修正凸、凹模，使之达到尺寸精度要求。

缺陷八　凹模被胀裂

产生原因：

1. 凹模孔有倒锥。

2. 凹模孔与下模板漏料孔位置偏移。

解决方法：

1. 修正凹模孔，消除倒锥。

2. 重新调整、装配凹模，使模孔与下模板漏料孔对中或加大下模板漏料孔。

缺陷九　凸模被折断

产生原因：

1. 卸料板倾斜。

2.冲裁产生侧向力。

3.凸、凹模相互位置变化。

解决方法：

1.调修卸料板。

2.采用侧压板抵消侧压力。

3.重新调整凸、凹模相互位置。

冲模调试范例分析

1.弯曲模的调试要点

(1)上、下模在压力机上的相对位置

①有导向的弯曲模，由导向装置来决定上、下模的相对位置。

②无导向装置的弯曲模，其在压力机上的相对位置，一般通过压力机连杆长度的方法来调整。调整时，应使上模随滑块到下止点时，既能压实工件又不会发生硬性顶撞，或在下止点时不发生顶住及咬住现象。

③在调压时，最好把试件放在模具的工作位置上进行调整。

(2)间隙调整

①粗略调整模具在压力机上、下位置后，再在上凸模下平面与下模卸料板之间垫一块比坯件略厚的垫片(一般为弯曲毛坯料厚的1~1.2倍)，继续调节连杆长度，用手搬动飞轮，直到使滑块能正常地通过下止点而无阻滞为止。

②上、下模侧向间隙，可采用垫薄紫铜箔、纸板或标准件的方法进行调整，以保证间隙的均匀性。

③固定下模板，试冲。试冲合格后，可将各紧固零件再拧紧，并检查无误后，可投入使用。

(3)定位装置的调整

①弯曲模定位零件的定位形状应与坯件相一致。在调整时，应充分保证其定位的可靠性和稳定性。

②利用定位块及定位钉定位。若试模调整时发现位置不准确，应将其修准确，必要时重新更换定位零件。

(4)卸料、退件装置

①顶出器及卸料机构应调整到动作灵活并能顺利卸出制件，不应有任何卡死现象。

②卸料机构的行程应足够大。

③卸料及弹机构作用于制件的作用力要均衡，以保证制件的平整及表面质量。

④卸料机构作用于制件的作用力要均衡，以保证制件的平整及表面质量。

2.调整方法(如表8－7所示)

表 8－7　弯曲模调试过程中常见的缺陷、产生原因及解决方法

常见缺陷	简图	产生原因	解决方法
弯曲零件产生裂纹		1. 弯曲变形区域内有内应力存在，即内应力超过材料强度极限而产生裂纹 2. 在弯曲区外侧有毛刺，造成该处应力集中，使零件破裂 3. 弯曲线与板料的纤维方向平行 4. 弯曲变形过大(弯曲系数太小) 5. 凸模圆角太小	1. 更换成塑性好的材料弯曲，或在允许的情况下，将板料退火后弯曲 2. 减少弯曲变形量或选择毛刺的一边放在弯曲内侧进行弯曲 3. 改变落料排样，使弯曲曲线与板料纤维方向互成一定的角度 4. 分两次弯曲，首次弯曲时采用较大的弯曲半径 5. 加大凸模圆角
弯曲件尺寸和形状不合格	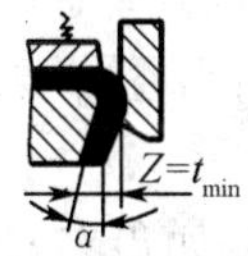 (a) 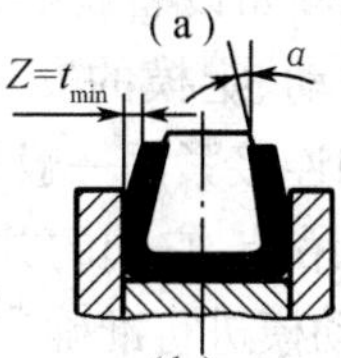 (b)  (c)	1. 冲压件产生回弹造成零件不合格(见图 a) 2. 毛坯定位不可靠(见图 b) 3. 凸凹模本身没有加工到尺寸精度，或形状不正确(见图 c)	1. 变弯曲凸模的角度和形状 2. 加凹模型槽的深度 3. 小凸、凹模之间的间隙 4. 加矫正力，使矫正力集中在变形部分 5. 曲前使坯件退火 6. 大凸、凹模之间的接触面积 7. 形弯曲件应减小凸模弯曲角度，即采取“矫枉过正”的办法减少回弹影响 8. 用孔定位方法 9. 整凸、凹模形状尺寸，使之达到要求
弯曲件底面不平	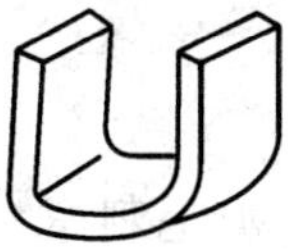	1. 卸料杆着力分布不均匀，卸料时将件顶弯 2. 压料力不足	1. 增加卸料杆数量，使其分布均匀 2. 增加压料力
弯曲件表面擦伤或壁部变薄	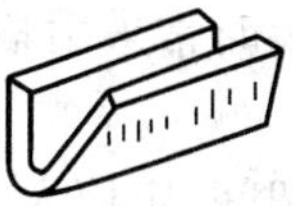	1. 凹模圆角太小或表面质量粗糙 2. 板料黏附在凹模上 3. 间隙小，挤压变薄 4. 压料装置压力太大	1. 加大凹模圆角，抛光 2. 凹模表面镀铬或化学处理 3. 加大间隙 4. 减少压料力
弯曲件出现挠度或扭转	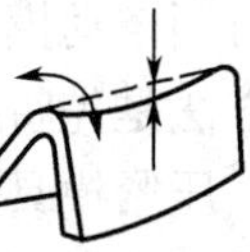	中性层内外变化及收缩、弯曲量不一致	1. 对弯曲件进行再校正 2. 材料弯曲前退火处理 3. 改变设计，将弹性变形设计在与挠度方向相反的方向上

第四节　塑料模的安装与调试

塑料模的安装

一、任务描述

主要介绍塑料模在卧式注射机上的安装。通过本任务学习,熟悉模具的安装方法和步骤以及模具安装注意事项的操作规程,并了解注射机的常用种类及特征。

二、任务分析

塑料模的安装有三个方面的要求:

1.注射机的要求。根据模具的要求选择注射机,包括注射机的注射量、锁模力、顶出行程、锁模行程、塑化能力等各种技术参数是否满足模具的要求。

2.塑料模的要求。模具的结构是否复杂,模具各零件是否符合图样要求和技术要求,有无抽芯、抽芯方式。

3.塑料模的安装和调试要求,包括模具安装前的准备工作,如设备检查、模具检查等。由塑料模的一般安装过程可知,塑料模的安装包括对于塑料模动、定模的安装定位,一般是通过模具动、定模导向装置来进行安装定位,模具动、定模部分的连接紧固一般是通过螺钉、压板或垫块来实现。模具的吊装方法一般可分为整体吊装和分体吊装,它们的共同点在于吊装过程中总是首先对定模进行安装定位,对动模进行初定位,在对动模进行准确定位之后再将其紧固。同时,在安装过程中还应对锁模机构、推杆顶出距离、喷嘴与浇口套相对位置、冷却水路及加热系统等作相应的调整,最终保证空车运转时各个部位运转正常,并保证安全。

三、任务实施

塑料模安装方法和步骤如下(以卧式注射机为例):

1.安装前准备

(1)开机。开动注射机,使动、定模板处于开启状态。

(2)清理杂物。清理模板平面及定位孔、模具安装面上的污物、毛刺等。

2. 吊装模具

模具的吊装有整体吊装和分体吊装两种方法(小型模具安装时常采用整体吊装)。

(1)小型模具的安装和注意事项

①先在机器下面两根导柱上垫好木板,模具从侧面进入机架间,定模入定位孔并摆正位置,慢速闭合模板、压紧模具。然后用压板及螺钉压紧定模,初步固定动模。再慢速开启模具,找准动模位置。在保证开闭模具平稳、灵活、无卡滞现象时再固定动模。

②利用小型吊车或自制的小型龙门车进行模具的吊装,其方法是先将模具吊起,从上面进入机架内,定模的定位圈入定模板的定位孔,再慢速闭合模板、压紧模具。初步固定动、定模。再慢速开启模具,找准动模位置。在保证开闭模具平稳、灵活、无卡滞现象时加固定动、定动模。

注意事项:模具压紧应平稳可靠,压紧面积要大,压板不得倾斜,要对角压紧,压板尽量靠近模脚。注意合模时,动、定模压板不能相撞。

(2)大中型模具的安装和注意事项

吊装大中型模具时，一般有整体吊装和分体吊装两种。要根据现场的具体吊装条件确定吊装的方法。

①整体吊装。整体吊装与小型模具的安装方法相同。要注意的是如有侧型芯滑块要处于水平方向滑动，如有侧抽芯的模具不能倒装。

②分体吊装。大型模具安装常用分体吊装法。先把定模从机器上方吊入机架间，调整位置后，将定位圈装入定位孔并放正，压紧定模。再将动模部分吊入，找正动定模的导向、定位机构位置后，与定模相合，点动合模，并初步固定动模。然后慢速开合模具数次，确认定模和动模的相对位置后找正无误后，紧固动模。对设有侧型芯滑块的模具，应使滑块处于水平方向滑动为宜。

注意事项：吊装模具时应注意安全，两人以上操作时，必须互相呼应，统一行动。模具紧固应平稳可靠，压板要放平，不得倾斜，否则就压不紧模具，安装模具时，模具就会落下。要注意防止合模时动模压板、定模压板以及推板等与动模板相碰。

3.模具调整与试模

(1)调整模具松紧度。按模具闭合高度、脱模距离调节锁模机构，保证有足够的开模行程和锁模力，使模具闭合后松紧适当。一般情况下，使模具闭合后分型面之间的间隙保持在0.02~0.04 mm之间，以防止制件严重溢边，又保证型腔能适当排气，对加热模具，应在模具达到预定温度后再调整一次，最终调定应在试模时进行。

(2)调整推杆顶出距离。模具紧固后，慢速开模，直到动模板到位停止后退，这时把推杆位置调到模具上的推板与模体之间还留5~10 mm的间隙，以防止顶坏模具，而又能顶出制件，保证顶出距离。并开合模具观察推出机构动作是否平稳、灵活，复位机构动作是否协调、正确。

注意事项：顶板不得直接与模体相碰。应留有5~10 mm的间隙。开合模具后，顶出机构应动作平稳、灵活，复位机构应协调可靠。

(3)校正喷嘴与浇口套的相对位置及弧面接触情况。可用一纸层放在喷嘴及浇口套之间，观察两者接触情况。校正后拧紧注射座定位螺钉，紧固定位。

(4)接通回路。接通冷却水路及加热系统。水路应通畅，电加热器应按额定电流接通。

注意事项：安装调温、控温装置以控制温度；电路系统要严防漏电。

(5)试机。先开空车运转，观察模具各部位运行是否正常，确认可靠后，才可注射试模。

四、评分项目与标准(如表8-8所示)

表8-8　评分项目与标准

序号	考核项目	考核要求	配分	评分标准
1	图样分析	模具结构图的识图	5	具备模具结构知识及识图能力
2	检查注射模、注射机技术状态	检查注射模安装条件、模具质量、注射机技术状态	10	明确注射模各项安装条件、模具质量要求、注射机技术状态

表 8-8(续)

序号	考核项目	考核要求	配分	评分标准
3	开机、清理安装面	开动注射机,使动、定模板处于开启状态;清理模板平面及定位孔、模具安装面上的污物、毛刺等	5	操作熟练、目的明确、保证安全
4	吊装	整体吊装和分体吊装两种方法	15	操作步骤正确且过程熟练
5	调整模具松紧度	调节锁模机构,保证有足够的开模行程和锁模力,使模具闭合后松紧适当	10	分型面之间的间隙保持在 0.02 ~ 0.04 mm 之间
6	调整推杆顶出距离	模具紧固后,慢速开模,直到动模板到位停止后退,这时把推杆位置调到模具上的推板与模体之间尚留 5 ~ 10 mm 的间隙,并开合模具观察推出机构动作是否平稳、灵活,复位机构动作是否协调、正确	10	顶板不得直接与模相碰,应留有 5 ~ 10 mm 间隙。开合模具后,顶出机构应动作平稳、灵活,复位机构应协调可靠
7	校正喷嘴与浇口套的相对位置及弧面接触情况	可用一纸层放在喷嘴及浇口套之间,观察两者接触情况。校正后拧紧注射座定位螺钉,紧固定位	20	操作步骤正确且过程熟练
8	接通回路	接通冷却水路及加热系统	20	水路应通畅,电加热器应按额定电流接通。电路系统要严防漏电
9	试机	先开空车运转,观察模具各部位运行是否正常,确认可靠后,才可注射试模	5	操作步骤正确且过程熟练

注射模在注射机上的调试

一、任务描述

本任务主要介绍注射模在注射机上的调试。通过本任务学习,主要了解试模的目的,试模前、试模中应做的各项工作,掌握注射成型工艺过程及工艺参数的调整,并具有对试模中产生的问题进行分析、解决的能力。

二、任务分析

调试过程中,应首先根据缺陷分析产生的原因,并作出相应的调整。从缺陷产生原因可以看出,塑料原材料方面的原因、机器设备方面的原因、模具方面的原因都有可能造成制件的缺陷。塑料品种的不同、产地不同,就是同一种塑料也有不同的特点,所以试模时应尽量满足模具设计图样中要求的原料。在注射模调整过程中,应正确选择螺杆及喷嘴,调节加料量，确定加料方式，调节锁模系统及顶出装置，调节塑化能力、注射压力、成型时间、模具温度等参数。

三、任务实施

1.试模的目的

模具的调整与试模称为调试．其目的有两个：一是确定模具的质量；二是取得制件成型工艺基本参数，为正常生产打下基础。

2.注射模调试前的检查

(1)模具外观检查

①模具闭合高度、安装于机床的各配合尺寸、顶出形式、开模距离、模具工作要求等要符合所选定设备的技术条件。

②大中型模具为便于安装及搬运，应有起重孔或吊环。模具外露部分锐角要倒钝。

③各种接头、阀门、附件、备件要齐备。模具要有合模标记。

④成型零件、浇注系统表面应光洁，无塌坑及明显伤痕。

⑤各滑动零件配合间隙要适当，无卡住及紧涩现象。活动要灵活、可靠。起止位置的定位要正确，各镶嵌件、紧固件要牢固，无松动现象。

⑥模具要有足够的强度，工作受力要均匀，模具稳定性要良好。

⑦加料室和柱塞高度要适当，凸模(或柱塞)与加料室配合间隙要合适。

⑧工作时互相接触的承压零件(如互相接触的型芯、凸模与挤压环、柱塞与加料室)之间应用适当的间隙和合理的承压面积及承压形式，以防止工作时零件的直接挤压。

(2)模具空运转检查

①合模后各承压面(分型面)之间不得间隙，接合要严密。

②活动型芯、顶出及导向部位运动及滑动要平稳，动作要灵活，定位导向要正确。

③锁紧零件要安全可靠，紧固件不得松动。

④开模时，顶出部分应保证顺利脱模，以方便取出制件及浇注系统废料。

⑤冷却水要通畅，不漏水，阀门控制要正常。

⑥电加热系统无漏电现象，安全可靠。

⑦各气动、液压控制机构动作要正常。

⑧各附件齐全，使用良好。

3.试模前的准备工作

(1)试模原料的准备。检查试模原料是否符合图样规定的技术要求；原料应进行预热与烘干。

(2)熟悉图样及工艺。熟悉制件产品图；掌握塑料成型特性、制件特点；熟悉模具结构、动作原理及操作方法；掌握试模工艺要求、成型条件及操作方法；熟悉各项成型条件的作用及相互关系。

(3)检查模具结构。按图样对模具进行仔细检查。无误后，才能安装模具，开始试模。

(4)熟悉设备使用情况。熟悉设备结构膛操作方法、使用保养知识；检查设备成型条件是否符合模具应用条件及能力。

(5)工具及辅助工艺配件准备。准备好试模用的工具、量具、夹具；准备一个记录本，以记录在试模过程中出现的异常现象及成型条件变化状况。

4.注射模的试模与调整

(1)注射模的调整(如表8-9所示)

表8-9　注射模的调整要点

项目	主要说明
选择螺杆及喷嘴	1.按设备要求根据不同塑料选用螺杆 2.按成型工艺要求及塑料品种选用喷嘴
调节加料量,确定加料方式	1.按制件质量(包括浇注系统耗用量,但不计嵌件)决定加料量,并调节定量加料装置,最后以试模为准 2.按成型要求调节加料方式 (1)固定加料法。在整个成型周期中,喷嘴与模具一直保持接触,适用于一般塑料 (2)前加料法。每次注射后,塑化达到要求的注射容量后,注射座后退,直至下一个循环开始再前进,使模具与喷嘴接触进行注射 (3)后加料法。注射后注射座后退,进行预塑化工作。待下一个循环开始,注射座前进复回进行注射,适用于结晶性塑料
调节锁模系统	装上模具,按模具闭合高度、开模距离调节锁模系统及缓冲装置,应保证开模距离要求。锁模力松紧要适当,开闭模具时,要平稳缓慢
调整顶出装置与抽芯系统	1.调节顶出距离,以保证正常顶出制件 2.对设有抽芯装置的设备,应将装置与模具连接,调节控制系统,以保证起止动作协调,定位及行程正确
调整塑化能力	1.按成型条件进行调节 2.调节料筒及喷嘴温度,塑化能力应按试模时塑化情况酌情增减
调节注射压力和注射速度	
调节成型时间	按成型要求来控制注射、保压、冷却时间及整个成型周期。试模时,应手动控制,酌情调整各程序时间,也可以调节时间继电器自动控制成型时间
调节模温及水冷却系统	1.按成型条件调节水流量和电加热器电压,以控制模温度及冷却速度 2.开机前,应打开油泵、料斗及冷却系统
确定操作次序	装料、注射、闭模、开模等工序应按成型要求调节。试模时采用人工控制,生产时采用自动及半自动控制

(2)注射模试模出现的缺陷、产生原因及解决办法(如表8-10所示)。

表 8-10　热塑性注射模试模过程中常见缺陷、产生原因及解决办法

常见缺陷	产生原因	解决方法
制件不满	1.注射量不够,加料量及塑化能力不足 2.塑料粒度不均匀 3.多型腔时,进料口平衡不好 4.喷嘴及料箱温度太低或喷嘴孔径太小 5.注射压力小,注射时间短,保压时间短,螺杆和柱塞退回过早 6.注射速度太快或太慢 7.塑料流动性太大 8.溢料过多 9.模温低,塑料冷却快 10.模具浇注系统流动阻力大,进料口位置不当并且截面小 11.排气不当,无冷料穴或设计不合理 12.脱模剂过多,型腔中有水分 13.塑料含水分或挥发性物质	1.加大注射量和加料量,增加塑化能力 2.改用新塑料 3.修整进料口,使各型腔进料口相同 4.提高喷嘴及料箱温度或更换新的喷嘴 5.提高注射压力,延长注射及保压时间 6.合理控制注射速度 7.选择流动性适当的塑料材料 8.使溢料槽变小 9.提高模温 10.修整进料口,加大截面 11.增加或修整冷料穴,使模具得到有效的排气 12.适当使用脱模剂,清除型腔内水分 13.塑料在使用前要烘干
制件尺寸不稳定	1.注射机电气或液压系统不稳定 2.模具强度不足,定位杆弯曲、磨损 3.成型条件(温度、压力、时间)变化,成型周期不一致 4.模具精度不良,活动零件动作不稳定,定位不准确 5.模具合模时,时紧时松,易出溢边 6.浇口太小,多腔进料口大小不一致,进料不平衡 7.塑料加料量不均匀 8.塑料颗粒不均匀,收缩率不稳定	1.整注射机,使其电气系统、液压系统稳定可靠 2.高模具强度,更换定位杆 3.制成型条件,使每一个制件的成型周期稳定一致 4.整模具,使活动零件动作平稳,定位零件定位准确 5.加锁模力,使合模稳定 6.整浇料口,使其进料合适 7.制加料量,每次定量加料 8.换新的塑料
制件有气泡	1.塑料含水分太大,有挥发性物质存在 2.料温高,加热时间长 3.注射压力小 4.柱塞或螺杆退回早 5.模具排气不良 6.模具温度低 7.注射速度太快 8.模具型腔内有水、油污或使用脱模剂不当	1.更换新塑料或在使用前烘干 2.降低温度和减少加热时间 3.加大注射压力 4.控制柱塞退回时间 5.增设冷料穴,使其排气良好 6.提高模具温度 7.降低注射温度 8.清除模腔水分及油污,合理使用脱模剂

表 8－10(续)

常见缺陷	产生原因	解决方法
制件产生凹痕塌坑或气泡	1.进料口太小或数量不够 2.制件设计不合理,壁太厚或薄厚不均匀 3.进料口位置不当,不利于供料 4.料温高,模温也高,冷却时间短,易出凹痕 5.模温低,易出真空泡 6.注射压力小,速度慢 7.注射保压时间短 8.加料及供料不足 9.融料流动不良,溢料多	1.加大进料口截面积,或多加进料数量 2.改进制件设计或在壁厚处增设工艺型孔 3.改进进料口位置 4.降低料温、模温,增加冷却时间 5.增加模温 6.加大注射压力和速度 7.加大保压时间 8.加大供料量 9.减少溢流槽面积
制件有溢边	1.分型面密合不严,有间隙,型腔和型芯部分滑动零件间隙过大 2.模具强度或刚度差 3.模具各支承面平行度差 4.模具单向受力或安装时没有被压紧 5.注射压力大,锁模力不足或锁模机构不良;注射机定、动模板不平行 6.制件投影面积超过注射允许的成型面积 7.塑料流动性太大,料温、模温高,注射速度快 8.加料量大	1.调整模具,使分型面密合,减小型腔、型芯部分滑动零件的间隙值 2.重新修整模具,加大强度及刚度 3.重修模具,使各支承面间互相平行 4.重新安装模具 5.减小注射压力,增大锁模力,重新调整注射机 6.要换大克量的注射机 7.更换塑料,重新调整注射速度,降低料温、模温 8.减少加料量
制件表面或内部产生明显的细缝	1.料温低,模具温度也低 2.注射速度慢,注射压力小 3.进料口位置不当,进料口数量多或浇注系统流程长、阻力太大或料温下降太快 4.模具冷却系统设计不合理 5.制件薄,嵌件过多或薄厚不均匀,使料在薄壁处汇合出现溶接不良 6.嵌件温度太低 7.塑料流动性差 8.模具型腔内有水,润滑剂、脱模剂太多 9.模具排气不良 10.纤维填料分布融合不均	1.提高料温、模温 2.加快注射温度,加大注射压力 3.调整进料口和浇注系统 4.改变冷却浇道,使之冷却均匀 5.重新改进制件设计,使之符合工艺性 6.嵌件在使用前应预热 7.更换流动性好的材料 8.清除模具内水分,适量使用润滑剂、脱模剂 9.增设排气冷却槽,充分排除气体 10.改善填料,使之均匀

表 8-10(续)

常见缺陷	产生原因	解决方法
制件表面出现银丝及波纹	1.料温低,模温、喷嘴温度也低 2.注射压力小,注射速度慢 3.冷料穴设计不合理,里面有冷料未清除 4.塑料流动性差 5.模具冷却系统设计不合理 6.浇注系统流程长,截面积小,进料口尺寸大小及形状、位置不对,使融料流动受阻;冷却快,出现波纹状 7.制件壁薄,投影面积大,形状复杂 8.流道曲折、狭窄,表面粗糙	1.提高模温、料温及喷嘴温度 2.提高注射压力,加快注射速度 3.改善冷料穴,清除冷料 4.更换流动性好的塑料 5.修整模具冷却系统 6.改进浇注系统,并使其截面积加大 7.改变制件设计,使之符合工艺性 8.加大供料量 9.改修流道,抛光使其表面光洁
制件表面沿流动方向产生银白色针状条纹或片状云母纹(水痕)	1.塑料温度太高,模具温度也高 2.塑料含水分及挥发物 3.注射压力太小 4.料中含有气体,排气不良 5.流道进料口小 6.模具型腔有水,润滑油、脱模剂太多 7.模温低,注射压力小,注射速度低,使融料填充慢,冷却快,易形成银白色或白色反射光的薄层(常有冷却痕) 8.融料从薄壁流入厚壁时膨胀、挥发物汽化,与模具表面接触液化成银丝 9.配料不当,混入异物或不溶料,发生分层脱离	1.降低料温、模温 2.烘干塑料 3.加大注射压力 4.改善排气系统 5.加大进料口 6.清除模具内水分,合理使用润滑剂及脱模剂 7.提高模温,加大注射压力和加快注射速度 8.改善制件设计,使厚薄壁均匀过渡,符合工艺性 9.配料时注意纯度
制件翘曲或变形	1.冷却时间不够,模温高 2.制件形状设计不合理,薄厚不均,相差太大,强度不足;嵌件分布不合理,预热不足 3.进料口位置不合理,尺寸小;料温、模温低,注射压力小,注射速度快;保压补缩不足,冷却不均,收缩不匀 4.动、定模温差大,冷却不均,造成变形 5.塑料塑化不均,供料不足或过量 6.冷却时间短,出模太早 7.模具强度不够,易变形,精度低,定位不可靠,磨损严重 8.进料口位置不合理,料直接冲击型芯,两侧受力不均 9.模具顶出机构受力不均,顶杆位置布置不合理	1.延长冷却时间,降低模温 2.重新修改制件,使之符合工艺设计 3.加大进料口或改变位置,合理安排注射工艺规程 4.合理控制模温,使动、定模温度均匀 5.应定量供料 6.合理控制出模时间 7.修整工重装模具 8.调整及改变进料口位置 9.调整顶出机构,使其作用力均匀

表 8-10(续)

常见缺陷	产生原因	解决方法
制件产生裂纹	1.脱模进顶出不合理,顶出力分布不均匀 2.模温太低或模具受热不均匀 3.冷却时间过长或模具受热不均匀 4.脱模剂使用不当 5.嵌件不干净或预热不够 6.型腔脱模斜度小,有尖角或缺口,容易产生应力集中 7.成型条件不合理 8.进料口尺寸过大或形状不合理 9.塑料混入杂质 10.填料分布不均	1.调整模具顶出机构,使其受力均匀、动作可靠 2.提高模温,并使其各部分受热均匀 3.合理控制冷却时间 4.合理使用脱模剂 5.预热嵌件,清除表面杂质杂物 6.改善制件设计或修整型腔脱模斜度 7.改善制件成型条件并严格控制 8.改进进料口尺寸及形状 9.使用干净塑料,清除杂质 10.合理使用填料,搅拌均匀
制件表面产生黑点、黑条或沿制件表面呈炭火状烧伤现象	1.料筒未清洗干净或有混杂物 2.模具排气不良或锁模力太大 3.塑料中或型腔表面有可燃性挥发物 4.塑料受潮、水解变黑 5.染色不均匀,有深色物或颜料变质 6.塑料成分分解变质	1.清洗料筒,检查塑料有无杂质并及时清除 2.合理修整模具排气系统,减少锁模力 3.清理型腔表面,应无杂物和水分存在 4.使用前烘干塑料,去除水分 5.合理配料 6.采用新材料
色彩不均匀或变色	1.颜料质量不好,搅拌不均匀或塑化不均匀 2.腔表面有水分、油污或脱模剂过多 3.塑料和颜料中混入杂质 4.结晶度低或制件壁厚不均,影响透明度,造成色彩不均匀	1.更换颜料、搅拌均匀,使之与塑料一起塑化 2.清理型腔水分,合理使用脱模剂 3.更换新材料 4.改善制件工艺
脱模困难	1.型腔表面粗糙 2.型腔脱模斜度小 3.模具镶块处缝隙太大 4.型芯无进气孔 5.模具温度太高或太低 6.成型时间不合理 7.顶杆太短 8.拉料杆失灵 9.型腔变形大巧若拙,表面有伤痕造成脱模难 10.活动型芯脱模不及时 11.塑料发脆,收缩大 12.制件工艺性差,不易从模中脱出	1.抛光型腔 2 修理型腔,加大脱模斜度 3.重修模,使之密合 4.增设进气孔 5.改善模具温度 6.控制成型时间 7.加长顶杆长度 8.修整拉料杆 9.修整型腔并抛光整型 10.修整活动型芯,及时脱模 11.更换塑料 12.更新制件设计,使之符合工艺要求

表 8-10(续)

常见缺陷	产生原因	解决方法
制件黏模	1.浇道斜度不对,没有使用脱模剂 2.同一塑料不同类别相混或塑化不均匀,混入异物易黏模 3.料温、模温低,喷嘴温度也低,喷嘴与浇口套不吻合或夹料 4.拉料杆失灵 5.模具表面粗糙 6.冷却时间短 7.浇道及主流道连接部分强度低,浇道直径偏大	1.改进浇道斜度,使用脱模剂脱模 2.使用干净塑料,清除异物 3.提高料温、模温及喷嘴温度,使喷嘴与浇口套吻合 4.更换拉料杆 5.抛光型腔表面 6.延长冷却时间 7.改善浇道强度或更换新浇道
制件透明度低	1.模温、料温均低,融料与型腔表面接触不良 2.模具型腔表面粗糙,有水或油污 3.脱模剂太多 4.料温太高,使料分解变质 5.塑料有水分及杂质 6.模具型腔粗糙	1.提高模温、料温 2.抛光及清洁模具表面 3.合理使用脱模剂 4.降低料温 5.烘干塑料,清除杂质 6.抛光型腔
制件表面不光泽、发乌、有伤痕	1.型腔表面粗糙 2.型腔内有杂质、水或油污 3.脱模剂使用太多或选用不当 4.塑料含水分及挥发物质 5.塑料及颜色分解、变质、流动性差 6.料温、模温均低,注射速度慢 7.模具排气不良,融料中有充气 8.注射速度快,进料口小使融料汽化,呈乳白色薄层 9.供料不足,塑化不良 10.塑料混入异物 11.脱模斜度小 12.料温、模温忽高忽低 13.操作时擦伤制件表面	1.镀铬、抛光 2.注射前,每次都要清理型腔 3.合理选用及使用脱模剂 4.烘干塑料 5.更换塑料 6.改善工艺条件 7.改善模具排气系统 8.降低注射速度,使进料口加大 9.合理定量供料 10.改换材料 11.加大脱模斜度 12.合理控制模温 13.按操作工艺操作

第九章 特种加工

第一节 电火花加工概述

电火花加工是利用两极间脉冲放电时产生的电腐蚀现象,对材料进行加工的方法。在学术上它属于电物理加工范畴。电火花加工技术是特种加工技术中最重要的方法之一。

电火花加工是与机械加工性质完全不同的一种新工艺、新技术。机械加工是通过机床部件的相对运动,用比工件材料硬的刀具去切除工件上多余的部分,来得到成品零件的。但随着工业生产的发展和科学技术的进步,具有高熔点、高硬度、高强度、高脆性、高黏性、高韧性、高纯度等性能的新材料不断出现,具有各种复杂结构与特殊工艺要求的工件越来越多,仍然采用单独机械加工方法,有时是难以加工或无法加工的。因此人们除了进一步发展和完善机械加工方法之外,还努力寻求新的加工方法。电火花加工方法能够适应生产发展的需要,并在应用中显出很多优异的性能,因此得到了迅速发展和日益广泛的应用。

一、我国电火花加工发展概况

1944年,前苏联学者拉扎连珂夫妇发明了电火花加工,20世纪50年代初期传入我国,我国开始研究和应用电火花加工技术。先是应用电火花强化(镀覆),把硬质合金材料镀覆于高速钢车刀和冷冲模刃口上,显著地提高了车刀和模具的使用寿命;同时使用电火花加工进行穿孔、制模、切断、削、刻写、修理工件等。20世纪50年代末期,我国电火花加工开始从研究试用阶段进入到生产应用阶段,主要用于加工一般中小型冷冲模。

20世纪60年代,我国研制成功靠模仿型电火花线切割加工设备,能够切割尺寸较小、形状复杂、材料特殊的冲模和零件。同时,自行设计的电火花成形加工设备开始成批生产,推动了电火花加工的发展。脉冲电源和控制系统也有很大进展,陆续研制出电子管式、闸流管式等多种脉冲电源及喷嘴—挡板式液压头。我国把光电跟踪控制技术成功地应用于电火花线切割加工中,用自动跟踪图线运动代替靠模仿型控制,进一步提高了加工精度。同时,高速走丝机构进一步完善和推广,并以乳化液代替煤油,使加工速度大大提高。

20世纪70年代,电火花线切割加工技术,已经成为我国冲模和一些零件加工的极为有效的加工方法之一。带有间隙偏移、齿隙补偿、切割斜度等功能的设备多种多样,并不断完善。编制程序方法不断简化,自动编制程序已经实现。电火花成形加工发展也很快。我国研制出晶体管式和可控硅式脉冲电源,广泛用于锻模、压铸模、塑料模、胶木模、陶土模、橡皮模、玻璃模和粉末冶金模的加工中。此外,我国在电火花磨削等方面也有所发展,磨制小孔具有一定的经验,并成批生产小孔电火花磨削加工设备。

20世纪80年代,我国开始改革开放,国民经济的迅速发展,带动电火花加工技术快速发展到一个新阶段。电火花线切割加工技术发展最快,特别是单板机、单片机数控线切割加工机床达到年产上万台的数量,成为我国冲模加工制造的主要手段。

20世纪90年代,计算机技术的发展,更加推动电火花加工技术的进步,特别是在加工精度、加工质量、可靠性、自动化方面更有长足进步。高速走丝电火花线切割加工机床，普遍采用微电脑控制，并且有人机对话、自动编程、全自动控制、大斜度加工等多项功能。加工工艺指标进一步稳定提高。同时，低速走丝线切割加工机床在我国快速发展，除了大量引进瑞士、日本等国的机床之外，国产低速走丝线切割加工机床质量、产量逐渐接近了国际水平，加工精度进入了微米级。电火花成形加工技术已从单轴数控、多轴数显，发展为多轴数控，并具有一定的人工智能，大大提高了加工精度、质量和可靠性。多种机械加工难以实现的复杂、精密模具和零件被电火花加工技术所攻克。多种高硬度、高熔点难加工材料，也被电火花加工技术逐一解决。进入21世纪，电火花加工技术更加迅猛发展，成为现代制造技术重要组成部分。在“微纳”加工、“镜面”加工、半导体和超硬材料加工中将会发挥越来越重要的作用。

二、电火花加工实现的基本条件

1.作为工具和工件的两极之间要有一定的距离(通常为数微米到数百微米)，并能维持。

2.两极之间应充入介质。对导电材料进行尺寸加工时，两极间为液体介质；进行材料表面强化时，两极间为气体介质。

3.输送到两极间的能量要足够大，即放电通道要有很大的电流密度。这样，放电时产生大量的热，足以使任何导电材料局部熔化或汽化。

4.放电应是短时间的脉冲放电，放电的持续时间为5 ~10 s，由于放电的时间短，放电产生的热来不及传导扩散出去，从而把放电点局限在很小的范围内。

5.脉冲放电需重复多次进行，并且每次脉冲放电在很小的范围内。

三、电火花加工常用术语和符号

我国电加工学会参照国际标准，制订了电火花加工的术语、定义和符号(见表9-1)，现摘录如下。

表9-1　电火花加工中常用的名词术语和符号

序号	名词术语	符号	定义	表示方法
1	工具电极	*EL*	电火花加工用的工具，因其是火花放电时电极之一，故称工具电极，简称工具或电极	
2	放电间隙	*S*,*Δ*	放电发生时，工具电极和工件之间发生火花放电的距离称为放电间隙。在加工过程中，则称为加工间隙	
3	脉冲电源	*PG*	以脉冲方式向工件和工具电极间的加工间隙提供放电能量的装置	
4	伺服进给系统		用作使工具电极伺服进给、自动调节的系统，使工具电极和工件在加工过程中，保持一定的加工间隙	
5	工作液介质		电火花加工时，工具电极和工件间的放电间隙一般浸泡在有一定绝缘性能的液体介质中，此液体介质即称工作液介质	
6	脉宽系数	τ	是指脉冲宽度与脉冲周期之比	$\tau = t_l / t_p$

表 9－1(续)

序 号	名词术语	符 号	定　　义	表示方法
7	电参数		主要有脉冲宽度、脉冲间隔、峰值电压、峰值电流等脉冲参数	
8	脉冲宽度	t_i	脉冲宽度简称脉宽。它是加到电极间隙两端的电压脉冲的持续时间,单位为 VS	
9	脉冲间隔	T_o	脉冲间隔简称脉间,也称脉冲停歇时间。相邻两个电压脉冲之间的时间,单位为 us	
10	放电时间	t_e	是指工作液介质击穿后放电间隙中流过放电电流的时间,亦即电流脉宽,它比电压脉宽稍小。差一击穿延时 t_d,单位为 t_{off}	
11	击穿延 1 时	t_d	从间隙两端施加脉冲电压到发生放电之间的时间,单位为 us	
12	脉冲周期	t_p	是指一个电压脉冲开始到下一个电压脉冲开始之间的时间,单位为 us	$t_p = t_l + t_O$
13	脉冲频率	f_p	是指单位时间(1 s)内电源发出的电压脉冲的个数,单位为 Hz	$f_p = l/t_p$
14	加工电压	U	是指加工时电压表上指示的放电间隙两端的平均电压,单位为 V	
15	占空比	ϕ	是指脉冲宽度与脉冲间隔之比	$\phi = t_l/t_o$
16	开路电压	$\hat{U}l$	是指间隙开路时电极间的最高电压,有时等于电源的直流电压,单位为 V	
17	电蚀产物		是指电火花加工过程中被蚀除下来的产物。一般指工具电极和工件表面被蚀除下来的微粒小屑及煤油等工作液在高温下分解出来的炭黑和其他产物,也称为加工屑	
18	加工电流	I	加工时电流表上指示的流过放电间隙的平均电流,单位为 A	
19	短路电流	Is	是指放电间隙短路时电流表上指示的平均电流,单位为 A	
20	峰值电流	$\hat{i}e$	是指间隙火花放电时脉冲电流的最大值,单位为 A	
21	短路峰值电流	`iS	是指间隙短路时脉冲电流的最大值,单位为 A	
22	伺服参考电压	S_v	是指电火花加工伺服进给时,事先设置的一个参考电压	
23	有效脉冲频率	f_e	是指每秒发生的有效火花放电的次数。又称工作(火花)脉冲频率	
24	脉冲利用率	λ	是指有效脉冲频率与脉冲频率之比	

表 9－1(续)

序 号	名词术语	符 号	定　义	表示方法
25	相对放电时间率	Φ	指火花放电时间与脉冲宽度之比	$\Phi = t_e / t_i$
26	低速走丝线切割	WEDM－LS	指电极丝低速(低于 2.5 m/s)单向运动的电火花线切割加工	
27	高速走丝线切割	WEDM－HS	指电极丝高速(高于 2.5 m/s)往复运动的电火花线切割加工	
28	走丝速度	V_s	指电极丝在加工过程中沿其自身轴线运动的线速度	
29	镜像加工		指加工轮廓与 X 轴或 Y 轴或 XY 轴完全对称,简化程序编制的加工方法	
30	主程序面		切割带有镜像图形,且带有锥度的工件时,用于编制程序采用的参考基准面	

四、电火花加工工艺方法的分类

按工具电极和工件相对运动的方式和用途的不同,电火花加工工艺大致可分为电火花成形加工、电火花线切割、电火花磨削和镗磨、电火花同步共轭回转加工、电火花高速小孔加工、电火花表面强化与刻字六大类。前五类属电火花成形、尺寸加工,是用于改变零件形状或尺寸的加工方法,后者则属于表面加工方法,用于改善或改变零件表面性质。电火花成形加工和电火花线切割加工应用最为广泛。表 9－2 所列为总的分类情况及各类加工方法的主要特点和用途。

表 9－2　电火花加工工艺方法分类

类别	工艺方法	特　点	用　途	备　注
1	电火花成形加工	1.工具和工件间主要只有一个相对的伺服进给运动 2.工具为成形电极,与被加工表面有相同的截面和相应的形状	穿孔加工和型腔加工	典型机床有 D7140,B35 等电火花穿孔成形机床
2	电火花线切割加工	1.工具电极为顺电极丝轴线垂直移动着的线状电极 2.工具与工件在两个水平方向同时有相对伺服进给运动	切割各种冲模和具有直纹面的零件;下料、截割和窄缝加工	典型机床有 DK7725, DK7740 数控电火花线切割机床
3	电火花内孔、外圆和成形磨削	工具与工件有相对的旋转运动和径向、轴向的进给运动	用于加工拉丝模、挤压模、钻套、外圆和小模数滚刀等	典型机床有 D6310、电火花小孔内圆磨床等

表 9-2(续)

类别	工艺方法	特点	用途	备注
4	电火花同步共轭回转加工	工具与工件均作旋转运动,但二者角速度相等或成整倍数,相对应接近的放电点有切向相对运动速度;二者可作径、横向进给运动	用于加工高精度的异形齿轮,精密螺纹环规等	典型机床有 JN-2,JN-8 内外螺纹加工机床
5	电火花高速小孔加工	采用细管电极,管内冲入高压水基工作液,细管电极旋转,穿孔速度很高	线切割穿丝预孔和深径比很大的小孔	典型机床有 D703A 电火花高速小孔机加工机床
6	电火花表面强化、刻字	工具在工件表面上振动,在空气中放火花;工具相对工件移动	模具刃口、刀、量具刃口表面强化和镀覆和刻字	典型设备有 D9105 电火花强化机

第二节　电火花加工原理、特点和应用

一、电火花加工的原理

电火花加工的原理是工件与工具分别与直流脉冲电源的两端相连接,电极与工件电极均浸泡在工作液中,工作时工具电极缓缓下降与工件电极保持一定的放电间隙(如图 9-1)所示。

电火花腐蚀的主要原因是由于电火花放电时,火花通道中瞬时产生大量的热,使金属材料局部熔化、汽化而被蚀除掉。由于电火花加工是脉冲放电,其加工表面由无数个脉冲放电小凹坑所组成,在脉冲放电过程中,由间隙自动调节器驱动工具电极自动进给,保持其与工件的间隙,以维持持续的放电,工具电极的轮廓和截面形状复制在工件上。

二、电火花加工的特点

1.加工时不产生切削力,有利于小孔、薄壁、窄缝及复杂型腔和曲线孔的加工,也适于精密细微加工。

2.由于是局部受热,因此可以加工任何硬、脆、软、韧和高熔点的导电材料。在特定条件下还可以加工半导体材料和非导电材料。

3.脉冲参数可以任意调节,加工中只要更换工具电极或采用阶梯形工具电极,就可以在同一台机床上进行粗、精、半精加工。

4.电火花加工机床结构简单,直接使用电能来加工,便于实现自动控制和微机数控加工。

三、电火花加工的应用

1.电火花成形加工机床

电火花成形加工机床主要由电源箱和机床两部分组成。机床由床身、液压油箱、工作液槽、主轴头、立柱、工作液箱等组成。电源箱则由直流脉冲电源和进给驱动系统等组成(如图 9-2 所示)。

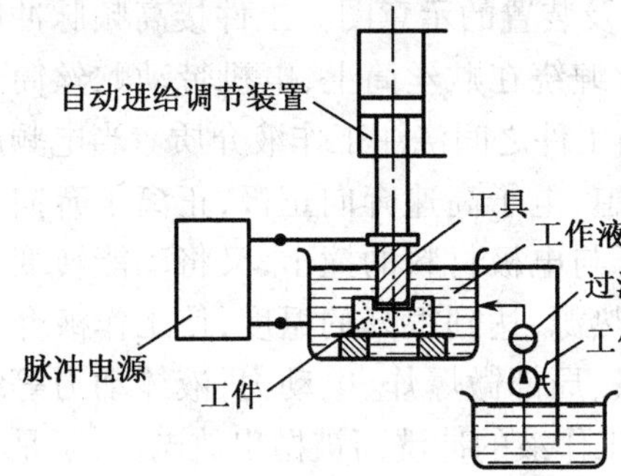

图9－1　电火花加工原理图

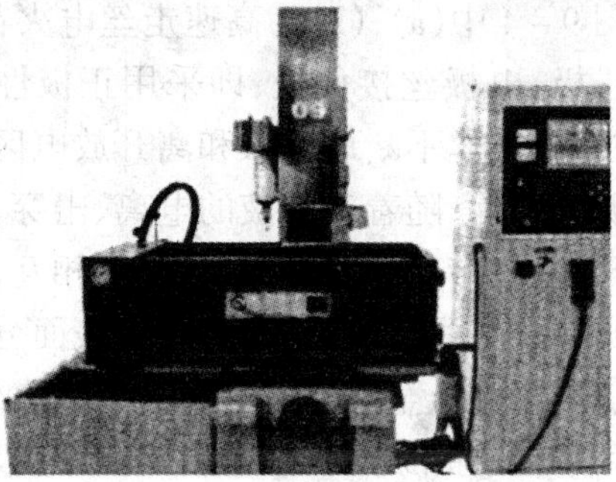

图9－2　电火花成形加工机床

在电火花成形加工过程中，工具电极与工件电极之间的脉冲放电保持一定间隙。随着材料的不断被蚀除，工具也会有一定的损耗，同时间隙不断增大，必须使电极及时进给补偿，否则，放电过程会因间隙过大而停止或间隙过小而引起电弧放电和短路。常用步进电机装置和宽调速直流力矩电机装置组成自动调节进给系统。

电火花成形加工常用来加工冷冲模、粉末冶金模、挤压模、压铸模、塑料模等。

2.电火花线切割机床

电火花线切割加工是利用一根连续移动的细金属导线作电极对工件进行脉冲火花放电、切割成型的（如图9－3所示）。

图9－3　电火花线切割加工机

目前生产的电火花线切割加工机床，绝大多数是数控的。电火花线切割与电火花成形加工相比，线切割不需要专门的工具电极，工具电极的金属丝在加工中不断移动，基本上无损耗，加工精度高，生产效率高，机床所需的功率也小得多。

电火花线切割机床广泛用于加工各种硬质合金和淬硬钢的冲模、样板、细小工件、窄缝。目前，数控电火花线切割机床还可实现多维切割、重复切割、移位、图形缩放等功能。

第三节　线切割机床加工原理、特点和应用

一、基本原理

1.线切割机床加工的基本原理

利用一根运动着的金属丝（直径为0.02～0.3 mm的钼丝或黄铜丝）作为工具电极，在金属丝与工件间施加脉冲电流，产生放电腐蚀，对工件进行切割加工。根据电极丝的运行速度，电火花线切割机床通常分为两大类：一类是高速走丝（或称快走丝）电火花线切割机床（WEDM－HS），这类机床的电极丝作高速往复运动，一般走丝速度为8～10 m/s，这是我国生产和使用的主要机种，也是我国独创的电火花线切割加工模式；另一类是低速走丝（或称慢走丝）电火花切割机床（WEDS－LS），这类机床的电极作低速单向运动，一般走丝速度低于

0.2 m/s，这是国外生产和使用的主要机种。

图 9－4 中(a)，(b)为高速走丝电火花线切割工艺及装置的示意图。工件接高频脉冲电源的正极，电极丝接负极，即采用正极性加工，电极丝缠绕在贮丝筒上，电机带动贮丝筒运动，致使电极丝不断地进入和离开放电区域，电极丝与工件之间浇注工作液介质。当电频脉冲电源通电后，随着工作液的电离、击穿，形成放电通道，电子高速奔向正极，正离子奔向负极，于是电能转变为动能，粒子间的相互撞击以及粒子与电极材料的撞击，又将动能转变为热能。在放电通道内，正极和负极表面分别成为瞬时热源，达到很高的温度，使工作液介质汽化、热裂分解、金属材料熔化、沸腾、汽化。在热膨胀、局部微爆炸、电动力、液体动力等综合作用下，蚀除下来的金属微粒随着电极丝的移动和工作液的冲洗而被抛出放电区，于是在金属表面形成凹坑。在脉冲间隔时间内工作液介质消电离，放电通道中的带电粒子复合为中性粒子，恢复了工作液的绝缘性。由于加工过程是连续的，步进电机受控系统的控制，使工作台在水平面沿两个坐标方向伺服进给运动，于是工作就逐步被切割成各种形状。

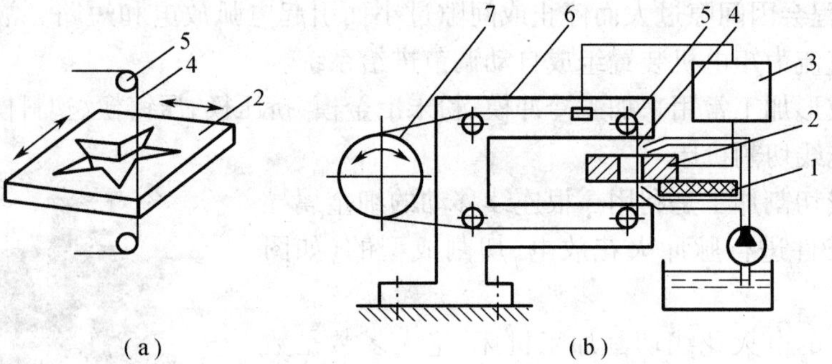

图 9－4　高速走丝电火花线切割工艺及装置的示意图

(a)切割图形；(b)机床加工示意图

1—夹具；2—工件；3—脉冲电源；4—电极丝；5—导轮；6—丝架；7—储丝筒

2.线切割加工的特点

电火花线切割加工与电火花加工相比，有如下特点：

(1)不需要制作电极，可节约电极设计、制造费用，缩短生产周期。

(2)能方便地加工出形状复杂、细小的通孔和外表面。

(3)由于在加工过程中，快速走丝线切割采用低损耗电源且电极丝高速移动；慢速走丝线切割单向走丝，在加工区域总是保持新电极加工。因而电极损耗极小(一般可忽略不计)，有利于加工精度的提高。

(4)采用四轴联动，可加工锥度和上下面异形体等零件。

3.线切割加工的应用

线切割广泛用于加工淬火钢、硬质合金模具零件、样板、各种形状的细小零件、窄缝等。如形状复杂、带有尖角、窄缝的小型凹模的型孔可采用整体结构在淬火后加工，既能保证模具精度，又可简化模具设计和制造。此外电火花切割加工，还可用于加工除盲孔以外的其他难以加工的金属零件。

4.电火花线切割加工的分类

(1)按控制方式可分为靠模仿型控制、光电跟踪控制、数据程序控制及微机控制等；

(2)按电源形式可分为RC电源、晶体管电源、分组脉冲电源及自适应控制电源等；

(3)按加工特点可分为大、中、小型，普通直壁切割型与锥度切割型；

(4)按走丝速度可分为慢走丝方式和快走丝方式两种。

二、线切割加工工艺

电火花线切割加工，一般是作为加工中最后工序.要达到加工零件的精度及表面粗糙度要求，应合理控制线切割加工时的各种工艺要素(电参数、切割速度、工件装夹等)，同时应安排好零件的工艺路线及线切割加工前的准备加工。线切割加工工艺过程如图9-5所示。

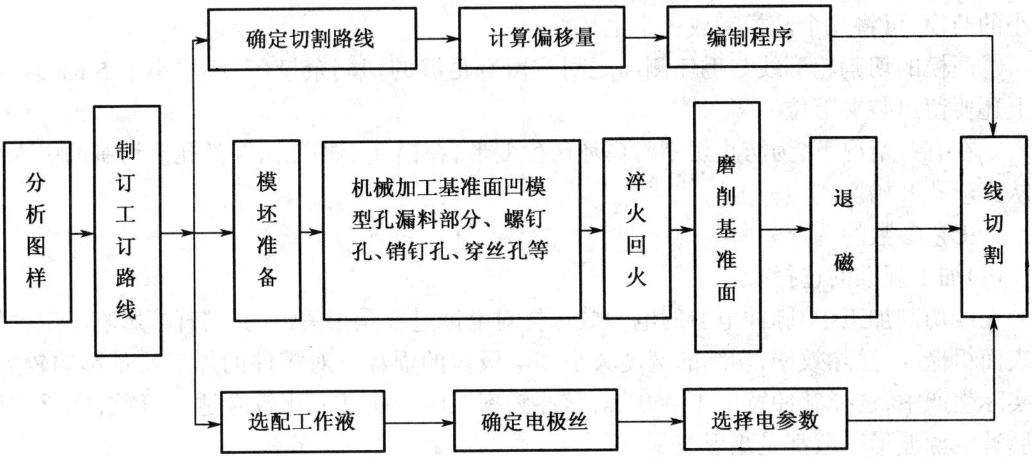

图9-5 线切割加工工艺过程

1.模坯准备

(1)工件材料及毛坯 工件材料是设计时确定的。在采用快速走丝机床和乳化液介质的情况下，通常切割铜、铝、淬火铜等材料较稳定，切割速度也快。而切割不锈钢、磁钢、硬质合金等材料时，加工不太稳定，切割速度也慢。

模具工作零件一般采用锻造毛坯，其线切割加工常在淬火与回火后进行。由于受材料淬透性的影响，当大面积去除金属和切断加工时，会使材料内部残余应力的相对平衡状态遭到破坏而产生变形，影响加工精度，甚至在切割过程中造成材料突然开裂。为减少这种影响，除在设计时应选锻造性能好、淬透性好、热处理变形小的合金工具钢(如Cr12、Cr12MoV)作模具材料外，对模具毛坯锻造及热处理工艺也应正确进行。

(2)模坯准备工序。模坯的准备工序是指凸模在线切割加工之前的全部加工工序。

凹模的准备工序

①下料：用锯床切断所需材料。

②锻造：改善内部组织，并锻成所需的形状。

③退火：消除锻造内应力，改善加工性能。

④刨(铣)：刨六面，厚度留磨余量0.4~0.6 mm。

⑤磨：磨出上下平面及相邻两侧面，对角尺。

⑥画线：画出刃口轮廓，孔(螺孔、销孔、穿丝孔等)的位置。

⑦加工型孔部分：当凹模较大时，为减少线切割加工量，需将型孔漏料部分铣出，只切割刃口高度；对淬透性差的材料，可将型孔的部分材料去除，留 3 ~ 5 mm 切割余量。

⑧孔加工：加工螺孔、销孔、穿丝孔等。

⑨淬火：达设计要求。

⑩磨：磨削上、下平面及相邻两侧面，对角尺。

凸模的准备工序

凸模的准备工序，可根据凸模的结构特点，参照凹模的准备工序，将其中不需要的工序去掉即可，但要注意以下几点：

①为便于加工和装夹，一般都将毛坯锻造成平行六面体。对尺寸、形状相同，断面尺寸较小的凸模，可将几个凸模制成一个毛坯。

②凸模的切割轮廓线与毛坯侧面之间应留有足够的切割余量(一般不小于 5 mm)。毛坯上还要留出装夹部位。

③在有些情况下，为防止切割时模坯产生变形，在模坯上加工出穿丝孔。切割的引入程序从穿丝孔开始。

2.工艺参数的选择

(1)加工规准的选择

在线切割加工中，脉冲电源的电参数选择对电蚀过程是很关键的，它直接影响了工件切割表面粗糙度，蚀除效率，切缝的宽度大小和电极丝的损耗。对零件的加工质量影响较大，在实际生产中，选择脉冲宽度 1 ~ 60 μs，脉冲频率 10 ~ 100 kHz，比较合适。目前，广泛应用的脉冲电源波形一般都是矩形波。

①短路峰值电流的选择

在其他工艺条件不变的情况下，短路峰值电流大，单个脉冲的能量就大，切割痕迹大，粗糙度差，切割速度快，电极丝损耗也大，加工精度低。

②脉冲宽度的选择

在一定的工艺条件下，脉冲宽度增加，单个放电能量也增大，同样会产生上述结果。所以，精加工脉冲宽度尽量在 20 μs 以内选择；中加工在 20 ~ 60 μs 内选择。

③脉冲间隔的选择

在一定的工艺条件下，对切割速度的影响较大，对粗糙度的影响较小，间隔小，放电次数增加，切割速度提高，太小，电蚀物来不及排除或放电间隙来不及消电离，加工就不稳定，易烧断电极丝。太大，会导致进给困难。一般选择 10 ~ 250 μs，工件厚要选大一些。

综上所述，对于矩形波脉冲电源有如下规律：

a.切割速度随着加工电流峰值、脉冲宽度、脉冲频率和开路电压的增大而提高。

b.加工表面粗糙度值随着加工电流峰值、脉冲宽度及开路电压的减小而减小。

c.加工间隙随着开路电压的提高而增大。

d.表面粗糙度的改善有利于提高加工精度。

e.在电流峰值一定的情况下，开路电压的增大有利于提高加工稳定性和脉冲利用率。

所以，针对不同要求的模具零件，必须选择合适的电加工规准，在保证加工精度的同时，提高加工效率。

④开路电压的选择

在一定工艺条件下，开路电压高，加工电流大，切割速度快，粗糙度差，加工精度下降，但加工间隙大,对电蚀物和消电流有利。

(2)工作介质的选择

①基本要求

工作液是放电介质又是冷却液,一般快走丝用专用乳化液,慢走丝用去离子水。所有工作介质必须具有以下性能:

a.具有一定的绝缘性,适合线切割的电阻率 104 ~ 105 Ω·cm。

b.较好的洗涤性能,对工件具有较好的附着力、渗透性和除污能力。

c.较好的冷却性,具有良好的吸热、传热和散热性能。

d.对环境无污染,对人体无害,配制方便,使用寿命要长。

②工作介质对工艺指标的影响

纯净的介质容易形成放电通道,介质太脏,消除电离困难容易引起二次放电。

(3)电极丝的选择

电极丝应具有良好的导电性抗电蚀性,抗拉强度高、材质均匀。常用电极丝有钼丝、钨丝、黄铜丝等。钨丝抗拉强度高,直径在 Φ0.03 ~ 0.1 mm 范围内,一般用于各种窄缝的精加工,但价格昂贵。黄铜丝适于慢速加工,加工表面粗糙度和平直度较好,蚀屑附着少。但抗拉强度差,损耗较大,直径在 Φ0.1 ~ 0.3 mm 范围内,一般用于慢速单向走丝加工,钼丝抗拉强度高,适于快速加工,所以我国快速走丝机床大都选用钼丝作为电极丝,其直径在 Φ0.08 ~ 0.2 mm范围内。

电极丝直径的选择应根据切缝宽窄、工件厚度和拐角尺寸大小来选择。若加工尖角、窄缝的小型模具宜选用较细的电极丝;若加工大厚度工件或大电流切割时应选较粗的电极丝。

3.工件的装夹与调整

装夹工件时,必须保证工件的切割部位位于机床工作台纵横进给的允许范围之内,避免撞极限,同时应考虑切割时电极丝的运动空间。

(1)工件的装夹

①悬臂式装夹。如图 9 - 6 所示是悬臂方式装夹工件,这种方式装夹方便,适用性强。但由于工件一端悬伸,易出现切割表面与工件上、下平面间的垂直误差。仅用于工件加工要求不高或悬臂较短的情况。

②两端支撑方式装夹。如图 9 - 7 所示是两端支撑方式装夹工件,这种方式装夹方便、稳定,定位精度高,但不适于装夹较小的零件。

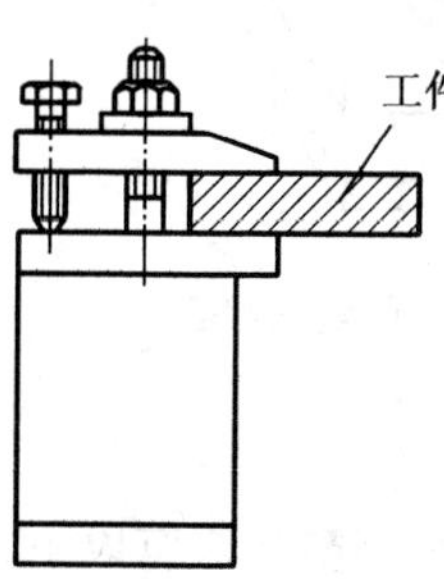

图 9 - 6　悬臂方式装夹工件

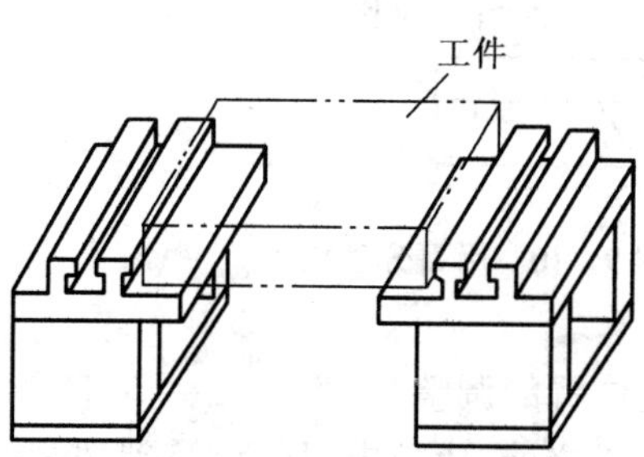

图 9 - 7　两端支撑方式装夹

③桥式支撑方式装夹。这种方式是在通用夹具上放置垫铁后再装夹工件，如图 9－8 所示。这种方式装夹方便，大、中、小型工件都能采用。

④板式支撑方式装夹。如图 9－9 所示是板式支撑方式装夹工件。根据常用的工件形状和尺寸，采用有通孔的支撑板装夹工件。这种方式夹精度高，但通用性差。

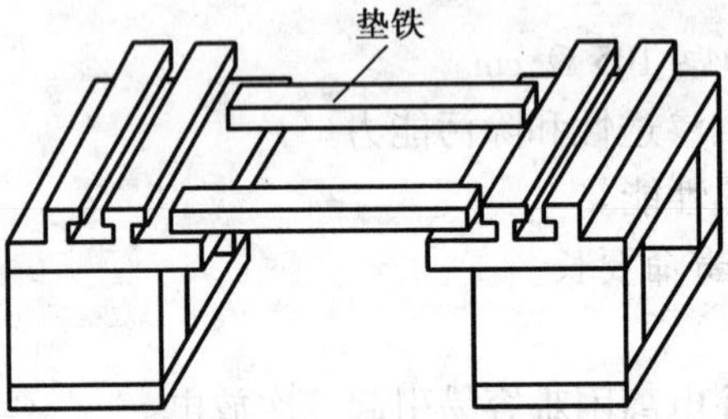

图 9－8　桥式支撑方式装夹

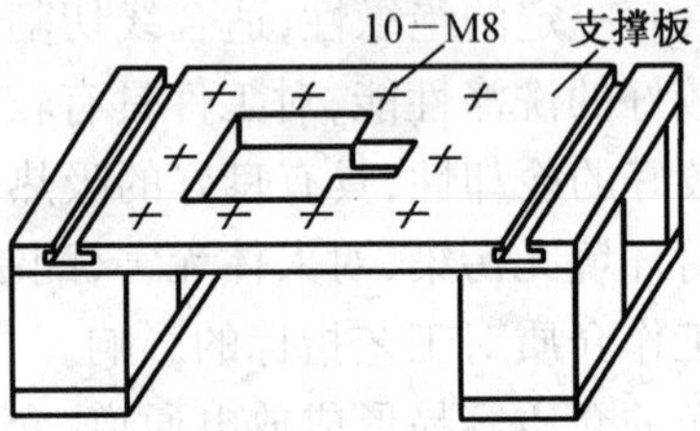

图 9－9　板式支撑方式装夹

(2)工件的调整

采用以上方式装夹工件，还必须配合找正法进行调整，方能使工件的定位基准面分别与机床的工件台面和工作台的进给方向 x，y 保持平行，以保证所切割的表面与基准面之间的相对位置精度。常用的找正法有：

①用百分表找正。如图 9－10 所示。用磁力表架将百分表固定在丝架或其他位置上，百分表的测量头与工件基面接触，往复移动工作台，按百分表指示值调整工件的位置，直至百分表指针的偏摆范围达到所要求的数值。找正应在相互垂直的三个方向上进行。

②画线法找正。工件的切割图形与定位基准之间的相互位置精度要求不高时，可采用画线法找正，如图 9－11 所示。利用固定在丝架上的划针在工件上画出的基准线，往复移动工作台，目测划针、基准间的偏离情况，将工件调整到正确位置。

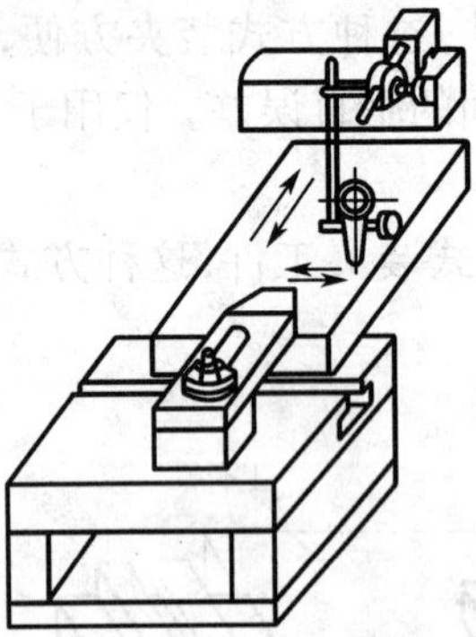

图 9－10　用百分表找正

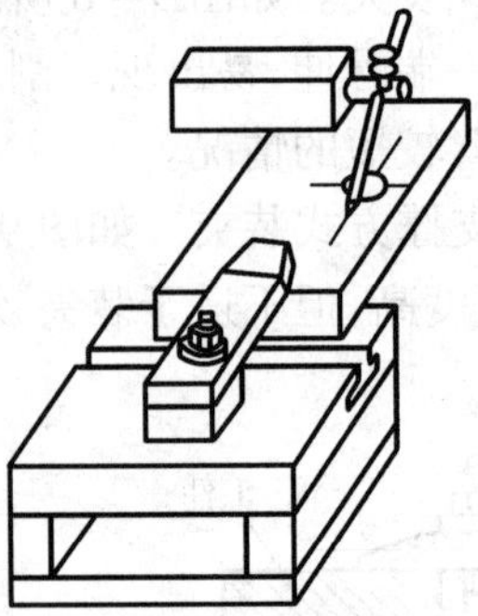

图 9－11　画线法找正

4.电极丝位置的调整

线切割加工之前，应将电极丝调整到切割的起点坐标位置上，其调整方法有以下几种：

(1)目测法

对于加工要求较低的工件，在确定电极丝与工件上有关基准间的相对位置时，可以直接利用目测或借助 2～8 倍的放大镜来进行观察。图 9－12 是利用穿丝孔处画出的十字基准线，分别沿画线方向观察电极丝与基准线的相对位置，根据两者的偏离情况移动工作台，当电极丝中心分别与纵横方向基准线重合时，工作台纵、横方向上的读数就确定了电极丝中心的位置。

(2)火花法

如图 9-13 所示，移动工作台使工件的基准面逐渐靠近电极丝，在出现火花的瞬时，记下工作台的相应坐标值，再根据放电间隙推算电极丝中心的坐标。此法简单易行，但往往因电极丝靠近基准面时产生的放电间隙，与正常切割条件下的放电间隙不完全相同而产生误差。

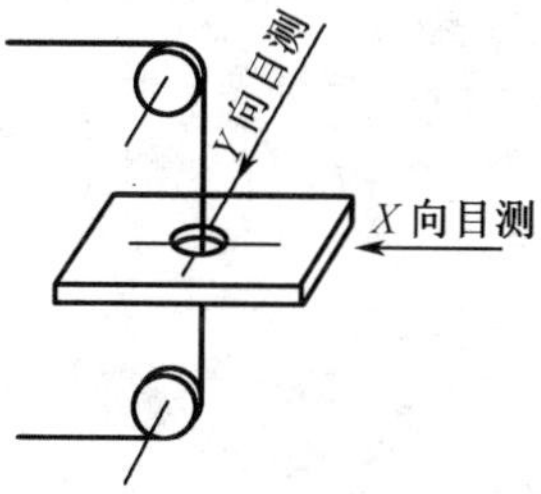

图 9-12　目测法调整电极丝位置

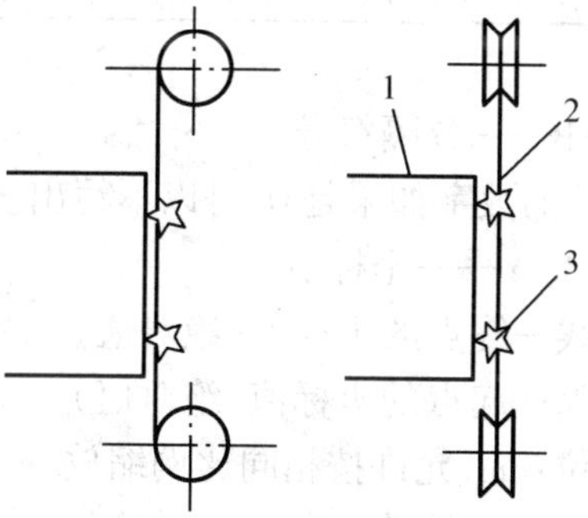

图 9-13　火花法调整电极丝位置

1—工件；2—电极丝；3—火花

(3)自动找中心

所谓自动找中心，就是让电极丝在工件孔的中心自动定位。此法是根据线电极与工件的短路信号，来确定电极丝的中心位置。数控功能较强的线切割机床常用这种方法。首先让线电极在 X 轴或 Y 轴方向与孔壁接触(使用半程移动指令 G82)，接着在另一轴的方向进行上述过程，这样经过几次重复就可找到孔的中心位置，如图 9-14 所示。当误差达到所要求的允许值之后，定中心就算结束。

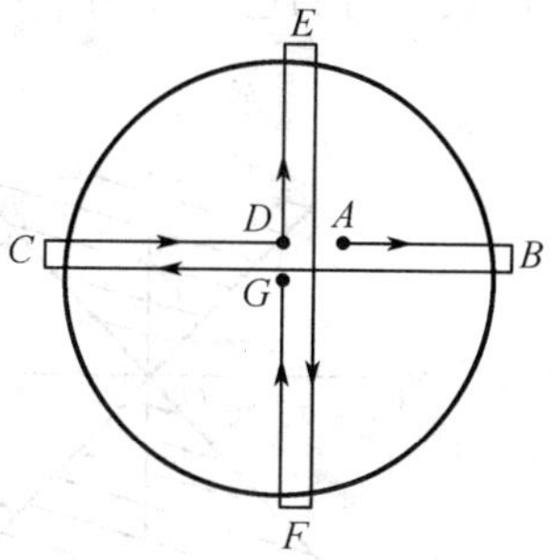

图 9-14　自动找中心

5.电火花线切割产生变形或开裂的原因

装夹方式、材料内应力、切割路径不当、材料自重等是引起电火花线切割产生变形或开裂的原因。

原因与采取的方法：

(1)切割凸模时，无穿丝孔，材料受力不均匀，产生变形。应在坯料上预先加工穿丝孔。

(2)注意切割路径，把装夹部位作为最后切割部分。

(3)对于凹模切去部分较多，会使应力增加，应预先镂空，留单边 2~3 mm 余量为合适。

(4)凹模尖角处应力集中，易开裂，应尽量避免。

(5)热处理不当，容易开裂，对于易变形、开裂的零件，在切割后，可以进行低温回火处理，消除应力，稳定组织。

三、线切割加工程序的编制

尽管线切割的加工原理是相同的，但由于制造商配制的数控系统不同，编程的格式和编程方法也就不同。目前，应用于数控线切割的程序格式主要有两种：3B 格式(固定程序格式);G 指令格式(非固定程序格式)。

1.3B 格式(固定程序格式)

3B 格式是一种无间隙补偿的编程方法。

格式:B X B Y B J G Z

表 9－3　3B 程序格式

B	X	B	Y	B	J	G	Z
分隔符号	X 坐标值	分隔符号	Y 坐标值	分隔符号	计数长度	计数方向	加工指令

(1)B——分隔符号

B 后的数字如果是 0,可以不写出。

(2)X,Y——坐标值

直线—终点的坐标值(绝对值)

圆弧—起点的坐标值(绝对值)

单位:μm,允许按相同比例缩放。

(3)G——计数方向

以选取 X 拖板进给总长度来进行计数时称为 G_x;

以选取 Y 拖板进给总长度来进行计数时称为 G_y;

计数方向的选择如图 9－15,图 9－16 所示。

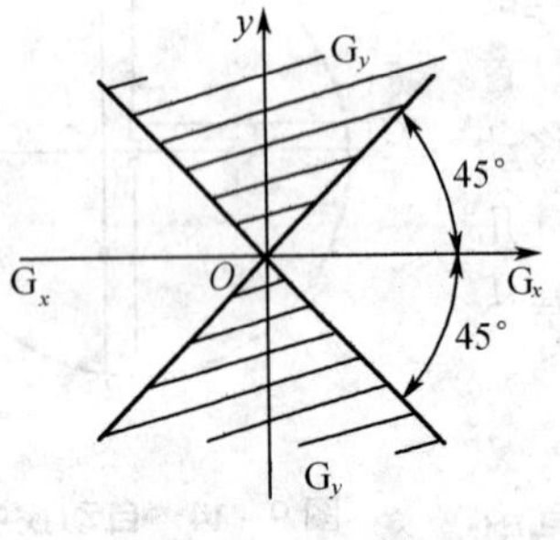

图 9－15　斜线的计数方向

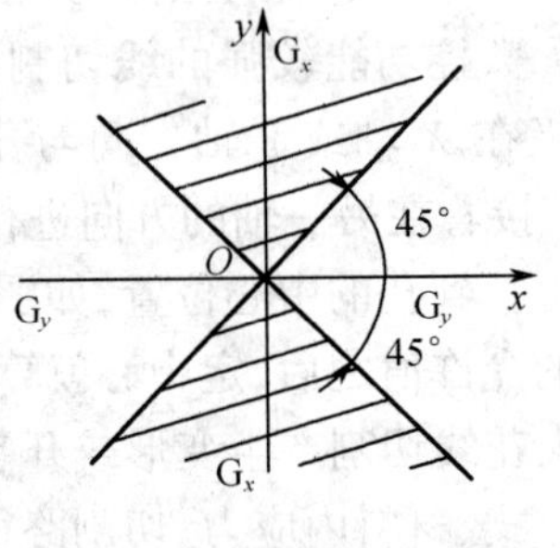

图 9－16　圆弧的计数方向

①对斜线—终点坐标落在阴影区时取 G_y,否则就取 G_x,在 45°斜线上可以任意选取。

②对圆弧—终点坐标落在阴影区时取 G_x,否则就取 G_y,在 45°斜线上可以任意选取。

(4)J——计数长度

取计数方向线段的投影坐标的绝对值。直线－$J = |X|$或$|Y|$。圆弧－J 表示各段圆弧在计数方向上投影长度的总和。

(5)Z——加工指令

当被加工的斜线的终点落在Ⅰ,Ⅱ,Ⅲ,Ⅳ象限时,分别用 L_1, L_2, L_3, L_4 来表示。当加工的直线与 x, y 重合时

$$+X-L_1;\ +Y-L_2;\ -X-L_3;\ -Y-L_4$$

当圆弧的起点落在某一象限时,分别用 R_1, R_2, R_3, R_4 来表示其中顺圆为 S,逆圆为 N,

当起点落在 x,y 轴上时以进入圆弧象限作角标号。(如图 9-17)

(6)在同一个工件的加工过程中,坐标轴的方向保持不变,编程始终以直线的起点或圆心作为坐标原点,不能转角变动,只能平移。

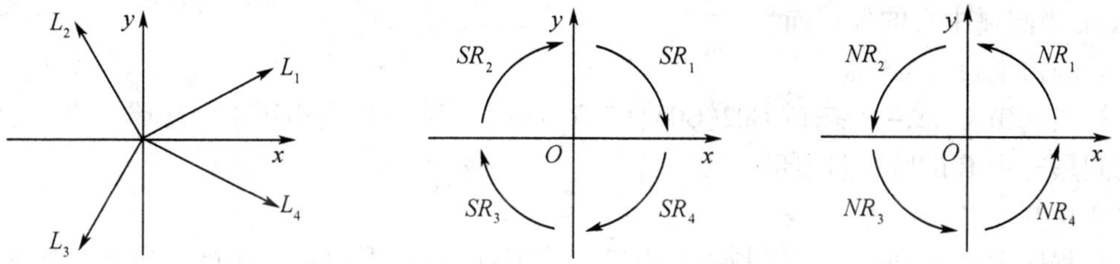

图 9-17　加工指令

2.G 指令编程格式

G 指令编程也有不同的系统,不同的机床要根据机床说明书配制的系统来编程,这里以 FANUC ROBOCUT α-iA 系统为例,该系统比较复杂,可实现三维零件的切割。

程序号 O+××××,M02 或 M30 表示程序结束,子程序用 M99 结束,程序段用";"为结束符,数字中一定要用小数点。

(1)准备功能

①坐标系的设定

格式:G92X-Y-I-J-;

X,Y 为电极丝的起始坐标,这就确定了程序原点;I 为确定零件的厚度;J 为工作台表面到编程表面的距离,I 有正负之分,如图 9-18 所示。

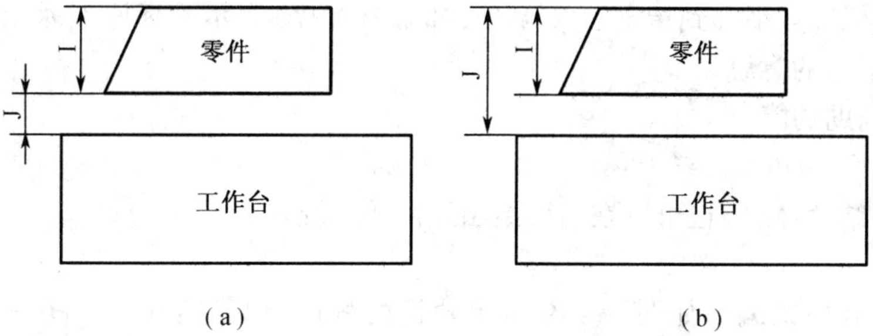

图 9-18　零件编程表面示意图

(a)I 为正值;J 为正值;(b)I 为负值,J 为正值

②快速点定位

格式:G00X-Y-U-V-;

X,Y 为编程表面上的终点坐标;U,V 为丝头在由 G92 的 I 指定的平面上偏移一个距离,是一个相对坐标值,用于切割斜度的功能。没有斜度可不写。

③直线插补

格式:G01X-Y-U-V-F-;

X,Y 为指定的终点坐标;U,V 同上;F 为在伺服模式下运动速度由机床给定,不起作用,在常量模式下指定运动速度。

④圆弧插补

格式:G02(G03)X－Y－I－J－U－V－K－L－F－;

X,Y为圆弧的终点坐标;I,J为圆心相对于起点的增量坐标;U,V为圆弧终点的偏移向量;K,L为圆弧中心的偏移向量。

⑤圆角半径

格式:G01X－Y－R－;或G02(G03)X－Y－I－J－R－;用来指定本程序段与下一个程序段之间用一个R的圆弧过渡的意思。

⑥切割速度的设定

在程序中使用G94表示切割速度由指令给定,用G95表示切割速度由机床伺服系统自动给定。

⑦暂定

格式:G04X－;或G04P－;

X为秒,P为万分之一秒。

⑧参考点

参考点是机床的给定点,是机床原点,本系统可由命令设置从当前点先到中间点再返回参考点,也可以把给定的坐标点设置为参考点,参考点命令不能用在子程序中。

⑨设置斜度

格式:G51(G52)X－Y－T－;

G50为取消倾斜。与丝头的偏移有区别;G51为设置沿切割方向内倾斜;T为表示倾斜的角度,加工后零件上小下大,G52反之;X,Y为沿坐标移动的距离。

⑩坐标平移功能

格式:G93X－Y－;

表示将坐标原点平移到指定的X,Y处,如果是X0Y0表示坐标原点返回到G92设定的原点,即取消平移的意思。

(2)常用辅助功能

①原路返回:M70

②子程序结束:M99,也可以在后面给出返回的地址。

3.例题

(1)试用3B格式编写如图9－19所示轨迹的程序,切割路线为:$A\to B\to C\to D\to E$,不考虑切入路线的程序。

编制程序如下:

BBB40000$G_X L_1$	($A\to B$)
B1 B9B90000$G_Y L_1$	($B\to C$)
B30000B40000B60000$G_X NR_1$	($C\to D$)
B1B9B90000$G_Y L_4$	($D\to E$)
D	(停机)

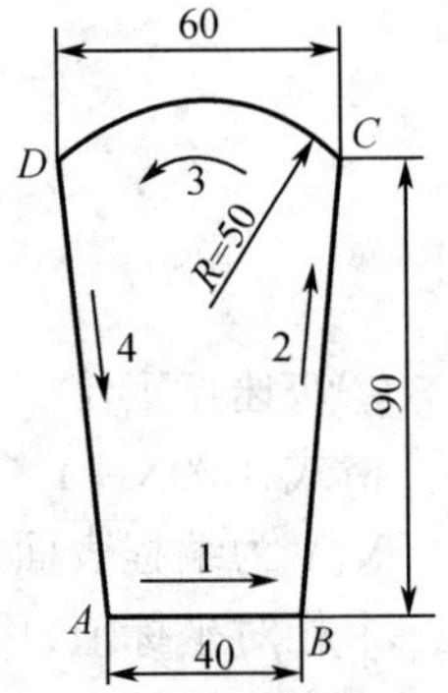

图9－19 轨迹程序图

(2)编制加工如图9－20所示零件的凹模和凸模线切割程序。已知该模具为落料模,$r_{丝}=0.065$,$\delta_{电}=0.01$,$\delta_{配}=0.01$。

编制凹模程序，因该模具为落料模，冲下的零件尺寸由凹模决定，模具配合间隙在凸模上扣除，故凹模的间隙补偿量为

$$f_{凹} = r_{丝} + \delta_{电} = (0.065 + 0.01)\text{mm} = 0.075\ \text{mm}$$

图 9－20 中点画线表示电极丝中心轨迹，此图对 x 轴上下对称，对 y 轴左右对称。因此，只要计算一个点，其余三个点均可由对称得到，通过计算可得到各点的坐标为

$O_1(0,7)$；$O_2(0,-7)$；$a(2.925,2.079)$；$b(-2.925,2.079)$；$c(-2.925,-2.079)$；$d(2.925,-2.079)$。

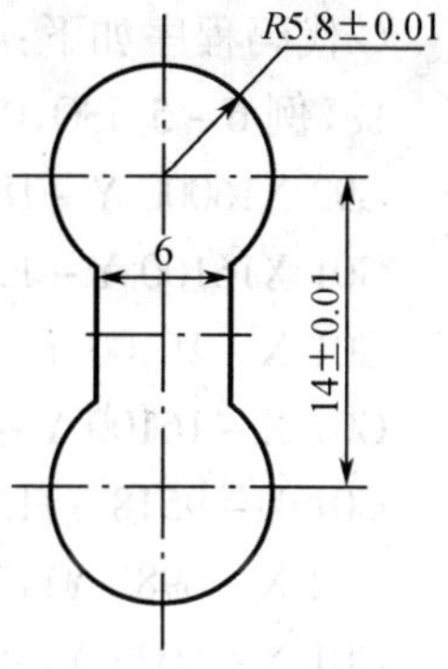

图 9－20　冲裁加工零件图

若将穿丝孔钻在 O 处，切割路线为 $O \to a \to b \to c \to d \to a \to O$，程序编制如下：

B2925B2079B2925G_X L_1	$(O \to a)$
B2925B4921 B17050G_X NR_4	$(a \to b)$
BBB4158G_Y L	$(b \to c)$
B2925B4921 B17050G_X NR_2	$(c \to d)$
BBB4l58G_Y L_2	$(d \to a)$
B2925B2079B2925G_X L_3	$(a \to O)$

D

(3)按照技术要求，完成图 9－21 所示平面样板的加工。

①零件图工艺分析

经过分析图纸，该零件尺寸要求比较严格，但是由于原材料是 2 mm 厚的不锈钢板，因此装夹比较方便。编程时要注意偏移补偿的给定，并留够装夹位置。

②确定装夹位置及走刀路线

为了减小材料内部组织及内应力对加工精度影响，要选择合适的走刀路线，如图 9－22 所示。

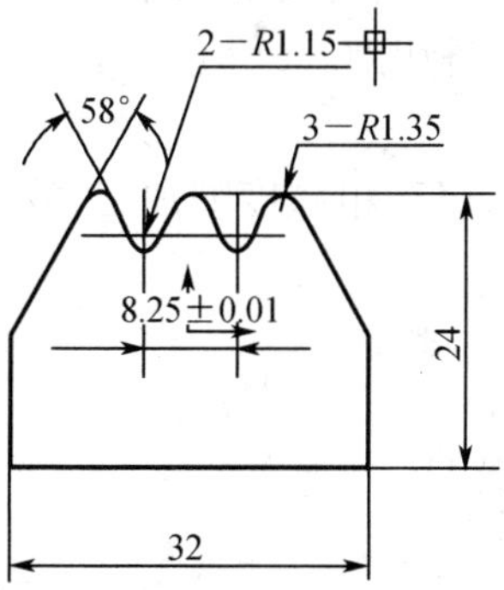

图 9－21　平面样板

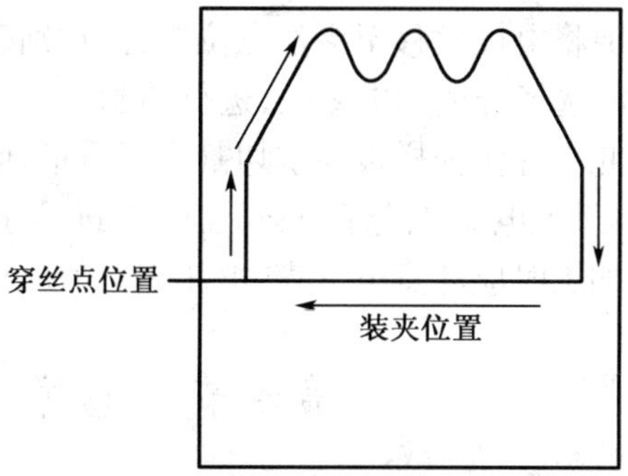

图 9－22　装夹位置

③编制程序单

a. 利用 CAXA 线切割 V2 版绘图软件绘制零件图。

b. 生成加工轨迹并进行轨迹仿真。生成加工轨迹时，注意穿丝点的位置应选在图形的角处，减小累积误差对工件的影响。

c.生成G代码程序。

G代码程序如下:

```
%(例6-5.ISO,03/13/05,13:20:49)
G92 X16000 Y-18000
G01 X16100 Y-12100
G01 X-16100 Y-12100
G01 X-16100 Y-521
G01 X-9518 Y11353
G02 X-6982 Y11353 11268 J-703
G01 X-5043 Y7856
G03 X-3207 Y7856 1918 J509
G01 X-1268 Y11353
G02 X1268 Y11353 11268 J-703
G01 X3207 Y7856
G03 X5043 Y7856 1918 J509
G01 X6982 Y11353
G02 X9518 Y11353 11268 J-703
G01 X16100 Y-521
G01 X16100 Y-12100
G01 X16000 Y-18000
M02
```

④调试机床

调试机床应校正钼丝的垂直度(用垂直校正仪或校正模块),检查工作液循环系统及运丝机构工作是否正常。

⑤装夹及加工

a.将坯料放在工作台上,保证有足够的装夹余量。然后固定夹紧,工件左侧悬置。

b.将电极丝移至穿丝点位置,注意别碰断电极丝,准备切割。

c.选择合适的电参数,进行切割。

此零件作为样板要求切割表面质量,而且板比较薄,属于粗糙度型加工,故选择切割参数为:最大电流3;脉宽3;间隔比4;进给速度6。

加工时应注意电流表、电压表数值应稳定,进给速度应均匀。

第四节 电解加工原理、特点和应用

一、电解加工原理

电解加工是利用金属在电解液中可以产生阳极溶解的电化学原理来对工件进行尺寸加工成形的一种方法。如图9-23所示为电解加工示意图。加工时,工件接直流电源的正极,工具接负极,两极间外加直流电压为6~24 V,极间间隙保持为0.1~1 mm,当电解液以较高流速(5~60 m/s)通过时,阳极工件的金属逐渐被电解腐蚀,以达到加工的目的。

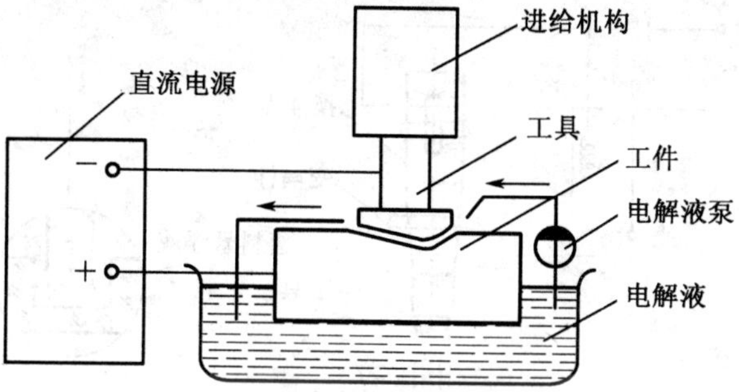

图 9-23　电解加工原理图

二、电解加工的特点

1. 加工范围广，能加工各种高硬度、高强度及韧性的金属材料，并能加工叶片、锻模等复杂型面。

2. 电解加工的生产效率较高，是特种加工中材料去除速度最快的方法之一。

3. 加工中无机械切削力和切削热，加工表面无残余应力和毛刺，能获得较好表面粗糙度。

4. 工具电极在加工过程中基本无损耗，可长期使用。

5. 电解加工附属设备较多，设备初始投资大，而且应配备废水处理系统。

三、电解加工的应用

电解加工的基本设备是由直流电源，机床及电解液系统三大部分组成的。由于其生产率高，表面加工质量好，故广泛应用于加工各种型腔模具（锻模、压模等）、各种型孔小孔、汽轮机的叶片和整体式叶轮，还成功应用于枪炮管的来复线、航空发动机和火箭等的制造工业。

第五节　超声波加工原理、特点和应用

一、超声波加工原理

超声波加工是利用生产超声振动的工具，带动工件和工具间的磨料悬浮液，冲击和抛磨工件的被加工部位，使其局部材料破坏而成粉末，以进行穿孔、切割和研磨等的加工方法，如图 9-24 所示。

超声波加工主要是磨粒在超声振动作用下的撞击和抛磨，以及超声波空化作用。加工时，工具以一定的力压在工件上，由于工具的超声振动，使悬浮磨粒以很大的速度、加速度和超声频打击工件，致使表面破碎、裂纹，脱离而成微粒，这是磨粒撞击和抛磨作用。而空化作用则是磨料悬浮液受端部超声振动，产生液压冲击和空化现象，促使液体渗入裂纹处，加强机械破坏作用，同时因液压冲击而使工件表面损坏而蚀除。为了减少工具材料损耗，一般采用 45 号钢作为工具材料。

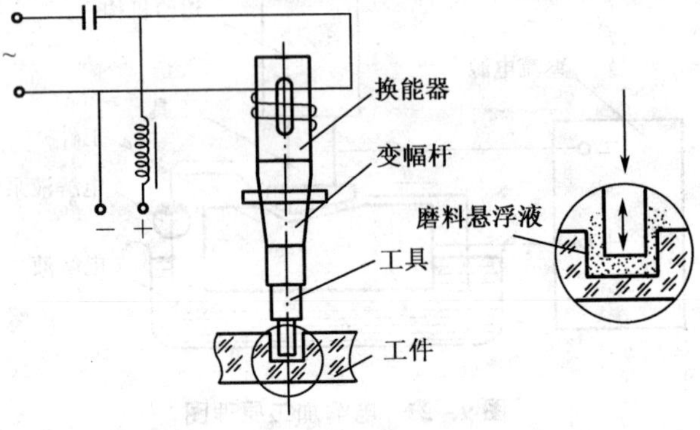

图 9-24 超声波加工原理图

二、超声波加工的特点

1.主要适用于加工各种硬脆材料,如玻璃、石英、陶瓷、硅、宝石、金刚石等。对于导电的硬质金属材料,如淬火钢、硬质合金等也能进行加工,但加工生产率较低。

2.加工过程中受力小,热影响小,可加工薄壁、薄片等易变形零件。

3.能加工各种形状复杂的型孔、型腔、成形表面等。

4.由于去除加工材料是靠极小磨料瞬时局部的撞击作用,故工具对工件的宏观作用力小,热影响小。

三、超声波加工的应用

1.超声波切割加工。主要用于切割脆硬的半导体材料。

2.超声波焊接。用于焊接尼龙、塑料以及表面易生成氧化膜的铝制品等。

3.超声波清洗。利用超声振荡产生的空化作用,清洗零件,近来多用于清洗衣物等。另外,超声波还可用于测距和探伤等。

4.超声波复合加工。在加工难切削材料时,常将超声振动与其他加工方法配合进行加工。如超声车削、磨削和超声电解加工等。

第六节 激光加工原理、特点和应用

一、激光加工原理

激光的方向性好,发射角很小,通过透镜聚焦后,可以得到直径很小的焦点,再加上它的单色性好,波长极为一致,亮度极高,当功率密度极高的激光束照射工件的被加工部位时,焦点处的能量高度集中,温度可以达到上万度。在此高温下,任何坚硬的材料都将被瞬间熔化和汽化,产生很强的冲击波,在冲击波的作用下,将熔化物爆炸式喷射去除,达到对工件进行穿孔、蚀刻、切割等工作,如图 9-25 所示。

二、激光加工特点

1.激光加工范围很广,几乎能加工所有材料,不论是金属还是非金属材料。

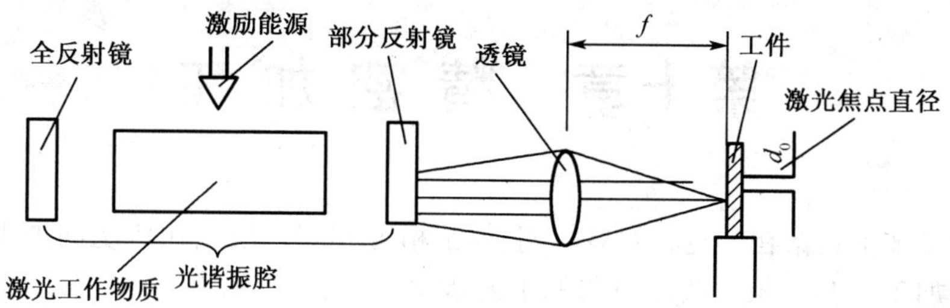

图 9－25 激光加工原理图

2.激光加工的速度很快,效率很高,操作简便,工件热变形小。

3.激光加工属于非接触加工,不需要工具,无切削加工的受力变形。

4.对于表面光泽或透明材料的加工,必须先进行色化或打毛处理。

5.激光加工可控性好,激光束调制方便,易于实现数字控制和自动化加工。

三、激光加工的应用

1.激光打孔。激光打孔时,采用吹气或吸气装置,以帮助排除蚀除物,适于在硬、脆材料上打微孔、小孔、异形孔或盲孔。目前多用于柴油机燃料喷嘴小孔加工、化纤喷丝头打孔、钟表和仪表中的宝石轴承打孔、金刚石拉丝模加工等。

2.激光切割。激光切割时,工件相对于激光束要有移动,为了提高生产率,一般切割金属时,可在激光照射部位同时吹氧气,这样,既可吹去熔化物,又可以使氧与高温金属发生反应,促进照射点的熔化。可以切割不锈钢、陶瓷、布匹、半导体硅片切割及精密零件的窄缝切割、刻线和雕刻等。

3.激光焊接。激光焊接主要用于高熔点材料和快速氧化材料及异种材料的焊接。一般脉冲输出的激光器适合于点焊,连续输出的二氧化碳激光器适合于缝焊。

4.激光表面处理是利用激光束对金属工件表面照射,使金属迅速加热,熔化或汽化,从而使工件表层改性。主要包括激光淬火、激光表面合金化、激光上釉、表面复合和激光冲击硬化等多种工艺。其加热快,不需淬火介质,硬度高而均匀,可实现局部热处理,节省能源,工作环境清洁,因此得以迅速发展。

第十章 精 密 加 工

精密加工技术是指在一定的发展时期,加工精度和表面质量比传统的加工方法能达到更高程度的加工工艺。根据我国目前的工艺水平,一般加工精度在10~0.1 μm以上,相当于IT5以上,表面粗糙度 *Ra* 值小于0.1 μm的加工,称为精密加工。精密加工的方法有很多种,常用的有高速精车和精密磨削等。

第一节 高 速 精 车

加工外圆表面时,用很小的刃口圆弧半径的车刀进行高速、微量切削而获得高精度的工艺方法称为高速精密车削。

一、高速精车的应用

高速精车主要用于铜、铝及其合金制件的最终加工,也可用于如塑料、玻璃纤维、合成树脂及石墨等不宜采用磨削而要求又高的零件。对于表面粗糙度值很小的铜、铝合金制件的外圆表面或反射镜的曲面,使用金刚石车刀进行镜面车削,其表面粗糙度 *Ra* 可小于0.05 μm。

此外,还可用作黑色金属或其他表面硬度高的精密零件光整加工前的预加工工序。

二、高速精车的常用刀具

1.硬质合金车刀

高速精车所使用的刀具材料一般采用硬质合金,如YG6X,YG6A,YG3X等车刀,其加工表面粗糙度 *Ra* 为0.05 μm左右,用超细颗粒的硬质合金,如YH1,YH2,YG10H等车刀,可以达到的表面粗糙度 *Ra* 为0.03 μm。

2.金刚石车刀

金刚石刀具材料有天然单晶金刚石和人造聚晶金刚石两种。金刚石具有硬度高、耐磨性好、刃口锋利和摩擦系数小等优点,但韧性很差,刃磨困难。金刚石刀具适用于有色金属及其合金和非金属材料的精密车削。由于与铁的亲和力较强,故不适于加工黑色金属。

(1)天然单晶金刚石的硬度高达11 000 HV,比硬质合金高5倍以上,耐磨度为硬质合金的数千倍,所加工的表面粗糙度 *Ra* 为0.025~0.008 μm。

(2)人造聚晶金刚石的硬度低于天然单晶金刚石,但仍在5 000 HV以上,刃口也没有天然金刚石锋利,但价格便宜。

三、切削用量的选择

用金刚石车刀进行精密车削,可采用很高的切削速度,也可采用低速进行车削。如在CGM6125车床上加工H62黄铜时,可选切削速度 $v_c \geqslant 68$ m/min或 $v_c \leqslant 17$ m/min。进给量一般选 $f = 0.01 \sim 0.04$ mm/r,半精加工的切削深度 $a_p = 0.05 \sim 0.1$ mm,精加工的切削深度 $a_p = 0.02 \sim 0.05$ mm。

用硬质合金精密车刀进行精密车削时，一般采用高的切削速度。如镁的合金材料，最高切削速度 $v_c = 1\,000$ m/min。切削速度越高，工件表面的粗糙度越好，但刀具的磨损加剧，所以应根据实际情况合理选择。一般进给量 $f = 0.02 \sim 0.04$ mm/r，切削深度 $a_p = 0.2 \sim 0.3$ mm。

第二节　精密磨削

在精密磨床上通过细粒度砂轮的微量磨削和修整，得到高精度和很小表面粗糙度值的磨削，称为精密磨削。

一、精密磨削的应用

精密磨削的 R_a 值为 0.16 ~ 0.04 μm，主要用于机床主轴、高精度轴承、液压滑阀、标准量具量仪，以及宇航工业中的精密零件、计算机磁盘等元件的制造。

二、精密磨削用的机床及砂轮

1. 机床的选择

精密磨床的选择要求是：砂轮主轴的回转精度高于 1 μm，内圆磨具采用静压，传动部分有减振措施，工作台运动平稳，刻度值不得大于 0.005 mm，最好选用数控磨床，以提高加工质量。

2. 砂轮的选用

砂轮应选用粒度号 60 或更细的刚玉砂轮，单晶刚玉最佳。高精度、低粗糙度值磨削是靠砂轮工作面上修整出大量等高微刃而进行精密加工的，砂轮的修整很重要，因此用金刚石笔来定时修整砂轮，如图 10－1 所示。修整后，砂轮表面用切削液来冲洗干净，防止脱落的磨粒碎粒附着在砂轮工作表面。

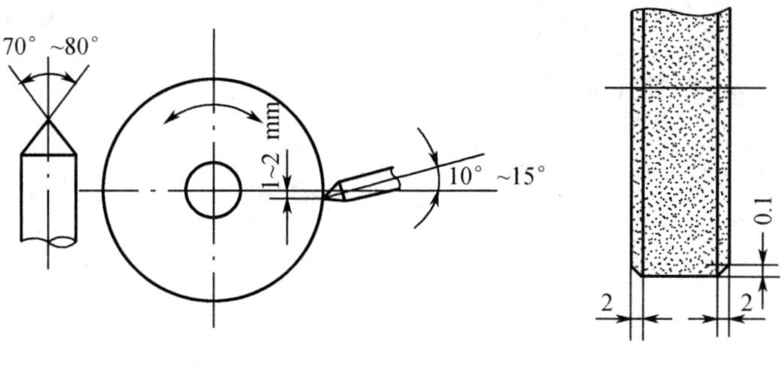

图 10－1　用金刚石笔修整砂轮

三、精密研磨

精密研磨可达到很高的尺寸精度和形状精度，表面粗糙度 Ra 可达 0.4 ~ 0.04 μm，多用于精密偶件、精密量规、精密量块等的最终加工。其方法为，将研磨剂涂抹在研具上，以研磨剂中磨粒的滚动切削为主；还可以通过化学作用对工件进行抛光研磨，从而进一步降低加工表面的粗糙度值。

参考文献

[1] 袁梁梁.机械加工技能实训[M].北京:北京理工大学出版社,2007.
[2] 朱勤惠.车工工艺与技能训练[M].北京:中国劳动社会保障出版社,2007.
[3] 张国文.机械制造基础[M].北京:人民邮电出版社,2007.
[4] 徐小国.机械加工实训[M].北京:北京理工大学出版社,2007.
[5] 姜爱国.数控机床技能实训[M].北京:北京理工大学出版社,2007.
[6] 苏珉.机械制造技术[M].北京:人民邮电出版社,2006.
[7] 柳燕君.模具制造技术实训指导[M].北京:高等教育出版社,2007.
[8] 希忠.工艺与实训[M].山东科学技术出版社,2006.